Wahrscheinlichkeitsrechnung

Der russische Mathematiker **Andrei Andrejewitsch Markow** steuerte wesentliche Beiträge zur Wahrscheinlichkeitstheorie und Analysis bei. Markow ist vor allem für die Theorie der stochastischen Prozesse bekannt: Er berechnete die Buchstabensequenzen in russischer Literatur, um die Notwendigkeit der Unabhängigkeit für das Gesetz der großen Zahlen nachzuweisen. Die Berechnungen konnten zudem als Aussage über die Wohlgeformtheit der Orthographie von Buchstabenketten interpretiert werden. Aus diesem Ansatz entwickelte sich ein allgemeines statistisches Werkzeug, der sogenannte stochastische Markow-Prozess, aus dem sich zukünftige Entwicklungen auf Grundlage des gegenwärtigen Wissens bestimmen lassen. Heute findet sich z. B. eine Anwendung sogenannter Hidden Markov Models in der Handschriften- und Spracherkennungssoftware. Nach Markow sind u. a. die Markow-Ketten, die Markow-Ungleichungen und der Satz von Gauß-Markow benannt. (Quelle: Wikipedia)

Über das Buch:

In diesem Buch entwickelt der Autor die Wahrscheinlichkeitsrechnung als eine mathematische Disziplin, ohne sich mit ausführlicher Betrachtung ihrer mehr oder weniger wichtigen Anwendungen zu befassen.

Ohne lange Erwägungen über die Grundlagen der Wahrscheinlichkeitsrechnung anzustellen, bemüht sich der Autor, klar die Annahmen aufzustellen, welche für die Begründung bekannter Theorien nötig sind. Gleichzeitig vermeidet er nach Möglichkeit überflüssige Annahmen, auch wenn sie allgemein anerkannt werden und er vermeidet auch zweifelhafte Überlegungen, besonders wenn sie in die Form mathematischer Beweise eingekleidet sind.

Eine wichtige Rolle spielen in der Wahrscheinlichkeitsrechnung Näherungsformeln. Zu diesen Formeln muss man Zuflucht nehmen nicht nur in den Fällen, wo die Entwicklung genauer Formeln unübersteigbare Hindernisse bereitet, oder diese Formeln ungemein verwickelt sind, sondern auch in den Fällen, wo die Ausrechnung nach den genauen Formeln zwar einfache aber äußerst langwierige Rechnungen erfordert.

So ist dieses Buch ein unvergleichliches Werk jenes Autors, der selbst wesentliche Beiträge zur Wahrscheinlichkeitsrechnung beigesteuert hat.

WAHRSCHEINLICHKEITS-RECHNUNG

VON

A. A. MARKOFF

NACH DER ZWEITEN AUFLAGE DES
RUSSISCHEN WERKES UBERSETZT

VON

HEINRICH LIEBMANN

MTT 7 FIGUREN IM TEXT

UNVERÄNDERTER NACHDRUCK
2021

WISSENSCHAFTLICHE BIBLIOTHEK BD. 22

Bibliografische Information der Deutschen Nationalbibliothek:
Die Deutsche Nationalbibliothek verzeichnet diese Publikation in der
Deutschen Nationalbibliografie; detaillierte bibliografische Daten
sind im Internet über dnb.dnb.de abrufbar

Herstellung und Verlag: BoD – Books on Demand, Norderstedt

ISBN: 978-3-7543-3655-7

Vorwort des Verfassers.

In diesem Buch entwickle ich die Wahrscheinlichkeitsrechnung als eine mathematische Disziplin, ohne mich mit ausführlicher Betrachtung ihrer mehr oder weniger wichtigen Anwendungen zu befassen.

Ohne lange Erwägungen über die Grundlagen der Wahrscheinlichkeitsrechnung anzustellen, bemühe ich mich, klar die Annahmen aufzustellen, welche für die Begründung bekannter Theorien nötig sind, die dann zu Fragen der reinen Analysis führen, denen mein Buch gewidmet ist.

Gleichzeitig vermeide ich nach Möglichkeit überflüssige Annahmen, auch wenn sie allgemein anerkannt werden; ich vermeide auch zweifelhafte Überlegungen, besonders wenn sie in die Form mathematischer Beweise eingekleidet sind, indem ich in erste Reihe die Genauigkeit und Strenge der Ausführungen und Schlüsse stelle.

Eine wichtige Rolle spielen in der Wahrscheinlichkeitsrechnung wie auch in anderen Teilen der Mathematik-Näherungsformeln. Zu diesen Formeln muß man Zuflucht nehmen nicht nur in den Fällen, wo die Entwicklung genauer Formeln unübersteigliche Hindernisse bereitet, oder diese Formeln ungemein verwickelt sind, sondern auch in den Fällen, wo die Ausrechnung nach den genauen Formeln zwar einfache aber äußerst langwierige Rechnungen erfordert.

Zur richtigen Anwendung einer Näherungsformel ist es wichtig, eine richtige Schätzung ihrer Ungenauigkeit zu besitzen.

Immerhin, wenn man das Ziel der angewandten Mathematik im Auge hat, kann man nicht gänzlich auf Näherungsformeln verzichten, die aus einem oder dem anderen Grund ohne Abschätzung ihres Fehlers bleiben. Derartige Formeln finden sich auch in meinem Buch.

Es ist zu bemerken, daß bei der Anwendung auf Naturwissenschaft die Frage nach den Ungenauigkeiten der Formeln einen besonderen Charakter enthält; denn ihre Forschungen befassen sich mit Größen, die unzweifelhaft nicht vollkommen bestimmt sind, wodurch die Möglichkeit mathematischer Genauigkeit ausscheidet.

Die zweite Auflage unterscheidet sich ein wenig von der ersten. Ich nahm einige Änderungen und Ergänzungen im Text vor; außerdem

a*

habe ich die Literaturnachweise ergänzt, ohne mir die Aufgabe zu stellen, eine vollständige Liste aller Arbeiten über Wahrscheinlichkeitsrechnung zu geben. Ich hielt es auch nicht für überflüssig an das Ende des Buchs eine sechsstellige Tafel des Integrals $\frac{2}{\sqrt{\pi}} \int_0^x e^{-t^2} dt$ zu stellen, das eine wichtige Rolle in der Wahrscheinlichkeitsrechnung spielt. Diese Tafel ist aus meinem Buch „Table des valeurs de l'intégrale $\int_x^\infty e^{-t^2} dt$" entnommen, wo die Werte dieses letzteren Integrals — ohne den Faktor $\frac{2}{\sqrt{\pi}}$ — auf elf Dezimalstellen gegeben sind, und wo verschiedene Mittel zu seiner Berechnung angegeben sind, die auch benützt werden. Ich begnügte mich nicht mit dem einfachen Abdruck früherer Tabellen, sondern verglich sie mit der Tabelle von Jos. Burgers „On the definite Integrale $\frac{2}{\sqrt{\pi}} \int_0^x e^{-t^2} dt$, with extended tables of values" (Transactions of the Royal Society of Edinburgh, Vol. XXXIX) und griff im Fall abweichender Werte auf die elfstellige Tafel zurück. So überzeugte ich mich von der Notwendigkeit die letzte Stelle einiger Zahlen in der früheren sechsstelligen Tafel der Werte von $\frac{2}{\sqrt{\pi}} \int_0^x e^{-t^2} dt$ um eine Einheit zu ändern, was auch in dieser neuen Tabelle geschehen ist.

Die deutsche Auflage enthält noch drei Abhandlungen aus einer ganzen Reihe, die der bemerkenswerten Methode von Bienaymé-Tschebyscheff gewidmet sind, welche auf der Betrachtung der mathematischen Hoffnung verschiedener zusammengesetzter Ausdrücke beruht.

Das Ziel dieser Arbeiten besteht nicht in der Ableitung von angenäherten Formeln für die Berechnung von Wahrscheinlichkeiten, sondern darin, strenge Beweise zu geben für die fundamentalen Grenztheoreme der Wahrscheinlichkeitsrechnung und sie möglichst weitgehend zu verallgemeinern.

Alupka (Krim), im Dezember 1911.

A. Markoff.

Vorwort des Übersetzers.

Indem der Verfasser sich in aller Klarheit über seine Ziele ausspricht, zeigt er damit zugleich, inwiefern sein Werk neben der ausführlichen Darstellung der Wahrscheinlichkeitsrechnung von CZUBER und dem systematischen Ausbau, den dieses Gebiet der angewandten Mathematik durch BRUHNS erfahren hat, das selbständige Interesse eines größeren Leserkreises beansprucht.

Daher wird es vollkommen gerechtfertigt erscheinen, der im Jahre 1896 in deutscher Übersetzung (von FRIESENDORFF und PRÜMM) veröffentlichten Differenzenrechnung hiermit seine Wahrscheinlichkeitsrechnung (zweite Auflage, St. Petersburg 1908) folgen zu lassen.

Zum Schluß möchte ich nicht versäumen, dem Verlag für die gediegene, so manchen typographischen Schwierigkeiten gewachsene Wiedergabe an dieser Stelle meinen Dank auszusprechen.

Heinrich Liebmann.

Inhaltsverzeichnis.

Kapitel 1.
Grundlegende Begriffe und Sätze.

Kapitel II.
Von der Wiederholung der Proben.

Kapitel III.
Über die Summe unabhängiger Größen.

Kapitel IV.
Beispiele für die verschiedenen Methoden der Wahrscheinlichkeitsrechnung.

Kapitel I.

Grundlegende Begriffe und Sätze.

§ 1. Definition der mathematischen Wahrscheinlichkeit.

Der Begriff der Wahrscheinlichkeit ist mit den Fragen verbunden, auf die wir nur so antworten können: Es muß vorhanden sein

entweder A, oder B, oder C ..., oder F, oder G.

Der Gleichförmigkeit und der Kürze halber verabreden wir, die als Antwort auf eine Frage eintretenden

$$A, B, C, \ldots, F, G$$

als *Ereignisse* oder *Fälle* zu bezeichnen, unabhängig vom Inhalt der Frage. Sind damit aber Bedingungen verknüpft, bei denen die Frage eine bestimmte Antwort erhält, so werden wir von einer *Probe* sprechen.

Wäre diese Verknüpfung bekannt, so wäre bekannt, welches der Ereignisse

$$A, B, C, \ldots, F, G$$

eintritt. Aber statt dessen sind uns nur einige Bedingungen der Probe bekannt.

Wir bemerken, daß man die bekannten Bedingungen oft als unveränderlich für viele Proben betrachten kann, die unbekannten aber als veränderlich und die verschiedenen Proben voneinander unterscheidend.

Dann werden unsere Urteile, die sich nur auf die bekannten Bedingungen stützen, in gleicher Weise für alle Proben gelten, wenn die Proben auch durchaus verschiedene Ergebnisse zur Folge haben.

Die Ereignisse

$$A, B, C, \ldots, F, G$$

nennen wir *einzig möglich* oder *allein möglich*, wenn eines von ihnen ganz bestimmt eintreten muß.

Das Einhalten dieser Bedingung ist allerdings unumgänglich notwendig dafür, daß unsere Antwort, die in einer Durchzählung der Fälle besteht, als gültig anerkannt wird.

Wir werden die Ereignisse

$$A, B, C, \ldots, F, G$$

unvereinbar nennen, wenn jedes von ihnen die anderen ausschließt, so daß das gleichzeitige Eintreten irgend zweier von diesen Ereignissen unmöglich ist.

Diese Ausdrücke erwecken keinen Zweifel, wenn wir auch kein wirkliches Mittel haben, um die Frage der Verträglichkeit oder Unverträglichkeit der Ereignisse in allen Fällen zu entscheiden.

Um den Begriff der Wahrscheinlichkeit als einer Zahl ordnungsgemäß aufzustellen, ist noch ein Ausdruck nötig, der freilich nur bei rein theoretischen Fragen kein Bedenken erregt.

Wir nennen zwei Ereignisse *gleichmöglich*, wenn gar keine Gründe vorliegen, eines von ihnen bestimmter als das andere zu erwarten. Verschiedene Ereignisse nennen wir gleichmöglich, wenn je zwei von ihnen gleichmöglich sind.

In wohlbekannten theoretischen Fragen steht die Gleichmöglichkeit der betrachteten Fälle klar vor unserem Verstand; in anderen machen wir aus, welche Ereignisse gleichmöglich anzurechnen sind. In praktischen Fragen aber werden wir genötigt, auch solche Fälle als gleichmöglich anzunehmen, deren Gleichmöglichkeit sehr zweifelhaft ist.

Wir setzen jetzt voraus, daß die Ereignisse

$$A, B, C, \ldots, F, G$$

allein möglich, unvereinbar und gleichmöglich sind. Dann wird *Wahrscheinlichkeit* eines jeden dieser Ereignisse der Bruch genannt, dessen Zähler der Einheit, dessen Nenner dagegen ihrer Anzahl gleich ist.

Von diesem einfachen Fall gehen wir zu einem verwickelteren über.

Wir nehmen an, daß die allein möglichen und unvereinbaren Ereignisse

$$A, B, C, \ldots, F, G$$

nicht gleichmöglich sind, aber in gleichmögliche, die verschiedene besondere Arten von ihnen darstellen, zerlegt werden können. Es seien

$a_1, a_2, \ldots, a_\alpha$ die besonderen Arten des Ereignisses A,

$b_1, b_2, \ldots, b_\beta$ die besonderen Arten des Ereignisses B,

. . . .

$g_1, g_2, \ldots, g_\omega$ die besonderen Arten des Ereignisses G,

so daß bei der Existenz von A eines und nur eines der Ereignisse

$$a_1, a_2, \ldots, a_\alpha$$

eingetreten sein muß, bei der Existenz von B eines und nur eines der Ereignisse

$$b_1, b_2, \ldots, b_\beta$$

usw.

Natürlich sind die Ereignisse

$$a_1, a_2, \ldots, a_\alpha, \quad b_1, b_2, \ldots, b_\beta, \quad g_1, g_2, \ldots, g_\omega$$

unvereinbar; außerdem setzen wir voraus, daß sie, wie schon gesagt wurde, gleichmöglich sind.

Unter diesen Voraussetzungen nennen wir Wahrscheinlichkeiten der Ereignisse

$$A, B, C, \ldots, G$$

die entsprechenden Brüche

$$\frac{\alpha}{\alpha + \beta + \cdots + \omega}, \quad \frac{\beta}{\alpha + \beta + \cdots + \omega}, \quad \ldots, \quad \frac{\omega}{\alpha + \beta + \cdots + \omega}. \tag{1}$$

Wir verabreden ferner die Ereignisse

$$a_1, a_2, \ldots, a_\alpha$$

bei denen A eintritt, als *günstig* für A zu bezeichnen, die Ereignisse

$$b_1, b_2, \ldots, b_\beta$$

als günstig für B usw.; alle gleichmöglichen Ereignisse aber

$$a_1, a_2, \ldots, a_\alpha, \quad b_1, b_2, \ldots, b_\beta, \ldots, g_1, g_2, \ldots, g_\omega$$

werden wir Ereignisse oder Fälle nennen, die die Frage beantworten. Auf Grund dieser Benennungen können wir unsere Bestimmung der Wahrscheinlichkeit in folgender Weise formulieren:

Wahrscheinlichkeit eines Ereignisses nennen wir den Bruch, dessen Zähler die Anzahl der gleichmöglichen und für dieses Ereignis günstigen Fälle darstellt, dessen Nenner aber die Anzahl aller gleichmöglichen, die Frage beantwortenden Fälle ist.

Auf diese Definition der Wahrscheinlichkeit sind auch die weiteren Ausführungen begründet.

1*

Es versteht sich, daß die Zurückführung der Ereignisse auf
gleichmögliche kein vollständig bestimmtes Verfahren bedeutet, sie
läßt im Gegenteil eine beträchtliche Unbestimmtheit zu, sofern wir
die Anzahl der gleichmöglichen Fälle vergrößern können durch weitere
Zerlegung in besondere Arten und auch die Anzahl der gleichmöglichen Fälle verkleinern können, wenn wir mehrere Fälle zu einem
vereinigen. Wir können deshalb für die Wahrscheinlichkeit eines
und desselben Ereignisses verschiedene Ausdrücke erhalten. Damit alle
diese Ausdrücke auf dieselbe Zahl führen, muß man den folgenden
Grundsatz streng befolgen:

*Zwei Ereignisse sind gleichmöglich, wenn sie in die gleiche Anzahl
gleichmöglicher Ereignisse zerfallen; zwei Ereignisse sind nicht gleichmöglich, wenn sie nicht in die gleiche Anzahl gleichmöglicher Fälle zerfallen; für $\alpha = \beta$ sind die Ereignisse A und B gleichmöglich, aber für
$\alpha > \beta$ oder $\beta > \alpha$ sind sie nicht gleichmöglich. Und im Gegenteil:
Wenn zwei gleichmögliche Ereignisse in nicht übereinstimmende An-
zahlen verschiedener Ereignisse zerfallen, dann können diese letzteren
nicht alle gleichmöglich sein.*

Bei der von uns aufgestellten Definition tritt die Wahrscheinlichkeit in Gestalt einer rationalen, zwischen Null und der Einheit gelegenen
Zahl auf. Wir werden aber bei der Definition der Wahrscheinlichkeit
gewisser Ereignisse als Grenzwert der Wahrscheinlichkeit anderer Ereignisse irrationale Zahlen einführen. Von der Einführung irrationaler
Zahlen in die Wahrscheinlichkeitsrechnung werden wir in der Folge ausführlich sprechen.

Als Grenzwerte der Wahrscheinlichkeit verschiedener Ereignisse
dienen Null und Einheit. Die Wahrscheinlichkeit erreicht den Wert
Eins für Ereignisse die gewiß sind, denen alle Fälle günstig sind, sie
verwandelt sich in Null für unmögliche Ereignisse, denen kein Fall
günstig ist.

Und wir können behaupten, daß die Wahrscheinlichkeit Eins auf
die Gewißheit des Ereignisses hinweist, die Wahrscheinlichkeit Null
aber auf seine Unmöglichkeit, wenigstens dann, wenn diese Wahrscheinlichkeit durch direkte Berechnung der gleichmöglichen Fälle aufgestellt ist.

§ 2. Erläuterung am Urnenschema.

Um den Begriff der Wahrscheinlichkeit als einer Zahl aufzustellen,
wenden wir uns zu dem folgenden Beispiel, das wir auch weiterhin
brauchen werden.

Wir wollen eine Urne nehmen, die a weiße Kugeln Nr. 1, b weiße Kugeln Nr. 2, c schwarze Kugeln Nr. 1, d schwarze Kugeln Nr. 2 und weiter keine anderen Kugeln enthält.

Aus dieser Urne wird eine Kugel herausgenommen und die Frage nach ihrer Farbe oder ihrer Nummer gestellt, oder endlich nach Farbe und Nummer.

In dem gegebenen Fall besteht die Probe darin, daß man aus der Urne irgendeine bestimmte Kugel herausnimmt.

Wenn wir diese Kugel gesehen haben, dann können wir auf die gestellte Frage eine bestimmte Antwort geben. Wenn wir aber die herausgeholte Kugel nicht gesehen haben und uns nur die oben angegebenen Umstände bekannt sind, so antworten wir auf die Frage nach der Farbe der Kugel:

weiß oder schwarz,

indem wir so auf die beiden möglichen Fälle hinweisen; auf die Frage aber nach der Nummer der Kugeln zählen wir auch zwei Fälle auf:

Nr. 1 und Nr. 2;

endlich besteht unsere Antwort auf die Frage nach Farbe und Nummer der Kugel in der Aufzählung von vier Fällen:

weiß Nr. 1, weiß Nr. 2, schwarz Nr. 1, schwarz Nr. 2.

Wir verweilen bei dieser Frage und stellen zu allererst fest, daß unsere Kenntnis nur daraus besteht, daß die Urne, aus der die Kugel herausgenommen wird, keine anderen Kugeln enthält als weiße und schwarze mit den Nummern 1 und 2.

Dann sind die von uns aufgezählten unvereinbaren Fälle

weiß Nr. 1, weiß Nr. 2, schwarz Nr. 1, schwarz Nr. 2

nicht nur die allein möglichen, sondern auch die gleichmöglichen; und dementsprechend wird die Wahrscheinlichkeit eines jeden ausgedrückt durch den Bruch 1 : 4. Unter denselben Umständen wird die Wahrscheinlichkeit, daß die Kugel weiß ist, gleich 1 : 2, da ja das Auftreten einer weißen und einer schwarzen Kugel ebenfalls unvereinbare, einzig mögliche und gleichmögliche Ereignisse sind.

Wir nehmen jetzt an, daß uns die Ungleichheiten bekannt sind:

$$a > b > c > d.$$

In diesem Fall haben wir Ursache, eine weiße Kugel Nr. 1 eher zu erwarten, als eine weiße Kugel Nr. 2, wir haben auch Ursache, eine weiße Kugel Nr. 2 eher zu erwarten als eine schwarze Kugel Nr. 1

Sind nun also die Ungleichheiten bekannt

$$a > b > c > d,$$

so hören die vier Ereignisse

weiß Nr. 1, weiß Nr. 2, schwarz Nr. 1, schwarz Nr. 2

auf, gleichmöglich zu sein.

Wir können sie dann nicht in gleichmögliche zerlegen, wenn uns weiter nichts bekannt ist außer den Ungleichheiten

$$a > b > c > d.$$

Bei solchen Bedingungen müssen wir auf die Aufstellung der Wahrscheinlichkeiten unserer Ereignisse als bestimmter Zahlen verzichten.

Endlich seien uns die Zahlen bekannt:

$$a, \quad b, \quad c, \quad d.$$

Wir können dann, um die gleichmöglichen Fälle zu erhalten, die vier betrachteten Fälle in weitere besondere zu zerlegen.

Zu diesem Zwecke stellen wir uns in Gedanken alle Kugeln durch neue Zeichen unterschieden vor, z. B. durch weitere Ziffern.

Wir stellen uns also vor, daß die weißen Kugeln Nr. 1 unterschieden sind durch die Ziffern

$$1, 2, 3, \ldots, a,$$

die weißen Kugeln Nr. 2 unterschieden durch die Ziffern

$$a + 1, \quad a + 2, \ldots, a + b,$$

die schwarzen Kugeln Nr. 1 unterschieden durch die Ziffern

$$a + b + 1, \quad a + b + 2, \ldots, a + b + c,$$

und endlich die schwarzen Kugeln Nr. 2 unterschieden durch die Ziffern

$$a + b + c + 1, \quad a + b + c + 2, \ldots, a + b + c + d.$$

Nachdem so alle Kugeln von einander unterschieden sind, können wir die vier betrachteten Ereignisse in

$$a + b + c + d$$

Ereignisse zerlegen, deren jedes in dem Auftreten einer Kugel mit einer bestimmten Zahl

$$1, 2, 3, \ldots, a + b + c + d$$

besteht. Diese neuen Ereignisse sind gleichmöglich, da sich ja in der
Urne je eine Kugel mit einer der Ziffern

$$1, 2, \ldots, a + b + c + d$$

befindet, und da kein Grund ist, das Auftreten einer dieser Ziffern eher
als das irgendeiner anderen zu erwarten.

Von ihnen sind a Ereignisse, bestehend im Auftreten der Ziffern

$$1, 2, 3, \ldots, a$$

dem Eintreffen einer weißen Kugel Nr. 1 günstig, da sie ja die besonderen Fälle dieses letzteren Ereignisses darstellen.

Demnach wird gemäß der Definition die Wahrscheinlichkeit, daß
eine weiße Kugel Nr. 1 erscheint, durch den Bruch ausgedrückt

$$\frac{a}{a + b + c + d}.$$

Aus demselben Grunde wird der Bruch

$$\frac{b}{a + b + c + d}$$

die Wahrscheinlichkeit für die Entnahme einer weißen Kugel Nr. 2 ausdrücken, der Bruch

$$\frac{c}{a + b + c + d}$$

wird die Wahrscheinlichkeit der Entnahme einer schwarzen Kugel Nr. 1
ausdrücken, und endlich

$$\frac{d}{a + b + c + d}$$

die Wahrscheinlichkeit der Entnahme einer schwarzen Kugel Nr. 2.

Unterscheiden wir aber statt vier Ereignissen nur zwei, von denen
das eine im Auftreten einer weißen Kugel, das andere im Auftreten einer
schwarzen Kugel besteht, dann werden ihre Wahrscheinlichkeiten entsprechend durch die Brüche ausgedrückt

$$\frac{a + b}{a + b + c + d} \quad \text{und} \quad \frac{c + d}{a + b + c + d}.$$

Wir wollen jetzt annehmen, daß zu den früher gegeben Daten noch
eines hinzukommt; es soll nämlich bekannt sein, welche der beiden
Nummern 1 und 2 auf der entnommenen Kugel steht.

Diese neue Angabe ändert die Größe für die Wahrscheinlichkeit,
daß die herausgenommene Kugel weiß ist. Wenn nämlich bekannt ist,

daß auf der herausgenommenen Kugel die Nummer 1 steht, so müssen wir auf Grund von Überlegungen, die den früheren ähnlich sind, die Wahrscheinlichkeit dafür, daß diese Kugel weiß ist, durch den Bruch ausdrücken

$$\frac{a}{a+c}$$

und die Wahrscheinlichkeit dafür, daß sie schwarz ist, durch den Bruch

$$\frac{c}{a+c}.$$

Wenn aber bekannt ist, daß auf der herausgenommenen Kugel Nr. 2 steht, so wird die Wahrscheinlichkeit, daß sie weiß ist, durch den Bruch ausgedrückt

$$\frac{b}{b+d}$$

und die Wahrscheinlichkeit, daß sie schwarz ist, durch den Bruch

$$\frac{d}{b+d}.$$

Das von uns angeführte Beispiel kann zur Erläuterung des folgenden Axioms dienen[1]):

Unabhängigkeitsaxiom:

Wenn bei bekannten Voraussetzungen die Ereignisse

$$p, q, r, \ldots, u, v$$

gleichmöglich sind und in bezug auf das Ereignis A in günstige und ungünstige zerlegt werden, so werden, wenn zu diesen Voraussetzungen noch die Angabe des Eintreffens von A hinzukommt, diejenigen Fälle

$$p, q, r, \ldots, u, v,$$

die dem Ereignis A nicht günstig sind, unmöglich, und folglich fallen sie fort, die übrigen aber hören nicht auf, wie früher, gleichmöglich zu sein.

Das von uns angeführte Beispiel zeigt auch, daß man bei weitem nicht in allen Fällen die Wahrscheinlichkeit als eine bestimmte Zahl betrachten kann.

---

1) Axiom nennen wir eine solche Annahme, welche, ihrerseits unbewiesen, als Grundlage unserer Urteile aufgestellt wird.

Ohne uns bei anderen Beispielen der Nichtexistenz einer bestimmten Zahl für die Wahrscheinlichkeit aufzuhalten, wollen wir bemerken, daß nicht nur die Wahrscheinlichkeitsrechnung sondern auch andere Wissenschaften sich mit der angenäherten Bestimmung solcher Zahlen beschäftigen, deren Existenz nicht festgestellt ist und nicht mit mathematischer Strenge festgestellt werden kann. Die auf Erfahrung begründeten Wissenschaften trachten freilich nach einem möglichst hohen Grad der Strenge, aber sie können ihrem Wesen nach keine mathematische Strenge besitzen.

Den empirischen Wissenschaften muß man auch viele Teile der Wahrscheinlichkeitsrechnung zuteilen.

§ 3. Additionssatz.

Zu den grundlegenden Sätzen der Wahrscheinlichkeitsrechnung zählen wir nur zwei, die unter den Namen *Additionssatz* und *Multiplikationssatz der Wahrscheinlichkeiten* bekannt sind.

Der Beweis dieser Sätze macht keine Mühe, doch ist er verbunden mit der oben erwähnten Annahme, daß alle Ereignisse auf gleichmögliche zurückführt werden können.

Satz von der Addition der Wahrscheinlichkeiten.

Die Wahrscheinlichkeit, daß von unvereinbaren Ereignissen eines eintritt ohne Angabe, welches es sein soll, ist gleich der Summe dieser Wahrscheinlichkeiten.

Beweis:

Es seien

$$E_1, E_2, \ldots, E_k$$

unvereinbare Ereignisse. Es mögen ferner

$$C_1, C_2, \ldots, C_n$$

die einzig möglichen, unvereinbaren und gleichmöglichen Fälle bezeichnen, von denen m_1 Fälle dem Ereignis E_1 günstig sind, die übrigen aber ungünstig, m_2 Fälle sind dem Ereignis E_2 günstig, die übrigen aber ungünstig usw. endlich sind m_k Fälle dem Ereignis E_k günstig, die übrigen aber ihm ungünstig.

Bei diesen Voraussetzungen drücken sich die Wahrscheinlichkeiten der Ereignisse

$$E_1, E_2, \ldots, E_k$$

ihrer Definition gemäß, durch die Brüche aus

$$\frac{m_1}{n}, \ \frac{m_2}{n}, \ \ldots, \ \frac{m_k}{n}.$$

Wegen der Unvereinbarkeit der Ereignisse

$$E_1, E_2, \ldots, E_k$$

sind alle Fälle, die für eines von ihnen günstig ist, für die übrigen dieser Ereignisse ungünstig.

Also, wenn wir zu den m_1 für E_1 günstigen Fällen die m_2 für E_2 günstigen, die m_3 für E_3 günstigen usw. hinzunehmen, endlich die m_k Fälle, welche für E_k günstig sind, so werden unter den auf diese Weise erhaltenen

$$m_1 + m_2 + \cdots + m_k$$

Fällen sich keine von derselben Art befinden.

Diese voneinander verschiedenen Fälle, deren Anzahl gleich

$$m_1 + m_2 + \cdots + m_k$$

ist, begünstigen das Erscheinen von einem oder dem anderen der Ereignisse

$$E_1, E_2, \ldots, E_k,$$

die übrigen aber von den von uns betrachteten n Fällen

$$C_1, C_2, \ldots, C_n$$

begünstigen kein einziges der Ereignisse

$$E_1, E_2, \ldots, E_k.$$

Folglich drückt sich die Wahrscheinlichkeit des Eintreffens eines der Ereignisse

$$E_1, E_2, \ldots, E_k$$

ohne Angabe, welches eintreffen soll, gemäß der Definition aus durch den Bruch

$$\frac{m_1 + m_2 + \cdots + m_k}{n}.$$

Wir bemerken schließlich, daß der letztere Bruch der Summe

$$\frac{m_1}{n} + \frac{m_2}{n} + \frac{m_3}{n} + \cdots + \frac{m_k}{n}$$

gleich ist, und damit ist der Satz bewiesen.

Bemerkung. Durch ein dem vorausgehenden ähnliches Schlußverfahren erkennt man leicht, daß die Summe der Wahrscheinlichkeiten von Ereignissen, die nicht unverträglich sind, einen größeren Betrag ergibt, als die Wahrscheinlichkeit, daß eines von ihnen eintritt.

Betrachten wir die Ereignisse

$$E_1, E_2, \ldots, E_k$$

als verschiedene Arten desselben Ereignisses E, so können wir den Satz von der Addition der Wahrscheinlichkeiten noch in folgender Weise ausdrücken:

Wenn irgendein Ereignis E in mehrere verschiedene Arten zerfällt, so ist seine Wahrscheinlichkeit gleich der Summe der Wahrscheinlichkeiten aller dieser verschiedenen Arten.

Um den Satz von der Addition der Wahrscheinlichkeiten zu erläutern, wenden wir uns zu dem früheren Beispiel.

Die Wahrscheinlichkeiten des Auftretens einer weißen Kugel Nr. 1, einer weißen Nr. 2, einer schwarzen Nr. 1, einer schwarzen Nr. 2 hatten wir durch die Brüche ausgedrückt

$$\frac{a}{a+b+c+d}, \quad \frac{b}{a+b+c+d}, \quad \frac{c}{a+b+c+d}, \quad \frac{d}{a+b+c+d}.$$

Vereinigt man die beiden ersten dieser Brüche, so erhält man als Summe den Bruch

$$\frac{a+b}{a+b+c+d},$$

der gleich der Warscheinlichkeit ist, daß eine weiße Kugel Nr. 1 oder eine weiße Kugel Nr. 2 auftritt, d. h. die Wahrscheinlichkeit, daß die herausgenommene Kugel weiße Farbe hat.

In gleicher Weise bedeutet

$$\frac{a}{a+b+c+d} + \frac{c}{a+b+c+d} = \frac{a+c}{a+b+c+d}$$

die Wahrscheinlichkeit, daß auf der herausgenommenen Kugel die Nummer 1 steht.

Aus dem Satz über die Addition der Wahrscheinlichkeiten kann man auch zum folgenden Satz gelangen:

Die Summe der Wahrscheinlichkeiten von allein möglichen und einander ausschließenden Ereignissen ist der Einheit gleich.

Von der Richtigkeit dieses Satzes kann man sich unmittelbar überzeugen, um ihn aber aus dem Satz von der Addition der Wahrscheinlichkeiten abzuleiten, genügt die Bemerkung, daß das Eintreten eines

Ereignisses von den allein möglichen Ereignissen ein notwendiges Ereignis ist, dessen Wahrscheinlichkeit also der Einheit gleich ist.

Besonders wichtig ist der Fall zweier allein möglicher und unverträglicher Ereignisse; solche Ereignisse werden wir *entgegengesetzt* nennen. Jedem Ereignisse A entspricht ein entgegengesetztes, das aus dem Nichteintreten des ersten A besteht.

Im vorigen Beispiel sind es die weiße und die schwarze Farbe der herausgenommenen Kugel. Dem Auftreten einer weißen Kugel Nr. 1 aber ist entgegengesetzt das Auftreten einer schwarzen Kugel oder einer weißen Kugel Nr. 2.

Die Summe der Wahrscheinlichkeiten zweier entgegengesetzten Ereignisse ist der Einheit gleich; hat man also die Wahrscheinlichkeit p eines von beiden, so erhält man die anderen q, indem man die des ersten von der Einheit abzieht:

$$p + q = 1, \quad q = 1 - p, \quad p = 1 - q.$$

Wenn das Ereignis A gewiß ist, so ist das entgegengesetzte unmöglich; dann ist die Wahrscheinlichkeit des Ereignisses A der Einheit gleich, die des ihm entgegengesetzten aber der Null gleich. Wenn aber das Ereignis A unmöglich ist, dann ist das ihm entgegengesetzte gewiß; dann ist die Wahrscheinlichkeit des Ereignisses A gleich Null und die des entgegengesetzten der Einheit gleich.

Je näher die Wahrscheinlichkeit eines Ereignisses der Einheit ist, desto mehr haben wir Grund, das Eintreffen eines solchen Ereignisses zu erwarten und das entgegengesetzte nicht zu erwarten.

In Fragen praktischer Art können wir gezwungen sein, Ereignisse, deren Wahrscheinlichkeit der Einheit mehr oder weniger nahe kommt, als gewiß zu betrachten, und Ereignisse, deren Wahrscheinlichkeit klein ist, als unmöglich.

Dementsprechend besteht eine der wichtigsten Aufgaben der Wahrscheinlichkeitsrechnung darin, solche Ereignisse ausfindig zu machen, deren Wahrscheinlichkeiten der Einheit oder der Null nahe kommen.

§ 4. Satz von der Multiplikation der Wahrscheinlichkeiten.

Die Wahrscheinlichkeit, daß zwei Ereignisse zusammentreffen, ist gleich dem Produkt aus der Wahrscheinlichkeit des einen und der des anderen, wobei diese unter der Voraussetzung berechnet ist, daß das erste stattfindet.

Beweis.

Es seien von den allein möglichen unverträglichen und gleichmöglichen Fällen

$$C_1, C_2, \ldots, C_m, \quad C_{m+1}, \ldots, C_{m_1}, \quad C_{m_1+1}, \ldots, C_n$$

die ersten m_1 der Fälle:

$$C_1, C_2, \ldots, C_m, \quad C_{m+1}, \ldots, C_{m_1}$$

einem Ereignis A günstig, die übrigen aber ihm ungünstig.

Ferner seien von den Fällen

$$C_1, C_2, \ldots, C_m, \quad C_{m+1}, \ldots, C_{m_1}$$

die ersten m Fälle

$$C_1, C_2, \ldots, C_m$$

einem anderen Ereignis B günstig, die übrigen aber ihm ungünstig.

Bei diesen Bedingungen wird die Wahrscheinlichkeit des Ereignisses A ausgedrückt durch den Bruch

$$\frac{m_1}{n}.$$

Wenn aber das Auftreten von A bekannt ist, dann wird die Wahrscheinlichkeit von B durch den Bruch ausgedrückt

$$\frac{m}{m_1};$$

da ja beim Auftreten des Ereignisses A die Fälle

$$C_{m_1+1}, C_{m_2+2}, \ldots, C_n$$

unmöglich sind, die Fälle

$$C_1, C_2, \ldots, C_{m_1}$$

aber wie früher als gleichmöglich übrig bleiben.

Endlich wird die Wahrscheinlichkeit des Eintretens beider Ereignisse A und B durch den Bruch ausgedrückt

$$\frac{m}{n},$$

denn es treten beide Fälle A und B nur ein in den Fällen

$$C_1, C_2, \ldots, C_m.$$

Beachten wir, daß der Bruch

$$\frac{m}{n}$$

gleich ist dem Produkt

$$\frac{m_1}{n} \cdot \frac{m}{m_1};$$

so dürfen wir den Satz von der Multiplikation der Wahrscheinlichkeiten als bewiesen annehmen.

Als Erläuterung kann das erste Beispiel dienen.

In diesem Beispiel war die Rede von einer Kugel, die aus einer Urne genommen wurde, welche a weiße Kugeln Nr. 1, b weiße Kugeln Nr. 2, c schwarze Kugeln Nr. 1, d schwarze Kugeln Nr. 2 und keine weiteren Kugeln enthält.

Unter der Voraussetzung, daß die Zahlen a, b, c, d gegeben sind, stellten wir für die Wahrscheinlichkeit des Auftretens einer weißen Kugel den Betrag fest

$$\frac{a+b}{a+b+c+d}.$$

Ferner drückt sich die Wahrscheinlichkeit des Auftretens einer Kugel Nr. 1 durch den Bruch aus:

$$\frac{a+c}{a+b+c+d};$$

aber die Wahrscheinlichkeit des Auftretens einer Kugel Nr. 1 wird, wenn bekannt ist, daß sie weiß ist, durch den Bruch ausgedrückt

$$\frac{a}{a+b}.$$

Multiplizieren wir den letzten Bruch mit $(a+b):(a+b+c+d)$, so erhalten wir den Betrag:

$$\frac{a+b}{a+b+c+d} \cdot \frac{a}{a+b} = \frac{a}{a+b+c+d},$$

der der Wahrscheinlichkeit gleich ist, eine weiße Kugel Nr. 1 zu ziehen.

Denselben Betrag $a:(a+b+c+d)$ erhalten wir, wenn wir den Bruch

$$\frac{a+c}{a+b+c+d},$$

der die Wahrscheinlichkeit ausdrückt, daß eine Kugel Nr. 1 gezogen wird, mit dem Bruch

$$\frac{a}{a+c}$$

multiplizieren, der bei der Annahme, daß auf der gezogenen Kugel die Nummer 1 steht, die Wahrscheinlichkeit ausdrückt, daß sie von weißer Farbe ist.

Wir halten es nicht für überflüssig, den Satz von der Multiplikation der Wahrscheinlichkeiten durch die Formel auszudrücken

$$(AB) = (A)(B,A) = (B)(A,B), \tag{2}$$

wobei (AB) die Wahrscheinlichkeit des gleichzeitigen Eintretens der beiden Ereignisse A und B bedeutet, (A) und (B) entsprechend die Wahrscheinlichkeiten der Ereignisse A und B, (B, A) die Wahrscheinlichkeit des Ereignisses B, wenn der Tatbestand A bekannt ist, und (A, B) die Wahrscheinlichkeit von A, wenn bekannt ist, daß B eingetreten ist.

Der Satz von der Multiplikation der Wahrscheinlichkeiten kann in folgender Weise auf den Fall mehrerer Ereignisse ausgedehnt werden.

Ordnen wir mehrere Ereignisse in eine beliebige Folge und nehmen die Wahrscheinlichkeit eines jeden von ihnen unter der Voraussetzung, daß die vorhergehenden stattfinden, so drückt das Produkt aller dieser Wahrscheinlichkeiten die Wahrscheinlichkeit aus, daß alle betrachteten Ereignisse zugleich eintreten.

Dementsprechend können wir die Formel hinschreiben

$$(E_1 E_2 \ldots, E_k) = (E_1)(E_2, E_1)(E_3, E_1 E_2), \ldots, (E_k, E_1, E_2 \ldots, E_{k-1}),$$

worin $(E_1 E_2 \ldots E_k)$ die Wahrscheinlichkeit des gemeinsamen Eintreffens aller Ereignisse E_1, E_2, $\ldots$, E_k bedeutet, das Symbol (E_1) bedeutet die Wahrscheinlichkeit des Ereignisses E_1, und unter $(E_i, E_1 E_2 \ldots E_{i-1})$ endlich für $i = 2, \ldots, k$ verstehen wir die Wahrscheinlichkeit des Ereignisses E_i, wenn uns bekannt ist, daß die Ereignisse E_1, E_2, $\ldots$, E_{i-1} eingetreten sind.

Zu der angegebenen Verallgemeinerung des Satzes von der Multiplikation der Wahrscheinlichkeiten können wir gelangen, wenn wir der Reihe nach von dem Fall zweier Ereignisse zu dem Fall dreier Ereignisse übergehen, vom Fall dreier Ereignisse zum Fall von vier Ereignissen usw.

In Erläuterung des Gedankenganges genügt es zu zeigen, in welcher Weise der Fall dreier Ereignisse aus dem Fall zweier Ereignisse abgeleitet wird; auf ähnliche Weise wird dann der Fall von vier Ereignissen aus dem Fall dreier Ereignisse abgeleitet usw.

Wenn also die drei Ereignisse

$$E_1, E_2, E_3$$

eintreten, so müssen notwendig zwei von ihnen eintreffen.

Betrachten wir ferner das Eintreffen zweier Ereignisse E_1 und E_2 als ein Ereignis F, dann wird das Eintreten der Ereignisse E_1, E_2, E_3 identisch sein mit dem Eintreffen der zwei Ereignisse F und E_3.

Wir können deshalb, indem wir zweimal den Multiplikationssatz der Wahrscheinlichkeiten auf den schon betrachteten Fall zweier Ereignisse anwenden, die beiden Gleichungen aufstellen

$$(E_1 E_2 E_3) = (E_1 E_2)(E_3, E_1 E_2)$$

und

$$(E_1 E_2) = (E_1)(E_2, E_1),$$

aus denen wir sofort ableiten

$$(E_1 E_2 E_3) = (E_1)(E_2, E_1)(E_3, E_1 E_2).$$

Der Multiplikationssatz der Wahrscheinlichkeiten vereinfacht sich in einem wichtigen Fall, wenn es sich um *unabhängige* Ereignisse handelt. Verschiedene Ereignisse

$$E_1, E_2, \ldots, E_k$$

nennen wir von einander *unabhängig*, wenn die Wahrscheinlichkeit für jedes nicht vom Eintreffen oder Nichteintreffen der übrigen abhängt, so daß keine Angabe über das Eintreffen oder Nichteintreffen einiger der Ereignisse

$$E_1, E_2, \ldots, E_k$$

die Wahrscheinlichkeit der übrigen ändert.

Wenn die Ereignisse

$$E_1, E_2, \ldots, E_k$$

nicht voneinander abhängen, so fällt die Wahrscheinlichkeit für jedes, wenn die vorhergehenden eingetroffen sind, in Hinblick auf den Satz zusammen mit der Wahrscheinlichkeit desselben Ereignisses, die bestimmt ist, unabhängig vom Eintreffen oder Nichteintreffen des anderen.

Wendet man dementsprechend den Multiplikationssatz der Wahrscheinlichkeiten auf unabhängige Ereignisse an, so kann man ihm den folgenden einfacheren Ausdruck verleihen: *Die Wahrscheinlichkeit des gleichzeitigen Eintreffens mehrerer unabhängiger Ereignisse ist dem Produkt ihrer Wahrscheinlichkeiten gleich.*

Anmerkung 1. Der Begriff unabhängiger Ereignisse kann in den wohlbekannten theoretischen Fragen für ganz klar gelten; in anderen Fragen freilich kann dieser Begriff sich völlig verdunkeln, zugleich mit der Verdunkelung des zugrunde gelegten Wahrscheinlichkeitsbegriffes.

Anmerkung 2. In vielen Fällen kann die Abhängigkeit oder Unabhängigkeit der Ereignisse von einander nicht durch diese Ereignisse allein bedingt sein, sondern auch durch die Voraussetzungen, unter denen ihre Wahrscheinlichkeiten betrachtet werden.

Solche Fälle werden im sechsten Kapitel angeführt.

Literatur.

LAPLACE, Théorie analytique des probabilités. Paris 1812.

POISSON, Recherches sur la probabilité des jugements, en matière criminelle et en matière civile. (Paris 1843.)

LACROIX, Traité élementaire du calcul des probabilités. Paris 1816.

BUNJAKOWSKIJ, Grundlagen der mathematischen Wahrscheinlichkeitstheorie. (Russisch) 1846.

BERTRAND, Calcul des probabilités (Paris 1889).

POINCARÉ, Calcul des probabilités (Paris 1896).

BRUNS, Wahrscheinlichkeitsrechnung und Kollektivmaßlehre. Leipzig 1906.

KRIES, Die Prinzipien der Wahrscheinlichkeitslehre. Eine logische Untersuchung. Freiburg 1886.

STUMPF, Über den Begriff der mathematischen Wahrscheinlichkeit (Bericht der bayerischen Akademie 1892).

GOLDSCHMIDT, Die Wahrscheinlichkeitsrechnung. Versuch einer Kritik 1897.

CZUBER, Die Entwicklung der Wahrscheinlichkeitstheorie und ihrer Anwendungen. Jahresber. d. deutschen Math. Ver. 7. Leipzig 1899.

Weitere Literatur angegeben bei

E. CZUBER, Wahrscheinlichkeitsrechnung (Math. Enc. I D 1).

Kapitel II.

Von der Wiederholung der Proben.

§ 5. Abhängige und unabhängige Proben. Serien.

Eine wichtige Aufgabe der Wahrscheinlichkeitsrechnung besteht in der Betrachtung der möglichen Ergebnisse mehrfacher Proben, wobei jedesmal ein Ereignis E eintreten kann.

Wir wollen diese Proben voneinander unterscheiden durch die Nummern

$$1, 2, 3, \ldots$$

und wir werden für eine jede mit dem Buchstaben F das zu E entgegengesetzte Ereignis bezeichnen.

Beschränken wir uns zuerst auf zwei Proben, so können wir vier Fälle unterscheiden:

$$EE, \; EF, \; FE, \; FF.$$

Der erste Fall besteht darin, daß das Ereignis E bei beiden Proben eintritt, der zweite darin, daß E bei der ersten Probe eintritt, aber bei der zweiten nicht usw.

Bevor wir an die Betrachtung der Wahrscheinlichkeiten der von uns angegebenen vier Fälle gehen, stellen wir den Begriff der unabhängigen Proben auf, mit denen wir uns auch ausschließlich beschäftigen werden.

Wir nennen verschiedene Proben *unabhängig* in bezug auf das Ereignis E, wenn die Wahrscheinlichkeit des Ereignisses E bei jeder Probe von den Resultaten der übrigen nicht abhängt.

Wir wollen annehmen, daß je zwei Proben unabhängig sind und mit p_1 die Wahrscheinlichkeit bezeichnen, das E zuerst eintritt, mit p_2 die Wahrscheinlichkeit, daß E an zweiter Stelle eintritt.

Dann wird die Wahrscheinlichkeit, daß F zuerst eintritt, durch $1 - p_1$ ausgedrückt, welchen Bruch wir mit q_1 bezeichnen wollen; die

Wahrscheinlichkeit aber, daß F an zweiter Stelle eintritt, wird durch $1 - p_2$ ausgedrückt, welche Zahl wir mit q_2 bezeichnen.

Bei diesen Voraussetzungen und mit diesen Bezeichnungen finden wir nach dem Multiplikationssatz der Wahrscheinlichkeiten für die obengenannten vier Fälle

$$EE, \ EF, \ FE, \ FF$$

entsprechend die folgenden Wahrscheinlichkeiten:

$$p_1 p_2, \ p_1 q_2, \ q_1 p_2, \ q_1 q_2.$$

Betrachtet man ferner den zweiten und dritten Fall als besondere Arten eines Ereignisses, das in dem einmaligen Eintreffen des Ereignisses E besteht, so folgt, daß die Wahrscheinlichkeit des einmaligen Eintreffens von E bei zwei aufeinander folgenden Proben durch die Summe ausgedrückt wird:

$$p_1 q_2 + q_1 p_2.$$

Unterscheidet man also bei den Proben drei Fälle, von denen der erste im zweifachen Auftreten von E, der zweite im einmaligen Auftreten und der dritte im gänzlichen Ausbleiben von E besteht, so findet man für diese Fälle folgende Wahrscheinlichkeiten:

$$p_1 p_2, \ p_1 q_2 + q_1 p_2, \ q_1 q_2.$$

Wir bemerken, daß diese drei Zahlen die Koeffizienten von ξ^2, ξ, ξ^0 in der Entwicklung des Produkts

$$(p_1 \xi + q_1)(p_2 \xi + q_2)$$

nach Potenzen der willkürlichen Zahl ξ darstellen.

Man kann auch leicht sehen, daß die Summe der von uns gefundenen Wahrscheinlichkeiten

$$p_1 p_2, \ p_1 q_2 + q_1 p_2, \ q_1 q_2$$

die Einheit ergibt, wie das auch sein muß für die Wahrscheinlichkeiten allein möglicher und unverträglicher Ereignisse.

Wenden wir uns zu den dreifachen Proben, so können wir acht Fälle unterscheiden, die wir, ähnlich wie die vorigen vier, so darstellen:

$$EEE, \ EEF, \ EFE, \ FEE, \ EFF, \ FEF, \ FFE, \ FFF.$$

Wenn wir dreifache unabhängige Proben betrachten, so nehmen wir zu den früheren Bezeichnungen

$$p_1, \ q_1, \ p_2, \ q_2,$$

2*

die sich auf die beiden ersten Proben beziehen, entsprechend noch die Bezeichnungen hinzu

$$p_3, \quad q_3$$

für die Wahrscheinlichkeiten der Ereignisse E und F bei der dritten Probe.

Unter diesen Bedingungen drücken sich die Wahrscheinlichkeiten der oben angegebenen acht Fälle auf Grund des Satzes von der Multiplikation der Wahrscheinlichkeiten durch die Produkte aus

$$p_1 p_2 p_3, \quad p_1 p_2 q_3, \quad p_1 q_2 p_3, \quad q_1 p_2 p_3, \quad p_1 q_2 q_3, \quad q_1 p_2 q_3, \quad q_1 q_2 p_3, \quad q_1 q_2 q_3.$$

Ferner können wir den zweiten, dritten und vierten Fall als besondere Arten eines Ereignisses betrachten, das in dem zweifachen Auftreten des Ereignisses E besteht; ebenso können wir den fünften, sechsten und siebenten Fall als besondere Arten eines Ereignisses auffassen, das in dem einmaligen Auftreten von E besteht.

Wir finden dann mit Hilfe des Additionssatzes der Wahrscheinlichkeiten, daß bei einer dreifachen Probe die Wahrscheinlichkeit des zweimaligen Eintreffens des Ereignisses E und des einmaligen des entgegengesetzten durch die Summe ausgedrückt wird

$$p_1 p_2 q_3 + p_1 q_2 p_3 + q_1 p_2 p_3;$$

die Wahrscheinlichkeit aber, daß das Ereignis E einmal und das entgegengesetzte zweimal eintritt, wird durch die Summe dargestellt:

$$p_1 q_2 q_3 + q_1 p_2 q_3 + q_1 q_2 p_3.$$

Unterscheiden wir also bei einer dreifachen Probe vier Fälle, von denen der erste im dreimaligen Eintreffen des Ereignisses E, der zweite im zweimaligen, der dritte im einmaligen Eintreffen besteht, der vierte aber im Ausbleiben des Ereignisses E, so finden wir für diese Fälle entsprechend folgende Wahrscheinlichkeiten:

$$p_1 p_2 p_3, \quad p_1 p_2 q_3 + p_1 q_2 p_3 + q_1 p_2 p_3,$$
$$p_1 q_2 q_3 + q_1 p_2 q_3 + q_1 q_2 p_3, \quad q_1 q_2 q_3.$$

Wir bemerken, daß die von uns erhaltenen vier Zahlen den Koeffizienten von ξ^3, ξ^2, ξ, ξ^0 in der Entwicklung des Produktes

$$(p_1 \xi + q_1)(p_2 \xi + q_2)(p_3 \xi + q_3)$$

nach Potenzen der willkürlichen Zahl ξ gleich sind; ihre Summe aber ergibt Eins.

Bevor wir zu den allgemeinen Formeln für eine beliebige Zahl unabhängiger Probeserien übergehen, wollen wir durch ein besonderes Beispiel den Unterschied zwischen abhängigen und unabhängigen Proben erläutern.

Wir wollen annehmen, daß wir der Reihe nach verschiedene Kugeln aus einer Urne ziehen, welche a weiße und b schwarze Kugeln und weiter keine Kugeln enthält.

Betrachten wir ferner das Ziehen jeder Kugel als eine bestimmte Probe, so sind soviel Proben zu unterscheiden, als wir Kugeln ziehen. Jede Probe führt zum Auftreten einer bestimmten Kugel; die weiße Farbe der Kugel nennen wir das Ereignis E und die schwarze das Ereignis F.

Wir unterscheiden jetzt zwei Voraussetzungen.

Zuerst nehmen wir, damit der Fall unabhängiger Proben eintritt, an, daß jede gezogene Kugel sogleich in die Urne wieder zurückgelegt wird, damit die Zahl sowohl der weißen wie der schwarzen Kugeln in der Urne unverändert bleibt.

Dann behält die Wahrscheinlichkeit des Ereignisses E für jede Probe ein und dieselbe Größe

$$\frac{a}{a+b},$$

unabhängig von den Ergebnissen der früheren Proben, da wir jede Kugel aus einer Urne entnehmen, welche a weiße und b schwarze Kugeln enthält.

Wir gehen jetzt zu der zweiten Voraussetzung über, wobei die von uns betrachteten Proben nicht mehr unabhängig sind; wir nehmen nämlich an, daß die gezogenen Kugeln nicht wieder in die Urne zurückgetan werden. Bei dieser Voraussetzung behält die Wahrscheinlichkeit des Ereignisses E für jede Probe die frühere Größe bei

$$\frac{a}{a+b}$$

solange, als die übrigen Ergebnisse unbekannt bleiben. Man kann aber leicht bestimmen, wie diese Wahrscheinlichkeit sich ändert gemäß der Kenntnis einiger Proben.

Wenn z. B. bekannt ist, daß eine weiße Kugel gezogen wurde, so wird die Wahrscheinlichkeit, daß eine zweite weiße Kugel gezogen wird, durch den Bruch ausgedrückt

$$\frac{a-1}{a+b-1};$$

denn diese zweite Kugel gehört ja zu einer Gesamtheit von $a + b - 1$ Kugeln, die $a - 1$ weiße und b schwarze Kugeln enthält. Wenn aber bekannt ist, daß eine schwarze Kugel gezogen wurde, so wird die Wahrscheinlichkeit, daß irgendeine zweite von uns gezogene Kugel weiß ist, durch den Bruch

$$\frac{a}{a + b - 1}$$

ausgedrückt; denn diese zweite Kugel muß ja zu einer Gesamtheit von $a + b - 1$ Kugeln gehören, welche a weiße und $b - 1$ schwarze Kugeln enthält.

Überhaupt aber, wenn bekannt ist, daß unter den von uns gezogenen Kugeln sich α weiße und β schwarze befinden, so wird für jede übrige die Wahrscheinlichkeit, daß sie weiß ist, durch den Bruch

$$\frac{a - \alpha}{a + b - \alpha - \beta}$$

ausgedrückt; denn diese Kugel muß ja zu einer Gesamtheit von $a + b - \alpha - \beta$ Kugeln gehören, welche $a - \alpha$ weiße und $b - \beta$ schwarze Kugeln enthält.

§ 6. Allgemeine Serienformel.

Wir kommen jetzt auf die allgemeinen Formeln.

Satz. *Wenn für die n unabhängigen Proben, die wir von einander durch die Nummern*

$$1, 2, 3, \ldots, n$$

unterscheiden, die Wahrscheinlichkeiten des Ereignisses E entsprechend durch die Zahlen

$$p_1, p_2, \ldots, p_n$$

ausgedrückt werden, so wird die Wahrscheinlichkeit, daß das Ereignis E bei einer solchen Serie von n Proben m-mal eintritt und nicht mehr, durch den Koeffizienten von ξ^m in der Entwicklung des Produktes

$$(p_1 \xi + q_1)(p_2 \xi + q_2), \ldots, (p_n \xi + q_n)$$

nach Potenzen der willkürlichen Zahl ξ ausgedrückt; dabei ist

$$q_1 = 1 - p_1, \quad q_2 = 1 - p_2, \ldots, q_n = 1 - p_n.$$

Um uns mit den Methoden der Wahrscheinlichkeitsrechnung vertraut zu machen, geben wir zwei Beweise dieses Satzes.

Erster Beweis.

Das Ereignis, dessen Wahrscheinlichkeit wir suchen, und das im
m-maligen Eintreffen von E bei n Proben besteht, kann in verschiedene
unvereinbare Arten zerlegt werden. Jede dieser Arten besteht im Eintreffen von E bei m bestimmten Proben und im Ausbleiben von E bei
den $n - m$ übrigen Proben.

Die Wahrscheinlichkeit, daß das Ereignis E bei m bestimmten Proben
eintritt und bei den übrigen $n - m$ Proben nicht eintritt, wird nach dem
Multiplikationssatz der Wahrscheinlichkeiten ausgedrückt.

Es wird nämlich kraft dieses Satzes die Wahrscheinlichkeit, daß
das Ereignis E bei den mit den Nummern

$$\alpha_1, \alpha_2, \ldots, \alpha_m$$

bezeichneten Proben eintritt, bei den $n - m$ übrigen aber nicht, durch
das Produkt

$$p_{\alpha_1} p_{\alpha_2} \cdots p_{\alpha_m} q_{\beta_1} q_{\beta_2} \cdots q_{\beta_{n-m}}$$

ausgedrückt, wobei

$$\beta_1 \beta_2 \ldots \beta_{n-m}$$

die Nummern der übrigen Proben sind. Wir bemerken, daß das Produkt

$$p_{\alpha_1} p_{\alpha_2} \cdots p_{\alpha_m} q_{\beta_1} q_{\beta_2} \cdots q_{\beta_{n-m}}$$

aus dem Produkt

$$q_1 q_2 \cdots q_n$$

erhalten werden kann durch Einsetzung der Faktoren

$$p_{\alpha_1}, p_{\alpha_2}, \cdots p_{\alpha_m}$$

für

$$q_{\alpha_1}, q_{\alpha_2}, \cdots q_{\alpha_m}.$$

Bestimmt man die Wahrscheinlichkeiten einer jeden der von uns
erwähnten Arten und addiert sie gemäß dem Satz von der Addition der
Wahrscheinlichkeiten, so erhält man die gesuchte Wahrscheinlichkeit,
daß das Ereignis E m-mal eintritt.

Es wird daher die Wahrscheinlichkeit, daß bei den von uns betrachteten n Proben das Ereignis E m-mal eintritt, durch die Summe aller
Produkte ausgedrückt, die man aus dem einen

$$q_1 q_2 \cdots q_n$$

erhalten kann, wenn man an m Stellen den Buchstaben q mit p vertauscht.

Dieselbe Summe ergibt bekanntlich der Koeffizient von ξ^m in der Entwicklung des Produktes

$$(p_1\xi + q_1)(p_2\xi + q_2)\cdots(p_n\xi + q_n)$$

nach Potenzen der willkürlichen Zahl ξ.

Auf diese Art ist der Satz bewiesen.

Zweiter Beweis.

Wir verstehen unter dem Buchstaben k eine beliebige der Zahlen

$$1, 2, \ldots, n$$

und unter dem Buchstaben i eine beliebige der Zahlen

$$0, 1, 2, \ldots, k$$

und bezeichnen mit

$$P_{i,k}$$

die Wahrscheinlichkeit, daß unter den mit $1, 2, \ldots, k$ bezifferten k Proben das Ereignis E i-mal eintritt.

Wir setzen ferner mit Einführung der willkürlichen Zahl ξ

$$\varphi_k(\xi) = P_{0,k} + P_{1,k}\xi + P_{2,k}\xi^2 + \cdots + P_{k,k}\xi^k$$

und betrachten die Reihe der Funktionen

$$\varphi_1(\xi), \; \varphi_2(\xi), \; \ldots, \; \varphi_{n-1}(\xi), \; \varphi_n(\xi).$$

Die erste Funktion $\varphi_1(\xi)$ ist offenbar gleich

$$p_1\xi + q_1.$$

Die übrigen kann man der Reihe nach auf Grund der allgemeinen Formel

$$\varphi_{k+1}(\xi) = (p_{k+1}\xi + q_{k+1})\,\varphi_k(\xi)$$

aufstellen, die wir sogleich beweisen werden.

Um das Ziel zu erreichen, erläutern wir die Beziehung zwischen

$$P_{i,k+1}, \quad P_{i,k} \quad \text{und} \quad P_{i-1,k}$$

wobei

$$0 < i < k + 1,$$

und wenden unsere Aufmerksamkeit auf die Gleichungen

$$P_{k+1,k+1} = p_{k+1}P_{k,k} \quad \text{und} \quad P_{0,k+1} = q_{k+1}P_{0,k}.$$

Wenn

$$0 < i < k + 1$$

so kann man das Ereignis, dessen Wahrscheinlichkeit mit dem Symbol

$$P_{i,k+1}$$

bezeichnet ist, in zwei Arten zerlegen gemäß seiner Abhängigkeit vom Resultat der $k + 1^{\text{ten}}$ Probe, die begleitet werden kann vom Eintreffen oder Nichteintreffen des Ereignisses E.

Wenn bei der $k + 1^{\text{ten}}$ Probe das Ereignis E stattfindet, so muß E, damit die Gesamtzahl der Treffer bei den mit den Nummern

$$1, 2, \ldots, k, k + 1$$

bezeichneten Proben gleich i wird, bei den mit den Nummern

$$1, 2, \ldots, k$$

bezeichneten Proben $i - 1$-mal eintreffen. Wenn aber das Ereignis E bei der $k + 1^{\text{ten}}$ Probe nicht eintritt, so muß, damit die Gesamtzahl der Treffer bei den mit den Nummern

$$1, 2, \ldots, k, k + 1$$

bezeichneten Proben gleich i wird, das Ereignis bei den mit den Nummern

$$1, 2, \ldots, k$$

bezeichneten Proben i-mal stattfinden.

Nach dem Multiplikationssatz der Wahrscheinlichkeiten wird die Wahrscheinlichkeit der ersten Art durch das Produkt ausgedrückt

$$p_{k+1} P_{i-1,k}$$

und die der zweiten Art durch das Produkt

$$q_{k+1} P_{i,k}.$$

Folglich ist, kraft des Satzes von der Addition der Wahrscheinlichkeiten

$$P_{i,k+1} = p_{k+1} P_{i-1,k} + q_{k+1} P_{i,k}.$$

Was die Gleichungen

$$P_{k+1,k+1} = p_{k+1} P_{k,k} \quad \text{und} \quad P_{0,k+1} = q_{k+1} P_{0,k}$$

betrifft, so bedarf man zu ihrer Ableitung nur des Muliplikationssatzes der Wahrscheinlichkeiten.

In der Tat kann man das $k + 1$-malige Eintreffen von E bei den ersten $k + 1$ Proben als das Bestehen zweier Ereignisse, in denen das erste in dem Eintreffen von E bei der $k + 1^{\text{ten}}$ Probe besteht und die

Wahrscheinlichkeit p_{k+1} hat, und deren zweites im k-maligen Eintreffen von E bei den k ersten Proben besteht und die Wahrscheinlichkeit $P_{k,k}$ hat. Deswegen muß das Produkt

$$p_{k+1} P_{k,k}$$

die Wahrscheinlichkeit ausdrücken, daß das Ereignis E bei den ersten $k+1$ Proben $k+1$-mal eintritt, und diese Wahrscheinlichkeit wurde mit dem Symbol $P_{k+1, k+1}$ bezeichnet. Dagegen drückt das Produkt

$$q_{k+1} P_{0,k}$$

die Wahrscheinlichkeit aus, daß das Ereignis E bei der $k+1^{\text{ten}}$ Probe nicht stattfindet und auch nicht einmal bei den k ersten Proben auftritt; diese Wahrscheinlichkeit aber fällt mit der Wahrscheinlichkeit zusammen, daß E bei den $k+1$ ersten Proben überhaupt nicht eintritt.

Wendet man die von uns nachgewiesenen Formeln auf jeden Koeffizienten des Ausdrucks

$$\varphi_{k+1}(\xi) = P_{0,k+1} + P_{1,k+1}\xi + P_{2,k+1}\xi^2 + \cdots + P_{k+1 \; k+1}\xi^{k+1}$$

an, so erhält man

$$\begin{aligned} \varphi_{k+1}(\xi) = {}& q_{k+1}P_{0,k} + q_{k+1}P_{1,k}\xi + \cdots + q_{k+1}P_{k,k}\xi^k \\ & + p_{k+1}P_{0,k}\xi + \cdots + p_{k+1}P_{k-1,k}\xi^k + p_{k+1}P_{k,k}\xi^{k+1}, \end{aligned}$$

woraus wir sofort ableiten

$$\varphi_{k+1}(\xi) = (q_{k+1} + p_{k+1}\xi)(P_{0,k} + P_{1,k}\xi + P_{2,k}\xi^2 + \cdots + P_{k,k}\xi^k),$$

woraus sich die oben angegebene Formel

$$\varphi_{k+1}(\xi) = (p_{k+1}\xi + q_{k+1})\,\varphi_k(\xi)$$

ergibt, da wir ja nach den oben angenommenen Bezeichnungen haben

$$P_{0,k} + P_{1,k}\xi + P_{2,k}\xi^2 + \cdots + P_{k,k}\xi^k = \varphi_k(\xi).$$

Setzen wir k der Reihe nach gleich

$$1, 2, 3, \ldots, n-1,$$

so erhalten wir die Reihe der Gleichungen:

$$\varphi_2(\xi) = (p_2\xi + q_2)\,\varphi_1(\xi) = (p_2\xi + q_2)(p_1\xi + q_1),$$

$$\varphi_3(\xi) = (p_3\xi + q_3)\,\varphi_2(\xi)$$

$$\cdot \quad \cdot \quad \cdot \quad \cdot \quad \cdot \quad \cdot \quad \cdot \quad \cdot$$

$$\varphi_n(\xi) = (p_n\xi + q_n)\,\varphi_{n-1}(\xi),$$

woraus wir durch Multiplikation, oder einfach der Reihe nach durch Einsetzen, die Formel erhalten:

$$\varphi_n(\xi) = (p_1\xi + q_1)(p_2\xi + q_2) \ldots (p_n\xi + q_n), \qquad (3)$$

die dem Satz äquivalent ist.

§ 7. NEWTONsche Formel.

Wir wollen bei einem besonderen Fall des von uns bewiesenen
Satzes verweilen: nämlich bei dem Fall, daß die uns bekannten Be-
dingungen für alle Proben dieselben sind, und daß dementsprechend alle
Wahrscheinlichkeiten

$$p_1 p_2, \ldots p_n$$

ein und dieselbe Größen haben, die wir einfach mit dem Buchstaben
p bezeichnen. Dann verwandelt sich das Produkt

$$(p_1\xi + q_1)(p_2\xi + q_2) \ldots (p_n\xi + q_n)$$

in die Potenz des Binoms

$$(p\xi + q)^n,$$

dabei ist

$$q = 1 - p.$$

Dann haben wir, nach einer bekannten Formel von NEWTON

$$P_{m,n} = \frac{1 \cdot 2 \cdots n}{1 \cdot 2 \cdots m \cdot 1 \cdot 2 \cdots n - m} \, p^m q^{n-m}. \qquad (4)$$

*So drückt sich die Wahrscheinlichkeit aus, daß bei n unabhängigen
Proben das Ereignis E m-mal eintritt, wenn bei jeder Probe für sich die
Wahrscheinlichkeit dieses Ereignisses gleich p ist.*

Den durch die Formel (4) bestimmten Ausdruck $P_{m,n}$ wollen wir
für alle möglichen Werte von m betrachten.

Wir erhalten so die Zahlenreihe

$$P_{0,n} = q^n, \quad P_{1,n} = \frac{n}{1}\, pq^{n-1}, \quad P_{2,n} = \frac{n(n-1)}{1 \cdot 2}\, p^2 q^{n-2}, \ldots, P_{n,n} = p^n,$$

die folglich die Wahrscheinlichkeiten darstellen, daß die Zahl des Eintreffens von E bei n Proben die Werte hat:

$$0, 1, 2, \ldots, n.$$

Bei willkürlich gegebenen Größen p und n wollen wir uns die Aufgabe stellen, zu finden, für welchen Wert von m der Ausdruck

$$P_{m,n} = \frac{1 \cdot 2 \cdots n}{1 \cdot 2 \cdots m \cdot 1 \cdot 2 \cdots n - m} \cdot p^m q^{n-m}$$

seinen größten Wert erhält.

Diesen Wert m nennen wir die *allerwahrscheinlichste* Zahl für das Eintreffen von E bei n Proben, da ihr die allergrößte Wahrscheinlichkeit $P_{m,n}$ entspricht.

Zur Bestimmung der allerwahrscheinlichsten Zahl für das Eintreffen des Ereignisses E vergleichen wir je zwei angrenzende Glieder der Reihe

$$P_{0,n}, \quad P_{1,n}, \quad P_{2,n}, \quad \ldots, \quad P_{n,n},$$

indem wir ihren Quotienten betrachten.

Die einfache Division gibt uns die Gleichung

$$\frac{P_{m+1,n}}{P_{m,n}} = \frac{n-m}{m+1} \cdot \frac{p}{q},$$

welche zeigt, daß das Verhältnis

$$\frac{P_{m+1,n}}{P_{m,n}}$$

abnimmt mit dem Wachsen der Zahl m; hieraus entspringen die Ungleichheiten

$$\frac{P_{1,n}}{P_{0,n}} > \frac{P_{2,n}}{P_{1,n}} > \cdots > \frac{P_{n-1,n}}{P_{n-2,n}} > \frac{P_{n,n}}{P_{n-1,n}}.$$

Wir unterscheiden jetzt zwei einfache Voraussetzungen. Es sei zu Anfang

$$\frac{P_{1,n}}{P_{0,n}} \leq 1.$$

Dann ist kraft der von uns angegebenen Ungleichheiten jeder der Brüche

$$\frac{P_{2,n}}{P_{1,n}}, \quad \frac{P_{3,n}}{P_{2,n}}, \quad \ldots, \quad \frac{P_{n,n}}{P_{n-1,n}}$$

kleiner als Eins und deshalb

$$P_{0,n} \geq P_{1,n} > P_{2,n} > \cdots > P_{n-1,n} > P_{n,n}.$$

Auf der anderen Seite findet man leicht, daß die Ungleichheit

$$\frac{P_{1,n}}{P_{0,n}} \leq 1$$

der Ungleichheit

$$\frac{np}{q} \leq 1$$

äquivalent ist, und diese letztere führt zu der Ungleichung

$$n + 1 \leq \frac{1}{p},$$

durch einfache Vertauschung von q mit der gleichen Zahl $1 - p$.

Auf diese Weise überzeugen wir uns, daß für den Fall

$$n + 1 < \frac{1}{p}$$

die allerwahrscheinlichste Zahl für das Eintreffen des Ereignisses E bei den von uns betrachteten n Proben 0 ist. Wenn aber

$$n + 1 = \frac{1}{p}$$

ist, so finden wir, daß für die von uns betrachteten n Proben die allerwahrscheinlichste Zahl des Eintreffens von E nicht nur 0, sondern auch 1 wird, da wir ja in diesem Fall haben

$$P_{0,n} = P_{1,n} > P_{2,n} > \cdots > P_{n,n}.$$

In ähnlicher Weise gelangen wir unter der Voraussetzung

$$(n + 1)q \leqq 1$$

zu der Ungleichheit

$$\frac{P_{n,n}}{P_{n-1,n}} \geqq 1,$$

und demnach leiten wir die Reihe von Ungleichheiten ab

$$P_{0,n} < P_{1,n} < P_{2,n} < \cdots < P_{n-1,n} \leqq P_{n,n}.$$

Diese Ungleichheiten zeigen, daß bei der Annahme

$$n + 1 < \frac{1}{q}$$

die allerwahrscheinlichste Zahl für das Eintreten von E bei den von uns betrachteten n Proben gleich n ist. Wenn aber

$$n + 1 = \frac{1}{q},$$

so ist die allerwahrscheinlichste Zahl für das Eintreffen von E nicht nur n sondern auch $n - 1$, da wir ja in diesem Falle haben:

$$P_{0,n} < P_{1,n} < \cdots < P_{n-1,n} = P_{n,n}.$$

Wir schließen die beiden angegebenen Voraussetzungen aus und nehmen jetzt an

$$n + 1 > \frac{1}{p}, \quad \text{und} \quad n + 1 > \frac{1}{q}.$$

Dann ist

$$\frac{P_{1,n}}{P_{0,n}} > 1 \quad \text{und} \quad \frac{P_{n,n}}{P_{n,n-1}} < 1,$$

und folglich enthält die Reihe der abnehmenden Brüche

$$\frac{P_{1,\,n}}{P_{0,\,n}}, \quad \frac{P_{2,\,n}}{P_{1,\,n}}, \quad \cdots, \quad \frac{P_{n,\,n}}{P_{n-1,\,n}}$$

sowohl Zahlen die größer als Eins sind wie auch Zahlen die kleiner als Eins sind.

Wir heben den Übergang von den Zahlen die größer als Eins sind zu den Zahlen die kleiner als Eins sind hervor und setzen

und

$$\frac{P_{1,\,n}}{P_{0,\,n}} > \frac{P_{2,\,n}}{P_{1,\,n}} > \cdots > \frac{P_{\mu,\,n}}{P_{\mu-1,\,n}} > 1$$

$$1 \geqq \frac{P_{\mu+1,\,n}}{P_{\mu,\,n}} > \frac{P_{\mu+2,\,n}}{P_{\mu+1,\,n}} > \cdots > \frac{P_{n,\,n}}{P_{n-1,\,n}}.$$

Diese Ungleichheiten sind äquivalent mit den folgenden

und

$$P_{0,\,n} < P_{1,\,n} < P_{2,\,n} < \cdots < P_{\mu-1,\,n} < P_{\mu,\,n}$$

$$P_{\mu,\,n} \geqq P_{\mu+1,\,n} > P_{\mu+2,\,n} > \cdots > P_{n,\,n},$$

welche offenbaren, daß die von uns eingeführte Zahl μ der allerwahrscheinlichste Wert für die Anzahl des Eintreffens von E bei den von uns betrachteten n Proben ist.

Die allerwahrscheinlichste Anzahl für das Eintreffen von E kann außer μ auch $\mu + 1$ sein, da ja die Gleichung möglich ist

$$P_{\mu,\,n} = P_{\mu+1,\,n}.$$

Zur Bestimmung der Zahl μ haben wir die Ungleichheiten

und

$$\frac{P_{\mu,\,n}}{P_{\mu-1,\,n}} = \frac{n-\mu+1}{\mu} \cdot \frac{p}{q} > 1$$

$$\frac{P_{\mu+1,\,n}}{P_{\mu,\,n}} = \frac{n-\mu}{\mu+1} \cdot \frac{p}{q} \leqq 1,$$

aus denen wir ableiten

und

$$(n-\mu+1)p > \mu q, \quad (n+1)p > \mu(p+q) = \mu,$$

$$(n-\mu)p \leqq (\mu+1)q, \quad np - q < \mu(p+q) = \mu;$$

und folglich

$$np + p > \mu \geqq np - q. \tag{5}$$

Die Zahlen $np + p$ und $np - q$ unterscheiden sich voneinander nur um eine Einheit. Wenn also $np + p$ eine gebrochene Zahl ist, dann ist auch $np - q$ eine gebrochene Zahl, und im Intervall

$$\text{von} \quad np - q \quad \text{bis} \quad np + p$$

ist nur eine ganze Zahl enthalten.

Dann wird die allerwahrscheinlichste Zahl für das Eintreffen des Ereignisses E die eine Zahl μ sein, welche bestimmt ist durch die Ungleichheiten

$$np + p > \mu > np - q$$

als diejenige ganze Zahl, welche im Zwischenraum

$$\text{von} \quad np - q \quad \text{bis} \quad np + p$$

gelegen ist.

Ist aber $np + p$ eine ganze Zahl, dann ist $np - q$ ebenfalls eine ganze Zahl und es gibt keine Zahl μ, welche die beiden Ungleichheiten erfüllt

$$np + p > \mu > np - q.$$

Wir müssen folglich in diesem Falle setzen

$$\mu = np - q$$

und die allerwahrscheinlichste Zahl für das Eintreten des Ereignisses E wird, außer μ, auch die Zahl $\mu + 1$ gleich $np + p$; so daß, beim Bestehen der Gleichung

$$\mu = np - q$$

sein muß

$$P_{\mu, n} = P_{\mu + 1, n}.$$

Wir setzen z. B.

$$p = \frac{2}{5}$$

und geben n der Reihe nach die Werte

$$n = 4, \quad n = 5.$$

Für $n = 4$ verwandelt sich die Summe $np + p$ in die ganze Zahl 2, und wir müssen deshalb nicht nur eine wahrscheinlichste Zahl für das Auftreten des Ereignisses E erhalten, sondern zwei solche Zahlen, die gleich wahrscheinlich sind: $np + p = 2$ und $np - q = 1$; in der Tat haben wir

$$P_{0,4} = \frac{81}{625}, \quad P_{1,4} = P_{2,4} = \frac{216}{625}, \quad P_{3,4} = \frac{96}{625}, \quad P_{4,4} = \frac{16}{625}.$$

Für $n = 5$ nimmt die Summe $np + p$ den gebrochenen Wert $2 + \frac{2}{5}$ an, und die ganze Zahl μ, die durch die Ungleichheiten bestimmt ist

$$np + p = 2 + \frac{2}{5} > \mu > np - q = 2 - \frac{3}{5}$$

wird gleich 2. Dementsprechend muß die allerwahrscheinlichste Zahl des Eintreffens des Ereignisses E bei $n = 5$ gleich 2 werden; in der Tat haben wir

$$P_{0,5} = \frac{243}{3125}, \quad P_{1,5} = \frac{810}{3125}, \quad P_{2,5} = \frac{1080}{3125}, \quad P_{3,5} = \frac{720}{3125},$$

$$P_{4,5} = \frac{240}{3125}, \quad P_{5,5} = \frac{32}{3125}.$$

§ 8. Theorem von BERNOULLI.

Bei den weiteren Ausführungen werden wir die Zahl p als konstant voraussetzen, aber n als eine veränderliche, die man unbegrenzt vergrößern kann.

Vor allem bemerken wir, daß bei dieser Voraussetzung das Verhältnis der allerwahrscheinlichsten Zahl für das Eintreffen des Ereignisses E zu der entsprechenden Zahl von Proben sich der Grenze p nähern muß, wenn die Zahl n der Proben unbegrenzt wächst.

In der Tat ist die allerwahrscheinlichste Zahl für das Eintreffen des Ereignisses E bei n Proben nach dem Bewiesenen nicht kleiner als $np - q$ und nicht größer als $np + p$. Deswegen ist ihr Verhältnis zu der Zahl der Proben nicht kleiner als $p - \frac{q}{n}$ und nicht größer als $p + \frac{p}{n}$. Die Zahlen

$$p - \frac{q}{n} \quad \text{und} \quad p + \frac{p}{n}$$

nähern sich aber alle beide ein und demselben Grenzwert p, wenn n unbegrenzt wächst.

Folglich muß sich bei unbegrenztem Wachsen der Zahl der Proben das Verhältnis der allerwahrscheinlichsten Anzahl des Eintreffens des Ereignisses E zur Zahl der Proben ein und demselben Wert p nähern.

Die von uns erhaltene Darlegung in bezug auf die allerwahrscheinlichste Zahl des Eintreffens des Ereignisses E kann für sich genommen, noch nicht als Grundlage für zuverlässige Schlüsse dienen auf das, was man bei vielfacher Wiederholung der Proben zu erwarten hat; denn die Wahrscheinlichkeit, daß die Anzahl des Auftretens des Ereignisses E genau gleich ihrem allerwahrscheinlichsten Wert μ oder $\mu + 1$ ist, nähert sich der Grenze Null, wenn die Zahl der Proben unbegrenzt wächst.

Betrachtet man aber zugleich mit dem allerwahrscheinlichsten Wert auch die angrenzenden Werte für die Zahl des Eintreffens des Ereignisses E, und forscht man ihren Wahrscheinlichkeiten nach, so gelangt man zur Aufstellung des sehr wichtigen Theorems von JAKOB BERNOULLI.

Theorem von BERNOULLI.

Wenn wir eine unbegrenzte Reihe unabhängiger Proben haben, und wenn für je zwei von ihnen gesondert die Wahrscheinlichkeit eines Ereignisses E dieselbe ist, dann wird bei einer hinreichend großen Zahl solcher Proben die Wahrscheinlichkeit dafür, daß das Verhältnis der Anzahl des Eintreffens von E zur Zahl der Proben sich der Wahrscheinlichkeit des Ereignisses E bei jeder Probe für sich genommen beliebig nähert, der Gewißheit, d. i. der Einheit beliebig nahe kommen.

Anders gesagt, wenn p die Wahrscheinlichkeit des Ereignisses E bei jeder einzelnen Probe bedeutet, n die Zahl der Proben und m die Zahl des Eintreffens von E; so wird bei hinreichend großen Werten von n die Wahrscheinlichkeit der Ungleichheiten

$$- \varepsilon < \frac{m}{n} - p < \varepsilon$$

größer als $1 - \eta$, *welches auch die gegebenen positiven Zahlen* ε *und* η *sein mögen.*

Es sind verschiedene Beweise des BERNOULLIschen Theorems bekannt. Einer von ihnen gehört JAKOB BERNOULLI selbst zu und ist auseinandergesetzt in einer Abhandlung „Ars conjectandi" herausgegeben 1713 nach dem Tode von JAKOB BERNOULLIs von seinem Neffen NIKOLAUS BERNOULLI. Wir verweilen nicht bei diesem elementaren aber reichlich komplizierten Beweis; wir wollen hier mit kleinen Veränderungen den Beweis von LAPLACE entwickeln, zugleich mit Ableitung einer sehr oft angewendeten Annäherungsformel.

Für die Ableitung dieser Annäherungsformel stellen wir den Satz vom Grenzwert der Wahrscheinlichkeiten auf, den wir das Theorem von LAPLACE nennen.

§ 9. Theorem von LAPLACE.

Es möge n die Anzahl der unabhängigen Proben bedeuten, p die Wahrscheinlichkeit des Ereignisses E für jede Probe, q = 1 − p die Wahrscheinlichkeit des entgegengesetzten Ereignisses, m die Anzahl des Eintreffens von

E bei allen diesen Proben, endlich t_1 und t_2 irgend zwei Zahlen, von denen wir der Bestimmtheit halber annehmen $t_2 > t_1$.

Wenn p, t_1 und t_2 unverändert bleiben, n aber unbegrenzt wächst, so nähert sich die Wahrscheinlichkeit, daß die Ungleichheiten

$$np + t_1 \sqrt{2npq} < m < np + t_2 \sqrt{2npq}$$

erfüllt sind, der Grenze

$$\frac{1}{\sqrt{\pi}} \int_{t_1}^{t_2} e^{-t^2} \, dt.$$

Beweis des Laplaceschen Theorems.

Die Wahrscheinlichkeit der Erfüllung der Ungleichheiten

$$np + t_1 \sqrt{2npq} < m < np + t_2 \sqrt{2npq}$$

ist nichts anderes als die Wahrscheinlichkeit, daß die Zahl des Eintreffens des Ereignisses einen Wert hat, der im Zwischenraum liegt

$$np + t_1 \sqrt{2npq} \quad \text{bis} \quad np + t_2 \sqrt{2npq}.$$

Deswegen kommt seine Berechnung kraft des Additionstheorems der Wahrscheinlichkeiten auf die Bestimmung aller möglichen Werte der ganzen Zahl m hinaus, die im angegebenen Zwischenraum liegen, ferner auf die Berechnung der entsprechenden Wahrscheinlichkeit für jeden dieser Werte m, (daß die Zahl des Eintreffens des Ereignisses E genau denselben Wert hat) und endlich auf die Addition aller dieser Wahrscheinlichkeiten.

Auf der anderen Seite wissen wir, daß die Wahrscheinlichkeit jedes bestimmten Wertes m entsprechend der Formel (4) durch das Produkt ausgedrückt wird

$$\frac{1 \cdot 2 \cdot 3 \cdots n}{1 \cdot 2 \cdots m \cdot 1 \cdot 2 \cdots (n-m)} p^m q^{n-m}.$$

Wir haben folglich, wenn wir die Wahrscheinlichkeit der Ungleichheiten

$$np + t_1 \sqrt{2npq} < m < np + t_2 \sqrt{2npq}$$

mit dem Symbol

$$\begin{matrix} np + t_2 \sqrt{2npq} \\ Q \\ np + t_1 \sqrt{2npq} \end{matrix}$$

bezeichnen,

$$\frac{np + t_2 \sqrt{2npq}}{\underset{np + t_1 \sqrt{2npq}}{Q}} = \sum P_{m,n},$$

worin

$$P_{m,n} = \frac{1 \cdot 2 \cdot 3 \cdots n}{1 \cdot 2 \cdots m \cdot 1 \cdot 2 \cdots n - m} \, p^m q^{n-m},$$

und die Summation $\sum$ auf alle Werte der ganzen Zahl m sich erstreckt, die den Ungleichungen genügen

$$np + t_1 \sqrt{2npq} < m < np + t_2 \sqrt{2npq}.$$

Wir gehen über zu der Betrachtung der Summe

$$\sum P_{m,n}$$

und setzen

$$m = np + z \sqrt{2npq}$$

und führen auf diese Weise an Stelle der ganzen Zahl m eine neue Veränderliche z ein, welche durch die Ungleichheiten eingeschränkt ist

$$t_1 < z < t_2$$

und durch die Bedingung, daß $np + z\sqrt{2npq}$ eine ganze Zahl sein soll.

Bei unbegrenztem Anwachsen von n wachsen alle Werte von m, auf die sich die von uns betrachtete Summe erstreckt, unbegrenzt zugleich mit den entsprechenden Größen

$$n - m = nq - z\sqrt{2npq}.$$

Wir können deshalb beim Aufsuchen des Grenzwertes der Summe

$$\sum P_{m,n}$$

an Stelle eines jeden der drei Produkte

$$1 \cdot 2 \cdots n, \quad 1 \cdot 2 \cdots m, \quad 1 \cdot 2 \cdots n - m$$

die bekannte Stirlingsche Formel einsetzen, kraft deren wir haben

$$\underset{x=\infty}{\text{Limes}} \left\{ \frac{1 \cdot 2 \cdots x}{\sqrt{2\pi x} \cdot x^x e^{-x}} \right\} = 1.$$

Ersetzt man aber in dem Ausdruck

$$P_{m,n} = \frac{1 \cdot 2 \cdot 3 \cdots n}{1 \cdot 2 \cdots m \cdot 1 \cdot 2 \cdots n - m} \, p^m q^{n-m}$$

die Produkte

$$1 \cdot 2 \cdots n, \quad 1 \cdot 2 \cdots m, \quad 1 \cdot 2 \cdots n - m$$

entsprechend der STIRLINGschen Formel durch die Produkte

$$\sqrt{2\pi n}\cdot n^n e^{-n}, \quad \sqrt{2\pi m}\cdot m^m e^{-m}, \quad \sqrt{2\pi(n-m)}\cdot(n-m)^{n-m}e^{-n+m},$$

so erhält man den neuen Ausdruck

$$P'_{m,n} = \sqrt{\frac{2\pi n}{2\pi m\cdot 2\pi(n-m)}}\cdot\frac{n^n e^{-n}p^m q^{n-m}}{m^m e^{-m}(n-m)^{n-m}e^{-n+m}}$$

$$= \sqrt{\frac{n}{2\pi m(n-m)}}\cdot\left(\frac{np}{m}\right)^m\cdot\left(\frac{nq}{n-m}\right)^{n-m},$$

und auf solche Weise gelangen wir zu der neuen Summe

$$\sum P'_{m,n},$$

die über dieselben Werte m erstreckt wird wie die Summe

$$\sum P_{m,n}.$$

Bei hinreichend großen Werten n kommen alle Verhältnisse der Summanden $P_{m,n}$ der einen Summe zu den entsprechenden Summanden $P'_{m,n}$ der zweiten Summe der Einheit beliebig nahe. Es wird deshalb

$$\operatorname*{Limes}_{n=\infty}\left(\frac{\sum P_{m,n}}{\sum P'_{m,n}}\right) = 1$$

und folglich

$$\operatorname*{Limes}_{n=\infty}\sum P_{m,n} = \operatorname*{Limes}_{n=\infty}\sum P'_{m,n},$$

wenn man nun die Existenz des Grenzwertes für eine dieser Summen feststellen kann, was wir auch ausführen werden für die Summe $\sum P'_{m,n}$.

Den Ausdruck $P'_{m,n}$ kann man als das Produkt zweier Faktoren betrachten

$$\sqrt{\frac{n}{2\pi m(n-m)}} \quad \text{und} \quad \left(\frac{np}{m}\right)^m\cdot\left(\frac{nq}{n-m}\right)^{n-m}.$$

Wir verweilen zuerst beim zweiten dieser Faktoren und setzen

$$\left(\frac{m}{np}\right)^m\cdot\left(\frac{n-m}{nq}\right)^{n-m} = W$$

und betrachten $\log W$ mit dem Ziel, die Gleichung zu beweisen:

$$\operatorname*{Limes}_{n=\infty}(\log W - z^2) = 0.$$

Kraft der Gleichungen

$$m = np + z\sqrt{2npq} \quad \text{und} \quad n-m = nq - z\sqrt{2npq}$$

haben wir

$$\frac{m}{np} = 1 + \frac{z}{\sqrt{n}}\sqrt{\frac{2q}{p}} \quad \text{und} \quad \frac{n-m}{nq} = 1 - \frac{z}{\sqrt{n}}\sqrt{\frac{2p}{q}}.$$

Vertauschen wir in W die Ausdrücke $m : np$ und $(n - m) : nq$ durch die in z ausgedrückten und ziehen in Erwägung, daß bei hinreichend großem Wert von n alle Werte der Produkte

$$\frac{z}{\sqrt{n}} \sqrt{\frac{2q}{p}} \quad \text{und} \quad \frac{z}{\sqrt{n}} \sqrt{\frac{2p}{q}}$$

beliebig klein werden, so erhalten wir

$$\log W = m \log \left(1 + \frac{z}{\sqrt{n}} \sqrt{\frac{2q}{p}} \right) + (n - m) \log \left(1 - \frac{z}{\sqrt{n}} \sqrt{\frac{2p}{q}} \right)$$

$$= (np + z\sqrt{2npq}) \left(\frac{z}{\sqrt{n}} \sqrt{\frac{2q}{p}} - \frac{qz^2}{np} + \frac{1}{3} \frac{z^3}{\sqrt{n^3}} \sqrt{\frac{8q^3}{p^3}} - \cdots \right)$$

$$- (nq - z\sqrt{2npq}) \left(\frac{z}{\sqrt{n}} \sqrt{\frac{2p}{q}} + \frac{pz^2}{nq} + \frac{1}{3} \frac{z^3}{\sqrt{n^3}} \sqrt{\frac{8p^3}{q^3}} + \cdots \right)$$

$$= z\sqrt{2npq} - qz^2 + 2qz^2 + \cdots$$

$$- z\sqrt{2npq} - pz^2 + 2pz^2 + \cdots$$

und endlich

$$\log W - z^2 = \frac{\alpha z^3}{\sqrt{n}} + \frac{\beta z^4}{n} + \frac{\gamma z^5}{\sqrt{n^3}} + \cdots,$$

da ja

$$-q + 2q - p + 2p = q + p = 1.$$

Ohne die Koeffizienten

$$\alpha, \ \beta, \ \gamma, \ \cdots$$

der von uns betrachteten Entwicklung von

$$\log W - z^2$$

in eine Reihe nach Potenzen von $1 : \sqrt{n}$ zu bilden, können wir durch einen Blick auf die Reihe schließen, daß ihre Summe

$$\frac{\alpha z^3}{\sqrt{n}} + \frac{\beta z^4}{n} + \frac{\gamma z^5}{\sqrt{n^3}} + \cdots$$

sich dem Grenzwert Null nähern muß, wenn n unbegrenzt wächst, z aber in einem gegebenen Intervall bleibt.

Daher nähert sich bei unbegrenztem Anwachsen von n die Differenz

$$\log W - z^2$$

in der Tat der Grenze Null, und deshalb nähert sich das Verhältnis

$$\frac{e^{z^2}}{W}$$

dem Grenzwert Eins.

Wir wenden uns zu dem anderen Faktor des Ausdruckes $P'_{m,\,n}$ und beachten, daß die Differenz je zweier angrenzender Werte von z ein und dieselbe Größe hat, die wir mit dem Symbol $\varDelta z$ bezeichnen wollen.

Die Größe $\varDelta z$ bestimmt sich durch die Überlegung, daß benachbarten Werten von z benachbarte Werte von m entsprechen müssen, die sich voneinander um eine Einheit unterscheiden.

Dementsprechend haben wir

$$m = np + z\sqrt{2npq}$$
$$m + 1 = np + (z + \varDelta z)\sqrt{2npq}$$
$$m - 1 = np + (z - \varDelta z)\sqrt{2npq}$$

und leiten daraus ab

$$\varDelta z = \frac{1}{\sqrt{2npq}}.$$

Betrachtet man ferner das Verhältnis

$$\frac{\varDelta z}{\sqrt{\pi}} \quad \text{zu} \quad \sqrt{\frac{n}{2\pi m\,(n-m)}},$$

so erhält man folglich

$$\frac{\varDelta z}{\sqrt{\pi}} : \sqrt{\frac{n}{2\pi m\,(n-m)}} = \sqrt{\frac{m}{np}\cdot\frac{n-m}{nq}}$$
$$= \left(1 + \frac{z}{\sqrt{n}}\sqrt{\frac{2q}{p}}\right)^{\frac{1}{2}}\left(1 - \frac{z}{\sqrt{n}}\sqrt{\frac{2p}{q}}\right)^{\frac{1}{2}}$$

und hieraus schließt man, daß bei hinreichend großen Werten von n dieses Verhältnis der Einheit beliebig nahe kommt für alle von uns betrachteten Größen z.

Aus dem was wir bewiesen haben folgt, daß wir bei der Aufsuchung des Grenzwertes der Summe

$$\sum P'_{m,\,n}$$

an Stelle von

$$\sqrt{\frac{n}{2\pi m\,(n-m)}} \quad \text{und} \quad \binom{np}{q}^{m}\left(\frac{nq}{n-m}\right)^{n-m} = \frac{1}{W}$$

entsprechend nehmen dürfen

$$\frac{\varDelta z}{\sqrt{\pi}} \quad \text{und} \quad e^{-z^{2}}.$$

Wir erhalten so statt $P'_{m,\,n}$ den neuen Ausdruck

$$P''_{m,\,n} = \frac{\varDelta z}{\sqrt{\pi}}\,e^{-z^{2}},$$

dessen Verhältnis zu $P'_{m,n}$ bei hinreichend großen Werten n der Eins beliebig nahe kommt für alle von uns betrachteten Werte z. Wir können also, ähnlich der Gleichung

$$\text{Limes}_{n=\infty} \sum P_{m,n} = \text{Limes}_{n=\infty} \sum P'_{m,n}$$

die zweite aufstellen

$$\text{Limes}_{n=\infty} \sum P'_{m,n} = \text{Limes}_{n=\infty} \sum P''_{m,n},$$

wobei alle Summen über dieselben Werte m erstreckt werden. Bei der Summe

$$\sum P''_{m,n}$$

nehmen wir an, daß der kleinste mögliche Wert von z der Wert z_1 ist und der größte z_2. Es muß dann sein

$$z_1 - \varDelta z < t_1 < z_1, \quad z_2 < t_2 < z_2 + \varDelta z,$$

und die Gesamtheit der von uns betrachteten Werte z wird durch die arithmetische Progression dargestellt

$$z_1, z_1 + \varDelta z, \quad z_1 + 2\varDelta z, \ldots, z_2 - \varDelta z, \quad z_2.$$

Bei unbegrenztem Wachsen von n nähert sich die Differenz

$$\varDelta z = \frac{1}{\sqrt{2npq}}$$

je zweier benachbarter Werte von z dem Grenzwert Null, ebenso wie auch die Differenzen

$$z_1 - t_1 \quad \text{und} \quad t_2 - z_2,$$

welche kleiner als $\varDelta z$ sind, so daß

$$\text{Limes}_{n=\infty} \varDelta z = 0, \quad \text{Limes}_{n=\infty} z_1 = t_1, \quad \text{Limes}_{n=\infty} z_2 = t_2.$$

Aus diesem Grund kann man kraft bekannter Sätze über bestimmte Integrale leicht schließen, daß bei unbegrenztem Wachsen von n die Summe

$$\sum P''_{m,n}$$

gleich

$$\frac{\varDelta z}{\sqrt{\pi}} \left[e^{-z_1^2} + e^{-(z_1 + \varDelta z)^2} + e^{-(z_1 + 2\varDelta z)^2} + \cdots + e^{-z_2^2} \right]$$

sich dem Grenzwert nähert

$$\frac{1}{\sqrt{\pi}} \int_{t_1}^{t_2} e^{-z^2} dz,$$

und zugleich mit ihr müssen sich derselben Grenze auch die beiden anderen Summen nähern:

$$\sum P'_{m,\,n} \quad \text{und} \quad \sum P_{m,\,n}.$$

Damit ist das LAPLACEsche Theorem bewiesen.

Nimmt man aber den Grenzwert der Wahrscheinlichkeit für ihren Annäherungswert, so erhält man die Annäherungsformel

$$\frac{np + t_2 \sqrt{2npq}}{Q} \doteqdot \frac{1}{\sqrt{\pi}} \int_{t_1}^{t_2} e^{-z^2} dz. \tag{6)[1)}$$
$$np + t_1 \sqrt{2npq}$$

Im besonderen ist für

$$- t_1 = + t_2 = t$$

$$\frac{np + t\sqrt{2npq}}{Q} \doteqdot \frac{2}{\sqrt{\pi}} \int_{0}^{t} e^{-z^2} dz. \tag{7)}$$
$$np - t\sqrt{2npq}$$

Anmerkung. Statt der Formel (7) hat LAPLACE in seiner berühmten Abhandlung „Theorie analytique des probabilités" eine andere Annäherungsformel aufgestellt. Wir werden hier nicht die LAPLACEsche Formel ableiten, obwohl sie in den bekannten Fällen die Möglichkeit gewährt, die Wahrscheinlichkeit beträchtlich genauer zu berechnen, als man es mit den Formeln (6) und (7) machen kann. Trotzdem wollen wir uns nicht mit der Abschätzung der Fehler der Annäherungsformeln (6) und (7) beschäftigen.

§ 10. Beweis des BERNOULLIschen Theorems.   ·

Sind zwei beliebige positive Zahlen ε und η gegeben, so wollen wir zeigen, daß bei hinreichend großen Werten von n die Wahrscheinlichkeit der Ungleichheiten

$$- \varepsilon < \frac{m}{n} - p < \varepsilon \qquad .$$

größer als $1 - \eta$ ist. Zu diesem Zwecke werden wir für jedes t die Wahrscheinlichkeit der Ungleichheiten

$$np - t\sqrt{2npq} < m < np + t\sqrt{2npq}$$

---

1) Um die Annäherungsgleichungen von den genauen zu unterscheiden, werden wir immer das gewöhnliche Gleichheitszeichen durchstreichen.

betrachten, die äquivalent sind mit den Ungleichungen

$$- t \frac{\sqrt{2pq}}{\sqrt{n}} < \frac{m}{n} - p < t \frac{\sqrt{2pq}}{\sqrt{n}}.$$

Nach dem früher Bewiesenen muß diese Wahrscheinlichkeit

$$\frac{np + t\sqrt{2npq}}{\underset{np - t\sqrt{2npq}}{\overset{Q}{}}}$$

sich dem Grenzwert nähern

$$\frac{2}{\sqrt{\pi}} \int_0^t e^{-z^2} dz,$$

wenn t unverändert bleibt, n aber unbegrenzt wächst.

Andrerseits ist die Gleichung bekannt

$$\int_0^\infty e^{-z^2} dz = \frac{\sqrt{\pi}}{2},$$

welche zeigt, daß bei hinreichend großen Werten von t die Differenz

$$1 - \frac{2}{\sqrt{\pi}} \int_0^\infty e^{-z^2} dz$$

beliebig klein sein wird. Zerlegt man also η in zwei positive Summanden η' und η'', d. h. setzt man

$$\eta = \eta' + \eta''$$

mit den Bedingungen

$$\eta' > 0 \quad \text{und} \quad \eta'' > 0,$$

so kann man über die Zahl t so verfügen, daß

$$\frac{2}{\sqrt{\pi}} \int_0^t e^{-z^2} dz = 1 - \eta'$$

sein wird und ferner eine hinreichend große Zahl n_0 angeben, so daß für alle Werte n, welche der Ungleichheit $n > n_0$ genügen, die Differenz

$$\frac{2}{\sqrt{\pi}} \int_0^t e^{-z^2} dz - \frac{np + t\sqrt{2npq}}{\underset{np - t\sqrt{2npq}}{\overset{Q}{}}}$$

kleiner als η'' ist.

Nachdem wir auf diese Weise der Zahl t einen bestimmten Wert erteilt haben, stellen wir außer der Ungleichheit $n > n_0$ noch die folgende auf

$$n > \frac{2pqt^2}{\varepsilon^2}.$$

Es wird dann die Wahrscheinlichkeit der Ungleichheiten

$$-\varepsilon < \frac{m}{n} - p < +\varepsilon$$

größer als die Wahrscheinlichkeit der Ungleichheiten

$$\frac{-t\sqrt{2pq}}{\sqrt{n}} < \frac{m}{n} - p < \frac{t\sqrt{2pq}}{\sqrt{n}},$$

da ja

$$\varepsilon > \frac{t\sqrt{2pq}}{\sqrt{n}}$$

und deshalb alle Werte m, die den Ungleichheiten genügen

$$\frac{-t\sqrt{2pq}}{\sqrt{n}} < \frac{m}{n} - p < \frac{t\sqrt{2pq}}{\sqrt{n}}$$

auch den Ungleichheiten genügen

$$-\varepsilon < \frac{m}{n} - p < \varepsilon.$$

Die Wahrscheinlichkeit aber der Ungleichheiten

$$\frac{-t\sqrt{2pq}}{\sqrt{n}} < \frac{m}{n} - p < \frac{t\sqrt{2pq}}{\sqrt{n}},$$

welche mit dem Symbol

$$np + t\sqrt{2npq}$$
$$Q$$
$$np - t\sqrt{2npq}$$

bezeichnet worden ist, ist größer als

$$1 - \eta' - \eta'' = 1 - \eta.$$

Folglich wird für alle Werte von n, welche

$$n_0 \quad \text{und} \quad \frac{2pqt^2}{\varepsilon^2}$$

übertreffen, die Wahrscheinlichkeit der Ungleichheiten

$$-\varepsilon < \frac{m}{n} - p < +\varepsilon$$

größer als $1 - \eta$.

Hiermit ist das BERNOULLIsche Theorem bewiesen.

Anmerkung. Der von uns gegebene Beweis des BERNOULLIschen Theorems beruht unter anderem auf der Existenz einer so beschaffenen Zahl n_0, daß für alle sie übertreffenden Werten n die Differenz

$$\frac{2}{\sqrt{\pi}} \int_0^t e^{-z^2} dz - Q\frac{np + t\sqrt{2npq}}{np - t\sqrt{2npq}}$$

größer ist, als die von uns gewählte Zahl η''.

Die Existenz der Zahl n_0 wurde im LAPLACEschen Theorem vom Grenzwert der Wahrscheinlichkeiten festgestellt. Wir können aber dieser Zahl keinen bestimmten Wert erteilen, da der Fehler der Annäherungsformeln (6) und (7) unerforscht bleibt.

§ 11. Folgerungen aus dem BERNOULLIschen Theorem.

Aus dem BERNOULLIschen Theorem schließt man gewöhnlich, daß bei unbegrenztem Anwachsen der Zahl der Proben das Verhältnis der Zahl der Treffer zur Zahl der Proben sich der Wahrscheinlichkeit des Ereignisses für die einzelnen besonderen Proben nähert. Diesen Schluß darf man nicht nur in den Fällen nicht für unbedingt gültig erklären, wenn die Bedingungen des BERNOULLIschen Theorems nicht erfüllt sind, sondern auch für die Fälle, in denen das Theorem vollkommen anwendbar bleibt.

Die Bedingungen des BERNOULLIschen Theorems bestehen in der Unabhängigkeit der Proben und der Unveränderlichkeit der Wahrscheinlichkeitszahl der Ereignisse.

Unter diesen Bedingungen und bei den von uns eingeführten Bezeichnungen offenbart das BERNOULLIsche Theorem die Unwahrscheinlichkeit beträchtlicher Abweichungen des Verhältnisses $m : n$ von p bei großen Werten n. Aber es beseitigt nicht entschieden die Möglichkeit solcher Abweichungen; und diese unwahrscheinlichen Abweichungen können tatsächlich werden.

Wir halten auch die Bemerkung für nützlich, daß man aus dem BERNOULLIschen Theorem auch nicht die Notwendigkeit der Kompensation der Ergebnisse einzelner Proben durch die Resultate der andere ableiten kann.

Wenn nämlich für die von uns beobachteten Proben das Verhältnis der Anzahl der Treffer zur Anzahl der Proben beträchtlich von der Wahrscheinlichkeitszahl des Ereignisses abweicht, so darf man daraus nicht schließen, daß für die folgenden Proben dasselbe Verhältnis von dieser Wahrscheinlichkeit nach der anderen Seite abweicht.

Ein solcher Schluß würde der Voraussetzung der Unabhängigkeit der Proben voneinander widersprechen.

Kraft dieser Unabhängigkeit können die Ergebnisse der uns bekannten Proben, wie auch immer sie beschaffen sein mögen, unsern Schlüsse auf die möglichen Ergebnisse der anderen Proben nicht ändern. Wenn z. B. die Wahrscheinlichkeit eines Ereignisses gleich 1 : 2 ist, und das Ereignis bei zwanzig Proben nicht ein einziges Mal aufgetreten ist, so haben wir bei der einundzwanzigsten Probe ebensoviel Grund das Eintreffen des Ereignisses und das Nichteintreffen zu erwarten, so lange kein Zweifel an der Unabhängigkeit dieser Proben und an der Richtigkeit der von uns angenommenen Wahrscheinlichkeitszahl 1 : 2 besteht.

Literatur.

JAKOB BERNOULLI, Ars coniectandi 1713. (Herausgegeben von R. HAUSSNER. OSTWALDS Klassikersammlung 107 und 108).

TSCHEBYSCHEFF, Elementarer Beweis eines allgemeinen Satzes der Wahrscheinlichkeitslehre (TCHEBYCHEF, Oeuvres I, St. Petersburg 1899, S. 17—26).

Kapitel III.

Über die Summe unabhängiger Größen.

§ 12. Die mathematische Hoffnung.

Um zu einer wichtigen Verallgemeinerung der vorhergehenden Ausführungen überzugehen, müssen wir neue Definitionen und Begriffe einführen.

Wir nehmen an, daß der Wert irgendeiner Größe X zusammenfällt
mit einer der Zahlen eines bestimmten Systems, und daß zu jeder Zahl
dieses Systems eine bestimmte Wahrscheinlichkeit gehört, daß sie mit
X zusammenfällt. Es seien also

$$x_1, x_2, \ldots x_\lambda, \ldots x_l$$

alle möglichen Werte von X und

$$p_1, p_2, \ldots p_\lambda, \ldots p_l$$

ihre Wahrscheinlichkeiten; p_λ stellt also die Wahrscheinlichkeit dar,
daß X den Wert x_λ hat.

Bei diesen Voraussetzungen und Bezeichnungen werden wir *mathematische Hoffnung* der Größe X die Summe nennen

$$p_1 x_1 + p_2 x_2 + \cdots + p_\lambda x_\lambda + \cdots + p_l x_l.$$

*Wir nennen also mathematische Hoffnung einer Größe die Summe
der Produkte aller ihrer möglichen Werte mit den entsprechenden Wahrscheinlichkeiten.*

Bei der Aufstellung dieser Definition darf man voraussetzen, daß
alle möglichen Werte X voneinander verschieden sind.

Es ist nicht schwer einzusehen, daß diese Voraussetzung vertauscht
werden kann mit der anderen von viel allgemeinerem Charakter; denn
es hindert uns ja nichts, jeden Fall, dem einer oder der andere bestimmte
Wert von X entspricht, in verschiedene unverträgliche Fälle zu zer-
spalten, die sich voneinander nicht durch die Größe X, sondern durch
andere Umstände unterscheiden.

Bestimmen wir also die mathematische Hoffnung X als die Summe

$$p_1 x_1 + p_2 x_2 + \cdots + p_l x_l$$

der Produkte jedes möglichen Wertes von X mit seiner Wahrscheinlichkeit, so müssen wir nur voraussetzen, daß diese Werte durch allein mögliche und unverträgliche Fälle definiert sind; so daß jeder Zahl x_λ des

$$x_1 x_2, \ldots, x_\lambda, \ldots, x_l$$

ihr besonderer Fall entspricht, dessen Wahrscheinlichkeit wir die Wahrscheinlichkeit des Wertes x_λ nennen. Diese einfache Abänderung wird in der Folge zur Abkürzung der Rechnungen dienen.

Wir nehmen z. B. an, daß wir auf eine horizontale Fläche zwei gewöhnliche sechsseitige Würfel werfen, auf deren Seitenflächen die Zahlen 1, 2, 3, 4, 5, 6 stehen, und wir betrachten die Summe der aufgedeckten Zahlen. Nennen wir einen Würfel den ersten, den anderen den zweiten, und bezeichnen wir mit Y die oben auf dem ersten, mit Z die auf dem zweiten stehende Zahl und mit X die von uns betrachtete Summe $Y + Z$, so können wir 36 allein mögliche und unverträgliche Fälle unterscheiden, die durch die folgende Tabelle dargestellt sind:

$$X = 1 + 1 = 2, \quad X = 1 + 2 = 3, \quad X = 1 + 3 = 4,$$
$$X = 1 + 4 = 5, \quad X = 1 + 5 = 6, \quad X = 1 + 6 = 7,$$
$$X = 2 + 1 = 3, \quad X = 2 + 2 = 4, \quad X = 2 + 3 = 5,$$
$$X = 2 + 4 = 6, \quad X = 2 + 5 = 7, \quad X = 2 + 6 = 8,$$
$$X = 3 + 1 = 4, \quad X = 3 + 2 = 5, \quad X = 3 + 3 = 6,$$
$$X = 3 + 4 = 7, \quad X = 3 + 5 = 8, \quad X = 3 + 6 = 9,$$
$$X = 4 + 1 = 5, \quad X = 4 + 2 = 6, \quad X = 4 + 3 = 7,$$
$$X = 4 + 4 = 8, \quad X = 4 + 5 = 9, \quad X = 4 + 6 = 10,$$
$$X = 5 + 1 = 6, \quad X = 5 + 2 = 7, \quad X = 5 + 3 = 8,$$
$$X = 5 + 4 = 9, \quad X = 5 + 5 = 10, \quad X = 5 + 6 = 11,$$
$$X = 6 + 1 = 7, \quad X = 6 + 2 = 8, \quad X = 6 + 3 = 9,$$
$$X = 6 + 4 = 10, \quad X = 6 + 5 = 11, \quad X = 6 + 6 = 12.$$

Da alle diese Fälle gleichmöglich sind, so ist die Wahrscheinlichkeit eines jeden gleich 1 : 36 und die mathematische Hoffnung der von uns betrachteten Summe drückt sich nach Definition durch die Summe aus

$$\frac{2}{36} + \frac{3}{36} + \frac{4}{36} + \frac{5}{36} + \frac{6}{36} + \frac{7}{36}$$

$$+ \frac{3}{36} + \frac{4}{36} + \frac{5}{36} + \frac{6}{36} + \frac{7}{36} + \frac{8}{36}$$

$$+ \frac{4}{36} + \frac{5}{36} + \frac{6}{36} + \frac{7}{36} + \frac{8}{36} + \frac{9}{36}$$

$$+ \frac{5}{36} + \frac{6}{36} + \frac{7}{36} + \frac{8}{36} + \frac{9}{36} + \frac{10}{36}$$

$$+ \frac{6}{36} + \frac{7}{36} + \frac{8}{36} + \frac{9}{36} + \frac{10}{36} + \frac{11}{36}$$

$$+ \frac{7}{36} + \frac{8}{36} + \frac{9}{36} + \frac{10}{36} + \frac{11}{36} + \frac{12}{36};$$

welche gleich 7 ist. An Stelle von 36 möglichen Fällen können wir auch in bezug auf die Summe X 11 Fälle unterscheiden:

$$X = 2, 3, 4, 5, 6, 7, 8, 9, 10, 11, 12,$$

denen folgende Wahrscheinlichkeiten entsprechen:

$$\frac{1}{36}, \frac{2}{36}, \frac{3}{36}, \frac{4}{36}, \frac{5}{36}, \frac{6}{36}, \frac{5}{36}, \frac{4}{36}, \frac{3}{36}, \frac{2}{36}, \frac{1}{36}.$$

Bestimmen wir auf Grund hiervon die mathematische Hoffnung X, so erhalten wir dieselbe Zahl 7 in Gestalt der Summe

$$\frac{2}{36} + \frac{2 \cdot 3}{36} + \frac{3 \cdot 4}{36} + \frac{4 \cdot 5}{36} + \frac{5 \cdot 6}{36} + \frac{6 \cdot 7}{36}$$

$$+ \frac{5 \cdot 8}{36} + \frac{4 \cdot 9}{36} + \frac{3 \cdot 10}{36} + \frac{2 \cdot 11}{36} + \frac{1 \cdot 12}{36}.$$

Wir müssen nicht nur die eine Größe X betrachten, sondern einige ähnliche Größen, wobei wir der größeren Klarheit halber voraussetzen werden, daß für jede von ihnen die Gesamtheit ihrer möglichen Werte in einer endlichen Anzahl verschiedener Zahlen besteht. Dem ähnlich, wie es oben wichtig war, den Begriff unabhängiger Ereignisse und unabhängiger Proben aufzustellen, ist es jetzt wichtig, den Begriff *unabhängiger Größen* aufzustellen.

Verschiedene Größen

$$X, Y, Z, \ldots, W$$

werden wir unabhängig nennen, wenn für jede von ihnen die Wahrscheinlichkeit, jeden bestimmten Wert zu erhalten, vom Wert der übrigen Größen nicht abhängt.

Wir verweilen beim Fall zweier Größen und nehmen an, daß

$$x_1, x_2, \ldots, x_\lambda, \ldots, x_l$$

alle möglichen voneinander verschiedenen Werte von X sind, und

$$y_1, y_2, \ldots, y_\mu, \ldots, y_m$$

alle möglichen voneinander verschiedenen Werte Y.

Wenn die Größen X und Y nicht voneinander abhängen, so muß jeder Zahl x_λ des Systems

$$x_1, x_2, \ldots, x_\lambda, \ldots, x_l$$

eine bestimmte Zahl p_λ entsprechen, welche die Wahrscheinlichkeit darstellt, daß X gleich x_λ ist, was auch der unbekannte oder bekannte Wert Y sein mag, und jeder Zahl y_μ des Systems

$$y_1, y_2, \ldots, y_m$$

muß eine bestimmte Zahl q_μ entsprechen, welche die Wahrscheinlichkeit darstellt, daß Y gleich y_μ ist, einerlei, welches der bekannte oder unbekannte Wert X ist.

Anmerkung 1. Um Irrtümer zu vermeiden, bemerken wir, daß aus der Unabhängigkeit der Größen X und Y nicht die Unabhängigkeit von X und irgendeiner Funktion von X und Y, z. B. von $X + Y$ folgt.

Zur Erläuterung nehmen wir an, daß jede der unabhängigen Größen zwei gleichwahrscheinliche Werte haben kann

$$- 1 \quad \text{und} \quad + 1.$$

Dann kann die Summe

$$X + Y$$

drei verschiedene Werte haben

$$- 2, 0, + 2,$$

deren Wahrscheinlichkeiten durch die Brüche

$$\frac{1}{4}, \frac{1}{2}, \frac{1}{4}$$

dargestellt werden, solange X und Y unabhängig bleiben.

Wenn aber bei unbekanntem Wert Y der Wert X gegeben ist, so bleiben von den drei Werten der Summe $X + Y$ nur zwei übrig und diese sind gleichwahrscheinlich. Für $X = + 1$ kann die Summe $X + Y$

nicht den Wert — 2 haben, die beiden anderen möglichen Werte aber, 0 und + 2, sind gleichwahrscheinlich; bei $X = -1$ aber kann die Summe $X + Y$ nicht den Wert + 2 haben, die beiden anderen möglichen Fälle aber, — 2 und 0, sind gleichwahrscheinlich.

Anmerkung 2. Wir bemerken ferner, daß die Unabhängigkeit der Größen bedingt werden kann durch diejenigen Nebenumstände, unter denen man die Wahrscheinlichkeiten ihrer möglichen Fälle betrachtet; so daß bei Veränderung der Nebenumstände abhängige Größen unabhängig werden können und umgekehrt.

Zur Erläuterung dieser Bemerkungen führen wir ein Beispiel an, welches auch zeigt, daß die Unabhängigkeit verschiedener Größen nicht äquivalent ist mit der Unabhängigkeit je zweier von ihnen.

Es seien

$$X, Y, Z$$

drei Zahlen, welche durch die Gleichung verknüpft sind

$$XY = Z.$$

Wir nehmen ferner an, daß X und Y nicht voneinander abhängen, solange Z unbestimmt bleibt, und daß für jede dieser Größen zwei und nur zwei gleichmögliche Werte vorliegen, + 1 und — 1.

In diesem Falle hören die unabhängigen Größen X und Y auf, unabhängig zu sein, sobald der Wert Z bestimmt ist: für $Z = +1$ muß $X = Y$ sein und für $Z = -1$ muß $X + Y = 0$ sein. Man kann auch leicht einsehen, daß bei unbestimmtem Wert von X die Größen Y und Z unabhängig sind, und bei unbestimmtem Wert von Y die Größen X und Z unabhängig sind.

Wenn daher eine der Größen

$$X, Y, Z$$

unbestimmt ist, so hängen die beiden anderen nicht voneinander ab; aber die gemeinsam betrachteten Größen

$$X, Y, Z$$

stellen keine drei unabhängigen Größen vor, da sie ja durch die Gleichung

$$Z = XY$$

miteinander verknüpft sind.

§ 13. Mathematische Hoffnung von Summen und Produkten.

Die Wichtigkeit des Begriffes der mathematischen Hoffnung wird klar bei der Betrachtung der Summe vieler unabhängiger Größen.

Zur Vorbereitung stellen wir einige einfache Sätze auf:

Theorem. *Die mathematische Hoffnung der Summe ist gleich der Summe der addierten mathematischen Hoffnungen.*

Dieser Satz gilt für beliebige Größen, sowohl für unabhängige, wie auch für abhängige. Zum Beweis nehmen wir an, daß die Werte irgendwelcher Größen

$$X, Y, Z, \ldots, W$$

durch die allein möglichen und unvereinbaren Ereignisse definiert sind:

$$E_1, E_2, \ldots, E_n.$$

Entsprechend mögen die Wahrscheinlichkeiten dieser Ereignisse sein:

endlich stellt das System
$$p_1, p_2, \ldots, p_n,$$

$$x_k, y_k, z_k, \ldots, w_k$$

die Werte $X, Y, Z, \ldots, W$ für den Fall E_k dar; so daß $X, Y, Z, \ldots, W$ entsprechend die Werte

$$x_1, y_1, z_1, \ldots, w_1$$

annehmen, wenn E_1 eintritt, die Werte

$$x_2, y_2, z_2, \ldots, w_2,$$

wenn E_2 eintritt, usw.

Bei diesen Bedingungen und Bezeichnungen werden die mathematischen Hoffnungen der Größen $X, Y, Z, \ldots, W$ entsprechend durch die Summen ausgedrückt

$$p_1 x_1 + p_2 x_2 + \cdots + p_n x_n, \quad p_1 y_1 + p_2 y_2 + \cdots + p_n y_n, \cdots$$
$$p_1 w_1 + p_2 w_2 + \cdots + p_n w_n.$$

Ferner bemerken wir hinsichtlich der Summe

$$X + Y + Z + \cdots + W,$$

daß sie gemäß dem Eintreffen der Ereignisse

$$E_1, E_2, \ldots, E_n$$

die Werte annimmt

$$x_1 + y_1 + \cdots + w_1, \quad x_2 + y_2 + \cdots + w_2, \quad \cdots, \quad x_n + y_n + \cdots + w_n.$$

Deshalb wird ihre mathematische Hoffnung durch die Summe ausgedrückt:

$$p_1(x_1 + y_1 + \cdots + w_1) + p_2(x_2 + y_2 + \cdots + w_2) + \cdots$$
$$+ p_n(x_n + y_n + \cdots + w_n),$$

die augenscheinlich gleich der Summe ist:

$$(p_1 x_1 + p_2 x_2 \cdots p_n x_n) + (p_1 y_1 + p_2 y_2 + \cdots + p_n y_n) + \cdots$$
$$+ (p_1 w_1 + p_2 w_2 + \cdots + p_n w_n).$$

Daher ist die mathematische Hoffnung der Summe

$$X + Y + Z + \cdots W$$

gleich der Summe der addierten mathematischen Hoffnungen von

$$X, Y, Z, \ldots, W.$$

Wendet man für die Bezeichnung der mathematischen Hoffnung
die Buchstaben m. H. an, so kann man das aufgestellte Theorem durch
die Formel ausdrücken:

$$\mathrm{m.H.}(X + Y + Z + \cdots + W) = \mathrm{m.H.}(X) + \mathrm{m.H.}(Y) + \cdots + \mathrm{m.H.}(W)$$

Ein Beispiel für die Anwendung dieses Theorems kann die früher
von uns betrachtete Summe

$$Y + Z$$

der oben auf zwei aufs Geratewohl hingeworfenen sechsseitigen Würfel
mit den Nummern

$$1, 2, 3, 4, 5, 6$$

stehenden Zahlen betrachtet werden.

Im gegebenen Falle ist die mathematische Hoffnung jeder der Größen
Y und Z gleich

$$1 \cdot \frac{1}{6} + 2 \cdot \frac{1}{6} + 3 \cdot \frac{1}{6} + 4 \cdot \frac{1}{6} + 5 \cdot \frac{1}{6} + 6 \cdot \frac{1}{6} = \frac{7}{2},$$

und deshalb muß die mathematische Hoffnung ihrer Summe $Y + Z$ gleich
7 werden, was auch früher gefunden wurde.

Theorem. *Die mathematische Hoffnung des Produktes unabhängiger
Größen ist gleich dem Produkt ihrer mathematischen Hoffnungen.*

Dieses Theorem gilt für das Produkt einer beliebigen Zahl unabhängiger Größen. Wir begnügen uns mit der Betrachtung eines Produktes zweier Faktoren, da man ja von dem Produkt zweier Fak-

4*

toren unschwer übergehen kann zum Produkt einer beliebigen Zahl von Faktoren, mittels der sukzessiven Hinzufügung eines Faktors zu den andern. Es möge das System

$$x_1, x_2, \ldots, x_\lambda, \ldots, x_l$$

alle möglichen verschiedenen Werte der Größe X darstellen und das System ·

$$y_1, y_2, \ldots, y_\mu, \ldots, y_m$$

möge das System aller möglichen verschiedenen Werte der Größe Y darstellen.

Wenn, wie wir voraussetzen, X und Y nicht voneinander abhängen, so muß es noch zwei bestimmte Zahlensysteme:

$$p_1, p_2, \ldots, p_\lambda, \ldots, p_l$$

und

$$q_1, q_2, \ldots, q_\mu, \ldots, q_m$$

geben, wo allgemein p_λ die Wahrscheinlichkeit darstellt, daß die Größe X den Wert x_λ hat, sowohl bei unbekanntem wie bei bekanntem Wert von Y, die Zahl q_μ aber die Wahrscheinlichkeit darstellt, daß die Größe Y den Wert y_μ hat, sowohl bei bekanntem wie bei unbekanntem Wert X. Ferner wird die Summe

$$p_1 x_1 + p_2 x_2 + \cdots + p_\lambda x_\lambda + \cdots + p_l x_l$$

die mathematische Hoffnung von X darstellen, und die Summe

$$q_1 y_1 + q_2 y_2 + \cdots + q_\mu y_\mu + \cdots + q_m y_m$$

wird die mathematische Hoffnung von Y darstellen.

Wir wenden uns jetzt zur Bestimmung der mathematischen Hoffnung von XY und können dabei lm allein mögliche und unvereinbare Fälle unterscheiden, deren jeder bestimmt wird durch die Kombination der Werte beider Größen X und Y. Die folgende Tabelle stellt anschaulich die Aufzählung dieser Fälle dar.

$X = x_1, Y = y_1$	$X = x_2, Y = y_1$	$\cdots$	$X = x_\lambda, Y = y_1$	$\cdots$ $X = x_l, Y = y_1$
$X = x_1, Y = y_2$	$X = x_2, Y = y_2$	$\cdots$	$X = x_\lambda, Y = y_2$	$\cdots$ $X = x_l, Y = y_2$
$\cdots$	$\cdots$	$\cdots$	$\cdots$	$\cdots$
$X = x_1, Y = y_\mu$	$X = x_2, Y = y_\mu$	$\cdots$	$X = x_\lambda, Y = y_\mu$	$\cdots$ $X = x_l, Y = y_\mu$
$\cdots$	$\cdots$	$\cdots$	$\cdots$	$\cdots$
$X = x_1, Y = y_m$	$X = x_2, Y = y_m$	$\cdots$	$X = x_\lambda, Y = y_m$	$\cdots$ $X = x_l, Y = y_m$

Nehmen wir einen beliebigen dieser Fälle:

$$X = x_\lambda, \ Y = y_\mu.$$

Seine Wahrscheinlichkeit ist gleich

$$p_\lambda q_\mu$$

nach dem Multiplikationssatz der Wahrscheinlichkeiten; das Produkt aber

$$XY$$

nimmt in diesem Fall den Wert an

$$x_\lambda y_\mu.$$

Es kann deshalb ihrer Definition nach die mathematische Hoffnung des Produktes XY ausgedrückt werden durch die Summe aller Produkte

$$p_\lambda q_\mu x_\lambda x_\mu,$$

worin

$$\lambda = 1, 2, \ldots, l \quad \text{und} \quad \mu = 1, 2, \ldots, m.$$

Nehmen wir in dieser Summe diejenigen Summanden zusammen, in denen λ einen und denselben Wert hat, so können wir sie in l bestimmte Summen der Art

$$p_\lambda q_1 x_\lambda y_1 + p_\lambda q_2 x_\lambda y_2 + \cdots + p_\lambda q_m x_\lambda y_m$$

zerlegen, worin man λ die Werte geben muß

$$1, 2, \ldots, l.$$

Die Summe aber

$$p_\lambda q_1 x_\lambda y_1 + p_\lambda q_2 x_\lambda y_2 + \cdots + p_\lambda q_m x_\lambda y_m$$

ist augenscheinlich gleich dem Produkt $p_\lambda x_\lambda$ in die Summe

$$q_1 y_1 + q_2 y_2 + \cdots + q_m y_m,$$

das die mathematische Hoffnung von Y darstellt. Folglich ist die von uns betrachtete mathematische Hoffnung gleich der Summe

$$p_1 x_1 (q_1 y_1 + q_2 y_2 + \cdots + q_m y_m)$$
$$+ p_2 x_2 (q_1 y_1 + q_2 y_2 + \cdots + q_m y_m)$$
$$\cdots \cdots \cdots \cdots \cdots \cdots$$
$$+ p_l x_l (q_1 y_1 + q_2 y_2 + \cdots + q_m y_m),$$

die sofort zurückgeführt wird auf das Produkt der beiden Summen

$$p_1 x_1 + p_2 x_2 + \cdots + p_l x_l \quad \text{und} \quad q_1 y_1 + q_2 y_2 + \cdots + q_m y_m,$$

welche entsprechend der mathematischen Hoffnung von X und der mathematischen Hoffnung von Y gleich sind. Daher ist die mathematische Hoffnung des Produkts zweier unabhängigen Größen gleich dem Produkt ihrer mathematischen Hoffnungen

$$\text{m. H. } (XY) = \text{m. H. } (X) \times \text{m. H. } (Y). \tag{9}$$

Hieraus kann man leicht für eine beliebige Zahl unabhängiger Größen schließen, daß die mathematische Hoffnung ihres Produktes gleich dem Produkt der mathematishen Hoffnungen dieser Größen ist.

Im besonderen muß die mathematische Hoffnung des Produktes unabhängiger Größen zu Null werden, wenn die mathematische Hoffnung irgendeiner oder von einigen unter ihnen gleich Null ist.

Lemma. *Wenn A die mathematische Hoffnung der Größe U bezeichnet, deren Werte sämtlich positive Zahlen sind[1]), und t eine beliebige Zahl; dann ist die Wahrscheinlichkeit der Ungleichheit*

$$U < A t^2$$

größer als

$$1 - \frac{1}{t^2}.$$

Beweis.

Es mögen die beiden Zahlenreihen

$$u_1, u_2, \ldots, u_\sigma, \ldots, u_s$$

und

$$w_1, w_2, \ldots, w_\sigma, \ldots, w_s$$

entsprechend die Gesamtheit aller Werte von U und ihre Wahrscheinlichkeiten darstellen, so daß w_σ die Wahrscheinlichkeit bedeutet, daß die Größe U gleich u_σ ist. Einige der Zahlen

$$u_1, u_2, \ldots, u_s$$

sind größer als $A t^2$, andere aber kleiner als $A t^2$ oder dieser Zahl gleich.

Um einen bestimmten Fall zu haben, nehmen wir an, daß die Zahlen

$$u_1, u_2, \ldots, u_i$$

nicht größer als $A t^2$ sind, die übrigen aber

$$u_{i+1}, u_{i+2}, \ldots, u_s$$

größer als $A t^2$. Dann wird die Wahrscheinlichkeit der Ungleichheit

$$U \leqq A t^2$$

_____

1) Wir betrachten keine imaginären Zahlen.

durch die Summe ausgedrückt

$$w_1 + w_2 + \cdots + w_i,$$

entsprechend dem Additionssatz der Wahrscheinlichkeitsrechnung; so daß man das durch diese Ungleichheit ausgedrückte Ereignis in die unvereinbaren Arten zerlegen kann, die durch die Gleichungen ausgedrückt werden

$$U = u_1, \; U = u_2, \ldots, \; U = u_i.$$

In Einklang mit demselben Additionssatz der Wahrscheinlichkeiten stellt die Summe

$$w_{i+1} + w_{i+2} + \cdots + w_s$$

die Wahrscheinlichkeit der Ungleichheit dar

$$U > A t^2.$$

Zugleich hiermit haben wir

$$A = w_1 u_1 + w_2 u_2 + \cdots + w_i u_i + w_{i+1} u_{i+1} + \cdots + w_s u_s,$$

und

$$1 = w_1 + w_2 + \cdots + w_i + w_{i+1} + \cdots + w_s,$$

da wir ja erstens mit dem Buchstaben A die mathematische Hoffnung der Größe U bezeichnet haben, und zweitens die Summe der Wahrscheinlichkeiten allein möglicher und unvereinbarer Ereignisse auf die Einheit hinauskommen muß.

Beachtet man aber, daß unter den Werten U wie auch unter den Zahlen

$$w_1, \; w_2, \ldots, \; w_s$$

keine negativen enthalten sind, gemäß einer Bedingung des Hilfssatzes, und daß alle Zahlen

$$u_{i+1}, \; u_{i+2}, \ldots, \; u_s$$

größer als $A t^2$ sind, so kann man aus der Gleichung

$$A = w_1 u_1 + w_2 u_2 + \cdots + w_i u_i + w_{i+1} u_{i+1} + \cdots + w_s u_s$$

der Reihe nach die Ungleichheiten ableiten

$$A \geqq w_{i+1} u_{i+1} + w_{i+2} u_{i+2} + \cdots + w_s u_s,$$
$$A > A t^2 (w_{i+1} + w_{i+2} + \cdots + w_s)$$

und endlich

$$\frac{1}{t^2} > w_{i+1} + w_{i+2} + \cdots + w_s.$$

Die letzte Ungleichheit zeigt, daß die Wahrscheinlichkeit der Ungleichheit

$$U > At^2,$$

die durch die Summe

$$w_{i+1} + w_{i+2} + \cdots + w_s$$

ausgedrückt wird, kleiner als $1 : t^2$ ist. Folglich ist die Wahrscheinlichkeit der Ungleichheit

$$U \leqq At^2$$

größer als

$$1 - \frac{1}{t^2};$$

denn diese letztere wird ja durch die Summe ausgedrückt

$$w_1 + w_2 + \cdots + w_i = 1 - (w_{i+1} + w_{i+2} + \cdots + w_s).$$

Auf Grund des bewiesenen Lemmas kann man leicht die folgende bemerkenswerte Ungleichheit von TSCHEBYSCHEFF aufstellen.

Ungleichheit von TSCHEBYSCHEFF.

Bezeichnen wir für irgendwelche unabhängige Größen

$$X, Y, Z, \ldots, W$$

ihre mathematischen Hoffnungen entsprechend mit den Buchstaben

$$a, b, c, \ldots, l,$$

und die mathematischen Hoffnungen ihrer Quadrate mit denselben Buchstaben mit dem Index 1, also mit den Symbolen

$$a_1, b_1, c_1, \ldots, l_1;$$

so ist für einen beliebigen Wert der Zahl t die Differenz

$$1 - \frac{1}{t^2}$$

kleiner als die Wahrscheinlichkeit, daß die Summe

$$X + Y + Z + \cdots + W$$

nicht aus den Grenzen heraustritt

$$a + b + c + \cdots + l - t\sqrt{a_1 - a^2 + b_1 - b^2 + c_1 - c^2 + \cdots + l_1 - l^2}$$

und

$$a + b + c + \cdots + l + t\sqrt{a_1 - a^2 + b_1 - b^2 + c_1 - c^2 + \cdots + l_1 - l^2}.$$

Beweis.

Setzen wir

$$U = (X + Y + Z + \cdots + W - a - b - c - \cdots - l)^2$$

und bezeichnen mit dem Buchstaben A die mathematische Hoffnung von U, so kann man auf Grund des soeben bewiesenen Lemmas schließen, daß für einen beliebigen Wert der Zahl t die Differenz

$$1 - \frac{1}{t^2}$$

kleiner ist als die Wahrscheinlichkeit der Ungleichheit

$$(X + Y + Z + \cdots + W - a - b - c - \cdots - l)^2 \leqq At^2,$$

welche der Kombination der beiden Ungleichheiten

$$-t\sqrt{A} \leqq X + Y + Z + \cdots + W - a - b - c - \cdots - l \leqq t\sqrt{A}$$

äquivalent ist.

Auf der anderen Seiten haben wir

$$U = (X - a)^2 + (Y - b) + (Z - c)^2 + \cdots + (W - l)^2$$
$$+ 2(X - a)(Y - b) + 2(X - a)(Z - c) + \cdots$$

woraus wir ableiten

m. H. $U = A = $ m. H. $(X - a)^2 +$ m. H. $(Y - b)^2 + \cdots +$ m. H. $(W - l)^2$
$$+ 2\, \text{m.H.}(X-a)(Y-b) + 2\, \text{m.H.}(X-a)(Z-c) + \cdots.$$

Betrachten wir für sich die Summanden der letzten Summe, so erhalten wir

m. H. $(X - a)^2 = $ m. H. $(X^2 - 2aX + a^2) = $ m. H. $X^2 - 2a \cdot$ m. H. $X + a^2$
$$= a_1 - 2a \cdot a + a^2 = a_1 - a^2,$$

m. H. $(Y - b)^2 = b_1 - b^2, \ldots,$ m. H. $(W - l)^2 = l_1 - l^2,$

m. H. $(X - a)(Y - b) = $ m. H. $(X - a) \cdot$ m. H. $(Y - b) = 0,$

m. H. $(X - a)(Z - c) = $ m. H. $(X - a) \cdot$ m. H. $(Z - c) = 0,$
$$\cdots\cdots\cdots\cdots\cdots\cdots\cdots\cdots\cdots ;$$

denn die Größen

$$X - a, \ Y - b, \ Z - c, \ldots, \ W - l$$

hängen ja nicht voneinander ab, und ihre mathematische Hoffnung ist gleich Null. Auf dieser Grundlage finden wir

$$A = \text{m. H. } U = a_1 - a^2 + b_1 - b^2 + c_1 - c^2 + \cdots + l_1 - l^2.$$

Endlich wird durch Vertauschung des Wertes A mit der Summe

$$a_1 - a^2 + b_1 - b^2 + c_1 - c^2 + \cdots + l_1 - l^2$$

leicht offenbar, daß die Ungleichheiten

$$-t\sqrt{A} < X + Y + Z + \cdots + W - a - b - c - \cdots - l < t\sqrt{A}$$

dann und nur dann erfüllt sind, wenn

$$X + Y + Z + \cdots + W$$

enthalten ist zwischen

$$a + b + c + \cdots + l - t\sqrt{a_1 - a^2 + b_1 - b^2 + \cdots + l_1 - l^2}$$

und

$$a + b + c + \cdots + l + t\sqrt{a_1 - a^2 + b_1 - b^2 + \cdots + l_1 - l^2}.$$

Folglich ist die Wahrscheinlichkeit, daß die Summe

$$X + Y + Z + \cdots + W$$

innerhalb von uns angegebenen Grenzen

$$a + b + c + \cdots + l - t\sqrt{a_1 - a^2 + b_1 - b^2 + \cdots + l_1 - l^2}$$

und

$$a + b + c + \cdots + l + t\sqrt{a_1 - a^2 + b_1 - b^2 + \cdots + l_1 - l^2}$$

enthalten ist, gleich der Wahrscheinlichkeit der Ungleichheit

$$(X + Y + Z + \cdots + W - a - b - c - \cdots - l)^2$$
$$\leqq t^2(a_1 - a^2 + b_1 - b^2 + \cdots + l_1 - l^2)$$

und größer als

$$1 - \frac{1}{t^2}.$$

Hiermit ist die Ungleichheit von TSCHEBYSCHEFF bewiesen.

§ 14. Verallgemeinertes Theorem von BERNOULLI.

Wenn die mathematischen Hoffnungen der Quadrate der unabhängigen Größen

$$X, Y, Z, \ldots, W$$

deren Anzahl unbegrenzt wachsen kann, alle ein und dieselbe Zahl nicht übertreffen, dann wird für eine hinreichend große Anzahl dieser Größen die Wahrscheinlichkeit, daß ihr arithmetisches Mittel sich beliebig wenig vom arithmetischen Mittel ihrer mathematischen Hoffnungen unterscheidet, der Gewißheit beliebig nahe kommen.

Beweis.

Wir behalten für die mathematischen Hoffnungen der Größen

$$X,\ Y,\ Z,\ \ldots,\ W$$

und für die mathematischen Hoffnungen ihrer Quadrate

$$X^2,\ Y^2,\ Z^2,\ \ldots,\ W^2$$

die früheren Bezeichnungen bei:

$$a,\ b,\ c,\ \ldots,\ l$$

und

$$a_1,\ b_1,\ c_1,\ \ldots,\ l_1$$

und benennen die Anzahl der Größen

$$X,\ Y,\ Z,\ \ldots,\ W$$

mit dem Buchstaben S, so daß ihr arithmetisches Mittel ausgedrückt wird durch den Bruch

$$\frac{X+Y+Z+\cdots+W}{S}$$

das arithmetische Mittel ihrer mathematischen Hoffnungen aber durch den Bruch

$$\frac{a+b+c+\cdots+l}{S}$$

Ferner bezeichnen wir mit dem Buchstaben L diejenige Zahl, welche die mathematischen Hoffnungen der Quadrate der Größen X, Y, Z, $\ldots$, W nicht übertreffen, so daß

$$a_1 \leqq L,\ b_1 \leqq L,\ c_1 < L,\ \ldots,\ l_1 < L.$$

Nimmt man schließlich zwei beliebige positive Zahlen

$$\varepsilon \quad \text{und} \quad \eta,$$

so werden wir zeigen, daß bei hinreichend großen Werten von S die Wahrscheinlichkeit der Ungleichheiten

$$-\varepsilon < \frac{X+Y+Z+\cdots+W}{S} - \frac{a+b+c+\cdots+l}{S} < \varepsilon$$

größer wird als

$$1 - \eta.$$

Zu diesem Zwecke dient uns die soeben aufgestellte Ungleichheit Tschebyscheffs. Für

$$t^2 = \frac{1}{\eta}$$

zeigt die Ungleichheit Tschebyscheffs, daß die Differenz

$$1 - \eta$$

kleiner ist als die Wahrscheinlichkeit der Ungleichheiten

$$- \sqrt{\frac{A}{\eta}} < X + Y + Z + \cdots + W - a - b - c - \cdots - l \leq \sqrt{\frac{A}{\eta}},$$

welche äquivalent sind mit den Ungleichheiten

$$- \frac{1}{\sqrt{S}} \sqrt{\frac{A}{S\eta}} \leq \frac{X + Y + Z + \cdots + W}{S} - \frac{a + b + c + \cdots + l}{S} \leq \frac{1}{\sqrt{S}} \sqrt{\frac{A}{S\eta}},$$

dabei ist

$$A = a_1 - a^2 + b_1 - b^2 + c_1 - c^2 + \cdots + l_1 - l^2.$$

Aber jede der Differenzen

$$a_1 - a^2, b_1 - b^2, \ldots, l_1 - l^2$$

übertrifft die Zahl L nicht, deshalb übertrifft auch der Quotient

$$\frac{A}{S}$$

dieselbe Zahl L nicht, das Produkt aber

$$\frac{1}{\sqrt{S}} \sqrt{\frac{A}{S\eta}}$$

kann die Zahl

$$\sqrt{\frac{L}{S\eta}}$$

nicht übertreffen.

Verfügen wir demnach über die Zahl S so, daß

$$\sqrt{\frac{L}{S\eta}} < \varepsilon,$$

so werden die Zahlen

$$- \frac{1}{\sqrt{S}} \sqrt{\frac{A}{S\eta}} \quad \text{und} \quad + \frac{1}{\sqrt{S}} \sqrt{\frac{A}{S\eta}}$$

enthalten sein zwischen

$$- \varepsilon \quad \text{und} \quad + \varepsilon,$$

und es werden deshalb in allen Fällen, wenn die Ungleichheiten bestehen

$$- \frac{1}{\sqrt{S}} \sqrt{\frac{A}{S\eta}} \leq \frac{X + Y + Z + \cdots + W}{S} - \frac{a + b + c + \cdots + l}{S} < \frac{1}{\sqrt{S}} \sqrt{\frac{A}{S\eta}},$$

auch die Ungleichheiten statthaben

$$- \varepsilon < \frac{X + Y + Z + \cdots + W}{S} - \frac{a + b + c + \cdots + l}{S} < \varepsilon.$$

Bei diesen Bedingungen wird die Wahrscheinlichkeit der Ungleichheiten

$$- \varepsilon < \frac{X + Y + Z + \cdots + W}{S} - \frac{a + b + c + \cdots + l}{S} < \varepsilon$$

sicher nicht kleiner sein als die Wahrscheinlichkeit der Ungleichheiten

$$- \frac{1}{\sqrt{S}} \sqrt{\frac{A}{S\eta}} \leqq \frac{X + Y + Z + \cdots + W}{S} - \frac{a + b + c + \cdots + l}{S} < \frac{1}{\sqrt{S}} \sqrt{\frac{A}{S\eta}}$$

die nach Beweis größer als $1 - \eta$ ist.

Daher wird die Wahrscheinlichkeit der Ungleichheiten

$$- \varepsilon < \frac{X + Y + Z + \cdots + W}{S} - \frac{a + b + c + \cdots + l}{S} < + \varepsilon$$

größer als $1 - \eta$ sein für alle Werte von S, welche der Ungleichheit
genügen

$$\sqrt{\frac{L}{S\eta}} < \varepsilon,$$

d. h.

$$S > \frac{L}{\eta \varepsilon^2}.$$

Nachdem so das verallgemeinerte BERNOULLIsche Theorem bewiesen ist, wenden wir unsere Aufmerksamkeit auf eine wichtige Folgerung.

Wenn die mathematischen Hoffnungen der Quadrate der unabhängi-
gen Größen

$$X, Y, Z, \ldots, W,$$

deren Anzahl unbegrenzt vergrößert werden kann, alle nicht größer sind
als ein und dieselbe Zahl, die mathematischen Hoffnungen dagegen der
Größen

$$X, Y, Z, \ldots, W$$

selbst alle nicht kleiner als ein und dieselbe positive Zahl, dann müssen
wir bei einer hinreichend großen Anzahl dieser Größen mit einer Wahr-
scheinlichkeit, welche der Gewißheit beliebig nahe kommt, erwarten, daß
ihre Summe

$$X + Y + Z + \cdots + W$$

jede beliebige gegebene Zahl übertrifft.

In der Tat, es mögen außer den früheren Ungleichheiten

$$a_1 \leqq L, \; b_1 \leqq L, \; c_1 \leqq L, \ldots, l_1 \leqq L$$

noch die folgenden bestehen

$$a > C, \; b > C, \; c > C, \ldots, l < C, \; C > 0.$$

Dann wird nach dem Bewiesenen, welche positive Zahlen ε und η auch nehmen, für

$$S > \frac{L}{\eta \varepsilon^2}$$

die Wahrscheinlichkeit der Ungleichheiten

$$\frac{a+b+c+\cdots+l}{S} - \varepsilon < \frac{X+Y+Z+\cdots+L}{S} < \frac{a+b+c+\cdots+l}{S} + \varepsilon$$

größer als $1 - \eta$ sein.

Zugleich wird offenbar auch größer als $1 - \eta$ die Wahrscheinlichkeit der einen Ungleichheit

$$\frac{a+b+c+\cdots+l}{S} - \varepsilon < \frac{X+Y+Z+\cdots+L}{S},$$

die vollkommen äquivalent ist mit der folgenden

$$X + Y + Z + \cdots + W > a + b + c + \cdots + l - S\varepsilon.$$

Kraft der Ungleichheiten

$$a > C,\, b > C,\, c > C,\, \ldots,\, l > C$$

ist die Summe

$$a + b + c + \cdots + l$$

größer als SC, und deshalb muß in allen Fällen, wenn die Ungleichheit besteht

$$X + Y + Z + \cdots + W > a + b + c + \cdots + l - S\varepsilon$$

auch sein

$$X + Y + Z + \cdots + W > S(C - \varepsilon).$$

Folglich ist die Wahrscheinlichkeit der letzten Ungleichheit auch größer als $1 - \eta$. Beachtet man noch, daß für

$$\varepsilon < C$$

und für hinreichend große Werte von S das Produkt

$$S(C - \varepsilon)$$

größer sein wird als jede beliebige Zahl, so gelangt man sogleich zu der oben ausgesprochenen Folgerung des verallgemeinerten BERNOULLI-schen Theorems.

Anmerkung. Die von uns gegebenen Ausführungen, welche zu dem verallgemeinerten Theorem BERNOULLIs führen, kann man auch auf viele Fälle abhängiger Größen erweitern, wie das in meiner Abhandlung gezeigt ist „Erweiterung des Gesetzes der großen Zahlen auf Größen, die voneinander abhängig sind"; sie befindet sich in den „Abhandlungen der physikalisch-mathematischen Gesellschaft an der Universität Kasan (2. Serie T. XV, Nr. 4).

§ 15. Theorem von POISSON.

Man kann leicht zeigen, daß das früher aufgestellte BERNOULLIsche Theorem einen speziellen Fall des verallgemeinerten darstellt.

In der Absicht, den unter dem Namen *Theorem von* POISSON oder *Gesetz der großen Zahlen*[1]) bekannten Satz abzuleiten, nehmen wir an, daß eine unbegrenzte Reihe unabhängiger Proben betrachtet wird, welche mit den Ziffern

$$1, 2, 3, \ldots$$

bezeichnet werden, und daß die Wahrscheinlichkeiten des Ereignisses E bei diesen Proben entsprechend die Werte haben

$$p_1, p_2, p_3, \ldots$$

Weiter ordnen wir den betrachteten Proben die Zahlen zu

$$X_1, X_2, X_3, \ldots$$

so daß die Summe

$$X_1 + X_2 + X_3 + \cdots + X_n$$

für jedes n die Anzahl der Treffer des Ereignisses E bedeutet, bei den Proben mit den Ziffern

$$1, 2, 3, \ldots, n.$$

Zu diesem Zweck muß man offenbar für jede Zahl k der natürlichen Zahlenreihe

$$1, 2, 3, \ldots$$

setzen

$$X_k = 1,$$

wenn bei der Probe mit der Nummer k das Ereignis E eintrifft, dagegen

$$X_k = 0$$

im entgegengesetzten Fall. Bei diesen Bedingungen wird der Quotient

$$\frac{X_1 + X_2 + \cdots + X_n}{n},$$

der das arithmetische Mittel der Größen

$$X_1, X_2, \ldots, X_n$$

---

1) Nach meiner Meinung ist es angemessen, *Gesetz der großen Zahlen* das verallgemeinerte BERNOULLIsche Theorem zu nennen, das im vorigen Paragraphen aufgestellt ist.

darstellt, zusammenfallen mit dem Verhältnis der Anzahl der Treffer des Ereignisses E bei den Proben mit den Nummern

$$1, 2, 3, \ldots, n$$

zur Anzahl dieser Proben. Auf der anderen Seite sieht man leicht, daß die mathematischen Hoffnungen von

$$X_k \quad \text{und} \quad X_k^2$$

ein und denselben Wert haben

$$p_k \cdot 1 + (1 - p_k) \cdot 0 = p_k,$$

der für alle Werte k nicht größer als die Einheit ist.

Wir können deshalb auf die Größen

$$X_1, X_2, \ldots, X_n$$

das verallgemeinerte BERNOULLIsche Theorem anwenden, indem wir ihr arithmetisches Mittel ersetzen durch das gleich große Verhältnis der Anzahl der Treffer des Ereignisses E zur Anzahl der Proben. Beachtet man endlich, daß das arithmetische Mittel der mathematischen Hoffnungen der Größen

$$X_1, X_2, X_3, \ldots, X_n$$

gleich dem arithmetischen Mittel der entsprechenden Wahrscheinlichkeiten des Ereignisses E ist, so gelangt man zu dem erwähnten *Theorem von* POISSON, welches sonst auch das *Gesetz der großen Zahlen* genannt wird.

Bei einer hinreichend großen Anzahl unabhängiger Proben darf man mit einer Wahrscheinlichkeit, welche der Gewißheit beliebig nahe kommt, erwarten, daß das Verhältnis der Anzahl der Treffer des Ereignisses zur Anzahl der Proben dem arithmetischen Mittel der Wahrscheinlichkeiten des Ereignisses beliebig nahe kommt.

Und zwar zeigen die Ungleichheiten TSCHEBYSCHEFFs, daß für

$$n > \frac{1}{\varepsilon^2 \eta}$$

die Wahrscheinlichkeit der Ungleichheiten

$$-\varepsilon < \frac{m}{n} - \frac{p_1 + p_2 + \cdots + p_n}{n} < \varepsilon$$

größer sein wird als

$$1 - \eta,$$

wo m die Anzahl der Treffer des Ereignisses E bei den betrachteten n Proben bedeutet, ε und η aber beliebige positive Zahlen. Die von uns erwähnte Grenze für n kann man schon auf viermal vermindern, wenn man beachtet, daß keine der Differenzen

$$p_1 - p_1^2,\ p_2 - p_2^2,\ \ldots,\ p_n - p_n^2$$

größer als $1 : 4$ ist.

In dem speziellen Fall, wenn alle Wahrscheinlichkeiten

$$p_1,\ p_2,\ p_3,\ \cdots$$

ein und dieselbe Größe p haben, kommt das Gesetz der großen Zahlen auf das BERNOULLIsche Theorem zurück.

Nachdem wir auf diese Weise das BERNOULLIsche Theorem als speziellen Fall eines anderen erhalten haben, können wir mit diesem zusammen die unten folgende einfache Ungleichheit aufstellen.

Wenn n die Zahl der unabhängigen Proben bedeutet, p die Wahrscheinlichkeit des Ereignisses E für jede Probe und m die Anzahl der Treffer des Ereignisses E, so wird die Wahrscheinlichkeit der Ungleichheiten

$$-\varepsilon < \frac{m}{n} - p < \varepsilon$$

größer sein als

$$1 - \eta$$

für alle Werte von n, welche

$$\frac{p - p^2}{\varepsilon^2 \eta} = \frac{p(1-p)}{\varepsilon^2 \eta}$$

übertreffen, welches auch die positiven Zahlen ε und η sein mögen.

Nimmt man zum Beispiel

$$p = \frac{3}{5}, \quad \varepsilon = \frac{1}{50}, \quad \eta = 0,001,$$

so findet man, daß für

$$n > \frac{\frac{3}{5} \cdot \frac{2}{5}}{\left(\frac{1}{50}\right)^2 \frac{1}{1000}} = 600\,000$$

die Wahrscheinlichkeit der Ungleichheiten

$$-\frac{1}{50} < \frac{m}{n} - \frac{3}{5} < \frac{1}{50}$$

gewiß größer sein wird als

$$0,999.$$

Die von uns gefundene Zahl

$$600000$$

ist allerdings viel zu groß; in Wirklichkeit nämlich übertrifft die Wahrscheinlichkeit der Ungleichheiten

$$-\frac{1}{50} < \frac{m}{n} - \frac{3}{5} < \frac{1}{50}$$

0,999 schon für Werte von n, die viel kleiner sind als 600000.

Jakob Bernoulli, der in den „Ars conjectandi" dasselbe Beispiel betrachtete, erhielt statt 600000 die Zahl 25550. Die Auseinandersetzung Bernoullis ist mit der Voraussetzung verbunden, daß n durch 50 teilbar ist; man kann aber diese Voraussetzung unschwer vermeiden und eine kleine Abänderung der Berechnung Bernoullis gibt die Möglichkeit, nicht nur die Zahl 25500 für alle Werte von n beizubehalten, sondern sie sogar etwas herabzusetzen.

Wollen wir aber an Stelle des wahren Wertes der Wahrscheinlichkeit ihren durch die Formel (7) gegebenen Annäherungswert berechnen, so muß man zur Bestimmung der Werte von n, für welche die Wahrscheinlichkeit der Ungleichheiten

$$-\frac{1}{50} < \frac{m}{n} - \frac{3}{5} < \frac{1}{50}$$

größer als 0,999 ist, in folgender Weise verfahren.

Mit Hilfe der Tabelle der Werte des Integrals

$$\frac{2}{\sqrt{\pi}} \int_0^t e^{-z^2} dz,$$

die am Ende des Buches angefügt ist, finden wir t aus der Bedingung

$$\frac{2}{\sqrt{\pi}} \int_0^t e^{-z^2} dz = 0,999;$$

dieser Wert t wird

$$2,3268$$

mit einer Genauigkeit von $1:10000$. Ferner betrachten wir die Ungleichheit

$$t\sqrt{\frac{2pq}{n}} < \varepsilon = \frac{1}{50}$$

und hieraus erhalten wir

$$n > \frac{2pqt^2}{\varepsilon^2} + 1200 \times (2,3268)^2 + 6497.$$

Dieses Ergebnis gibt uns nicht das Recht zu behaupten, daß für

$$n > 6497$$

die Wahrscheinlichkeit der Ungleichheiten

$$-\frac{1}{50} < \frac{m}{n} - p < \frac{1}{50}$$

in Wirklichkeit größer als 0,999 ist. Sie kann aber als Hinweis dienen, daß die von uns betrachtete Wahrscheinlichkeit der Ungleichheiten

$$-\frac{1}{50} < \frac{m}{n} - p < \frac{1}{50}$$

größer als 0,999 ist schon bei Werten von n, welche 6497 unbeträchtlich übertreffen. Zum Beispiel wird für

$$n = 6520$$

die Wahrscheinlichkeit der Ungleichheiten

$$-\frac{1}{50} < \frac{m}{n} - \frac{3}{5} < \frac{1}{50}$$

wirklich 0,999 übertreffen (s. § 25).

§ 16. Grenzwert der Wahrscheinlichkeiten.

Wir wenden uns wieder zu der Summe

$$X + Y + Z + \cdots + W$$

irgendwelcher unabhängigen Größen

$$X, Y, Z, \ldots, W$$

und beschäftigen uns mit der Ableitung eines angenäherten Ausdrucks für die Wahrscheinlichkeit, daß die Summe in den Grenzen

$$a + b + c + \cdots + l + t_1 \sqrt{2(a_1 - a^2 + b_1 - b^2 + \cdots + l_1 - l^2)}$$

und

$$a + b + c + \cdots + l + t_2 \sqrt{2(a_1 - a^2 + b_1 - b^2 + \cdots + l_1 - l^2)}$$

enthalten ist, worin

$$a, b, c, \ldots, l \quad \text{und} \quad a_1, b_1, c_1, \ldots, l_1$$

dieselbe Bedeutung wie früher haben, t_1 und t_2 aber willkürliche Zahlen sind, wobei $t_2 > t_1$ ist.

5*

Auf diesen wichtigen Ausdruck

$$\frac{1}{\sqrt{\pi}} \int_{t_1}^{t_2} e^{-z^2} \, dz$$

wurde von uns schon hingewiesen bei dem Beweis des BERNOULLIschen Theorems.

Damals wurde dieser Ausdruck für einen besonderen Fall, der dem BERNOULLIschen Theorem entspricht, gefunden; jetzt aber werden wir denselben Näherungsausdruck der Wahrscheinlichkeit für alle Fälle ableiten.

Wir bezeichnen der Kürze halber:

alle möglichen verschiedenen Werte X mit dem einen Buchstaben x,

———————————————————— Y y,

— — ——————————— - Z z,

. . . .

— — — — — — —————————— W ——————————— w,

und die Wahrscheinlichkeiten dieser Werte mit den Buchstaben

$$\varrho, \ \sigma, \ \tau, \ \ldots, \ \omega.$$

Ferner verabreden wir, mit dem Buchstaben $\sum$ solche Summen zu bezeichnen, die sich über alle Werte

$$x, \ y, \ z, \ \ldots, \ w$$

erstrecken, und dem entsprechend auf die Größen

$$\varrho, \ \sigma, \ \tau, \ \ldots, \ \omega;$$

zur Bezeichnung aber einer Summe, die nicht über alle Werte

$$x, \ y, \ z, \ \ldots, \ w$$

erstreckt wird, wenden wir das Symbol $\sum''$ an. Bei diesen Verabredungen haben wir

$$\sum \varrho = \sum \sigma = \sum \tau = \cdots = \sum \omega = 1,$$

$$\sum \varrho x = a, \ \sum \sigma y = b, \ \sum \tau z = c, \ \ldots, \ \sum \omega w = l,$$

$$\sum \varrho x^2 = a_1, \ \sum \sigma y^2 = b_1, \ \sum \tau z^2 = c_1, \ \ldots, \ \sum \omega w^2 = l_1,$$

und für jedes mögliche Zahlensystem

$$x, \ y, \ z, \ \ldots, \ w$$

wird das entsprechende Produkt

$$\varrho \, \sigma \, \tau \ldots \omega$$

die Wahrscheinlichkeit ausdrücken, daß die Gleichungen bestehen

$$X = x, \ Y = y, \ Z = z, \ \ldots, \ W = w$$

kraft des Multiplikationssatzes der Wahrscheinlichkeiten, angewendet auf unabhängige Ereignisse. Aus dem Additionssatz kann man leicht schließen, daß die Wahrscheinlichkeit der Ungleichheiten

$$a + b \cdots + l + t_1 \sqrt{2 A} < X + Y \cdots + W < a + b \cdots + l + t_2 \sqrt{2 A},$$

worin

$$A = a_1 - a^2 + b_1 - b^2 + c_1 - c^2 + \cdots + l_1 - l^2,$$

durch die Summe dargestellt wird

$$\sum{}' \varrho \, \sigma \, \tau \ldots \omega,$$

welche über alle die Werte

$$x, \ y, \ z, \ \ldots, \ w$$

erstreckt wird, die den Ungleichheiten genügen

$$t_1 \sqrt{2 A} < x + y + z + \cdots + w - a - b - c - \cdots - l < t_2 \sqrt{2 A}$$

oder, was ganz dasselbe ist, den Ungleichheiten

$$\frac{t_1 - t_2}{2} \sqrt{2 A} < x + \cdots + w - a - \cdots - l - \frac{t_1 + t_2}{2} \sqrt{2 A} < \frac{t_1 - t_2}{2} \sqrt{2 A}.$$

Mit Hilfe des wichtigen DIRICHLETschen Faktors werden wir diese Summe

$$\sum{}' \varrho \, \sigma \, \tau \ldots \omega$$

in eine andere verwandeln, welche sogar über alle Werte

$$x, \ y, \ z, \ \ldots, \ w$$

erstreckt wird.

Um den DIRICHLETschen Faktor zu erhalten, bemerken wir vor allem, daß das Integral

$$\frac{1}{\pi} \int\limits_{-\infty}^{+\infty} \frac{\sin \alpha \, \xi}{\xi} \, d\xi$$

worin α eine Konstante ist, den Wert $+ 1$ hat für $\alpha > 0$, den Wert $- 1$ für $\alpha < 0$ und den Wert Null für $\alpha = 0$.

Deshalb zeigt die einfache Gleichung

$$\int_{-\infty}^{+\infty} \frac{\sin \beta \xi \cos \gamma \xi}{\xi} \, d\xi = \frac{1}{2} \int_{-\infty}^{+\infty} \frac{\sin (\beta + \gamma)\xi}{\xi} \, d\xi + \frac{1}{2} \int_{-\infty}^{+\infty} \frac{\sin (\beta - \gamma)\xi}{\xi} \, d\xi,$$

daß das Integral

$$\frac{1}{\pi} \int_{-\infty}^{+\infty} \frac{\sin \beta \xi \cos \gamma \xi}{\xi} \, d\xi$$

worin β und γ konstante Zahlen sind und $\beta > 0$, den Wert 1 hat, wenn

$$- \beta < \gamma < \beta$$

den Wert 0, wenn γ außerhalb der Grenzen

$$- \beta \quad \text{und} \quad + \beta$$

liegt, und endlich den Wert $1:2$, wenn γ mit einer der Zahlen $-\beta$ und $+\beta$ zusammenfällt.

Kraft der Gleichungen

$$\int_{-\infty}^{+\infty} \frac{\sin \beta \xi \sin \gamma \xi}{\xi} \, d\xi = 0 \quad \text{und} \quad e^{\gamma i \xi} = \cos \gamma \xi + i \sin \gamma \xi,$$

worin $i = \sqrt{-1}$, haben wir

$$\frac{1}{\pi} \int_{-\infty}^{+\infty} \frac{\sin \beta \xi \cos \gamma \xi}{\xi} \, d\xi = \frac{1}{\pi} \int_{-\infty}^{+\infty} \frac{\sin \beta \xi}{\xi} e^{\gamma \xi} d\xi.$$

Folglich muß für $\beta > 0$ sein

$$\frac{1}{\pi} \int_{-\infty}^{+\infty} \frac{\sin \beta \xi}{\xi} e^{i \gamma \xi} d\xi = 1, \quad \text{wenn} - \beta < \gamma < \beta,$$

$$\frac{1}{\pi} \int_{-\infty}^{+\infty} \frac{\sin \beta \xi}{\xi} e^{i \gamma \xi} d\xi = 0, \quad \text{wenn} \ \gamma < - \beta \ \text{oder} \ \gamma > \beta,$$

$$\frac{1}{\pi} \int_{-\infty}^{+\infty} \frac{\sin \beta \xi}{\xi} e^{i \gamma \xi} d\xi = \frac{1}{2}, \quad \text{wenn} \ \gamma = - \beta \ \text{oder} \ \gamma = \beta.$$

Dies beachten wir und fügen zu jedem Produkt $\varrho \sigma \tau \ldots \omega$ den entsprechenden Faktor

$$H = \frac{1}{\pi} \int_{-\infty}^{+\infty} \frac{\sin \beta \xi}{\xi} e^{i \gamma \xi} d\xi,$$

worin

$$\beta = \frac{t_2 - t_1}{2} \sqrt{2\,A}$$

und

$$\gamma = x + y + \cdots + w - a - b - \cdots - l - \frac{t_2 + t_1}{2} \sqrt{2\,A}$$

und betrachten sodann die Summe

$$\sum H \varrho \sigma \tau \ldots \omega.$$

Wenn keine der beiden Zahlen

$$a + b + c + \cdots + l + t_1 \sqrt{2\,A} \quad \text{und} \quad a + b + c + \cdots + l + t_2 \sqrt{2\,A}$$

zu der Zahl der Werte

$$x + y + z + \cdots + w$$

gehört, so wird der Faktor H Null sein für alle Glieder der Summe

$$\sum H \varrho \sigma \tau \ldots \omega$$

mit Ausnahme derjenigen, denen die Ungleichheiten entsprechen

$$t_1 \sqrt{2\,A} < x + y + z + \cdots + w - a - b - c - \cdots - l < t_2 \sqrt{2\,A}.$$

Für diese letzteren ist

$$H = 1$$

und daher kommt die Summe

$$\sum H \varrho \sigma \tau \ldots \omega$$

gerade auf dieselbe Summe hinaus

$$\sum{}' \varrho \sigma \tau \ldots \omega,$$

welche die Wahrscheinlichkeit der Ungleichheiten ausdrückt

$$t_1 \sqrt{2\,A} < X + Y + Z + \cdots + W - a - b - c - \cdots - l < t_2 \sqrt{2\,A}.$$

Wenn dagegen die Summe

$$x + y + z + \cdots + w$$

gleich

$$a + b + c + \cdots + l + t_1 \sqrt{2\,A} \quad \text{oder} \quad a + b + c + \cdots + l + t_2 \sqrt{2\,A}$$

werden kann, so kann der Faktor H den Wert $1 : 2$ erhalten.

Es wird dann, wie leicht zu sehen, die Summe

$$\sum H \varrho \sigma \tau \ldots \omega$$

gleich dem arithmetischen Mittel der beiden Summen, von denen die eine die Wahrscheinlichkeit der Ungleichheiten

$$t_1 \sqrt{2\,A} < X + Y + Z + \cdots + W - a - b - c - \cdots - l < t_2 \sqrt{2\,A}$$

ausdrückt, die andere aber die Wahrscheinlichkeit derselben Ungleichheiten mit Hinzunahme der Fälle der Gleichungen

$$X + Y + Z + \cdots + W - a - b - c - \cdots - l = t_1 \sqrt{2\,A}$$
und
$$X + Y + Z + \cdots + W - a - b - c - \cdots - l = t_2 \sqrt{2\,A}.$$

Mit anderen Worten, die Summe

$$\sum H \varrho \sigma \tau \ldots \omega$$

unterscheidet sich von

$$\sum{}' \varrho \sigma \tau \ldots \omega$$

nur um die Hälfte der Wahrscheinlichkeit, daß eine der beiden Gleichungen erfüllt ist:

$$X + Y + Z + \cdots + W - a - b - c - \cdots - l = t_1 \sqrt{2\,A}$$
und
$$X + Y + Z + \cdots + W - a - b - c - \cdots - l = t_2 \sqrt{2\,A}.$$

Vernachlässigen wir also die Wahrscheinlichkeit dieser letzten Gleichungen, indem wir sie für unmöglich oder wenig wahrscheinlich anrechnen, so können wir die Summe

$$\sum H \varrho \sigma \tau \ldots \omega$$

als die Wahrscheinlichkeit betrachten, daß

$$X + Y + Z + \cdots + W$$

innerhalb der Grenzen liegt

$$a + b + c + \cdots + l + t_1 \sqrt{2\,A} \quad \text{und} \quad a + b + c + \cdots + l + t_2 \sqrt{2\,A}.$$

Wir wenden uns zur Summe

$$\sum H \varrho \sigma \tau \ldots \omega$$

und vertauschen in ihr H mit dem entsprechenden Ausdruck

$$\frac{1}{\pi} \int_{-\infty}^{+\infty} \frac{\sin \frac{t_2 - t_1}{2} \xi \sqrt{2\,A}}{\xi} \, e^{i(x+y+z+\cdots+w-a-b-\cdots-l-\frac{t_1-t_2}{2}\sqrt{2\,A})\xi} \, d\xi,$$

wobei wir erhalten

$$\sum H \varrho \sigma \tau \cdots \omega = \frac{1}{\pi} \int_{-\infty}^{+\infty} \Omega \, \frac{\sin \frac{t_2 - t_1}{2} \xi \sqrt{2\,A}}{\xi} \, e^{-\frac{t_2+t_1}{2} i \xi \sqrt{2\,A}} \, d\xi,$$

worin

$$\Omega = \sum \varrho\sigma\tau \ldots \omega \cdot e^{i(x+y+z+\cdots+w-a-b-c-\cdots-l)\xi}$$

$$= \left\{ \sum \varrho\, e^{i(x-a)\xi} \right\} \cdot \left\{ \sum \sigma\, e^{i(y-b)\xi} \right\} \ldots \left\{ \sum \omega\, e^{i(w-l)\xi} \right\}.$$

In bezug auf die Summen

$$\sum \varrho\, e^{i(x-a)\xi}, \quad \sum \sigma\, e^{i(y-b)\xi}, \quad \ldots \quad \sum \omega\, e^{i(w-l)\xi}$$

bemerken wir vor allem, daß ihre Moduln, allgemein zu reden, kleiner als Eins sind:

$$\mathrm{Mod.}\ \sum \varrho\, e^{i(x-a)\xi} \leqq \sum \mathrm{Mod.}\ \varrho\, e^{i(x-a)\xi} = \sum \varrho = 1,$$

$$\cdots\cdots\cdots\cdots\cdots\cdots\cdots\cdots$$

$$\mathrm{Mod.}\ \sum \omega\, e^{i(w-l)\xi} \leqq \sum \mathrm{Mod.}\ \omega\, e^{i(w-l)\xi} = \sum \omega = 1.$$

Wir werden deshalb bei großer Anzahl der Größen

$$X,\ Y,\ Z,\ \ldots,\ W$$

den Modul Ω als eine so kleine Zahl betrachten, daß man ihn für alle Werte von ξ außer den der Null benachbarten vernachlässigen kann.

Betrachten wir die Entwicklung von Ω in eine Reihe nach wachsenden Potenzen von ξ und beschränken uns auf die ersten Glieder dieser Reihe, so wollen wir Ω mit einem einfacheren Ausdruck vertauschen, der ebenfalls nahe an Null ist, für alle Werte von ξ, ausgenommen die der Null benachbarten, und der bei Entwicklung nach wachsenden Potenzen von ξ dieselben ersten Glieder ergibt.

Zu dem angegebenen Zweck entwickeln wir nach einer bekannten Formel jeden der Ausdrücke

$$e^{i(x-a)\xi},\ e^{i(y-b)\xi},\ \ldots,\ e^{i(w-l)\xi}$$

in eine Reihe und setzen diese Entwicklungen ein in die Summen

$$\sum \varrho\, e^{i(x-a)\xi}, \quad \sum \sigma\, e^{i(y-b)\xi}, \quad \sum \omega\, e^{i(w-l)\xi}.$$

Wir erhalten so:

$$\sum \varrho\, e^{i(x-a)\xi} = \sum \varrho + i\xi \sum \varrho(x-a) - \frac{\xi^2}{2} \sum \varrho(x-a)^2 + \cdots$$

$$= 1 - \frac{a_1 - a^2}{2}\, \xi^2 + \cdots$$

$$\sum \sigma\, e^{i(y-b)\xi} = 1 - \frac{b_1 - b^2}{2}\, \xi^2 + \cdots$$

$$\cdots\cdots\cdots\cdots\cdots\cdots\cdots$$

$$\sum \omega\, e^{i(w-l)\xi} = 1 - \frac{l_1 - l^2}{2}\, \xi^2 + \cdots$$

und ferner finden wir durch Multiplikation der Reihen

$$\Omega = 1 - A \frac{\xi^2}{2} + \cdots,$$

worin A den früheren Wert hat:

$$A = a_1 - a^2 + b_1 - b^2 + c_1 - c^2 + \cdots + l_1 - l^2.$$

Mit genau denselben Gliedern

$$1 - \frac{A}{2} \xi^2$$

beginnt aber auch die Entwicklung der Exponentialfunktion

$$e^{-\frac{A}{2}\xi^2}$$

nach Potenzen von ξ, die bei allen Werten von ξ, außer den der Null benachbarten, nahe an Null ist, wenn A eine große Zahl ist. Setzen wir diese Funktion an Stelle von Ω ein, so erhalten wir für die Wahrscheinlichkeit der Ungleichheiten

$$t_1 \sqrt{2A} < X + Y + Z + \cdots + W - a - b - c - \cdots - l < t_2 \sqrt{2A}$$

einen angenäherten Wert in Gestalt des Integrals

$$\frac{1}{\pi} \int_{-\infty}^{+\infty} \frac{\sin \frac{t_1 - t_2}{2} \xi \sqrt{2A}}{\xi} e^{-\frac{t_1 + t_2}{2} i \xi \sqrt{2A} - \frac{1}{2} A \xi^2} d\xi,$$

welches gleich ist

$$\frac{2}{\pi} \int_{0}^{\infty} \frac{\sin \frac{t_2 - t_1}{2} \xi \sqrt{2A} \cos \frac{t_1 + t_2}{2} \xi \sqrt{2A} \, e^{-\frac{1}{2} A \xi^2}}{\xi} d\xi$$

und leicht zurückgeführt werden kann auf die Differenz

$$\frac{1}{\pi} \int_{0}^{\infty} \frac{\sin t_2 \zeta}{\zeta} e^{-\frac{1}{4}\zeta^2} d\zeta - \frac{1}{\pi} \int_{0}^{\infty} \frac{\sin t_1 \zeta}{\zeta} e^{-\frac{1}{4}\zeta^2} d\zeta,$$

wenn gesetzt wird

$$2A\xi^2 = \zeta^2.$$

Auf der andern Seite kann man leicht zeigen, daß das Integral

$$\frac{2}{\pi} \int_{0}^{\tau} \frac{\sin t \zeta}{\zeta} e^{-\frac{1}{4}\zeta^2} d\zeta,$$

worin t nicht von ζ abhängt, gleich ist

$$\frac{2}{\sqrt{\pi}} \int_0^t e^{-t^2} dt.$$

In der Tat, setzt man zur Abkürzung

$$\frac{2}{\pi} \int_0^\infty \frac{\sin t\zeta}{\zeta} e^{-\frac{1}{4}\zeta^2} d\zeta = V$$

und betrachtet V als Funktion der Veränderlichen t, so erhält man durch Differentiation unter dem Integralzeichen

$$\frac{dV}{dt} = \frac{2}{\pi} \int_0^\infty e^{-\frac{1}{4}\zeta^2} \cos t\zeta\, d\zeta.$$

Abermalige Differentiation ergibt

$$\frac{d^2 V}{dt^2} = -\frac{2}{\pi} \int_0^\infty e^{-\frac{1}{4}\zeta^2} \zeta \sin t\zeta\, d\zeta = \frac{4}{\pi} \int_0^\infty \sin t\zeta\, d\left(e^{-\frac{1}{4}\zeta^2}\right),$$

woraus wir durch die Integration nach Teilen ableiten:

$$\frac{d^2 V}{dt^2} = -\frac{4t}{\pi} \int_0^\infty e^{-\frac{1}{4}\zeta^2} \cos t\zeta\, d\zeta = -2t\frac{dV}{dt}$$

und ferner

$$d\left(\log \frac{dV}{dt}\right) = d(-t^2).$$

Folglich ist

$$\frac{dV}{dt} = Ee^{-t^2},$$

wo E eine Konstante bedeutet, und

$$V = E\int_0^t e^{-t^2} dt,$$

denn für $t = 0$ muß sein

$$V = 0.$$

Es bleibt die Bestimmung von der Konstanten E. Die Zahl E fällt zusammen mit dem Wert der Ableitung $\frac{dV}{dt}$ für $t = 0$. Gibt man aber

t den Wert Null, so findet man, daß der entsprechende Wert von $\frac{dV}{dt}$ ausgedrückt wird durch das Integral

$$\frac{2}{\pi} \int_0^\infty e^{-\frac{1}{4}\zeta^2} d\zeta,$$

welches gleich ist

$$\frac{2}{\sqrt{\pi}}.$$

Also ist

$$E = \frac{2}{\sqrt{\pi}}, \quad V = \frac{2}{\sqrt{\pi}} \int_0^t e^{-t^2} dt$$

und endlich

$$\frac{1}{\pi} \int_0^\infty \frac{\sin t_2 \zeta}{\zeta} e^{-\frac{1}{4}\zeta^2} d\zeta - \frac{1}{\pi} \int_0^\infty \frac{\sin t_1 \zeta}{\zeta} e^{-\frac{1}{4}\zeta^2} d\zeta = \frac{1}{\sqrt{\pi}} \int_{t_1}^{t_2} e^{-t^2} dt.$$

Die von uns gegebene Ableitung für den Annäherungswert der Wahrscheinlichkeit der Ungleichheiten

$$t_1 \sqrt{2} A < X + Y + Z + \cdots + W - a - b - c - \cdots - l < t_2 \sqrt{2} A$$

gibt keinen Hinweis auf das Maß des Fehlers dieses Annäherungswertes.

Wir können nur nach Analogie dessen, was festgestellt wurde beim Beweis des BERNOULLIschen Theorems, vermuten, daß das Integral

$$\frac{1}{\sqrt{\pi}} \int_{t_1}^{t_2} e^{-t^2} dt$$

bei den bekannten Bedingungen als Grenzwert dient für die oben angegebenen Ungleichheiten, dies nenne ich das *Theorem des Grenzwerts der Wahrscheinlichkeiten.*

Am Ende des Kapitels ist eine Reihe von Abhandlungen angegeben, in denen man Beweise des Theorems vom Grenzwert der Wahrscheinlichkeiten finden kann, und wo auch Fälle angegeben sind, in denen das Theorem nicht gilt. Hier setzen wir nur einen einfachen Beweis des unten folgenden Theorems von den mathematischen Hoffnungen auseinander, aus denen man den entsprechenden Satz über den Grenzwert der Wahrscheinlichkeiten ableiten kann, wie dies die Ausführungen TSCHEBYSCHEFFs und meine *über die Grenzwerte von Integralen* zeigen.

§ 17. Theorem von den mathematischen Hoffnungen.

Haben wir für die unbegrenzte Reihe unabhängiger Größen

$$X_1, X_2, \ldots, X_n, \ldots$$

m. H. $X_k = a_k$, m. H. $(X_k - a_k)^2 = c_k$, m. H. Mod. $(X_k - a_k)^\alpha = c_k^{(\alpha)}$,

und genügen die Zahlen c_k, c_k^α der Bedingung, daß die beiden Quotienten

$$\frac{c_1^{(\alpha)} + c_2^{(\alpha)} + \cdots + c_n^{(\alpha)}}{(c_1 + c_2 + \cdots + c_n)^2} \quad und \quad \frac{c_1^{\alpha-1} + c_2^{\alpha-1} + \cdots + c_n^{\alpha-1}}{(c_1 + c_2 + \cdots + c_n)^{\alpha-1}}$$

für

$$\alpha = 3, 4, 5, \ldots$$

dem Grenzwert Null zustreben zugleich mit $\frac{1}{n}$, so nähert sich die mathematische Hoffnung der Potenz

$$\left\{ \frac{X_1 + X_2 + \cdots + X_n - a_1 - a_2 - \cdots - a_n}{\sqrt{2(c_1 + c_2 + \cdots + c_n)}} \right\}^m,$$

deren Exponent m eine beliebige positive ganze Zahl ist, dem ganzen Grenzwert

$$\frac{1}{\sqrt{\pi}} \int_{-\infty}^{+\infty} t^m e^{-t^2} dt,$$

wenn n unbegrenzt wächst.

Beweis.

Gemäß einer bekannten Verallgemeinerung der Newtonschen Formel haben wir

$$(X_1 + X_2 + \cdots + X_n - a_1 - a_2 - \cdots - a_n)^m = \sum \frac{m!}{\alpha!\, \beta!\ldots\lambda!} S^{\alpha,\beta,\ldots\lambda},$$

worin $S^{\alpha,\beta,\ldots,\lambda}$ eine symmetrische Funktion der Differenzen

$$X_1 - a_1, \; X_2 - a_2, \ldots, X_n - a_n$$

bedeutet, zu deren Bestimmung eines ihrer Glieder

$$(X_1 - a_1)^\alpha (X_2 - a_2)^\beta \cdots (X_i - a_i)^\lambda$$

dienen kann, und die mit dem Symbol $\sum$ bezeichnete Summe über alle Kombinationen der positiven Zahlen $\alpha, \beta, \ldots, \lambda$ zu erstrecken ist, welche der Bedingung genügen

$$\alpha + \beta + \cdots + \lambda = m.$$

Hieraus schließen wir vermöge der früher aufgestellten Sätze über die mathematischen Hoffnungen von Summen und Produkten

$$\text{m. H.}\,(X_1 + X_2 \cdots + X_n - a_1 - a_2 \cdots - a_n)^m = \sum \frac{m!}{\alpha!\,\beta!\ldots\lambda!}\,G^{\alpha,\beta,\cdots,\lambda},$$

worin $G^{\alpha,\beta,\cdots,\lambda}$ die mathematische Hoffnung der Summe $S^{\alpha,\beta,\cdots,\lambda}$ bedeutet, und aus dieser Summe erhalten wird durch Vertauschung der Potenzen der Differenzen

$$X_1 - a_1,\ X_2 - a_2,\ \ldots,\ X_n - a_n$$

mit den mathematischen Hoffnungen dieser Potenzen. Und da die mathematischen Hoffnungen der ersten Potenzen der Differenzen

$$X_1 - a_1,\ X_2 - a_2,\ \ldots,\ X_n - a_n$$

gleich Null sind, so können von den Ausdrücken

$$G^{\alpha,\beta,\cdots,\lambda}$$

nur diejenigen von Null verschieden sein, für welche jede der Zahlen

$$\alpha,\ \beta,\ \ldots,\ \lambda$$

größer als Eins ist.

Berücksichtigt man zugleich, daß die mathematische Hoffnung jeder Zahl nicht größer ist, als die mathematische Hoffnung ihres absoluten Betrags, so kann man ohne Mühe die Ungleichheiten ableiten

$$\frac{\text{Mod.}\ G^{\alpha,\beta,\cdots,\lambda}}{(c_1 + c_2 + \cdots + c_n)^{\frac{m}{2}}} <$$

$$\frac{c_1^{(\alpha)} + \cdots + c_n^{(\alpha)}}{(c_1 + \cdots + c_n)^{\frac{\alpha}{2}}} \cdot \frac{c_1^{(\beta)} + \cdots + c_n^{(\beta)}}{(c_1 + \cdots + c_n)^{\frac{\beta}{2}}} \cdots \frac{c_1^{(\lambda)} + \cdots + c_n^{(\lambda)}}{(c_1 + \cdots + c_n)^{\frac{\lambda}{2}}} \cdot$$

Diese Ungleichheit aber zeigt, daß für die Bedingungen des Satzes der Quotient

$$\frac{G^{\alpha,\beta,\cdots,\lambda}}{(c_1 + c_2 + \cdots + c_n)^{\frac{m}{2}}},$$

indem

$$\alpha + \beta + \cdots + \lambda = m$$

sich dem Grenzwert Null zugleich mit $\frac{1}{n}$ nähern muß, wenn sich nur unter den Zahlen $\alpha,\ \beta,\ \ldots,\ \lambda$ von 2 verschiedene vorfinden.

Bei ungeradem m können die Zahlen $\alpha,\ \beta,\ \ldots,\ \lambda$, deren Summe gleich m ist, nicht alle gleich 2 sein, und deshalb muß für alle möglichen Kombinationen α, β, ..., λ der Bruch

$$\frac{G^{\alpha,\beta,\cdots,\lambda}}{(c_1 + c_2 + \cdots + c_n)^{\frac{m}{2}}}$$

sich zugleich mit $\frac{1}{n}$ der Grenze Null nähern.

Bei geradem m gibt es aber eine und nur eine Kombination der Zahlen α, β, ..., λ für die der Bruch

$$\frac{G^{\alpha,\beta,\cdots,\lambda}}{(c_1 + c_2 + \cdots + c_n)^{\frac{m}{2}}}$$

sich dem Grenzwert Null nicht nähern kann zugleich mit $\frac{1}{n}$; diese einzige Kombination besteht aus $\frac{m}{2}$ Zahlen gleich 2.

Deshalb muß bei ungeradem m sein:

Grenzw. der m. H. $\left\{ \dfrac{X_1 + X_2 + \cdots + X_n - a_1 - a_2 - \cdots - a_n}{\sqrt{2\,(c_1 + c_2 + \cdots + c_n)}} \right\}^m_{n=\infty} = 0$

$$= \frac{1}{\sqrt{\pi}} \int\limits_{-\infty}^{+\infty} t^n e^{-t^2} dt\,;$$

bei geradem m muß sich die folgende Differenz dem Grenzwert Null nähern

m. H. $\left\{ \dfrac{X_1 + X_2 + \cdots + X_n - a_1 - a_2 - \cdots - a_n}{\sqrt{2\,(c_1 + c_2 + \cdots + c_n)}} \right\}^m - \dfrac{m!}{2^m} \cdot \dfrac{G^{2,2,\cdots,2}}{(c_1 + c_2 + \cdots + c_n)^{\frac{m}{2}}}$,

worin $G^{2,2,\cdots,2}$ die symmetrische Funktion der Größen

$$c_1\, c_2\, \ldots\, c_n$$

bedeutet, die vollständig bestimmt ist durch eines ihrer Glieder

$$c_1\, c_2\, \ldots\, c_{\frac{m}{2}}$$

Auf der andern Seite haben wir nach derselben NEWTONschen Formel bei geradem m

$$(c_1 + c_2 + \cdots + c_n)^{\frac{m}{2}} = \sum \frac{\binom{\frac{m}{2}}{\mu!\,\nu!\ldots\omega!}}{} H^{\mu,\nu,\cdots,\omega},$$

worin $H^{\mu,\nu,\cdots,\omega}$ die symmetrische Funktion der Größen c_1, c_2, ..., c_n bedeutet, welche aus einem ihrer Glieder

$$c_1{}^\mu c_2{}^\nu \ldots c_j{}^\omega$$

bestimmt wird, und die durch das Symbol $\sum$ bezeichnete Summation sich erstreckt auf alle Kombinationen der ganzen positiven Zahlen μ, $\nu, \ldots, \omega$, welche der Bedingung genügen

$$\mu + \nu + \cdots + \omega = \frac{m}{2}.$$

Man kann auch leicht die Ungleichheit begründen

$$H^{\mu, \nu, \ldots, \omega} <$$

$$(c_1{}^\mu + c_2{}^\mu + \cdots + c_n{}^\mu)(c_1{}^\nu + c_2{}^\nu + \cdots + c_n{}^\nu) \cdots (c_1{}^\omega + c_2{}^\omega + \cdots + c_n{}^\omega),$$

welche zeigt, daß bei unseren Voraussetzungen der Quotient

$$\frac{H^{\mu, \nu, \ldots, \omega}}{(c_1 + c_2 + \cdots + c_n)^{\frac{m}{2}}}$$

sich dem Grenzwert Null nähern muß zugleich mit $\frac{1}{n}$, wenn nur nicht alle Zahlen $\mu, \nu, \ldots, \omega$ der Eins gleich sind.

Aus diesem Grunde schließen wir, daß die Differenz

$$\left(\frac{c_1 + c_2 + \cdots + c_n}{c_1 + c_2 + \cdots + c_n}\right)^{\frac{m}{2}} - \binom{m}{2}! \frac{G^{2, 2, \ldots, 2}}{(c_1 + c_2 + \cdots + c_n)^{\frac{m}{2}}}$$

sich dem Grenzwert Null nähern muß zugleich mit $\frac{1}{n}$.

Setzen wir dieses Resultat in das oben gefundene ein, so können wir schließen, daß bei unbegrenztem Anwachsen der Zahl n die mathematische Hoffnung der Potenz

$$\left\{ \frac{X_1 + X_2 + \cdots + X_n - a_1 - a_2 - \cdots - a_n}{\sqrt{2(c_1 + c_2 + \cdots + c_n)}} \right\}^m,$$

worin m eine positive Zahl bedeutet, sich einem Grenzwert nähert, welcher der Zahl

$$\frac{m!}{2^m \left(\frac{m}{2}!\right)} = \frac{1 \cdot 3 \cdot 5 \cdots m - 1}{2^{\frac{m}{2}}}$$

gleich ist, der auch das Integral gleich ist

$$\frac{1}{\sqrt{\pi}} \int\limits_{-\infty}^{+\infty} t^m e^{-z^2}\, dt.$$

Damit ist das Theorem von den mathematischen Hoffnungen bewiesen.

Anmerkung. Bei der Formulierung des Theorems braucht man den zweiten der von uns erwähnten beiden Brüche

$$\frac{c_1^{(\alpha)} + c_2^{(\alpha)} + \cdots + c_n^{(\alpha)}}{(c_1 + c_2 + \cdots + c_n)^{\frac{\alpha}{2}}} \quad \text{und} \quad \frac{c_1^{\alpha-1} + c_2^{\alpha-1} + \cdots + c_n^{\alpha-1}}{(c_1 + c_2 + \cdots + c_n)^{\alpha-1}}$$

nicht zu erwähnen, da ja er vermöge der Ungleichheit

$$c_k^{\alpha-1} < c_k^{(2\alpha-2)},$$

deren Beweis keine große Mühe macht, sich zugleich mit $\frac{1}{n}$ dem Grenzwert Null nähern muß, wenn sich nur der erste Bruch demselben Grenzwert nähert für alle von uns angegebenen Werte von α. Auf der anderen Seite kann man aus dem von uns angegebenen Beweis schließen, daß das Theorem von den mathematischen Hoffnungen nicht angewendet wird auf die Fälle, in denen

$$\frac{c_1^{\alpha-1} + c_2^{\alpha-1} + \cdots + c_n^{\alpha-1}}{(c_1 + c_2 + \cdots + c_n)^{\alpha-1}}.$$

der Null zustrebt zugleich mit $\frac{1}{n}$, der Quotient

$$\frac{c_1^{(\alpha)} + c_2^{(\alpha)} + \cdots + c_n^{(\alpha)}}{(c_1 + c_2 + \cdots + c_n)^{\frac{\alpha}{2}}}$$

aber sich der Null nicht nähert.

§ 18. Das Risiko.

Wir verweilen jetzt bei der Anwendung der Wahrscheinlichkeitsrechnung überhaupt und des verallgemeinerten BERNOULLIschen Theorems im besonderen auf die Frage des Vorteils oder Nachteils mehr oder weniger riskierter Unternehmungen.

Unter der Voraussetzung, daß alle Kapitale sich ausdrücken lassen in Zahlen für eine bestimmte Maßeinheit, werden wir jede Unternehmung nur unter dem Gesichtspunkt der Vergrößerung oder der Verkleinerung der Kapitale der verschiedenen Personen betrachten.

Der Begriff des Vorteils oder des Nachteils einer Unternehmung für eine gegebene Person stellt sich vollkommen klar dar nur in den Fällen, wenn kein Zweifel darüber bestehen kann, ob diese Unternehmung das Kapital der Person vergrößern muß oder im Gegenteil verkleinern: vorteilhaft sind alle Unternehmungen, die zweifellos das Kapital vergrößern, unvorteilhaft alle, die das Kapital unzweifelhaft verkleinern.

Vollkommen anders wird das Verhältnis für riskierte Unternehmungen, d. h. für solche, welche die Kapitale der Teilhaber sowohl vergrößern wie verkleinern können. Wir bemerken, daß man vom mathematischen Gesichtspunkt aus schwerlich umhin kann, nicht alle Unternehmungen mehr oder weniger riskiert zu nennen.

Für riskierte Unternehmungen hat der Begriff des Vorteils oder Nachteils bereits nicht mehr einen vollständig bestimmten Sinn.

Man kann freilich sagen, daß alle Unternehmungen vorteilhaft sind, bei denen man mit großer Wahrscheinlichkeit einen Gewinn an Kapital erwarten kann, wenn außerdem ein möglicher Verlust nicht nur unwahrscheinlich sondern geringfügig sein wird. Es wird kaum jemand diese Behauptung bestreiten.

Bei ihrer Unbestimmtheit aber kann sie nicht als allgemeine Grundlage zur Unterscheidung vorteilhafter Unternehmungen von nicht vorteilhaften dienen. Außerdem schließt die Bedingung, daß der mögliche Verlust unbeträchtlich sein soll, mit Unrecht aus der Zahl der vorteilhaften Unternehmungen die mehrfache Wiederholung der Unternehmung aus, wie vorteilhaft diese Unternehmung auch sein mag.

Wenn wir uns bemühen, eine Grenze zwischen vorteilhaften und nicht vorteilhaften Unternehmungen zu ziehen, sind wir genötigt, zu den vorteilhaften Unternehmungen auch solche zu rechnen, die vom gewöhnlichen Gesichtspunkt aus kaum für vorteilhaft gelten können wegen des mit ihnen verknüpften Risikos. Für Unternehmungen, die eine Aufzählung aller ihrer möglichen Resultate mit Angabe ihrer Wahrscheinlichkeiten zulassen, dient uns als Prinzip der Einteilung in vorteilhafte und nicht vorteilhafte die mathematische Hoffnung des Kapitalzuwachses.

Wir nennen nämlich eine Unternehmung vorteilhaft, nachteilig oder unbestimmt in Hinsicht darauf, ob die mathematische Hoffnung des Kapitalzuwachses für diese Unternehmung eine positive, eine negative Zahl oder Null ist.

Diese Einteilung wird gerechtfertigt durch Hinweis auf das verallgemeinerte Theorem BERNOULLIs, wenn die Möglichkeit der unbegrenzten Wiederholung jeder Unternehmung zugelassen wird.

Vermöge des verallgemeinerten BERNOULLIschen Theorems darf man bei einer hinreichend großen Anzahl von Wiederholungen mit einer Wahrscheinlichkeit, die der Gewißheit beliebig nahe kommt, einen beliebig großen Vorteil erwarten, wenn bei dieser Unternehmung die mathematische Hoffnung des Kapitalzuwachses durch eine positive Zahl ausgedrückt wird. Wenn dagegen für irgendeine Unternehmung die mathematische Hoffnung des Kapitalzuwachses durch eine negative Zahl ausgedrückt wird, so darf man bei einer hinreichend häufigen Wiederholung derselben erwarten, mit einer Wahrscheinlichkeit, welche der Gewißheit beliebig nahe kommt, daß das Kapital verkleinert wird.

Im dritten Fall endlich, wenn die mathematische Hoffnung des Kapitalzuwachses Null ist, so weist das verallgemeinerte Theorem BERNOULLIS nur auf die große Wahrscheinlichkeit hin, daß die Werte klein sind, welche das Verhältnis der Kapitalsänderung zur Anzahl der ausgeführten Unternehmungen hat, wenn diese Anzahl hinreichend groß ist. Es bleibt aber vollkommen unbestimmt, ob diese Veränderung in einer Vergrößerung oder im Gegenteil in einer Verkleinerung des Kapitals besteht: vermöge des Theorems vom Grenzwert der Wahrscheinlichkeiten wird die Differenz der Wahrscheinlichkeiten für die Vergrößerung und die Verkleinerung des Kapitals beliebig klein, wenn die Unternehmung hinreichend oft wiederholt wird.

Wir bemerken, daß man die Frage des Vorteils oder Nachteils bei einem Unternehmen für jeden Teilnehmer besonders betrachten muß, da ja die Interessen der verschiedenen Teilnehmer entgegengesetzt sein können und oft zu sein pflegen.

Die Betrachtung des Vorteile oder Nachteils eines Unternehmens in dem von uns aufgestellten Sinne bedeutet einen der am meisten leitenden Begründungen für die Entscheidung der Frage, soll man an einem Unternehmen sich beteiligen oder nicht, da diese Betrachtung ja die Möglichkeit gewährt, über die wahrscheinlichen Ergebnisse vielfacher Wiederholung der Unternehmung zu urteilen.

Wenn auch dieser leitende Grundgedanke durchaus nicht als einziger benannt werden kann, gibt es doch keinen anderen ebenso bestimmten.

Sowohl bei vorteilhaften wie bei unvorteilhaften Unternehmungen muß man ins Auge fassen nicht nur das wahrscheinliche Resultat vielfacher Wiederholung, sondern auch die möglichen Resultate einiger Wiederholungen. Bei der unbegrenzt vielmaligen Wiederholung eines vorteilhaften Unternehmens wird der Gewinn äußerst wahrscheinlich; aber eine solche Wiederholung kann verschiedenen Hindernissen begegnen, von den eines im Ruin der betrachteten Person besteht. Es ist deshalb wichtig, die Wahrscheinlichkeit der Annahme zu bestimmen, daß bei mehrmaliger Wiederholung der Unternehmung der Verlust nicht eine gegebene Größe übertrifft.

Hier kann der Näherungswert der Wahrscheinlichkeit in Form des bestimmten Integrals

$$\frac{1}{\sqrt{\pi}} \int_{t_1}^{t_2} e^{-t^2} dt$$

nützlich sein, den wir als Grenzwert der Wahrscheinlichkeit angegeben haben.

Eine endgültige Entscheidung der Frage, ist es ratsam oder ist es nicht ratsam am Unternehmen sich zu beteiligen, hängt von rein subjektiven Vorstellungen und von dem zugelassenen Risikograd ab. Die Theorie kann nur einen gewissen Maßstab für das Risiko geben, sie kann aber nicht bestimmen, welchen Grad des Risikos man statthaft nennen muß.

Ganz ähnliche Bemerkungen gelten für unvorteilhafte Unternehmen.

Alle Projekte wirklicher Bereicherung mittels unvorteilhafter Unternehmungen beruhen auf Irrtum. Freilich kann die Ausführung eines unvorteilhaften Unternehmens bisweilen für vernünftig gelten; in solchen Fällen nämlich, wenn dieses unvorteilhafte Unternehmen die Wahrscheinlichkeit großer Verluste vermindert, die mit Ruin bedrohen.

Wir wollen das Gesagte durch einfache Beispiele erläutern.

Wir wollen annehmen, daß irgendein Unternehmen nur zwei Fälle vorlegen kann, von denen der eine eine Vergrößerung unseres Kapitals um 10 Rubel ergibt, der andere aber im Gegenteil eine Verminderung um 1200 Rubel. Ferner sei die Wahrscheinlichkeit des ersten 0,99, die des zweiten aber 0,01.

Die mathematische Hoffnung unseres Vorteils bei diesem Unternehmen wird also in Rubeln durch die negative Žahl ausgedrückt:

$$0{,}99 \times 10 - 0{,}01 \times 1200 = -21,$$

was auf die Unvorteilhaftigkeit des Unternehmens weist.

Führen wir es einmal aus, so können wir mit hinreichend großer Wahrscheinlichkeit (0,99) rechnen, eine kleine Summe (10 Rubel) zu gewinnen, aber wir riskieren, eine viel größere Summe (1200 Rubel) zu verlieren, wenn auch mit kleiner Wahrscheinlichkeit (0,01).

Wenn wir aber in der Absicht der Möglichkeit einer Bereicherung das Unternehmen unbegrenzt vielmal wiederholen werden, so wird das wahrscheinliche Resultat dieser Wiederholung nicht Bereicherung, sondern Ruin. So zeigt sich schon bei hundertfacher Wiederholung die Wahrscheinlichkeit des Gewinns beträchtlich kleiner, als die Wahrscheinlichkeit des Verlustes; denn die Wahrscheinlichkeit des Gewinnes bei hundertfacher Wiederholung des Unternehmens wird durch die Zahl ausgedrückt

$$(0,99)^{100} \doteqdot 0,36603$$

und deshalb ist die Wahrscheinlichkeit des Verlustes gleich

$$1 - (0,99)^{100} \doteqdot 0,63397.$$

Dabei bringt eine hundertfache Wiederholung des Unternehmens den möglichen Gewinn nicht einmal auf die Höhe des möglichen Verlustes bei einem Unternehmen.

Wiederholt man aber das Unternehmen 10 000 mal, so erreicht der mögliche Gewinn 100 000 Rubel, aber die Wahrscheinlichkeit dieses Gewinns wird ausgedrückt durch die sehr kleine Zahl

$$(0,99)^{10\,000} \doteqdot \frac{2249}{10^{47}}.$$

Auch wird nicht nur die Wahrscheinlichkeit, einen Gewinn von 100 000 Rubel zu haben, sehr gering, sondern es erweist sich die Wahrscheinlichkeit, überhaupt Gewinn zu haben, sehr klein, wenn man das Unternehmen 10 000 mal wiederholt.

In der Tat wird die Wahrscheinlichkeit irgendeinen Vorteil zu haben, wenn man das Unternehmen 10 000 mal wiederholt, durch die Summe von 83 Gliedern ausgedrückt:

$$(0,99)^{10\,000} + 10\,000\,(0,99)^{9999}\,(0,01) + \cdots +$$
$$+ \frac{1 \cdot 2 \cdot 3 \cdots 10\,000}{1 \cdot 2 \cdots 82 \cdot 1 \cdot 2 \cdots 9918}\,(0,99)^{9918}\,(0,01)^{82},$$

von denen der letzte

$$\frac{1 \cdot 2 \cdot 3 \cdots 10\,000}{1 \cdot 2 \cdots 82 \cdot 1 \cdot 2 \cdots 9918}\,(0,99)^{9918}\,(0,01)^{82}$$

kleiner ist als die Zahl

$$\sqrt{\frac{10\,000}{2\pi \cdot 82 \cdot 9918}} \cdot \left(\frac{9900}{9918}\right)^{9918} \left(\frac{100}{82}\right)^{82} = 0,00773 \cdots.$$

Das Verhältnis dieser Summe aber zu ihrem letzten Glied ist, wie man sich leicht überzeugt, kleiner als

$$\frac{1}{1 - \dfrac{82 \cdot 99}{9919}} = \frac{9919}{1801} = 5,5 \cdots.$$

Da nun das Produkt der Zahlen

$$0,00773 \ldots \quad \text{und} \quad 5,5 \ldots$$

kleiner als 0,05 ist, so ist die von uns betrachtete Wahrscheinlichkeit des Gewinns bei 10 000-facher Wiederholung des Unternehmens kleiner als 0,05.

Endlich ergibt sich bei 1 000 000-facher Wiederholung des Unternehmens nicht nur eine sehr kleine Wahrscheinlichkeit, Gewinn zu erlangen, sondern auch dafür, daß der Verlust kleiner ist, als die tüchtige Summe von 100 000 Rubel. Nehmen wir Zuflucht zu den Annäherungswerten, so können wir für die letztere Wahrscheinlichkeit annehmen

$$\frac{1}{\sqrt{\pi}} \int_t^\infty e^{-t^2} dt = \frac{1}{2} - \frac{1}{\sqrt{\pi}} \int_0^t e^{-t^2} dt,$$

worin t bestimmt wird durch die Gleichung

$$\left(np + t\sqrt{2npq}\right) A - \left(nq - t\sqrt{2npq}\right) B = -100\,000$$

für

$$n = 1\,000\,000, \quad p = 0,99, \quad q = 0,01, \quad A = 10, \quad B = 1200.$$

Die angegebene Gleichung gibt für t die Größe

$$\frac{2\,000\,000}{1210\,\sqrt{19\,800}} + 11,$$

wofür der Betrag des Integrals

$$\frac{1}{\sqrt{\pi}} \int_t^\infty e^{-t^2} dt$$

kleiner wird als $1 : 10^{50}$. Wir bedienen uns hier der bekannten Ungleichheit

$$\int_t^\infty e^{-t^2} dt < \frac{e^{-t^2}}{2t},$$

die man leicht mit Hilfe der Integration nach Teilen aufstellen kann.

Um ferner ein Beispiel eines vorteilhaften Unternehmens zu haben, behalten wir alle Bedingungen des eben betrachteten Beispiels bei, außer einer: wir nehmen nämlich als Größe des möglichen Vorteils nicht 10 Rubel an, sondern 20 Rubel. Dann drückt sich die mathematische Hoffnung des Gewinnes in Rubeln aus durch die positive Zahl

$$20 \times 0,99 - 1200 \times 0,01 = 7,8,$$

was auf die Vorteilhaftigkeit des Unternehmens hinweist.

Die einmalige Unternehmung bedeutet, wie auch im vorigen Beispiel, einen unbeträchtlichen Gewinn (20 Rubel), verbunden mit dem
Risiko, eine viel größere Summe (1200 Rubel) zu verlieren. Bei hundertfacher Wiederholung des Unternehmens hört die Wahrscheinlichkeit
des Verlustes schon auf, eine sehr kleine Größe zu sein: sie wird dann
ausgedrückt durch die Differenz

$$1 - (0{,}99)^{100} \left\{ 1 + \frac{100}{99} \right\}$$

gleich
$$0{,}2642$$

mit einer Genauigkeit von $1 : 2 \cdot 10^4$.

Wenn wir aber die Möglichkeit haben, das Unternehmen beliebig
oft zu wiederholen, so können wir auf Bereicherung rechnen mit einer
Wahrscheinlichkeit, die der Gewißheit so nahe kommt, als man will;
übrigens wird schließlich die Möglichkeit des Ruins nicht zerstört.

Wiederholt man das Unternehmen 10 000 mal, so wird die Wahrscheinlichkeit des Verlustes durch die Summe ausgedrückt

$$\frac{1 \cdot 2 \cdots 10\,000}{1 \cdot 2 \cdots 164 \cdot 1 \cdot 2 \cdots 9836} (0{,}99)^{9836} (0{,}01)^{164} +$$

$$\frac{1 \cdot 2 \cdots 10\,000}{1 \cdot 2 \cdots 165 \cdot 1 \cdot 2 \cdots 9835} (0{,}99)^{9835} (0{,}01)^{165} + \cdots$$

und wird kleiner sein als

$$\sqrt{\frac{10\,000}{2\pi \cdot 164 \cdot 9836}} \cdot \left(\frac{9900}{9836}\right)^{9836} \left(\frac{100}{164}\right)^{164} \frac{1}{1 - \frac{9836}{165 \cdot 99}},$$

dieser letztere Bruch aber ist kleiner als $1 : 10^8$.

Endlich, wenn man das Unternehmen 1000 000 mal wiederholt, so
wird die Wahrscheinlichkeit, einen Gewinn von 1000 000 Rubel zu haben
der Einheit sehr nahe. Greifen wir nämlich zur angenäherten Berechnung, so können wir für die letzte Wahrscheinlichkeit annehmen

$$\frac{1}{\sqrt{\pi}} \int_{-t}^{\infty} e^{-t} dt = \frac{1}{2} + \frac{1}{\sqrt{\pi}} \int_{0}^{t} e^{-t} dt = 1 - \frac{1}{\sqrt{\pi}} \int_{t}^{\infty} e^{-t} dt,$$

worin t durch die Gleichung bestimmt wird

$$\left(np - t\sqrt{2npq}\right) A - \left(nq + t\sqrt{2npq}\right) B = 1000\,000,$$

für
$$n = 1000\,000, \quad p = 0{,}99, \quad q = 0{,}01, \quad A = 20, \quad B = 1200.$$

Die angegebene Gleichung gibt für t den Betrag

$$\frac{6800\,000}{1220\,\sqrt{19\,800}} > 30,$$

für den die Differenz

$$1 - \frac{1}{\sqrt{\pi}} \int\limits_{t}^{\infty} e^{-t}\,dt$$

sich von der Einheit um eine Größe unterscheidet, die kleiner ist als

$$\frac{e^{-900}}{60}.$$

Aus dem zweiten Beispiel können wir ein drittes ableiten, wobei der Vorteil durch Nachteil ersetzt wird. Ein Unternehmen, das einen Gewinn von 1200 Rubel mit der Wahrscheinlichkeit 0,01 und einen Verlust von 20 Rubel mit der Wahrscheinlichkeit 0,99 ergibt, ist nicht vorteilhaft, da ja die mathematische Hoffnung des entsprechenden Gewinnes in Rubeln durch die negative Zahl ausgedrückt wird

$$1200 \times 0,01 - 20 \times 0,99 = -7,8.$$

Deshalb kann man die vielfache Wiederholung des Unternehmens mit der Absicht auf Bereicherung nicht empfehlen. Es kann zwar gestattet sein, es einigemal zu wiederholen, angesichts der Geringfügigkeit des Verlustes. Es kann auch die Vereinigung dieses Unternehmens mit einem anderen vorteilhaften aber riskierten vernünftig genannt werden.

Nehmen wir z. B. an, daß irgendein Unternehmen einen Verlust von 1100 Rubel und einen Gewinn von 120 Rubel entsprechend gewährt in den Fällen, wenn das eben betrachtete Unternehmen einen Gewinn von 1200 Rubel und einen Verlust von 20 Rubel gewährt.

Vereinigt man jetzt mit dem neuen vorteilhaften aber riskierten Unternehmen das soeben betrachtete ungünstige, so stellen wir uns einen wahrscheinlichen Gewinn von 100 Rubel fest. Auf ähnlichen Prinzipien beruhen die verschiedenen Arten der Versicherung.

§ 19. Das Risiko beim Spiel.

Mit dem Begriff der vorteilhaften und unvorteilhaften Unternehmungen ist eng verbunden der Begriff der *ehrlichen* und *unehrlichen Spiele*. *Spiel* nennen wir hier nicht eine Unterhaltung, sondern jedes Unternehmen, welches die Möglichkeit verschiedenartiger Änderung des Kapitals jedes Teilnehmers für sich bietet, welches aber ihr gemeinsames Kapital nicht ändert.

Außerdem werden wir, ähnlich wie früher voraussetzen, daß man für jeden Teilnehmer alle möglichen Veränderungen seines Kapitals aufzählen und ihre Wahrscheinlichkeiten angeben kann.

Die Teilnehmer des Spieles werden wir Spieler nennen und sie im Bedarfsfalle voneinander unterscheiden durch die Ziffern

$$1, 2, 3, \ldots$$

oder die Buchstaben A, B, C, $\cdots$. Es mögen

$$X_1, X_2, X_3, \ldots$$

entsprechend, für die Spieler

$$1, 2, 3, \ldots$$

der Anwachs ihrer Kapitalien sein, der aus dem Spiel erfolgt.

Da das Spiel nichts ändert an der Gesamtsumme der Kapitale aller Spieler, so muß sich für die Summe

$$X_1 + X_2 + X_3 + \cdots$$

der Zuwachsgrößen der Kapitale aller Spieler Null ergeben. Deswegen muß auch die Summe der mathematischen Hoffnungen dieser Größen Null sein:

$$\text{m. H. } X_1 + \text{m. H. } X_2 + \text{m. H. } X_3 + \cdots = 0.$$

Folglich muß es, wenn für einige Spieler die mathematische Hoffnung des Kapitalzuwachses aus dem Spiel durch positive Zahlen ausgedrückt wird, auch solche Spieler geben, für welche die mathematische Hoffnung des Zuwachses ihrer Kapitale aus demselben Spiel durch negative Zahlen ausgedrückt wird. Es wird dann für einige Spieler das Spiel ein vorteilhaftes Unternehmen sein, für andere aber ein unvorteilhaftes; und wenn das Spiel unbegrenzt oft wiederholt wird, können die Spieler, für die es vorteilhaft ist, fast mit Gewißheit darauf rechnen, den anderen, für die es unvorteilhaft ist, etwas abzugewinnen.

Hieraus ergibt sich folgende Bedingung für *ehrliches* Spiel: *Die mathematische Hoffnung muß für jeden Spieler Null ergeben.*

Für ein unehrliches Spiel kann man fast mit Bestimmtheit voraussagen, wer von den Spielern bereichert und wer ruiniert wird, bei unbegrenzter Wiederholung des Spieles.

Hinsichtlich eines ehrlichen Spieles aber kann man keine solche Prophezeiung machen. Man darf aber dabei nicht annehmen, daß vielfache Wiederholung des ehrlichen Spiels nicht zu beträchtlichen Veränderungen der Kapitale der Spieler führen und keinen Spieler ruinieren. Aus den von uns bewiesenen Sätzen folgt das nicht und kann es auch nicht folgen.

Das verallgemeinerte BERNOULLIsche Theorem weist nur auf die große Wahrscheinlichkeit hin, daß die Verhältnisse der Kapitalsänderungen der Spieler zur Anzahl der Wiederholung des ehrlichen Spieles klein sind; aber für kleine Größen dieser Verhältnisse können die Änderungen selbst groß sein. Das Theorem aber vom Grenzwert der Wahrscheinlichkeiten offenbart die Kleinheit der Wahrscheinlichkeit, daß die Kapitalsänderungen der Spieler klein bleiben bei vielfacher Wiederholung des ehrlichen Spieles. Aus demselben Theorem über den Grenzwert der Wahrscheinlichkeiten folgt, daß für jeden Spieler die Wahrscheinlichkeit, einen beliebig großen Gewinn zu erlangen und einen beliebig großen Verlust zu erlangen ein und demselben Grenzwert $1/_2$ sich nähert, wenn die Anzahl der Wiederholungen des ehrlichen Spieles unbegrenzt zunimmt.

Die Bedingung des ehrlichen Spieles dient als leitender Grund bei den Geldberechnungen zwischen den Teilnehmern solcher Unternehmungen, welche unter den von uns gegebenen Begriff des Spieles fallen. Oft wird indessen von dieser Bedingung Abstand genommen, wovon das Ergebnis sich in der Bereicherung einiger Personen auf Rechnung der anderen sich ausdrückt. Das pflegt bei solchen Fällen einzutreten, wenn das Spiel stattfindet in der mehr oder weniger deutlich ausgesprochenen Absicht einiger Teilnehmer, es unbegrenzt oft zu wiederholen, während die anderen Teilnehmer wechseln.

Wenn aber die Veranstalter des Spieles die Bedingung ehrlichen Spieles für die übrigen Teilnehmer einhielten, dann würde ihr Ziel nicht erreicht werden, sie setzten sich großer Gefahr des Ruins aus.

Was aber die übrigen Teilnehmer betrifft, deren jeder nur eine vergleichsweise geringe Anzahl von Malen am Spiel teilnimmt, so können sie ihre Beteiligung daran auch für vernünftig halten, auch bei einiger nicht allzu großer Verletzung der Bedingung des ehrlichen Spieles, wenn das Unternehmen sie nur von einem anderen Risiko bewahrt, wie dies schon in einem besonderen Beispiel erläutert wurde, bei der Betrachtung vorteilhafter und unvorteilhafter Unternehmungen.

Hier könnte die Frage nach gestattetem Grad der Verletzung der Bedingungen des ehrlichen Spieles entstehen. Aber auf diese Frage kann man keine bestimmte Antwort geben; ähnlich dem, wie wir früher uns versagten einen zugelassenen Grad des Risikos anzugeben.

Es muß bemerkt werden, daß es auch solche Methoden der Versicherung gibt, die vor keinem Risiko bewahren, sondern in allen Fällen den Versicherten einen größeren oder kleineren Verlust bringen. Zur Rechtfertigung solcher Methoden, die nicht nur von privaten Versicherungsgesellschaften sondern sogar von staatlichen Sparkassen befolgt werden, kann man nur die höchst zweifelhafte Erwägung beibringen, daß sie die Leute nötigen, Ersparnisse zu machen.

Literatur.

Tchebychef, Oeuvres I: Des valeurs moyennes (p. 687—694).

Tchebychef, Oeuvres II: Sur les valeurs limites des intégrales (p. 183—185). — Sur la représentation des valeurs limites des intégrales par des résidus intégraux (p. 421—440). — Sur les résidus intégraux, qui donnent des valeurs approchées des intégrales (p. 443—477). — Sur deux théorèmes relatifs aux probabilités (p. 481—491).

A. Markoff, Einige Sätze über algebraische Kettenbrüche 1884. (Russ.)

A. Markoff, Das Gesetz der großen Zahlen und die Methode der kleinsten Quadrate. (Schriften der math. phys. Gesellschaft an der Universität Kasan VII.) (Russ.)

A. Markoff, Sur les racines de l'équation $\dfrac{e^{x^2} d^m e^{-x^2}}{d x^m} = 0$. (Bull. de l'Acad. des sciences de St. Pétersbourg V série T. IX). 1898.

A. Liapounoff, Sur une proposition de la théorie des probabilités (Bull. de l'Acad. des sciences de St. Pétersbourg V série T. XIII).

A. Liapounoff, Nouvelle forme du théorème sur la limité de probabilité. (Mém. de l'Acad. des sciences de St. Pétersbourg VIII série, T. XIII).

A. Markoff. Über einige Fälle der Theoreme vom Grenzwert der mathematischen Hoffnungen und vom Grenzwert der Wahrscheinlichkeiten. (Abhandlungen der Akademie der Wissenschaften 1907.) (Russ.)

A. Markoff, Über einige Fälle des Theorems vom Grenzwert der Wahrscheinlichkeiten. (Abhandlungen der Akademie der Wissenschaften 1908.) (Russ.)

A. Markoff, Untersuchung des allgemeinen Falles verketteter Ereignisse. (Abh. der Akademie der Wissenschaften 1910.) (Russ.)

Kapitel IV.

Beispiele für die verschiedenen Methoden der Wahrscheinlichkeitsrechnung.

§ 20. Zwei Urnenaufgaben und das Genueser Lotto.

Erste Aufgabe. Aus einer Urne, welche a weiße und b schwarze Kugeln enthält und keine anderen, nimmt man gleichzeitig oder nacheinander $\alpha + \beta$ Kugeln, wobei im Fall des nicht gleichzeitigen Ziehens keine gezogene Kugel wieder zurückgelegt wird in die Urne und keine neue hinzugelegt.

Es wird verlangt, die Wahrscheinlichkeit zu bestimmen, daß unter den so gezogenen Kugeln sich α weiße und β schwarze befinden.

Erste Lösung. Wir nehmen an, daß alle Kugeln in der Urne voneinander durch Nummern unterschieden werden, übrigens derart, daß auf den weißen Kugeln die Nummern stehen

$$1, 2, 3, \ldots, a$$

und auf den schwarzen die Nummern

$$a + 1, \quad a + 2, \ldots, a + b.$$

Die Nummern der gezogenen Kugeln müssen irgendeine Kombination bilden von $\alpha + \beta$ Nummern aus den Nummern

$$1, 2, 3, \ldots, a + b.$$

Die Zahl der verschiedenen Kombinationen von $\alpha + \beta$ Nummern, die man aus $a + b$ Nummern bilden kann, ist gleich

$$\frac{(a + b)(a + b - 1)(a + b - 2) \cdots (a + b - \alpha - \beta + 1)}{1 \cdot 2 \cdot 3 \cdots (\alpha + \beta)}.$$

Dementsprechend können wir

$$\frac{(a + b)(a + b - 1)(a + b - 2) \cdots (a + b - \alpha - \beta + 1)}{1 \cdot 2 \cdot 3 \cdots (\alpha + \beta)}$$

verschiedene Fälle unterscheiden, von denen jeder im Auftreten von $\alpha + \beta$ bestimmten Nummern besteht.

Von allen diesen Fällen, die allein möglich und unverträglich sind, sind dem Auftreten von α weißen und β schwarzen Kugeln günstig, bei denen irgendeine Kombination erscheint von α Nummern aus der Gruppe

$$1, 2, 3, \ldots, a$$

zusammen mit irgendeiner Kombination von β Nummern aus der Gruppe

$$a + 1, \quad a + 2, \ldots, a + b.$$

Die Anzahl der verschiedenen Kombinationen von α Nummern, die man aus a Nummern bilden kann, ist gleich

$$\frac{a(a-1)\cdots(a-\alpha+1)}{1\cdot 2 \cdots \alpha},$$

und die Zahl der verschiedenen Kombinationen von β Nummern, die man aus b Nummern bilden kann, ist gleich

$$\frac{b(b-1)\cdots(b-\beta+1)}{1\cdot 2 \cdots \beta}.$$

Deshalb wird die Zahl der verschiedenen Kombinationen von $\alpha + \beta$ Nummern, die man aus der Vereinigung aller Kombinationen von α Nummern der Gruppe

$$1, 2, 3, \ldots, a$$

mit allen Kombinationen von β Nummern der Gruppe

$$a + 1, \quad a + 2, \ldots, a + b$$

bilden kann, durch das Produkt ausgedrückt

$$\frac{a(a-1)\cdots(a-\alpha+1)}{1\cdot 2 \cdot\ \alpha} \cdot \frac{b(b-1)\cdots(b-\beta+1)}{1\cdot 2 \cdots \beta}$$

Daher wird die Zahl der von uns betrachteten Fälle, welche dem Eintreffen von α weißen und β schwarzen Kugeln günstig sind, durch das eben angegebene Produkt ausgedrückt. Folglich wird die von uns gesuchte Wahrscheinlichkeit, daß unter den $\alpha + \beta$ gezogenen Kugeln sich α weiße und β schwarze befinden, durch den Quotienten ausgedrückt:

$$\frac{\dfrac{a(a-1)\cdots(a-\alpha+1)}{1\cdot 2 \cdots \alpha} \cdot \dfrac{b(b-1)\cdots(b-\beta+1)}{1\cdot 2 \cdots \beta}}{\dfrac{(a+b)(a+b-1)(a+b-2)\cdots(a+b-\alpha-\beta+1)}{1\cdot 2\cdot 3 \cdots (\alpha+\beta)}},$$

welches sich durch eine einfache Umformung verwandelt in

$$\frac{1\cdot 2\cdot 3\cdots(\alpha+\beta)}{1\cdot 2\cdots\alpha\cdot 1\cdot 2\cdots\beta}\cdot\frac{a(a-1)\cdots(a-\alpha+1)\,b(b-1)\cdots(b-\beta+1)}{(a+b)(a+b-1)\cdots(a+b-\alpha-\beta+1)}$$

Zahlenbeispiel: $a = 3$, $b = 4$, $\alpha = 2$, $\beta = 2$.

Wir nehmen an, daß auf den weißen Kugeln die Nummern stehen 1, 2, 3 und auf den schwarzen die Nummern 4, 5, 6, 7.

Die Nummern auf den gezogenen vier Kugeln können eine beliebige der folgenden

$$\frac{7 \cdot 6 \cdot 5 \cdot 4}{1 \cdot 2 \cdot 3 \cdot 4} = 35$$

Kombinationen darstellen

1, 2, 3, 4	1, 2, 3, 5	1, 2, 3, 6	1, 2, 3, 7	1, 2, 4, 5	1, 2, 4, 6	1, 2, 4,
1, 2, 5, 6	1, 2, 5, 7	1, 2, 6, 7	1, 3, 4, 5	1, 3, 4, 6	1, 3, 4, 7	1, 3, 5,
1, 3, 5, 7	1, 3, 6, 7	1, 4, 5, 6	1, 4, 5, 7	1, 4, 6, 7	1, 5, 6, 7	2, 3, 4,
2, 3, 4, 6	2, 3, 4, 7	2, 3, 5, 6	2, 3, 5, 7	2, 3, 6, 7	2, 4, 5, 6	2, 4, 5,
2, 4, 6, 7	2, 5, 6, 7	3, 4, 5, 6	3, 4, 5, 7	3, 4, 6, 7	3, 5, 6, 7	4, 5, 6,

Wenn aber 2 weiße und 2 schwarze Kugeln gezogen sind, so bilden ihre Nummern eine der folgenden

$$\frac{3 \cdot 2}{1 \cdot 2} \times \frac{4 \cdot 3}{1 \cdot 2} = 18$$

Kombinationen

1, 2, 4, 5	1, 2, 4, 6	1, 2, 4, 7	1, 2, 5, 6	1, 2, 5, 7	1, 2, 6, 7
1, 3, 4, 5	1, 3, 4, 6	1, 3, 4, 7	1, 3, 5, 6	1, 3, 5, 7	1, 3, 6, 7
2, 3, 4, 5	2, 3, 4, 6	2, 3, 4, 7	2, 3, 5, 6	2, 3, 5, 7	2, 3, 6, 7.

Wir haben auf diese Weise 35 mögliche Fälle, von denen 18 dem betrachteten Ereignis günstig sind; folglich ist die gesuchte Wahrscheinlichkeit, daß sich unter je vier gezogenen Kugeln zwei weiße und zwei schwarze befinden gleich 18 : 35.

Zweite Lösung. Um die gezogenen Kugeln voneinander zu unterscheiden, nehmen wir an, daß sie unabhängig von der Farbe in irgendeiner Reihenfolge vermengt sind, und dementsprechend schreiben wir darauf die Nummern

$$1, 2, \ldots, \alpha + \beta.$$

Unsere Nummern können die Reihenfolge des Auftretens der Kugeln angeben, wenn die Kugeln nacheinander aus der Urne gezogen werden.

Was sodann die Bestimmung der Wahrscheinlichkeit des betrachteten Ereignisses betrifft, das im Auftreten von α weißen und β schwarzen Kugeln besteht, so können wir es in verschiedene Arten zerfällen, die sich voneinander durch die Reihenfolge der weißen und schwarzen Kugeln unterscheiden.

Die Anzahl dieser Arten ist gleich

$$\frac{1 \cdot 2 \cdot 3 \cdots (\alpha + \beta)}{1 \cdot 2 \cdots \alpha \cdot 1 \cdot 2 \cdots \beta},$$

deren jede in der weißen Farbe von α mit bestimmten Nummern bezeichneten Kugeln besteht und in der schwarzen Farbe der übrigen gezogenen Kugeln.

Verweilen wir bei einer beliebigen dieser Arten, so ist zu bemerken, daß sie auf das gleichzeitige Bestehen von $\alpha + \beta$ Tatsachen hinauskommt:

$$E_1, E_2, \ldots, E_k, \ldots, E_{\alpha+\beta},$$

wobei E_k eine bestimmte Farbe, weiß oder schwarz, der Kugel mit der Nummer k bedeutet. Die Wahrscheinlichkeit nun für das gleichzeitige Bestehen aller Tatsachen

$$E_1, E_2, \ldots, E_k, \ldots, E_{\alpha+\beta}$$

wird gemäß dem Multiplikationssatz der Wahrscheinlichkeitsrechnung durch das Produkt ausgedrückt:

$$(E_1)(E_2, E_1), \ldots, (E_k, E_1 E_2 \ldots E_{k-1}), \ldots, (E_{\alpha+\beta}, E_1 E_2 \ldots E_{\alpha+\beta-1}),$$

worin

$$(E_k, E_1 E_2 \ldots E_{k-1})$$

die Wahrscheinlichkeit des Tatbestandes E_k ausdrückt, wenn die Tatbestände bekannt und

$$E_1, E_2, \ldots, E_{k-1}.$$

Um die letztere Wahrscheinlichkeit zu bestimmen, muß man berechnen, wie oft in den Tatbeständen

$$E_1, E_2, \ldots, E_{k-1}$$

die weiße Farbe der Kugel angetroffen wird und wie oft die schwarze.

Wenn in den Tatbeständen

$$E_1, E_2, \ldots, E_{k-1}$$

die weiße Farbe i-mal auftritt und die schwarze j-mal, wobei $i+j=k-1$ ist; so kann, wenn dieser Bestand unzweifelhaft feststeht, die Kugel mit der Nummer k nur eine von

$$a + b - k + 1$$

Kugeln sein, unter denen sich $a-i$ weiße und $b-j$ schwarze befinden.

Deshalb wird die Wahrscheinlichkeit, daß die Kugel mit der Zahl k weiß ist, bei diesen Voraussetzungen durch den Bruch ausgedrückt

$$\frac{a-i}{a+b-k+1},$$

die Wahrscheinlichkeit aber, daß sie bei denselben Voraussetzungen schwarz ist, wird durch den Bruch ausgedrückt

$$\frac{b-j}{a+b-k+1}.$$

Auf solche Weise erhalten wir

$$(F_k,\ E_1 E_2 \ldots E_{k-1}) = \frac{\sigma_k}{a+b-k+1},$$

worin

$$\sigma_k = a-i \quad \text{oder} \quad \sigma_k = b-j$$

ist, je nachdem E_k die weiße oder die schwarze Farbe der Kugel mit der Nummer k bedeutet; die Zahlen i und j aber geben gemäß unseren Ausführungen entsprechend an, wie oft die weiße Farbe und wie oft die schwarze Farbe einer Kugel sich vorfindet unter den Tatbeständen

$$E_1,\ E_2,\ \ldots,\ E_{k-1}.$$

Bestimmen wir nach der angegebenen Regel jede der Wahrscheinlichkeiten

$$(E_2,\ E_1),\ (E_3,\ E_1 E_2),\ \ldots,\ (E_{\alpha+\beta},\ E_1 E_2 \ldots E_{\alpha+\beta-1})$$

und beachten, daß

$$(E_1) = \frac{\sigma_1}{a+b},$$

worin

$$\sigma_1 = a \quad \text{oder} \quad \sigma_1 = b$$

so finden wir für die Wahrscheinlichkeit des Eintretens aller Ereignisse

$$E_1 E_2 \ldots E_{\alpha+\beta}$$

folgenden Ausdruck

$$\frac{\sigma_1 \sigma_2 \ldots \sigma_{\alpha+\beta}}{(a+b)(a+b-1)\cdots(a+b-\alpha-\beta+1)}.$$

Der Zähler

$$\sigma_1 \sigma_2 \ldots \sigma_{\alpha+\beta}$$

dieses Ausdruckes besteht aus α Faktoren von der Art $a-i$ und β Faktoren von der Art $b-j$; denn unter allen Tatbeständen

$$E_1 E_2 \ldots E_{\alpha+\beta}$$

wird die weiße Farbe α-mal angetroffen, die schwarze aber β-mal.

Hiermit zugleich ist leicht einzusehen, daß sowohl i in der Differenz $a - i$ wie j in der Differenz $b - j$ die Anzahl derjenigen Faktoren des Produktes

$$\sigma_1 \sigma_2 \cdots \sigma_{\alpha + \beta}$$

bedeutet, welche dieser Differenz vorausgehen und von derselben Art sind wie sie selbst. Folglich besteht das Produkt

$$\sigma_1 \sigma_2 \cdots \sigma_{\alpha + \beta}$$

aus den Faktoren

$$a,\ a - 1,\ \ldots,\ a - \alpha + 1$$

und aus den Faktoren

$$b,\ b - 1,\ \ldots,\ b - \beta + 1$$

und deswegen ist es gleich

$$a(a - 1) \cdots (a - \alpha + 1)\, b(b - 1) \cdots (b - \beta + 1).$$

Daher hat die Wahrscheinlichkeit einer beliebigen der von uns angegebenen Arten des Auftretens von α weißen und β schwarzen Kugeln unter $\alpha + \beta$ gezogenen Kugeln ein und dieselbe Größe

$$\frac{a(a - 1) \cdots (a - \alpha + 1)\, b(b - 1) \cdots (b - \beta + 1)}{(a + b)(a + b - 1) \cdots (a + b - \alpha - \beta + 1)}.$$

Übrigens ist daran zu erinnern, daß die Anzahl dieser Arten gleich

$$\frac{1 \cdot 2 \cdot 3 \cdots (\alpha + \beta)}{1 \cdot 2 \cdot 3 \cdots \alpha \cdot 1 \cdot 2 \cdots \beta}$$

ist, und das Additionstheorem der Wahrscheinlichkeiten gibt uns für die gesuchte Wahrscheinlichkeit, daß unter den gezogenen $\alpha + \beta$ Kugeln α weiße und β schwarze sind, die vorige Größe:

$$\frac{1 \cdot 2 \cdots (\alpha + \beta)}{1 \cdot 2 \cdots \alpha \cdot 1 \cdot 2 \cdots \beta} \cdot \frac{a(a - 1) \cdots (a - \alpha + 1)\, b(b - 1) \cdots (b - \beta + 1)}{(a + b)(a + b - 1) \cdots (a + b - \alpha - \beta + 1)}$$

Zahlenbeispiel: $a = 3$, $b = 4$, $\alpha = 2$, $\beta = 2$.

Lenken wir die Aufmerksamkeit auf die Reihenfolge der gezogenen Kugeln, so können wir das Ereignis, dessen Wahrscheinlichkeit wir suchen, in diese Fälle zerlegen:

$$wwss,\ wsws,\ wssw,\ swws,\ swsw,\ ssww,$$

worin der Buchstabe w auf die weiße Farbe, der Buchstabe s aber auf die schwarze Farbe der Kugeln hinweist. Die Zahl dieser Arten der betrachteten Ereignisse ist gleich

$$\frac{1 \cdot 2 \cdot 3 \cdot 4}{1 \cdot 2 \cdot 1 \cdot 2} = 6,$$

ihre Wahrscheinlichkeiten aber werden nach dem Multiplikationsgesetz der Wahrscheinlichkeiten durch die Brüche

$$\frac{3}{7}\cdot\frac{2}{6}\cdot\frac{4}{5}\cdot\frac{3}{4}, \quad \frac{3}{7}\cdot\frac{4}{6}\cdot\frac{2}{5}\cdot\frac{3}{4}, \quad \frac{3}{7}\cdot\frac{4}{6}\cdot\frac{3}{5}\cdot\frac{2}{4},$$

$$\frac{4}{7}\cdot\frac{3}{6}\cdot\frac{2}{5}\cdot\frac{3}{4}, \quad \frac{4}{7}\cdot\frac{3}{6}\cdot\frac{3}{5}\cdot\frac{2}{4}, \quad \frac{4}{7}\cdot\frac{3}{6}\cdot\frac{3}{5}\cdot\frac{2}{4},$$

ausgedrückt, welche alle auf ein und denselben Bruch hinauskommen

$$\frac{3}{35}.$$

Folglich ist die gesuchte Wahrscheinlichkeit, daß unter je vier entnommenen Kugeln zwei weiße und zwei schwarze sind, gleich 18 : 35, wie auf anderem Wege gefunden wurde.

Zweite Aufgabe. Aus einer Urne, welche n Zettel mit den Nummern

$$1, 2, 3, \ldots, n$$

und weiter keine enthält, zieht man zugleich oder nacheinander m Zettel, wobei im zweiten Fall keiner der gezogenen Zettel in die Urne zurückkommt und man auch keine neuen hineinlegt.

Verlangt wird, die Wahrscheinlichkeit zu bestimmen, daß unter den Nummern der gezogenen Zettel i zuvor angegebene Nummern erscheinen, z. B. $1, 2, 3, \ldots, i$.

Lösung. Diese Aufgabe kann man als den speziellen Fall der vorigen Aufgabe betrachten, indem $a = \alpha$ ist. Man kann nämlich die i Zettel, deren Nummern im Voraus angegeben sind, vergleichen mit den weißen Kugeln, und die übrigen Zettel kann man mit den schwarzen Kugeln vergleichen.

Dieser Vergleich offenbart sofort, daß die Lösung der gestellten Aufgaben aus der Lösung der vorhergehenden Aufgaben erhalten wird durch Vertauschung aller Zahlen

$$a, b, \alpha, \beta$$

entsprechend mit den Zahlen

$$i, n - i, i, m - i.$$

Wenden wir uns aus diesem Grund zu dem früher gefundenen Ausdruck

$$\frac{1\cdot 2\cdot 3 \cdots (\alpha+\beta)}{1\cdot 2 \cdots \alpha\cdot 1\cdot 2 \cdots \beta}\cdot\frac{a(a-1)\cdots(a-\alpha+1)\,b(b-1)\cdots(b-\beta+1)}{(a+b)(a+b-1)\cdots(a+b-\alpha-\beta+1)}$$

und führen wir darin die angegebene Vertauschung aus, so erhalten wir den Betrag der gesuchten Wahrscheinlichkeit in Gestalt des Produktes

$$\frac{1 \cdot 2 \cdots m}{1 \cdot 2 \cdots i \cdot 1 \cdot 2 \cdots m - i} \cdot \frac{i\,(i-1)\cdots 1 \cdot (n-i)\,(n-i-1)\cdots (n-m+1)}{n\,(n-1)\cdots (n-m+1)},$$

welches nach Kürzung hinauskommt auf

$$\frac{m\,(m-1)\cdots (m-i+1)}{n\,(n-1)\cdots (n-i+1)},$$

Es wird daher die Wahrscheinlichkeit, daß unter den gezogenen m Nummern sich alle zuvor angegebenen i Nummern befinden, durch den Bruch ausgedrückt

$$\frac{m\,(m-1)\cdots (m-i+1)}{n\,(n-1)\cdots (n-i+1)}.$$

Zweite Lösung. Wir nehmen an, daß auf den Zetteln neue Nummern stehen: auf den gezogenen

$$1, 2, 3, \ldots, m$$

und auf den in der Urne verbliebenen

$$m+1, \quad m+2, \ldots, n.$$

Dann bilden für die im Voraus angegebenen i Zettel ihre neuen Nummern irgendeine Kombination von i Nummer aus allen n Nummern. Aus diesem Grund können wir unterscheiden

$$\frac{n\,(n-1)\cdots (n-i+1)}{1 \cdot 2 \cdots i}$$

gleichmögliche Fälle, deren jedem eine bestimmte Kombination der neuen Nummern auf den im Voraus angegeben i Zetteln entspricht. Von allen diesen Fällen, die allein möglich und unverträglich sind, sind dem Erscheinen aller im Voraus angegebenen i Zettel günstig die und nur die, bei denen die ganze Kombination der neuen Nummern auf diesen Zetteln besteht aus den Zahlen

$$1, 2, 3, \ldots, m.$$

Es ist aber die Zahl der verschiedenen Kombinationen von i Nummern, die man aus m Nummern bilden kann, gleich

$$\frac{m\,(m-1)\cdots (m-i+1)}{1 \cdot 2 \cdots i}.$$

Daher ist die Zahl aller gleichmöglichen Fälle gleich

$$\frac{n\,(n-1)\cdots (n-i+1)}{1 \cdot 2 \cdots i},$$

7*

und die Zahl der dem Ereignis günstigen Fälle gleich

$$\frac{m\,(m-1)\cdots(m-i+1)}{1\cdot 2\cdots i}\,;$$

und folglich wird die gesuchte Wahrscheinlichkeit, daß unter den gezogenen m Zetteln sich alle im Voraus angegebenen i Zettel befinden,
durch den Bruch ausgedrückt

$$\frac{m\,(m-1)\cdots(m-i+1)}{n\,(n-1)\cdots(n-i+1)}\,,$$

in Einklang mit der früheren Entwicklung.

Wir verweilen z. B. bei dem Genueser Lotto, das früher in Frankreich und in vielen Gegenden von Deutschland gespielt wurde.[1]) Es
bestand aus 90 Nummern und bei jedem Spiele kamen 5 Nummern heraus. Nach der Spielregel des Lottos konnte man diese oder jene Summe
auf eine beliebige Nummer setzen, oder auf eine beliebige Kombination
von zwei, drei, vier oder endlich fünf Nummern; das hieß entsprechend
einfache Nummer (l'extrait simple), Ambe (l'ambe), Terne (le terne),
Quaterne (le quaterne) und Quinte (le quine).

Wenn sich unter der Zahl der herausgekommenen fünf Nummern
die Kombination derjenigen vorfand, auf welche der Spieler eine Summe
gesetzt hatte, so bezahlte die Leitung des Lottos diesem Spieler eine
verabredete Summe, die in einem bestimmten Verhältnis zur Größe des
Einsatzes stand.

Dieses Verhältnis war

für die einfachen Nummern gleich .	15,
für die Ambe	270,
für die Terne	5500,
für die Quaterne	75 000,
für die Quinte	1 000 000.

Zur Berechnung der Wahrscheinlichkeiten des Eintreffens der einfachen Nummern, Ambe, Terne, Quaterne und Quinte muß man in dem
von uns gefundenen Ausdruck

$$\frac{m\,(m-1)\cdots(m-i+1)}{n\,(n-1)\cdots(n-i+1)}$$

---

1) Ein ähnliches Lottospiel blüht noch heute in Italien.

einsetzen

$$n = 90 \quad \text{und} \quad m = 5$$

und i der Reihe nach die Werte geben

$$1, 2, 3, 4, 5.$$

Auf diese Weise finden wir, daß die Wahrscheinlichkeit des Eintreffens

für die einfache Nummer gleich ist · · $\dfrac{5}{90} = \dfrac{1}{18}$,

für die Ambe „ „ · · $\dfrac{5 \cdot 4}{90 \cdot 89} = \dfrac{2}{801}$,

für die Terne „ „ · · $\dfrac{5 \cdot 4 \cdot 3}{90 \cdot 89 \cdot 88} = \dfrac{1}{11748}$,

für die Quaterne „ „ · $\dfrac{5 \cdot 4 \cdot 3 \cdot 2}{90 \cdot 89 \cdot 88 \cdot 87} = \dfrac{1}{511038}$,

für die Quinte „ „ · · $\dfrac{1}{511038} \cdot \dfrac{1}{86} = \dfrac{1}{43949268}$.

Daher drückt sich, wenn der Einsatz des Spielers gleich M ist, die mathematische Hoffnung des Gewinns aus der Teilnahme beim Lotto so aus:

im Fall der einfachen Nummer durch die Zahl $\left(\dfrac{15}{18} - 1\right) M = -\dfrac{1}{6} M$,

im Fall der Ambe · · · · · · · · $\left(\dfrac{540}{801} - 1\right) M = -\dfrac{29}{89} M$,

im Fall der Terne · · · · · · · · $\left(\dfrac{5500}{11748} - 1\right) M = -\dfrac{1562}{2937} M$

usw.

In allen Fällen war, wie wir sehen, diese mathematische Hoffnung eine negative Zahl; folglich stellte das Lotto, von dem die Rede ist, durchaus kein ehrliches Spiel dar.

Diesem Ereignis entspricht die Tatsache, daß das Lotto seinen Veranstaltern einen beträchtlichen Gewinn einbrachte.

§ 21. Wiederholte Ziehungen.

Dritte Aufgabe. Aus einer Urne, welche n Zettel mit den Nummern

$$1, 2, 3, \ldots, n$$

enthält, und weiter keine, zieht man gleichzeitig m Zettel, was wir die erste Ziehung nennen. Dann kommen die gezogenen m Zettel in die Urne zurück, und man führt eine ebensolche zweite Ziehung vom m Zetteln aus. Am Schluß der zweiten Ziehung kommen die gezogenen m Zettel ebenfalls in die Urne zurück und man führt eine dritte Ziehung aus usw.

Es wird verlangt, bei k solchen Ziehungen zu bestimmen:

1. die Wahrscheinlichkeit, daß i bestimmte Nummern nicht erscheinen;

2. die Wahrscheinlichkeit, daß i bestimmte Nummern nicht erscheinen, aber l andere bestimmte Nummern erscheinen;

3. die Wahrscheinlichkeit, daß l bestimmte Nummern erscheinen;

4. die Wahrscheinlichkeit, daß nur l bestimmte Nummern erscheinen;

5. die Wahrscheinlichkeit, daß alle Nummern erscheinen.

Auflösung. Wir setzen zur Abkürzung

$$\left\{ \frac{p\,(p-1)\cdots(p-m+1)}{1\cdot2\cdots m} \right\}^{k} = Z_{p},$$

wobei p eine beliebige Zahl ist.

Bei jeder Ziehung können die Nummern der gezogenen Zettel eine beliebige Kombination bilden von m Zahlen aus den n Zahlen

$$1, 2, \ldots, n.$$

Demgemäß unterscheiden wir bei einer Ziehung

$$\frac{n\,(n-1)\cdots(n-m+1)}{1\cdot2\cdots m}$$

gleichmögliche Fälle, und bei allen k Ziehungen unterscheiden wir

$$\left\{ \frac{n\,(n-1)\cdots(n-m+1)}{1\cdot2\cdots m} \right\}^{k} = Z_{n}$$

gleichmögliche Fälle.

Jeder der letzteren Fälle, welche allein möglich und unverträglich sind, besteht im Eintreffen von k bestimmten Kombinationen von m Nummern bei den von uns betrachteten k Ziehungen. Nachdem wir auf diese Weise die Fälle festgestellt haben, die wir betrachten werden und ihre Gesamtzahl angegeben haben, beschäftigen wir uns zum Zweck der Bestimmung der Wahrscheinlichkeiten der Ereignisse, die in der Aufgabe erwähnt sind, mit der Berechnung der Zahl der günstigen Fälle.

Wenn i bestimmte Nummern

$$\alpha_{1}, \alpha_{2}, \ldots, \alpha_{i}$$

nicht erscheinen, so bleiben für eine Ziehung an Stelle von

$$\frac{n\,(n-1)\cdots(n-m+1)}{1\cdot 2\cdots m}$$

übrig

$$\frac{(n-i)\,(n-i-1)\cdots(n-i-m+1)}{1\cdot 2\cdots m}$$

Fälle und für k Ziehungen haben wir an Stelle von

$$\left\{\frac{n\,(n-1)\cdots(n-m+1)}{1\cdot 2\cdots m}\right\}^{k}=Z_{n}$$

nur

$$\left\{\frac{(n-i)\,(n-i-1)\cdots(n-i-m+1)}{n\,(n-1)\cdots m}\right\}^{k}=Z_{n-i}$$

Fälle. Folglich wird die Wahrscheinlichkeit, daß bei den von uns betrachteten k Ziehungen i bestimmte Nummern nicht auftreten, durch den Bruch ausgedrückt

$$\frac{Z_{n-i}}{Z_{n}}=\left\{\frac{(n-i)\,(n-i-1)\cdots(n-i-m+1)}{n\,(n-1)\cdots(n-m+1)}\right\}^{k}.$$

Ferner kann die Zahl der Fälle, in denen i bestimmte Nummern

$$\alpha_{1},\ \alpha_{2},\ \ldots,\ \alpha_{i}$$

nicht auftreten, und eine ebenfalls bestimmte Nummer β_{1} auftritt, durch die Differenz ausgedrückt werden

$$\varDelta Z_{n-i-1}=Z_{n-i}-Z_{n-i-1},$$

wobei Z_{n-i} nach dem oben Gesagten die Zahl aller Fälle bedeutet, in denen die Nummern

$$\alpha_{1},\ \alpha_{2},\ \ldots,\ \alpha_{i}$$

nicht erscheinen, und Z_{n-i-1} die Zahl derjenigen unter diesen Fällen, in denen außer den Nummern

$$\alpha_{1},\ \alpha_{2},\ \ldots,\ \alpha_{i}$$

auch die Nummer β_{1} nicht erscheint.

In genau derselben Weise kann man die Zahl der Fälle, bei denen i bestimmte Nummern

$$\alpha_{1},\ \alpha_{2},\ \ldots,\ \alpha_{i}$$

nicht erscheinen, dagegen zwei bestimmte Nummern erscheinen, ausdrücken durch die zweite Differenz:

$$\varDelta^{2}Z_{n-i-2}=\varDelta Z_{n-i-1}-\varDelta Z_{n-i-2},$$

worin ΔZ_{n-i-1} die Anzahl der Fälle bedeutet, bei denen die Nummer β_1 erscheint, aber keine der Nummern

$$\alpha_1, \alpha_2, \ldots, \alpha_i,$$

aber ΔZ_{n-i-2} die Anzahl derjenigen Fälle, bei denen außer den Nummern

$$\alpha_1, \alpha_2, \ldots, \alpha_i$$

auch die Nummer β_2 nicht erscheint.

Angesichts der Möglichkeit, solche Schlüsse fortzusetzen, schließen wir, daß man allgemein die Anzahl der Fälle, bei denen i bestimmte Nummern nicht erscheinen und andere l bestimmte Nummern erscheinen, durch die Differenz l^{ter} Ordnung

$$\Delta^l Z_{n-i-l}$$

ausdrücken kann, welche gleich ist

$$Z_{n-i} - \frac{l}{1} Z_{n-i-1} + \frac{l(l-1)}{1 \cdot 2} Z_{n-i-2} - \cdots \pm Z_{n-i-l}.$$

Daher ist die Wahrscheinlichkeit, daß bei den von uns betrachteten k Ziehungen i bestimmte Nummern nicht erscheinen, andere l bestimmte Nummern aber erscheinen, gleich

$$\frac{\Delta^l Z_{n-i-l}}{Z_n}.$$

Die übrigen Wahrscheinlichkeiten, welche in der Aufgabe erwähnt sind, stellen drei Spezialfälle der eben gefundenen Wahrscheinlichkeiten dar und können deshalb aus dem Ausdruck

$$\frac{\Delta^l Z_{n-i-l}}{Z_n}$$

durch die speziellen Annahmen über i und l bestimmt werden:

$$3. \; i = 0, \quad 4. \; i = n - l, \quad 5. \; i = 0, \quad l = n.$$

Setzen wir $i = 0$, so erhalten wir den unten folgenden Ausdruck für die Wahrscheinlichkeit des Eintreffens von l bestimmten Nummern:

$$\frac{\Delta^l Z_{n-l}}{Z_n} = 1 - \frac{l}{1} \cdot \left(\frac{n-m}{n}\right)^k + \frac{l(l-1)}{1 \cdot 2} \left(\frac{n-m}{n}\right)^k \left(\frac{n-m-1}{n-1}\right)^k \cdots$$

Setzen wir aber $i = n - l$, so finden wir, daß die Wahrscheinlichkeit des Eintreffens von l bestimmten Nummern und des Nichteintreffens der übrigen Nummern gleich ist:

$$\frac{\varDelta^l Z_0}{Z_n} = \frac{Z_l}{Z_n} - \frac{l}{1} \cdot \frac{Z_{l-1}}{Z_n} + \frac{l(l-1)}{1 \cdot 2} \frac{Z_{l-2}}{Z_n} - \cdots$$

$$= \left(\frac{n-m}{n}\right)^k \left(\frac{n-m-1}{n-1}\right)^k \cdots \left(\frac{l-m+1}{l+1}\right)^k \left\{ 1 - \frac{l}{1} \left(\frac{l-m}{l}\right)^k + \cdots \right\}.$$

Endlich ist die Wahrscheinlichkeit des Erscheinens aller n Nummern gleich

$$\frac{\varDelta^n Z_0}{Z_n} = 1 - \frac{n}{1} \left(\frac{n-m}{n}\right)^k + \frac{n(n-1)}{1 \cdot 2} \left(\frac{n-m}{n}\right)^k \left(\frac{n-m-1}{n-1}\right)^k - \cdots .$$

Wir verweilen bei der letzten Formel; und indem wir beachten, daß sie bei beträchtlichen Werten n ermüdende Rechnungen erfordert, wollen wir aus ihr zwei Näherungsformeln ableiten. Um die erste Näherungsformel zu erhalten, nehmen wir an, daß alle Zahlen

$$\left(\frac{n-m-1}{n-1}\right)^k, \quad \left(\frac{n-m-2}{n-2}\right)^k \cdots$$

der Zahl

$$\left(\frac{n-m}{n}\right)^k$$

gleich sind, die wir zur Abkürzung mit dem Buchstaben t bezeichnen.

Wenn dies gestattet ist, so gibt die abgeleitete Formel sofort

$$\frac{\varDelta^n Z_0}{Z_n} \doteqdot (1-t)^n,$$

wobei

$$t = \left(\frac{n-m}{n}\right)^k.$$

Um die andere Annäherung zu erhalten, bemerken wir, daß bei kleinen Werten von i der Quotient

$$\left(\frac{n-m-i}{n-i}\right)^k : \left(\frac{n-m}{n}\right)^k$$

gleich

$$\left\{ 1 - \frac{im}{(n-i)(n-m)} \right\}^k,$$

sich wenig unterscheidet von

$$1 - \frac{ikm}{n(n-m)}$$

und das Produkt

$$\left(1 - \frac{km}{n\,(n-m)}\right)\left(1 - \frac{2\,km}{n\,(n-m)}\right)\cdots\left(1 - \frac{i\,km}{n\,(n-m)}\right)$$

sich wenig unterscheidet von

$$1 - \frac{km\,(1+2+\cdots+i)}{n\,(n-m)} = 1 - \frac{km\,i\,(i+1)}{2\,n\,(n-m)}.$$

Aus diesem Grund nehmen wir als Annäherungsgröße jedes Produktes

$$\left(\frac{n-m}{n}\right)^k\left(\frac{n-m-1}{n-1}\right)^k\cdots\left(\frac{n-m-i}{n-i}\right)^k$$

den Ausdruck

$$t^{i+1}\cdot\left(1 - \frac{km\,i\,(i+1)}{2\,n\,(n-m)}\right).$$

Setzen wir in die Formel diesen angenäherten Ausdruck an Stelle des genauen ein, so erhalten wir

$$\frac{\Delta^n Z_0}{Z_n} \doteqdot (1-t)^n - \frac{km\,t^2\,(n-1)}{2\,(n-m)}\,(1-t)^{n-2} \doteqdot (1-t)^n\left\{1 - \frac{km\,t^2}{2}\right\},$$

da wir ja voraussetzen, daß die Zahlen

$$\frac{n-1}{n-m} \quad \text{und} \quad \frac{1}{(1-t)^2}$$

nahezu gleich Eins sind.

Wir wenden unsere Näherungsformel an, um die Zahl der Ziehungen zu suchen unter der Bedingung, daß die Wahrscheinlichkeit des Erscheinens aller Nummern nahezu gleich einer gegebenen Zahl $1:C$ wird.

Die erste Näherungsformel gibt

$$(1-t)^n \doteqdot \frac{1}{C},$$

woraus wir ableiten

$$n \log(1-t) \doteqdot - nt \doteqdot - \log C;$$

aber

$$t = \left(\frac{n-m}{n}\right)^k$$

und daher

$$\log t = k \log\left(1 - \frac{m}{n}\right) \doteqdot - \frac{km}{n}.$$

Kombiniert man aber die Näherungsgleichungen

$$- nt \doteqdot - \log C \quad \text{und} \quad \log t \doteqdot - \frac{km}{n}$$

so findet man

$$k = \frac{n(\log n - \log\log C)}{m}.$$

In den weiteren Rechnungen setzen wir

$$\frac{\log C}{n} = t_0 \quad \text{und} \quad \frac{n(\log n - \log\log C)}{m} = k_0;$$

so daß t_0 und k_0 die Näherungswerte der Zahlen t und k sind.

Der zweite angenäherte Ausdruck für die Wahrscheinlichkeit gibt

$$(1-t)^n \left(1 - \frac{kmt^2}{2}\right) + \frac{1}{C},$$

woraus wir durch Ausführung von angenäherten Rechnungen ableiten

$$\log C = nt + \frac{nt^2}{2} + \frac{kmt^2}{2} = nt + \frac{(n+k_0 m)t_0^2}{2},$$

$$t = \frac{\log C}{n}\left[1 - \frac{(n+k_0 m)t_0^2}{2\log C}\right]$$

und ferner:

$$-\log t = \log n - \log\log C + \frac{(n+k_0 m)t_0^2}{2\log C}.$$

Auf der anderen Seite haben wir

$$-\log t = -k\log\left(1 - \frac{m}{n}\right) + \frac{km}{n} + \frac{k_0 m^2}{2n^2}.$$

Vergleichen wir endlich den einen angenäherten Ausdruck von $\log t$ mit dem anderen, so gelangen wir zu der folgenden angenäherten Gleichung

$$\frac{km}{n} + \frac{k_0 m^2}{n^2} = \log n - \log\log C + \frac{(n+k_0 m)\log C}{2n^2},$$

aus der wir leicht ableiten

$$k = \frac{n}{m}\left\{\log n - \log\log C + \frac{k_0 m}{2n^2}(\log C - m) + \frac{1}{2n}\log C\right\}$$

$$+ \frac{1}{m}\left\{(\log n - \log\log C)\left(n + \frac{1}{2}\log C - \frac{m}{2}\right) + \frac{1}{2}\log C\right\}.$$

Wir setzen z. B.

$$n = 90, \quad m = 5, \quad C = 2.$$

Dann wird

$$\log n = 4{,}4998\ldots, \quad \log C = 0{,}69314\ldots$$

$$\log\log C = -0{,}3665\ldots, \quad n + \frac{1}{2}\log C - \frac{m}{2} = 87{,}84657\ldots$$

und nach Ausführung einfacher Rechnungen erhalten wir nach der zweiten Näherungsformel

$$k + \frac{4,8663 \times 87,8466 + 0,346}{5} + 85,5.$$

Diesem Resultat entsprechend kann man sich überzeugen, daß die Wahrscheinlichkeit des Erscheinens aller 90 Nummern bei 85 Ziehungen etwas kleiner ist als $\frac{1}{2}$, bei 86 Ziehungen aber schon größer als $\frac{1}{2}$.

§ 22. Das Problem von PASCAL für zwei und drei Spieler.

Vierte Aufgabe. Zwei Spieler, die wir L und M nennen, spielen ein Spiel, das aus einer Folge von Partien besteht. Jede bestimmte Partie muß für einen der beiden Spieler L und M zum gewinnen, für den anderen zum verlieren führen, wobei die Wahrscheinlichkeit des Gewinnens für L gleich p und für M gleich $q = 1 - p$ ist, unabhängig von den Ergebnissen der übrigen Partien. Das Spiel ist zu Ende, wenn L die Anzahl l von Partien oder M die Anzahl m von Partien gewonnen hat: im ersten Fall gewinnt L das Spiel, im zweiten Fall M. Verlangt wird, die Wahrscheinlichkeiten zu bestimmen, daß der Spieler L oder der Spieler M das Spiel gewinnen; wir bezeichnen sie mit den Symbolen (L) und (M).

Anmerkung. Diese Aufgabe ist seit der Mitte des 17. Jahrhunderts bekannt und verdient besondere Beachtung, da man in den verschiedenen Kunstgriffen, die PASCAL und FERMAT zu ihrer Lösung vorschlugen, den Beginn der Wahrscheinlichkeitsrechnung sehen kann. Die zuerst gestellte Aufgabe bestand darin, wie man den gesamten Einsatz der Spieler verteilen sollte, wenn es ihnen einfiel, das Spiel vor Beendigung zu unterbrechen. Die Frage nach der Verteilung des Einsatzes erregte die Aufmerksamkeit der Gelehrten schon beträchtlich früher, bevor PASCAL und FERMAT sie gemäß der Bedingung des erhrlichen Spiels entschieden. MORITZ CANTOR erwähnt in seinen „Vorlesungen über Geschichte der Mathematik", daß LUCA PACCIOLO es für richtig hielt, den Einsatz proportional den Zahlen der gewonnenen Partien zu teilen, CARDAN aber eine kompliziertere Regel vorschlug.

Erste Lösung. Vor allem bemerken wir, daß das Spiel für den Spieler L nach einer verschiedenen Anzahl von Partien gewonnen sein kann, nicht weniger als l und nicht mehr als $l + m - 1$.

Wir können deshalb vermöge des Additionstheorems der Wahrscheinlichkeiten die gesuchte Wahrscheinlichkeit (L) darstellen in Form der Summe

$$(L)_l + (L)_{l+1} + \cdots + (L)_{l+i} + \cdots + (L)_{l+m-1},$$

wobei $(L)_{l+i}$ allgemein die Wahrscheinlichkeit bedeutet, daß das Spiel in der $l + i^{\text{ten}}$ Partie gewinnreich für den Spieler L endet.

Damit aber das Spiel für den Spieler L bei der $l + i^{\text{ten}}$ Partie gewinnreich endet, muß der Spieler die $l + i^{\text{te}}$ Partie gewinnen und von den vorhergehenden $l + i - 1$ Partien muß er $l - 1$ Spiele gewinnen. Folglich muß nach dem Multiplikationssatz der Wahrscheinlichkeitsrechnung die Größe $(L)_{i+1}$ gleich dem Produkt sein aus der Wahrscheinlichkeit, daß der Spieler L die $l + i^{\text{te}}$ Partie gewinnt in die Wahrscheinlichkeiten, daß derselbe Spieler von $l + i - 1$ Partien $l - 1$ gewinnt.

Die letztere Wahrscheinlichkeit fällt offenbar mit der Wahrscheinlichkeit zusammen, daß bei $l + i - 1$ unabhängigen Proben $l - 1$-mal ein solches Ereignis eintritt, dessen Wahrscheinlichkeit für jede Probe gleich p ist. Die Wahrscheinlichkeit aber, daß der Spieler L die $l + i^{\text{te}}$ Partie gewinnt, ist gleich p, gleich der Wahrscheinlichkeit, daß er eine beliebige Partie gewinnt.

Es ist daher

$$(L)_{l+i} = p \cdot \frac{1 \cdot 2 \cdots (l+i-1)}{1 \cdot 2 \cdots i \cdot 1 \cdot 2 \cdots (l-1)} \, p^{l-1} q^i = \frac{l(l+1) \cdots (l+i-1)}{1 \cdot 2 \cdots i} \, p^l q^i$$

und endlich

$$(L) = p^l \left\{ 1 + \frac{l}{1} \cdot q + \frac{l(l+1)}{1 \cdot 2} \, q^2 + \cdots + \frac{l(l+1) \cdots (l+m-2)}{1 \cdot 2 \cdots m-1} \, q^{m-1} \right\}.$$

In genau derselben Weise finden wir

$$(M) = q^m \left\{ 1 + \frac{m}{1} p + \frac{m(m+1)}{1 \cdot 2} \, p^2 + \cdots + \frac{m(m+1) \cdots (m+l-2)}{1 \cdot 2 \cdots l-1} \, p^{l-1} \right\}.$$

Es genügt übrigens, eine dieser Größen zu berechnen, da ja ihre Summe

$$(L) + (M)$$

gleich Eins sein muß.

Zweite Lösung. Indem wir beachten, daß zur Beendigung des Spieles nicht mehr als $l + m - 1$ Partien erforderlich sind, wollen wir annehmen, daß die Spieler es nicht abbrechen, wenn einer die vorgeschriebene Anzahl von Partien gewonnen hat, sondern zu spielen fortfahren, bis $l + m - 1$ Partien gespielt sind.

Bei dieser Voraussetzung wird die Wahrscheinlichkeit für den Spieler L, das Spiel zu gewinnen, gleich der Wahrscheinlichkeit, daß derselbe Spieler L von allen $l + m - 1$ Partien nicht weniger als l Partien gewinnt.

In der Tat, wenn das Spiel vom Spieler L gewonnen wird, so erreicht die Zahl der von ihm gewonnenen Partien den Betrag l, und die folgenden Spiele können diese Zahl nur vergrößern oder sie unverändert lassen. Und umgekehrt, wenn der Spieler L von $l + m - 1$ Partien nicht weniger als l Partien gewinnt, so wird die Zahl der vom Spieler M gewonnenen Partien kleiner als m sein; hieraus folgt, daß in diesem Fall der Spieler L die Anzahl l von Partien gewinnt, bevor es dem Spieler M gelingt, m Partien zu gewinnen, und so wird das Spiel für den Spieler L gewonnen sein.

Auf der anderen Seite fällt die Wahrscheinlichkeit dafür, daß der Spieler L von $l + m - 1$ Partien nicht weniger als l Partien gewinnt, mit der Wahrscheinlichkeit zusammen, daß bei $l + m - 1$ unabhängigen Proben nicht weniger als l-mal ein solches Ereignis eintrifft, dessen Wahrscheinlichkeit bei jeder Probe gleich p ist. Die letztere Wahrscheinlichkeit aber wird ausgedrückt durch die bekannte Summe der Produkte

$$\frac{1 \cdot 2 \cdots (l + m - 1)}{1 \cdot 2 \cdots (l + i)\, 1 \cdot 2 \cdots (m - i - 1)}\, p^{l+i} q^{m-i-1},$$

worin

$$i = 0, 1, 2, \ldots, m - 1.$$

Dabei ist

$$(L) = \frac{(l + m - 1) \cdots m}{1 \cdot 2 \cdots l}\, p^l q^{m-1} \left\{ 1 + \frac{m-1}{l+1}\, \frac{p}{q} + \frac{m-1}{l+1} \cdot \frac{m-2}{l+2} \cdot \frac{p^2}{q^2} + \cdots \right\};$$

genau ebenso finden wir

$$(M) = \frac{(l + m - 1) \cdots l}{1 \cdot 2 \cdots m}\, p^{l-1} q^{m} \left\{ 1 + \frac{l-1}{m+1}\, \frac{q}{p} + \frac{l-1}{m+1} \cdot \frac{l-2}{m+2} \cdot \frac{q^2}{p^2} + \cdots \right\}.$$

Man kann sich leicht davon überzeugen, daß die neuen Ausdrücke (L) und (M) den früher gefundenen gleich sind.

Zahlenbeispiele.

$$1. \quad p = q = \frac{1}{2}, \quad l = 1, m = 2.$$

$$(L) = p\,(1 + q) = 2pq\left(1 + \frac{1}{2}\, \frac{p}{q}\right) = \frac{3}{4}, \quad (M) = q^2 = \frac{1}{4}.$$

$$2. \quad p = \frac{2}{5}, \quad q = \frac{3}{5}, \quad l = 2, \quad m = 3.$$

$$(L) = p^2 \{ 1 + 2q + 3q^2 \} = 6 p^2 q^2 \left\{ 1 + \frac{2}{3} \frac{p}{q} + \frac{1}{6} \frac{p^2}{q^2} \right\} = \frac{328}{625}$$

$$(M) = q^3 \{ 1 + 3p \} = 4 q^3 p \left\{ 1 + \frac{1}{4} \frac{q}{p} \right\} = \frac{297}{625}.$$

Fünfte Aufgabe. Drei Spieler

$$L, M, N$$

spielen ein Spiel, das aus den folgenden Partien besteht.

Jede Partie soll für einen von ihnen mit Gewinn enden und für die beiden anderen verloren sein, wobei die Wahrscheinlichkeiten zu gewinnen für

$$L, M, N$$

entsprechend gleich

$$p, q, r$$

sind, unabhängig von den Ergebnissen der übrigen Partien. Das Spiel endet gewinnreich für einen der Spieler: das Spiel gewinnt nämlich der, der früher als die beiden anderen eine für ihn angegebene Zahl von Partien gewonnen hat. Man soll die Wahrscheinlichkeit, das Spiel zu gewinnen, für jeden Spieler bestimmen, wenn zum Gewinn des Spieles vorgeschrieben ist, daß L gewinnen muß l Partien, M gewinnen muß m Partien und N gewinnen muß n Partien.

Die Aufgabe stellt die Verallgemeinerung der vorigen auf den Fall dreier Spieler dar.

Lösung. Indem wir die verschiedenen Stadien des Spieles betrachten, bezeichnen wir mit dem Symbol

$$L_{x, y, z}$$

die Wahrscheinlichkeit, daß L das Spiel gewinnt, wenn den Spielern

$$L, M, N$$

zum Gewinn des Spieles noch zu gewinnen übrig bleiben entsprechend

$$x, y, z$$

Partien. Solange das Spiel nicht beendigt ist, ist keine der Zahlen x, y, z gleich Null. Sobald sich aber eine in Null verwandelt, so gibt dies das Ende des Spieles an: für $x = 0$ hat der Spieler L das Spiel gewonnen, und dann ist die Wahrscheinlichkeit des Gewinnens für den Spieler L gleich 1; wenn aber $y = 0$ oder $z = 0$, so ist das Spiel für einen der beiden anderen Spieler gewonnen und daher die Wahrscheinlichkeit, zu gewinnen für L gleich Null.

Dementsprechend haben wir

$$L_{0,y,z} = 1, \quad L_{x,0,z} = L_{x,y,0} = 0,$$

wo wir unter x, y, z von Null verschiedene Zahlen verstehen, so daß die Ausdrücke

$$L_{0,0,z}, \quad L_{0,y,0}, \quad L_{x,0,0}$$

keine Bedeutung haben und uns in unseren Berechnungen nicht begegnen werden. Wir setzen alle drei Zahlen x, y, z als von Null verschieden voraus, und wollen jetzt bei der Beziehung zwischen den Größen

$$L_{x,y,z}, \quad L_{x-1,y,z}, \quad L_{x,y-1,z}, \quad L_{x,y,z-1}$$

verweilen, welche uns die Möglichkeit gibt, $L_{x,y,z}$ zu finden, wenn die Werte

$$L_{x-1,y,z}, \quad L_{x,y-1,z} \quad \text{und} \quad L_{x,y,z-1}$$

schon bekannt sind. Um das aufs Korn genommene Ziel zu treffen, betrachten wir die möglichen Ergebnisse einer Partie, welche unmittelbar folgt auf die Lage des Spieles, wo den Spielern

$$L, \ M, \ N$$

zum Gewinn des Spieles noch zu gewinnen übrig bleiben entsprechend

$$x, \ y, \ z$$

Partien. Wird diese Partie vom Spieler L gewonnen, wofür die Wahrscheinlichkeit gleich p ist, so wird unmittelbar nach ihrer Beendigung die Wahrscheinlichkeit, daß der Spieler L das Spiel gewinnt, verwandelt in

$$L_{x-1,y,z};$$

wenn aber diese Partie vom Spieler M gewonnen wird, wofür die Wahrscheinlichkeit gleich q ist, so verwandelt sich nach ihrer Beendigung die Gewinnwahrscheinlichkeit für den Spieler L in:

$$L_{x,y-1,z};$$

und endlich, wenn diese Partie vom Spieler N gewonnen wird, wofür die Wahrscheinlichkeit gleich r ist, so wird nach ihrer Beendigung die Gewinnwahrscheinlichkeit für den Spieler L gleich

$$L_{x,y,z-1}.$$

Wir können deshalb das Spielgewinnen des Spielers L, wenn bis zur Beendigung des Spieles den Spielern

$$L, M, N$$

noch entsprechend

$$x, y, z$$

zu gewinnende Partien übrig bleiben, in drei Arten zerlegen, die sich voneinander durch die Ergebnisse dieser einen Partie unterscheiden, und deren Wahrscheinlichkeiten entsprechend gleich sind den Produkten

$$p L_{x-1,y,z}, \quad q L_{x,y-1,z}, \quad r L_{x,y,z-1}.$$

Folglich haben wir, vermöge des Additionstheorems der Wahrscheinlichkeiten:

$$L_{x,y,z} = p L_{x-1,y,z} + q L_{x,y-1,z} + r L_{x,y,z-1}.$$

In genau derselben Weise kann man leicht die Gleichungen aufstellen:

$$M_{x,y,z} = p M_{x-1,y,z} + q M_{x,y-1,z} + r M_{x,y,z-1},$$
$$N_{x,y,z} = p N_{x-1,y,z} + q N_{x,y-1,z} + r N_{x,y,z-1},$$
$$M_{0,y,z} = M_{x,y,0} = 0, \quad M_{x,0,z} = 1,$$
$$N_{0,y,z} = N_{x,0,z} = 0, \quad N_{x,y,0} = 1,$$

worin $M_{x,y,z}$ und $N_{x,y,z}$ die Wahrscheinlichkeiten bedeuten, daß die Spieler M und N das Spiel gewinnen, wenn bis zum Ende des Spieles den Spielern

$$L, M, N$$

entsprechend noch fehlen

$$x, y, z$$

Gewinnpartien.

Wir wollen nicht verweilen bei der Aufstellung allgemeiner Formeln für den Ausdruck der gesuchten Wahrscheinlichkeiten

$$L_{l,m,n}, \quad M_{l,m,n}, \quad N_{l,m,n}$$

bei willkürlichen Werten l, m, n, und nur bemerken, daß die von uns angegebenen Formeln ausreichen, diese Wahrscheinlichkeiten für ein beliebiges System gegebener Zahlen l, m, n zu bestimmen. In der Tat finden wir mit Hilfe der gegebenen Formeln der Reihe nach

$$L_{1,1,1} = p, \quad M_{1,1,1} = q, \quad N_{1,1,1} = r$$

$$L_{1,1,2} = p L_{0,1,2} + q L_{1,0,2} + r L_{1,1,1} = p + rp$$

$$L_{1,2,1} = p + qp, \quad L_{2,1,1} = p^2$$

$$M_{1,1,2} = q + rq, \quad M_{2,1,1} = q + pq, \quad M_{1,2,1} = q^2$$

$$N_{1,1,2} = r^2, \quad N_{1,2,1} = r + qr, \quad N_{2,1,1} = r + pr$$

$$L_{1,1,3} = p L_{0,1,3} + q L_{1,0,3} + r L_{1,1,2} = p + r(p + rp) = p(1 + r + r^2)$$

$$L_{1,2,2} = p L_{0,2,2} + q L_{1,1,2} + r L_{1,2,1} = p + q(p + rp) + r(p + qp)$$
$$= p(1 + q + r + 2qr)$$

$$L_{2,1,2} = p L_{1,1,2} + q L_{2,0,2} + r L_{2,1,1} = p(p + rp) + p^2 r = p^2(1 + 2r)$$

$$L_{1,3,1} = p(1 + q + q^2), \quad L_{2,2,1} = p^2(1 + 2q)$$

$$L_{3,1,1} = p L_{2,1,1} + q L_{3,0,1} + r L_{3,1,0} = p^3$$

$$M_{1,1,3} = q(1 + r + r^2), \quad M_{1,2,2} = q^2(1 + 2r), \quad M_{1,3,1} = q^3$$

$$M_{2,2,1} = q^2(1 + 2p), \quad M_{2,1,2} = q(1 + p + r + 2pr),$$
$$M_{3,1,1} = q(1 + p + p^2)$$

$$N_{1,1,3} = r^3, \quad N_{1,2,2} = r^2(1 + 2q), \quad N_{1,3,1} = r(1 + q + q^2)$$

$$N_{2,2,1} = r(1 + p + q + 2pq), \quad N_{2,1,2} = r^2(1 + 2p),$$
$$N_{3,1,1} = r(1 + p + p^2)$$

$$L_{1,2,3} = p L_{0,2,3} + q L_{1,1,3} + r L_{1,2,2}$$
$$= p + qp(1 + r + r^2) + rp(1 + q + r + 2qr)$$
$$= p(1 + q + r + r^2 + 2qr + 3qr^2)$$

usw.

Beispiel. $l = 1$, $m = 2$, $n = 3$, $p = q = r = \frac{1}{3}$.

Die Wahrscheinlichkeit, das Spiel zu gewinnen, ist für den Spieler L gleich

$$L_{1,2,3} = \frac{1}{3}\left(1 + \frac{1}{3} + \frac{1}{3} + \frac{1}{9} + \frac{2}{9} + \frac{1}{9}\right) = \frac{19}{27},$$

ferner die Wahrscheinlichkeit, das Spiel zu gewinnen, für den Spieler M gleich

$$M_{1,2,3} = q M_{1,1,3} + r M_{1,2,2}$$
$$= \frac{1}{3}\left(\frac{1}{3} + \frac{1}{9} + \frac{1}{27}\right) + \frac{1}{3}\left(\frac{1}{9} + \frac{2}{27}\right) = \frac{6}{27}$$

und endlich ist für den dritten Spieler die Wahrscheinlichkeit, das Spiel
zu gewinnen, gleich

$$1 - \frac{19}{27} - \frac{6}{27} = \frac{2}{27}.$$

Wir wollen bei Beschränkung auf den speziellen Fall eine andere
Ableitung den gesuchten Wahrscheinlichkeiten geben. Wir bemerken nämlich vor allem, daß zur Beendigung des Spieles für

$$l = 1, \quad m = 2, \quad n = 3$$

nicht mehr als vier Partien erforderlich sind, und wir nehmen ferner
bei der Aufstellung der gleichmöglichen Fälle an, daß die Spieler vier
Partien zu Ende spielen, sollte selbst das Spiel vorher dem einen oder
anderen der Mitspieler schon gewonnen sein.

Dann können wir, wenn wir die Reihenfolge dieser Partien und die
drei möglichen Ergebnisse jeder Partie ins Auge fassen, die im Gewinnen von einem der drei Spieler bestehen, $3^4 = 81$ gleichmögliche
Fälle unterscheiden.

Von diesen 81 Fällen sind für das Gewinnen des Spieles durch den
Spieler L günstig diejenigen, bei denen er eine Partie gewinnt, bevor
M zwei Partien gewonnen hat und bevor N drei Partien gewonnen hat.

Die direkte Berechnung der Anzahl dieser Fälle bereitet keine
Schwierigkeit; noch schneller aber kann man die Zahl der übrigen Fälle
berechnen, die für den Gewinn des Spieles durch den Spieler L ungünstig sind.

Es sind nämlich für den Gewinn des Spieles durch den Spieler L
ungünstig außer den $2^4 = 16$ Fällen, in denen er keine einzige Partie
gewinnt, nur die folgenden 8 Fälle:

$$NNNL, \quad MMML, \quad MMNL, \quad MNML,$$
$$NMML, \quad MMLN, \quad MMLM, \quad MMLL,$$

bei denen der Spieler L die erste Partie gewinnt erst nachdem das Spiel
von einem seiner beiden Gegner gewonnen ist.

Hieraus schließen wir sofort, daß die Wahrscheinlichkeit, das Spiel
zu gewinnen für den Spieler L gleich ist

$$\frac{81 - 24}{81} = \frac{57}{81} = \frac{19}{27}.$$

Ferner kann man leicht einsehen, daß der Spieler N das Spiel gewinnt in den sechs Fällen:

$$NNNN, \quad NNNL, \quad NNNM, \quad NMNN, \quad MNNN;$$

8*

und daher müssen die übrigen

$$24 - 6 = 18$$

Fälle dem Gewinnen des Spieles durch den Spieler M günstig sein. Folglich sind die Wahrscheinlichkeiten, das Spiel zu gewinnen, für den Spieler M und N entsprechend gleich

$$\frac{18}{81} = \frac{2}{9} \quad \text{und} \quad \frac{6}{81} = \frac{2}{27}$$

in Übereinstimmung mit der früheren Lösung.

§ 23. Die zum Ruin führenden Spiele.

Sechste Aufgabe. Die beiden Spieler

$$L \text{ und } M$$

spielen ein Spiel, das aus folgenden Partien besteht:

Jede Partie muß enden für den einen Spieler mit gewinnen, für den anderen mit verlieren, wobei die Wahrscheinlichkeiten zu gewinnen für L und M entsprechend gleich p und $q = 1 - p$ sind.

Das Ende des Spiels wird bestimmt durch die Differenz zwischen der Anzahl der Partien, welche der eine Spieler gewonnen hat und der Anzahl der Partien, welche der andere Spieler gewonnen hat. Nämlich, der Spieler L gewinnt das Spiel, sobald die Anzahl der von ihm gewonnenen Partien die Anzahl der vom Spieler M gewonnenen Partien um a Einheiten übertrifft; dagegen gewinnt M das Spiel, sobald die Zahl der von ihm gewonnenen Partien die der vom Spieler L gewonnenen um b Einheiten übertrifft. Es wird verlangt, die Wahrscheinlichkeit, das Spiel zu gewinnen, für L und M zu bestimmen.

Anmerkung. Bevor wir an die Lösung der gestellten Aufgaben gehen, stellen wir die Bedingung des Spielendes in einer anderen Form auf. Es mögen die Kapitale von L und M entsprechend durch die Zahlen b und a ausgedrückt werden; zugleich möge nach jeder Partie der Gewinnende vom Verlierenden eine Einheit des Kapitals erhalten.

Dann wird das Spielende bedingt durch den Ruin des einen Spielers, und es gewinnt der, dem es zuerst gelingt, den Gegner zu ruinieren. Wenn in der Tat $i + j$ Partien gespielt sind, und von ihnen i Partien für den Spieler L und j Partien für den Spieler M gewonnen sind, dann haben sich vermöge der von uns aufgestellten Bedingung die Kapitale von L und M verwandelt in entsprechend

$$b + i - j \quad \text{und} \quad a + j - i$$

Einheiten des Kapitales.

Und wenn $i + j$ Partien das Spiel zu Ende führen, so muß sein

$$i - j = a \quad \text{oder} \quad j - i = b$$

und entsprechend

$$a + j - i = 0 \quad \text{oder} \quad b + i - j = 0.$$

Lösung. Indem wir die verschiedenen Stadien des Spieles beachten und die zweite Form der Bedingung für seinen Abschluß ins Auge fassen, bezeichnen wir mit dem Symbol y_x die Wahrscheinlichkeit[1]), daß der Spieler L das Spiel dann gewinnt, wenn sein Kapital durch die Zahl x ausgedrückt wird. Die Zahl x kann im Verlaufe des Spieles nur folgende Werte annehmen

$$0, 1, 2, \ldots, a + b;$$

und am Anfang des Spieles ist x gleich b und deshalb wird die Wahrscheinlichkeit, daß der Spieler L das Spiel gewinnt, solange noch keine Partie ausgespielt ist, bei der von uns angenommenen Bezeichnung dargestellt durch das Symbol

$$y_b.$$

Wir bemerken, daß das Spiel zu Ende ist bei $x = 0$ und bei $x = a + b$, und daß

$$y_0 \text{ gleich Null,} \quad \text{aber} \quad y_{a+b} \text{ gleich der Einheit}$$

ist, da die Verwandlung des Kapitals des Spielers L in Null angibt, daß er das Spiel verloren hat, die Vereinigung der Kapitale beider Spieler aber in der Hand des Spielers L für ihn von selbst den Gewinn des Spieles zur Folge hat.

Setzen wir ferner die Zahl x von Null und $a + b$ verschieden voraus, so können wir eine einfache Beziehung zwischen den Größen

$$y_x, \quad y_{x+1} \quad \text{und} \quad y_{x-1}$$

aufstellen.

---

1) Im vorliegendem Falle müssen wir, wie auch in vielen anderen, um die gesuchte Wahrscheinlichkeit aus Gleichungen zu finden, vor allem unzweifelhaft ihre Existenz erkennen, als eine vollständig bestimmte, wenn auch für uns unbekannte Größe.

Zu diesem Zweck betrachten wir die möglichen Ergebnisse einer Partie, welche unmittelbar auf die Spiellage folgt, wo das Kapital von L durch die Zahl x ausgedrückt wird.

Wenn diese Partie vom Spieler L gewonnen wird, wofür die Wahrscheinlichkeit p ist, so verwandelt sich unmittelbar nach ihrem Ende die Wahrscheinlichkeit das Spiel zu gewinnen für den Spieler L in y_{x+1}; wenn aber diese Partie vom Spieler M gewonnen wird, wofür die Wahrscheinlichkeit gleich q ist, so verwandelt sich nach ihrem Ende für den Spieler L die Wahrscheinlichkeit das Spiel zu gewinnen in y_{x-1}. Hieraus kann man leicht schließen, daß vermöge des Additions- und des Multiplikationstheorems der Wahrscheinlichkeiten sein muß

$$y_x = p\,y_{x+1} + q\,y_{x-1}.$$

Hiermit wird die Aufsuchung von y_x auf die Lösung der linearen Gleichung

$$y_x = p\,y_{x+1} + q\,y_{x-1}$$

zurückgeführt, bei den Bedingungen

$$y_0 = 0 \quad \text{und} \quad y_{a+b} = 1.$$

Die Lösung solcher Gleichungen wird in der Differenzenrechnung auseinandergesetzt. Gemäß den Entwickelungen der Differenzenrechnung wird die allgemeine Lösung der Gleichung

$$y_x = p\,y_{x+1} + q\,y_{x-1}$$

durch die Wurzeln der gewöhnlichen Gleichung zweiten Grades

$$\xi = p\,\xi^2 + q$$

bestimmt, wobei man zwei Fälle unterscheiden muß.

Vermöge der Gleichung

$$p + q = 1$$

ist die eine Wurzel der Gleichung

$$\xi = p\,\xi^2 + q$$

gleich Eins, die andere aber $p : q$. Wenn p nicht gleich q ist, so sind die Zahlen

$$1 \quad \text{und} \quad \frac{q}{p}$$

voneinander verschieden, und auf Grund der Ausführungen der Differenzenrechnung muß sein

$$y_x = C + D\left(\frac{q}{p}\right)^x,$$

wo C und D Konstanten sind.

Zur Bestimmung dieser Konstanten haben wir zwei Gleichungen

$$y_0 = 0 \quad \text{und} \quad y_{a+b} = 1$$

aus denen wir ableiten

$$C = -D = \frac{1}{1 - \left(\frac{q}{p}\right)^{a+b}} = \frac{p^{a+b}}{p^{a+b} - q^{a+b}}.$$

Daher wird

$$y_x = \frac{p^{a+b-x}(p^x - q^x)}{p^{a+b} - q^{a+b}}$$

und

$$y_b = \frac{p^a(p^b - q^b)}{p^{a+b} - q^{a+b}},$$

sobald p nicht gleich q ist.

Ist aber $p = q$, so wird

$$y_x = A + Bx,$$

worin A und B Konstanten sind. Zur Bestimmung der Konstanten haben wir wie früher zwei Gleichungen

$$y_0 = 0 \quad \text{und} \quad y_{a+b} = 1,$$

aus denen wir ableiten

$$A = 0 \quad \text{und} \quad B = \frac{1}{a+b}.$$

Wir finden daher für $p = q$

$$y_x = \frac{x}{a+b} \quad \text{und} \quad y_b = \frac{b}{a+b}.$$

Auf genau dieselbe Weise finden wir, daß die Wahrscheinlichkeit für den Spieler M, das Spiel zu gewinnen, so lange noch keine Partie ausgespielt ist, gleich

$$\frac{q^b(q^a - p^a)}{q^{a+b} - p^{a+b}} = \frac{q^b(p^a - q^a)}{p^{a+b} - q^{a+b}}$$

sobald p nicht gleich q ist, und daß sie sich für $p = q$ verwandelt in

$$\frac{a}{a+b}.$$

Die Summe der Wahrscheinlichkeiten dafür, daß der eine oder der andere Spieler gewinnt, ergibt die Einheit, wie auch zu erwarten war, da nach Voraussetzung das Spiel fortgesetzt wird, bis einer der beiden Spieler gewonnen hat. Indessen weist in dem angegebenen Falle der Umstand, daß die Summe der Wahrscheinlichkeiten für das Gewinnen

des einen oder des anderen Spielers gleich Eins ist, nicht auf die Gewißheit hin, daß einer der beiden Spieler gewinnt, da ja das Spiel unbegrenzt fortgesetzt werden könnte.

Jede Partie für sich ist ein ehrliches Spiel, wenn $p = q$ ist, und ein
unehrliches im entgegengesetzten Fall, wenn p nicht gleich q ist. Dementsprechend führt der von uns gefundene Ausdruck y_b für $p = q$ auf
folgenden Schluß:

Wenn einer entschlossen ist, das ehrliche Spiel zu wiederholen, bis
er eine im Voraus genannte Summe zuerworben hat oder bis zum Ruin,
und wenn einer solchen Wiederholung kein Hindernis im Wege steht,
so sind die Wahrscheinlichkeiten dafür, daß er die genannte Summe erhält oder daß er ruiniert wird, umgekehrt proportional der Größe dieser
Summe und seinem Kapital.

Dieser Schluß, den wir aus der Betrachtung eines speziellen Falles
abgeleitet haben, gilt für alle ehrlichen Spiele.

In der Tat, wenn das Kapital des Spielers durch die Zahl a ausgedrückt wird, die Summe aber, deren Erwerb für ihn das Ziel vielfacher
Wiederholung des Spieles bildet, durch die Zahl b, so muß bei den von
uns gemachten Voraussetzungen die vielfache Wiederholung des Spieles
dem Spieler einen durch die Zahl b ausgedrückten Gewinn ergeben, oder
einen Verlust, dessen Größe durch die Zahl a ausgedrückt wird.

Ferner aber wird die mathematische Hoffnung des Gewinnes für den
Spieler aus dieser Wiederholung des Spieles durch die Differenz

$$Xb - Ya$$

ausgedrückt, worin X die Wahrscheinlichkeit für den Erwerb der genannten Summe ist, Y aber die Wahrscheinlichkeit für den Ruin des
Spielers. Die Wiederholung aber eines ehrlichen Spieles muß selbst ein
ehrliches Spiel bilden; daher ist

$$Xb - Ya = 0,$$

woraus wir finden

$$\frac{X}{a} = \frac{Y}{b} = \frac{X + Y}{a + b} = \frac{1}{a + b}.$$

In denjenigen Fällen, wo die Summe, bei deren Erwerb der Spieler
das Spiel abzubrechen entschlossen ist, groß ist in Vergleich zu seinem
Kapital, wird die Wahrscheinlichkeit für den Ruin des Spielers nahezu Eins.

In dem bestimmten Fall aber, wo der Spieler sich mit keiner Summe
begnügt, muß man $b = \infty$ setzen, und die Wahrscheinlichkeit des Ruins

verwandelt sich in Eins. Es ist daher, wenn die Wiederholung des ehrlichen Spieles nur durch den Ruin des Spielers begrenzt wird, nach der von uns gefundenen Formel, die Wahrscheinlichkeit des Ruins gleich Eins, wenn es auch vorkommen kann, daß jener Ruin niemals eintritt.

Nachdem wir ein ewiges Spiel konstruiert haben, wollen wir jetzt die Zahl der Partien begrenzen; so verwandeln wir die sechste Aufgabe in die folgende.

Siebente Aufgabe. Indem alle Bedingungen der sechsten Aufgabe beibehalten werden, wird verlangt, die Wahrscheinlichkeit zu berechnen, daß das Spiel vom Spieler L gewonnen wird, nicht später als nach n Partien. Mit anderen Worten, es wird verlangt, die Wahrscheinlichkeit für den Ruin des Spielers M zu bestimmen, bei der Bedingung, daß die Gesamtzahl der Partien n nicht übertrifft.

Auflösung. Wir bezeichnen mit dem Symbol

$$y_{t,s}$$

die Wahrscheinlichkeit, daß der Spieler L in dem Fall gewinnt, wenn das Kapital von M durch die Zahl t ausgedrückt wird und nur noch s Partien gespielt werden müssen.

Bei diesen Bezeichnungen wird die von uns gesuchte Wahrscheinlichkeit für den Ruin des Spielers M durch das Symbol dargestellt

$$y_{a,n};$$

zugleich haben wir

wobei
$$y_{0,s} = 1, \quad y_{a+b,s} = 0 \quad \text{und} \quad y_{t,0} = 0,$$

$$s \geqq 0 \quad \text{und} \quad t > 0.$$

Betrachten wir auf der anderen Seite wie früher die möglichen Ergebnisse einer Partie, so gelangen wir leicht zu der Gleichung

darin ist
$$y_{t,s} = p\,y_{t-1,s-1} + q\,y_{t+1,s-1},$$

$$s \geqq 1 \quad \text{und} \quad 0 < t < a + b.$$

Diese Gleichung ist zu lösen unter den oben angegebenen Bedingungen

$$y_{0,s} = 1, \quad y_{a+b,s} = 0, \quad y_{t,0} = 0.$$

Wir stützen uns auf die Methode von LAPLACE und führen die Bestimmung von $y_{t,s}$ zurück auf die Entwicklung einer gewissen Funktion einer Hilfsvariablen nach den Potenzen dieser Variabeln. Es sei

$$\varphi_t(\xi) = y_{t,0} + y_{t,1}\,\xi + y_{t,2}\,\xi^2 + \cdots + y_{t,s}\,\xi^s + \cdots.$$

Dann ist

$$\varphi_{t+1}(\xi) = y_{t+1,0} + y_{t+1,1}\,\xi + \cdots + y_{t+1,s-1}\,\xi^{s-1} + \cdots$$

und

$$\varphi_{t-1}(\xi) = y_{t-1,0} + y_{t-1,1}\,\xi + \cdots + y_{t-1,s-1}\,\xi^{s-1} + \cdots$$

und vermöge der Gleichung

$$y_{t,s} = p\,y_{t-1,s-1} + q\,y_{t+1,s-1}$$

haben wir

$$\varphi_t(\xi) - p\,\xi\,\varphi_{t-1}(\xi) - q\,\xi\,\varphi_{t+1}(\xi) = y_{t,0} = 0,$$

wobei

$$t \geq 1.$$

Aus diesem Grund können wir gemäß den allgemeinen Entwicklungen der Differenzenrechnung setzen

$$\varphi_t(\xi) = U\theta^t + V\eta^t,$$

worin U und V Funktionen der einen Zahl ξ sind und von t unabhängig, die Größen θ und η aber werden bestimmt durch die Gleichungen

$$\theta = \frac{1 + \sqrt{1 - 4pq\,\xi^2}}{2q\xi} \quad \text{und} \quad \eta = \frac{1 - \sqrt{1 - 4pq\,\xi^2}}{2q\xi}$$

als die beiden Wurzeln der Gleichungen

$$\varrho - p\,\xi - q\,\xi\,\varrho^2 = 0,$$

welche vom zweiten Grad hinsichtlich der unbekannten Zahl ϱ ist.

Geben wir sodann t die Werte 0 und $a + b$, so erhalten wir die beiden Gleichungen

$$\frac{1}{1-\xi} = U + V, \quad 0 = U \cdot \theta^{a+b} + V \cdot \eta^{a+b},$$

aus denen wir ableiten

$$U = \frac{-\eta^{a+b}}{\theta^{a+b} - \eta^{a+b}} \frac{1}{1-\xi}$$

und

$$V = \frac{\theta^{a+b}}{\theta^{a+b} - \eta^{a+b}} \frac{1}{1-\xi},$$

und hieraus finden wir

$$\varphi_t(\xi) = \frac{(\theta\eta)^t \left(\theta^{a+b-t} - \eta^{a+b-t} \right)}{\theta^{a+b} - \eta^{a+b}} \cdot \frac{1}{1-\xi}$$

$$= \frac{\eta^t}{1-\xi} \frac{1 - \left(\dfrac{\eta}{\theta}\right)^{a+b-t}}{1 - \left(\dfrac{\eta}{\theta}\right)^{a+b}} = \frac{\eta^t}{1-\xi} \frac{1 - \alpha^{a+b-t}\,\eta^{2(a+b-t)}}{1 - \alpha^{a+b}\,\eta^{2(a+b)}},$$

wobei

$$\alpha = \frac{1}{\theta \eta} = \frac{q}{p}.$$

Daher kann die von uns gesuchte, mit dem Symbol $y_{a,n}$ benannte Wahrscheinlichkeit als Koeffizient von ξ^n in der Entwicklung des Ausdruckes

$$\varphi_a(\xi) = \frac{\eta^a}{1-\xi} \frac{1 - \alpha^b \eta^{2b}}{1 - \alpha^{a+b} \eta^{2(a+b)}}$$

nach Potenzen von ξ bestimmt werden.

Die Entwicklung des gefundenen Ausdruckes $\varphi_a(\xi)$ in eine Reihe nach Potenzen von ξ wird zurückgeführt auf die Entwicklung der verschiedenen Potenzen von η in ebensolche Reihen, da ja die einfache Division für $\varphi_a(\xi)$ die folgende Reihe ergibt:

$$\varphi_a(\xi) = \frac{1}{1-\xi} \{\eta^a - \alpha^b \eta^{a+2b} + \alpha^{a+b} \eta^{3a+2b} - \alpha^{a+2b} \eta^{3a+4b} + \cdots\}.$$

Um endlich die verschiedenen Potenzen von η in Reihen zu entwickeln, kann man sich der bekannten Formel von LAGRANGE bedienen:

$$F(\zeta) = F(a) + \omega F'(a)f(a) + \frac{\omega^2}{1 \cdot 2} \frac{dF'(a)f(a)f(a)}{da} + \cdots$$

für

$$\zeta = a + \omega f(\zeta).$$

Im gegebenen Falle haben wir

$$\eta = \xi(p + q\eta^2)$$

und daher

$$\frac{\eta}{\xi} = p + q\xi^2 \left(\frac{\eta}{\xi}\right)^2.$$

Wir setzen dementsprechend in der LAGRANGEschen Formel

$$\zeta = \frac{\eta}{\xi}, \quad a = p, \quad f(\zeta) = q\zeta^2, \quad \omega = \xi^2 \quad \text{und} \quad F(\zeta) = \zeta^m,$$

und finden

$$\eta^m = p^m \xi^m \cdot \left\{ 1 + mpq\xi^2 + \frac{m(m+3)}{1 \cdot 2} p^2 q^2 \xi^4 + \cdots \right.$$
$$\left. + \frac{m(m+k+1)(m+k+2)\cdots(m+2k-1)}{1 \cdot 2 \cdot 3 \cdots k} p^k q^k \xi^{2k} + \cdots \right\}.$$

Hieraus folgt, daß der Koeffizient von ξ^n in der Entwicklung des Ausdruckes

$$\frac{\eta^m}{1-\xi}$$

nach Potenzen von ξ gleich dem Produkt von p^m und der Summe ist:

$$1 + mpq + \frac{m(m+3)}{1 \cdot 2} p^2 q^2 + \cdots \frac{m(m+i+1)\cdots(m+2i-1)}{1 \cdot 2 \cdot 3 \cdots i} p^i q^i,$$

und darin ist

$$i = \frac{n-m}{2} \quad \text{oder} \quad \frac{n-m-1}{2}.$$

Setzt man dieses Resultat in die oben angegebene Entwicklung von $(1 - \xi)\varphi_a(\xi)$ in eine Reihe nach Potenzen von η ein, so kann man schon leicht die allgemeine Formel für die Berechnung der gesuchten Wahrscheinlichkeit erhalten

bei beliebigen Werten von $\quad y_{a,n}$

$$a, b, n, p.$$

Wir verweilen bei dem Fall, daß jede Partie für sich ein ehrliches Spiel bildet, das Kapital des Spielers L aber hinreichend groß ist, so daß zum Ruin von L mehr als n Partien nötig sind. Dann ist

$$p = q = \frac{1}{2}$$

und die gesuchte Wahrscheinlichkeit für den Ruin des Spielers M nach nicht mehr als n Partien wird durch die Summe ausgedrückt

$$\frac{1}{2^a} + \frac{a}{2^{a+2}} + \frac{a(a+3)}{2^{a+4}1 \cdot 2} + \cdots + \frac{a(a+i+1)\cdots(a+2i-1)}{2^{a+2i} \cdot 1 \cdot 2 \cdot 3 \cdots i},$$

hierin ist

$$i = \frac{n-a}{2} \quad \text{oder} \quad \frac{n-a-1}{2}.$$

Angesichts des Interesses, das die Frage nach dem Ruin der Teilhaber ehrlicher Spiele hat, wollen wir noch Annäherungsformeln angeben eben für die Wahrscheinlichkeit des Ruins des Spielers M bei großen Werten von n, wo die direkte Berechnung der Summe

$$\frac{1}{2^a} + \frac{a}{2^{a+2}} + \frac{a(a+3)}{2^{a+4}1 \cdot 2} + \cdots + \frac{a(a+i+1)\cdots(a+2i-1)}{2^{a+2i} \cdot 1 \cdot 2 \cdots i}$$

sehr mühselig wird. Zur angenäherten Berechnung dieser Summe gleich $y_{a,n}$ beachten wir, daß die unendliche Reihe

$$\frac{1}{2^a} + \frac{a}{2^{a+2}} + \frac{a(a+3)}{2^{a+4}1 \cdot 2} + \frac{a(a+4)(a+5)}{2^{a+6}1 \cdot 2 \cdot 3} + \cdots,$$

welche die Wahrscheinlichkeit für den Ruin des Spielers M bei einer unbegrenzten Zahl von Partien und bei unbegrenztem Kapital des Spielers L darstellt, gleich Eins ist, und daß folglich ist:

$$1 - y_{a,n} = \frac{a(a+i+2)\cdots(a+2i+1)}{2^{a+2i+2}\,1\cdot 2\cdots(i+1)} + \frac{a(a+i+3)\cdots(a+2i+3)}{2^{a+2i+4}\,1\cdot 2\cdots(i+2)} + \cdots$$

Das allgemeine Glied dieser Summe

$$\frac{a(a+k+1)\cdots(a+2k-1)}{2^{a+2k}\,1\cdot 2\cdots k}$$

bezeichnen wir mit dem Symbol z_k. Indem wir auf die STIRLINGsche Formel zurückgreifen und die Gleichungen beachten

$$z_k = \frac{a}{2^{a+2k}(a+2k)} \cdot \frac{1\cdot 2\ \ 3\cdots(a+2k)}{1\cdot 2\cdots k\cdot 1\cdot 2\cdots(a+k)}\,,$$

finden wir die beiden Ausdrücke

$$z_k' = a\sqrt{\frac{1}{2\pi k(a+k)(a+2k)}}\left(\frac{a+2k}{2a+2k}\right)^{a+k}\left(\frac{a+2k}{2k}\right)^{k}$$

und

$$z_k'' = z_k' \cdot e^{\frac{1}{12(a+2k)} - \frac{1}{12k} - \frac{1}{12(a+k)}},$$

von denen der erste z_k' größer ist als z_k, der zweite z_k'' aber kleiner als z_k.

Man kann sich leicht davon überzeugen, daß für $k > i$ die Ungleichheiten bestehen:

$$\frac{1}{4} > \frac{k(a+k)(a+2k)}{(a+2k)^3} > \frac{i(a+i)(a+2i)}{(a+2i)^3}\,,$$

$$\frac{1}{12(a+2k)} - \frac{1}{12k} - \frac{1}{12(a+k)} > \frac{1}{12(a+2i)} - \frac{1}{12i} - \frac{1}{12(a+i)}$$

$$\left(\frac{a+2k}{2k}\right)^{a+k}\left(\frac{a+2k}{2a+2k}\right)^{k} > \left(\frac{a+2i}{2i}\right)^{i}\left(\frac{a+2i}{2a+2i}\right)^{a+i}$$

und

$$\left(\frac{a+2k}{2k}\right)^{k}\left(\frac{a+2k}{2a+2k}\right)^{a+k} < e^{-\frac{a^2}{2(a+2k)}}.$$

Folglich werden, wenn wir setzen

$$\overset{+}{z}_k = \frac{a+2i}{\sqrt{i(a+i)}} \cdot \frac{a}{\sqrt{2\pi(a+2k)^3}}\,e^{-\frac{a^2}{2(a+2k)}}$$

und

$$\overset{-}{z}_k = H\frac{2a}{\sqrt{2\pi(a+2k)^3}}\left(\frac{a+2i}{2i}\right)^{i}\left(\frac{a+2i}{2a+2i}\right)^{a+i},$$

wobei

$$H = e^{\frac{1}{12(a+2i)} - \frac{1}{12i} - \frac{1}{12(a+i)}}$$

ist, alle Glieder der Summe

$$z_{i+1} + z_{i+2} + \cdots,$$

die gleich $1 - y_{a,n}$ ist, den Ungleichheiten genügen

$$\overset{+}{z}_k > z_k > \overset{-}{z}_k$$

und deshalb wird sein

$$\overset{+}{z}_{i+1} + \overset{+}{z}_{i+2} + \cdots > 1 - y_{a,n} > \overset{-}{z}_{i+1} + \overset{-}{z}_{i+2} + \cdots.$$

Auf der anderen Seite haben wir

$$\frac{1}{\sqrt{(a+2i+3)^3}} + \frac{1}{\sqrt{(a+2i+4)^3}} + \cdots > \frac{1}{\sqrt{a+2i}} - \frac{1}{\sqrt{(a+2i)^3}}$$

und

$$\frac{e^{-\frac{a^2}{2(a+2i+2)}}}{\sqrt{(a+2i+2)^3}} + \frac{e^{-\frac{a^2}{2(a+2i+4)}}}{\sqrt{(a+2i+4)^3}} + \cdots < \int_{i+\frac{a}{2}}^{\infty} \frac{e^{-\frac{a^2}{4x}}}{(\sqrt{2x})^3}\, dx,$$

wenigstens bei hinreichend großen Werten von i, sobald

$$a + 2i > \frac{a^2}{3}.$$

Endlich verwandelt eine einfache Substitution das Integral

$$\int_{i+\frac{a}{2}}^{\infty} \frac{e^{-\frac{a^2}{4x}}}{(\sqrt{2x})^3}\, dx$$

in

$$\frac{\sqrt{2}}{a} \int_{0}^{\tau} e^{-z^2}\, dz,$$

hierin ist

$$\tau = \frac{a}{2\sqrt{i+\frac{a}{2}}}.$$

Daher ist für

$$n \geqq \frac{a^2}{3} + 1,$$

die von uns gesuchte Wahrscheinlichkeit für den Ruin des Spielers M, nicht später als nach n Partien, größer als

$$1 - \frac{a+2i}{\sqrt{i(a+i)\pi}} \int_{0}^{\tau} e^{-z^2}\, dz$$

und kleiner als

$$1 - H \frac{2\,\tau}{\sqrt{\pi}} \left(\frac{a+2\,i}{2\,i}\right)^i \left(\frac{a+2\,i}{2\,a+2\,i}\right)^{a+i} \left(1 - \frac{1}{2\,(a+2\,i)}\right);$$

hierin ist

$$i = \frac{n-a}{2} \quad \text{oder} \quad \frac{n-a-1}{2}, \quad \tau = \frac{a}{2\sqrt{i+\frac{a}{2}}}$$

und

$$H = e^{\frac{1}{12\,(a+i)} - \frac{1}{12\,i} - \frac{1}{12\,(a+i)}}.$$

Dementsprechend können wir die Näherungsformel aufstellen

$$y_{a,\,n} = 1 - \frac{2}{\sqrt{\pi}} \int_0^\tau e^{-z^2}\, dz,$$

worin τ den oben angegebenen Wert hat.

Zum Beispiel nehmen wir an

$$a = 100 \quad \text{und} \quad n = 200\,000.$$

Dann wird

$$a + 2\,i = 200\,000, \quad i = 99\,950, \quad a + i = 100\,050,$$

$$\tau = \frac{100}{2\sqrt{100\,000}} = \sqrt{0{,}025} = 0{,}15811 \ldots$$

und

$$\frac{2}{\sqrt{\pi}} \int_0^\tau e^{-z^2}\, dz = 0{,}17693 \ldots,$$

subtrahieren wir also die Zahl 0,17693 ... von Eins, so erhalten wir für den Ruin des Spielers M den folgenden Näherungswert

$$0{,}82306.$$

Es ist angemessen, den gefundenen Näherungswert der Wahrscheinlichkeit um eine Einheit der letzten Stelle zu verkleinern, so daß wir die Zahl

$$0{,}82305$$

erhalten, welche kleiner ist als die Wahrscheinlichkeit; denn im gegebenen Falle ist

$$\frac{a+i}{2\sqrt{i\,(a+i)}} = \left\{1 - \frac{1}{4\,000\,000}\right\}^{-\frac{1}{2}} < 1{,}0000002.$$

Zur Bestimmung der anderen Grenze derselben Wahrscheinlichkeit bedienen wir uns der Logarithmentafeln[1]) und finden mit ihrer Hilfe

$$\operatorname{Log}(a + 2i) + 5{,}3010299956 \qquad \operatorname{Log}(a + 2i) + 5{,}3012470886$$

$$\operatorname{Log} i + 5{,}3008127941 \qquad \operatorname{Log}(2a + 2i) + 5{,}3010299956$$

$$0{,}0002172015 \qquad\qquad 0{,}0002170930$$

$$\times\, 99950 \qquad\qquad \times\, 100050$$

$$21{,}72015 \qquad 21{,}70929 \qquad\qquad 21{,}70930$$

$$-\,0{,}01086 \qquad -\,21{,}72015 \qquad\qquad +\,0{,}01085$$

$$21{,}70929 \qquad 9{,}98914 - 10 \qquad\qquad 21{,}72015$$

$$\operatorname{Log} 2\tau = 9{,}5 - 10 \qquad\qquad \operatorname{Log} H > \frac{-1}{10^6}$$

$$\frac{1}{2}\operatorname{Log}\frac{1}{\pi} + 9{,}75142 - 10 \qquad \operatorname{Log}\left(1 - \frac{1}{2\,(a + 2i)}\right) > -\frac{2}{10^6}$$

$$9{,}98914 - 10$$

$$9{,}24056 - 10 + \operatorname{Log} 0{,}17400$$

und endlich

$$y_{a,\,n} < 1 - 0{,}1739 = 0{,}8261.$$

Wenn daher die Zahl der Partien auf 200 000 beschränkt ist, so erreicht die Wahrscheinlichkeit für den Ruin des Spielers M, dessen Kapital nur im hundertfachen Einsatz der einfachen Partie besteht, noch nicht

$$0{,}83.$$

Vermehren wir ferner n auf das Hundertfache, so wird die Zahl τ zehnmal kleiner, und zugleich verkleinern sich auch angenähert zehnmal die von uns gefundenen Grenzen für die Differenz $1 - y_{a,\,n}$; so daß für

$$n = 20\,000\,000$$

die Wahrscheinlichkeit des Ruins für denselben Spieler M ziemlich nahe kommt an

$$1 - 0{,}017 = 0{,}983,$$

aber kleiner ist als diese Zahl. Wenn wir aber n auf das Hundertfache vergrößern und zugleich das Kapital des Spielers M auf das zehnfache, so bleibt τ unverändert, und die Wahrscheinlichkeit für den Ruin des Spielers M wird, wie früher, kleiner als

$$0{,}83.$$

---

1) A. STEINHAUSER: Hilfstafeln zur präzisen Berechnung zwanzigstelliger Logarithmen. Wien 1880.

Wir bemerken, daß die Wahrscheinlichkeit für den Ruin des Spielers M kleiner bleiben würde als $\frac{1}{2}$ bei jeder Zahl von Partien, solange die schließliche Abrechnung verschoben wird bis zu dem Moment, bis diese Zahl von Partien zu Ende gespielt ist. Die Forderung aber der unmittelbaren Auszahlung nach jeder Partie nähert diese Wahrscheinlichkeit der Eins an, da bei einer hinreichend großen Zahl von Partien der Ruin des des Spielers M sehr wahrscheinlich wird.

Wir wollen noch einige Worte sagen über die Fälle, wo jede Partie für sich kein ehrliches Spiel bildet, dabei unterscheiden wir zwei Annahmen:

$$1. \quad p > q \quad \text{und} \quad 2. \quad p < q.$$

Für $p > q$ sind die einzelnen Partien unvorteilhaft für M, und zu dem früheren Schluß muß man hinzufügen, daß der Aufschub der schließlichen Abrechnungen die große Wahrscheinlichkeit des Ruins von M nicht zerstört.

Für $p < q$ sind die einzelnen Partien vorteilhaft für M, und die oben von uns abgeleiteten Formeln zeigen, daß die Wahrscheinlichkeit des Ruins des Spielers M immer kleiner ist als $(p:q)^a$ und beliebig nahe an $(p:q)^a$ kommen kann durch unbegrenzte Vergrößerung des Kapitals von L und der Anzahl n der gestatteten Partien.

Und hier muß man sich erinnern, daß die von uns betrachtete Größe der Wahrscheinlichkeit für den Ruin des Spielers M bedingt wird durch die Forderung der unmittelbaren Auszahlung nach jeder Partie; so daß, gemäß der Ausführungen des 2ten und 3ten Kapitals die Wahrscheinlichkeit des Ruins von M beliebig klein werden würde, wenn im Voraus eine hinreichend große Anzahl von Partien namhaft gemacht würde und die schließliche Abrechnung verschoben würde, bis diese Zahl von Partien ausgespielt ist.

§ 24. Ein verallgemeinertes Würfelproblem.

Achte Aufgabe. Es seien

$$X_1, X_2, \ldots, X_n$$

n unabhängige Größen und es möge die Reihe der Zahlen

$$1, 2, 3, \ldots, m$$

alle möglichen und dabei gleichmöglichen Werte einer jeden von ihnen darstellen.

Verlangt wird, die Wahrscheinlichkeit zu bestimmen, daß die Summe

$$X_1 + X_2 + \cdots + X_n$$

gleich einer gegebenen Zahl wird.

Auflösung. Setzen wir der Reihe nach

$$n = 1, 2, 3, \ldots,$$

so gelangen wir zu dem Schluß, daß für einen beliebigen Wert von n die Wahrscheinlichkeit der Gleichung

$$X_1 + X_2 + \cdots + X_n = \alpha,$$

worin α eine gegebene Zahl ist, als Koeffizient von t^α in der Entwicklung des Ausdruckes

$$\left\{ \frac{t + t^2 + \cdots + t^m}{m} \right\}^n$$

nach Potenzen der willkürlichen Zahl t bestimmt werden kann. Auf der anderen Seite haben wir:

$$\left(\frac{t + t^2 + \cdots + t^m}{m} \right)^n = \frac{t^n}{m^n} \frac{(1 - t^m)^n}{(1 - t)^n}$$

$$= \frac{t^n}{m^n} \left[1 - n\, t^m + \frac{n(n-1)}{1 \cdot 2} t^{2m} - \cdots \right] \cdot \left[1 + nt + \frac{n(n+1)}{1 \cdot 2} t^2 + \cdots \right].$$

Bezeichnen wir also die Wahrscheinlichkeit der Gleichung

$$X_1 + X_2 + \cdots + X_n = \alpha$$

mit dem Symbol P_α, so können wir die Formel aufstellen

$$m^n P_\alpha = \frac{n(n+1)\cdots(\alpha-1)}{1 \cdot 2 \cdots (\alpha-n)} - \frac{n}{1} \cdot \frac{n(n+1)\cdots(\alpha-m-1)}{1 \cdot 2 \cdots (\alpha-n-m)}$$
$$- \frac{n(n-1)}{1 \cdot 2} \cdot \frac{n(n+1)\cdots(\alpha-2m-1)}{1 \cdot 2 \cdots (\alpha-n-2m)} - \cdots,$$

welche ein bequemes Mittel darstellt für die Berechnung von P_α bei kleinen Werten von α. Man kann auch leicht die Gleichung nachweisen

$$P_\alpha = P_{n(m+1)-\alpha},$$

welche erlaubt, die Zahl α durch die Differenz $n(m+1) - \alpha$ zu ersetzen, und so die Möglichkeit gewährt, α zu verkleinern, wenn $\alpha > \dfrac{n(m+1)}{2}$.

Wir finden z. B. für $m = 6$ und $n = 3$

$$216\,P_{18} = 216\,P_3 = 1, \qquad 216\,P_{17} = 216\,P_4 = 3,$$

$$216\,P_{16} = 216\,P_5 = \frac{3 \cdot 4}{1 \cdot 2} = 6, \quad 216\,P_{15} = 216\,P_6 = \frac{3 \cdot 4 \cdot 5}{1 \cdot 2 \cdot 3} = 10,$$

$$216\,P_{14} = 216\,P_7 = \frac{3 \cdot 4 \cdot 5 \cdot 6}{1 \cdot 2 \cdot 3 \cdot 4} = 15,$$

$$216\,P_{13} = 216\,P_8 = \frac{3 \cdot 4 \cdot 5 \cdot 6 \cdot 7}{1 \cdot 2 \cdot 3 \cdot 4 \cdot 5} = 21,$$

$$216\,P_{12} = 216\,P_9 = \frac{3 \cdot 4 \cdot 5 \cdot 6 \cdot 7 \cdot 8}{1 \cdot 2 \cdot 3 \cdot 4 \cdot 5 \cdot 6} - 3 = 25,$$

$$216\,P_{11} = 216\,P_{10} = \frac{3 \cdot 4 \cdot 5 \cdot 6 \cdot 7 \cdot 8 \cdot 9}{1 \cdot 2 \cdot 3 \cdot 4 \cdot 5 \cdot 6 \cdot 7} - 3 \cdot 3 = 27.$$

Zur Verwirklichung dieses Beispiels können drei gewöhnliche sechsseitige Spielwürfel dienen, auf deren Flächen die Nummer 1, 2, 3, 4, 5, 6 stehen.

Wenn diese drei Würfel auf eine Ebene geworfen werden und wenn

$$X_1, \ X_2, \ X_3$$

die Nummern auf ihren oberen Flächen bedeuten, so werden die allein möglichen und dabei die gleichmöglichen Fälle sowohl für X_1 wie auch für X_2 und X_3 sein

$$1, \, 2, \, 3, \, 4, \, 5, \, 6.$$

Dementsprechend stellen die von uns gefundenen Zahlen

$$P_3, \ P_4, \ P_5, \ \ldots, \ P_{18}$$

die Wahrscheinlichkeiten der verschiedenen Annahmen über die Summe der Nummern dar, welche oben auf drei gewöhnlichen Spielwürfeln stehen, und die Gleichung

$$P_3 + P_4 + P_5 + \cdots + P_{10} = P_{11} + P_{12} + P_{13} + \cdots + P_{18}$$

weist darauf hin, daß die beiden entgegengesetzten Annahmen, daß jene Summe 10 nicht übertrifft, und daß sie größer als 10 ist, gleich wahrscheinlich sind.

Bei großen Werten von n erfordert die genaue Berechnung von P_α ermüdende Ausführungen und kann kaum großes Interesse bieten. Dann entsteht die Frage nach der Aufsuchung von angenäherten Ausdrücken für die Wahrscheinlichkeiten, die möglichst einfach sind und dem genauen Wert möglichst nahe kommen.

Setzt man nur voraus, daß n groß ist, nicht aber m und betrachtet nicht die Wahrscheinlichkeiten der besonderen. Werte der Summe

$$X_1 + X_2 + \cdots + X_n,$$

sondern die Wahrscheinlichkeit, daß diese Summe in gegebenen Grenzen liegt, so kann man zu den allgemeinen Näherungsausdrücken des dritten Kapitels greifen. Um sie anzuwenden, muß man die mathematischen Hoffnungen der ersten und zweiten Potenzen der betrachteten Größen bestimmen.

Da die mathematische Hoffnung einer beliebigen unter den Größen

$$X_1, X_2, \ldots, X_n$$

gleich ist

$$\frac{1 + 2 + \cdots + m}{m} = \frac{m + 1}{2}$$

und die mathematische Hoffnung ihres Quadrates gleich

$$\frac{1^2 + 2^2 + \cdots + m^2}{m} = \frac{(m + 1)(2m + 1)}{6},$$

so ist die Differenz zwischen den mathematischen Hoffnungen des Quadrates dieser Größe und dem Quadrat ihrer mathematischen Hoffnung gleich

$$\frac{(m + 1)(2m + 1)}{6} - \left(\frac{m + 1}{2}\right)^2 = \frac{m^2 - 1}{12}$$

und daher ergeben die Ausführungen des dritten Kapitels für die Wahrscheinlichkeit der Ungleichheiten

$$n \frac{m + 1}{2} - \tau \sqrt{n \cdot \frac{m^2 - 1}{6}} < X_1 + \cdots + X_n < n \cdot \frac{m + 1}{2} + \tau \sqrt{n \cdot \frac{m^2 - 1}{6}}$$

einen angenäherten Ausdruck in Form des bekannten Integrals

$$\frac{2}{\sqrt{\pi}} \int_0^\tau e^{-z^2} dz.$$

Wir wollen das spezielle Beispiel benützen um eine andere Ableitung für denselben Näherungswert der Wahrscheinlichkeit zu bestimmen, eine Ableitung, deren wir uns auch im allgemeinen Fall bedienen können.

Vor allem bemerken wir, daß in der Entwicklung einer beliebigen ganzen Funktion $F(t)$ nach Potenzen von t der Koeffizient von t^α dargestellt werden kann in der Gestalt des Integrals

$$\frac{1}{2\pi} \int_{-\pi}^{+\pi} F\left(e^{\varphi \sqrt{-1}}\right) e^{-\alpha \varphi \sqrt{-1}} d\varphi;$$

denn es ist

$$\int_{-\pi}^{+\pi} d\varphi = 2\pi$$

und für eine beliebige ganze von Null verschiedene Zahl haben wir

$$\int_{-\pi}^{+\pi} e^{k\varphi\sqrt{-1}} \, d\varphi = 0.$$

Deshalb ist

$$P_\alpha = \frac{1}{2\pi} \int_{-\pi}^{+\pi} \frac{e^{(n-\alpha)\varphi\sqrt{-1}} \left(1 - e^{m\varphi\sqrt{-1}}\right)^n}{m^n \left(1 - e^{\varphi\sqrt{-1}}\right)^n} \, d\varphi$$

$$= \frac{1}{2\pi} \int_{-\pi}^{+\pi} \frac{e^{\left(n\frac{m+1}{2} - \alpha\right)\varphi\sqrt{-1}} \left(e^{\frac{m}{2}\varphi\sqrt{-1}} - e^{-\frac{m}{2}\varphi\sqrt{-1}}\right)^n}{m^n \left(e^{\frac{1}{2}\varphi\sqrt{-1}} - e^{-\frac{1}{2}\varphi\sqrt{-1}}\right)^n} \, d\varphi$$

$$= \frac{1}{2\pi} \int_{-\pi}^{+\pi} e^{\left(n\frac{m+1}{2} - \alpha\right)\varphi\sqrt{-1}} \left(\frac{\sin\frac{m}{2}\varphi}{m\sin\frac{\varphi}{2}}\right) d\varphi$$

$$= \frac{1}{\pi} \int_{0}^{\pi} \cos\left(n\frac{m+1}{2} - \alpha\right)\varphi \cdot \left(\frac{\sin\frac{m}{2}\varphi}{m\sin\frac{\varphi}{2}}\right)^n d\varphi.$$

Um zu dem Näherungswert zu gelangen, setzen wir

$$n \cdot \frac{m+1}{2} - \alpha = \beta = \gamma\sqrt{n \cdot \frac{m^2-1}{6}}$$

und vertauschen

$$\left(\frac{\sin\frac{m}{2}\varphi}{m\sin\frac{\varphi}{2}}\right)^n$$

mit der Exponentialfunktion

$$e^{-n \cdot \frac{m^2-1}{24}\varphi^2}$$

auf Grund von Betrachtungen, die im dritten Kapitel ausgeführt sind, und für die obere Grenze des Integrals nehmen wir ∞ an Stelle von π.

So erhalten wir die Näherungsformel

$$P_{n\,\frac{m+1}{2}-\beta} \doteqdot \frac{1}{\pi} \int_0^\infty \cos\beta\varphi \cdot e^{-n\frac{m^2-1}{24}\varphi^2}\,d\varphi,$$

deren genauer Wert, wie bekannt, gleich ist

$$\frac{1}{\sqrt{\pi}}\sqrt{\frac{6}{n(m^2-1)}}\,e^{-\frac{6\beta^2}{n(m^2-1)}} = \frac{1}{\sqrt{\pi}}\sqrt{\frac{6}{n(m^2-1)}}\,e^{-\gamma^2}.$$

Dementsprechend wird die Wahrscheinlichkeit der Ungleichheiten

$$n\cdot\frac{m+1}{2}-\tau\sqrt{n\cdot\frac{m^2-1}{6}} < X_1+\cdots+X_n < n\cdot\frac{m+1}{2}+\tau\sqrt{n\cdot\frac{m^2-1}{6}}$$

angenähert dargestellt durch die Summe aller Produkte

$$\frac{1}{\sqrt{\pi}}\sqrt{\frac{6}{n(m^2-1)}}\,e^{-\gamma^2},$$

für welche γ den Ungleichheiten genügt

$$-\tau < \gamma < +\tau$$

und der Ausdruck

$$n\cdot\frac{m+1}{2}-\gamma\sqrt{n\cdot\frac{m^2-1}{6}}$$

sich in eine ganze Zahl verwandelt.

Sämtliche Glieder der Summe enthalten den Faktor

$$\sqrt{\frac{6}{n(m^2-1)}},$$

der gleich der Differenz zweier benachbarter Werte γ ist und beliebig klein sein wird bei hinreichend großem n.

Vertauschen wir auf Grund hiervon die Summe mit dem Integral, so erhalten wir für die Wahrscheinlichkeit der Ungleichheiten

$$n\cdot\frac{m+1}{2}-\tau\sqrt{n\cdot\frac{m^2-1}{6}} < X_1+\cdots+X_n < n\cdot\frac{m+1}{2}+\tau\sqrt{n\cdot\frac{m^2-1}{6}}$$

den vorigen Näherungswert

$$\frac{2}{\sqrt{\pi}}\int_0^\tau e^{-\gamma^2}\,d\gamma.$$

§ 25. Wiederholung unabhängiger Proben.

Wir wenden uns jetzt zu der wichtigen Frage der Wiederholung unabhängiger Proben, mit der wir uns schon im zweiten Kapitel befaßten.

Bezeichneten wir die Anzahl der Proben mit dem Buchstaben n und setzten wir voraus, daß bei jeder Probe die Wahrscheinlichkeit für das Ereignis E gleich p ist, so fanden wir, daß die Wahrscheinlichkeit für das m-malige Eintreten des Ereignisses E bei n Proben durch das Produkt ausgedrückt wird

$$\frac{1 \cdot 2 \cdot 3 \cdots n}{1 \cdot 2 \cdots m \cdot 1 \cdot 2 \cdots n - m} \cdot p^m q^{n-m},$$

darin ist

$$q = 1 - p.$$

Daher wird die Wahrscheinlichkeit, daß das Ereignis E bei den betrachteten n Proben mehr als l-mal eintritt, durch die Summe dargestellt

$$\frac{1 \cdot 2 \cdots n \cdot p^{l+1} \cdot q^{n-l-1}}{1 \cdot 2 \cdots (l+1) \cdot 1 \cdot 2 \cdots (n-l-1)} + \frac{1 \cdot 2 \cdots n \cdot p^{l+2} \cdot q^{n-l-2}}{1 \cdot 2 \cdots (l+2) \cdot 1 \cdot 2 \cdots (n-l-2)} + \cdots,$$

was hinauskommt auf das Produkt des Ausdrucks

$$P = \frac{1 \cdot 2 \cdots n}{1 \cdot 2 \cdots (l+1) \cdot 1 \cdot 2 \cdots (n-l-1)} p^{l+1} q^{n-l-1}$$

in die Summe

$$S = 1 + \frac{n-l-1}{l+2} \cdot \frac{p}{q} + \frac{(n-l-1)(n-l-2)}{(l+2)(l+3)} \left(\frac{p}{q}\right)^2 + \cdots.$$

Für die angenäherte Berechnung von P bei großen Werten von n, $l+1$ und $n-l-1$ kann die STIRLINGsche Formel dienen, welche eine Reihe von Ungleichheiten hergibt, von denen wir hier nur die beiden einfachsten angeben:

$$P < P_1 = \sqrt{\frac{n}{2\pi(l+1)(n-l-1)}} \left(\frac{np}{l+1}\right)^{l+1} \left(\frac{nq}{n-l-1}\right)^{n-l-1}$$

und

$$\frac{P}{P_1} > H = e^{+\frac{1}{12n} - \frac{1}{12(l+1)} - \frac{1}{12(n-l-1)}}.$$

Indem wir uns zur Summe S wenden, wollen wir zeigen, daß man sich bei ihrer Berechnung mit Vorteil auf die Entwicklung in einen

Kettenbruch stützen kann, der sich als Spezialfall aus der allgemeinen Formel von Gauss ergibt:

$$\frac{F(\alpha, \beta+1, \gamma+1, x)}{F(\alpha, \beta, \gamma, x)} = \cfrac{1}{1-\cfrac{ax}{1-\cfrac{bx}{1-\cfrac{cx}{1-\cfrac{dx}{1-\cdots}}}}},$$

worin $F(\alpha, \beta, \gamma, x)$ und $F(\alpha, \beta+1, \gamma+1, x)$ die *hypergeometrischen* Reihen bedeuten

$$1 + \frac{\alpha \cdot \beta}{1 \cdot \gamma} \cdot x + \frac{\alpha(\alpha+1)\beta(\beta+1)}{1 \cdot 2 \cdot \gamma \cdot (\gamma+1)} x^2 + \cdots$$

und

$$1 + \frac{\alpha(\beta+1)}{1 \cdot (\gamma+1)} x + \frac{\alpha(\alpha+1)(\beta+1)(\beta+2)}{1 \cdot 2 \cdot (\gamma+1)(\gamma+2)} x^2 + \cdots,$$

die Koeffizienten $a, b, c, d, \ldots$ aber durch die Gleichungen bestimmt werden

$$a = \frac{\alpha(\gamma-\beta)}{\gamma(\gamma+1)}, \qquad b = \frac{(\beta+1)(\gamma+1-\alpha)}{(\gamma+1)(\gamma+2)}$$

$$c = \frac{(\alpha+1)(\gamma+1-\beta)}{(\gamma+2)(\gamma+3)}, \quad d = \frac{(\beta+2)(\gamma+2-\alpha)}{(\gamma+3)(\gamma+4)}$$

Was die Ableitung der Gaussschen Formel betrifft, so bemerken wir, daß sie aus den folgenden einfachen Beziehungen zwischen den verschiedenen hypergeometrischen Reihen folgt:

$$F(\alpha,\ \ \beta+1,\gamma+1,x)-F(\alpha,\ \ \beta,\ \ \gamma,\ \ x)=ax\cdot F(\alpha+1,\beta+1,\gamma+2,x),$$
$$F(\alpha+1,\beta+1,\gamma+2,x)-F(\alpha,\ \ \beta+1,\gamma+1,x)=bx\cdot F(\alpha+1,\beta+2,\gamma+3,x),$$
$$F(\alpha+1,\beta+2,\gamma+3,x)-F(\alpha+1,\beta+1,\gamma+2,x)=cx\cdot F(\alpha+2,\beta+2,\gamma+4,x),$$

Um die Gausssche Formel auf die Entwicklung von S in einen Kettenbruch anzuwenden, muß man setzen

$$\alpha = -n+l+1, \quad \beta = 0, \quad \gamma = l+1, \quad x = -\frac{p}{q},$$

woraus die Gleichung folgt:

$$S = \cfrac{1}{1-\cfrac{c_1}{1+\cfrac{d_1}{1-\cfrac{c_2}{1+\cfrac{d_2}{1-\cdots}}}}},$$

darin ist allgemein

$$c_k = \frac{(n-k-l)(l+k)p}{(l+2k-1)(l+2k)q}, \quad d_k = \frac{k(n+k)p}{(l+2k)(l+2k+1)q},$$

Wir haben hier keinen unendlichen, sondern einen endlichen Kettenbruch, dessen letztes Glied wird

$$\frac{d_{n-l-1}}{1},$$

weil $c_{n-l} = 0$.

Man kann sich auch leicht davon überzeugen, daß jede der Zahlen c_k kleiner als Eins ist, sobald nur

$$\frac{n-l-1}{l+2} \cdot \frac{p}{q} < 1,$$

was wir auch bei den weiteren Schlüssen voraussetzen werden. Wir haben daher, wenn wir zur Abkürzung den Kettenbruch

$$\cfrac{c_k}{1 + \cfrac{d_k}{1 - \cfrac{c_{k+1}}{1 + \ddots}}}$$

mit dem Symbol ω_k bezeichnen

$$0 < \omega_k < c_k$$

und können daher die Reihe von Ungleichheiten aufstellen

$$S = \frac{1}{1-\omega_1} < \frac{1}{1-c_1}, \quad S > \cfrac{1}{1 - \cfrac{c_1}{1 + \cfrac{d_1}{1 - c_2}}},$$

$$S < \cfrac{1}{1 - \cfrac{c_1}{1 + \cfrac{d_1}{1 - \cfrac{c_2}{1 + \cfrac{d_2}{1 - c_3}}}}}$$

. . . .

Es bleibt noch übrig, die letzten Ungleichheiten mit denen zusammenzustellen, welchen P genügt, und die oben angegeben wurden, und dann werden wir die Möglichkeit haben, eine Reihe von Näherungswerten für die Wahrscheinlichkeit zu bilden, daß das Ereignis E bei den betrachteten n Proben mehr als l-mal eintritt, wobei wir von jedem dieser Näherungswerte wissen, ob er größer als die Wahrscheinlichkeit ist oder im Gegenteil kleiner.

Auf Grund derselben Ungleichheiten finden wir, wenn wir p durch q ersetzen und l mit $n - l'$ vertauschen, eine Reihe von Näherungswerten für die Wahrscheinlichkeit, daß das Ereignis E bei den betrachteten n Proben weniger als l'-mal erscheint, wobei wir von jedem der erhaltenen Näherungswerte dieser neuen Wahrscheinlichkeit ebenfalls wissen, ob er die Wahrscheinlichkeit übertrifft oder ob er kleiner ist.

Und aus dem Annäherungswert der Wahrscheinlichkeit dafür, daß das Ereignis E mehr als l-mal, und der Wahrscheinlichkeit, daß das Ereignis weniger als l'-mal eintritt, können wir für $l > l'$ auch den Näherungswert für die Wahrscheinlichkeit erhalten, daß das Ereignis nicht mehr als l-mal und nicht weniger als l'-mal eintritt, da die Summe dieser drei Wahrscheinlichkeiten gleich Eins sein muß.

Wir setzen z. B. (s. § 15)

$$p = \frac{3}{5}, \quad q = \frac{2}{5}, \quad n = 6520,$$

und wollen die Wahrscheinlichkeiten suchen, daß das Verhältnis der Anzahl des Eintretens des Ereignisses E zur Zahl der Proben sich von $\frac{3}{5}$ um weniger als $\frac{1}{50}$ unterscheidet. Anders gesagt, wir wollen die Wahrscheinlichkeit suchen, daß das Ereignis E nicht öfter als 4042 mal und das entgegengesetzte nicht öfter als 2738 mal eintritt.

Infolge der oben gemachten Vertauschung kommt die Berechnung der gesuchten Wahrscheinlichkeit hinaus auf die Berechnung der Wahrscheinlichkeiten, daß das Ereignis E mehr als 4042 mal und das entgegengesetzte Ereignis mehr als 2738 mal eintritt.

Wir wenden uns zu der Wahrscheinlichkeit, daß das Ereignis E mehr als 4042 mal eintritt, und müssen daher in den oben angegebenen Formeln und Ungleichheiten setzen

$$p = \frac{3}{5}, \quad q = \frac{2}{5}, \quad n = 6520, \quad l = 4042.$$

Es wird dann

$$P_1 = \sqrt{\frac{3260}{\pi \cdot 4043 \cdot 2477}} \left(\frac{3912}{4043}\right)^{4043} \left(\frac{2608}{2477}\right)^{2477}$$

$$H = e^{\frac{1}{12 \cdot 6520} - \frac{1}{12 \cdot 4043} - \frac{1}{12 \cdot 2477}}$$

und mit Hilfe der Logarithmentafeln finden wir

$$\begin{array}{ll}
\log 4043 + 3{,}6067037413 & \log 2608 + 3{,}4163075871 \\
\log 3912 + 3{,}5923988461 & \log 2477 + 3{,}3939260066 \\
\hline
0{,}0143048952 & 0{,}0223815805 \\
\times 4043 & \times 2477 \\
\hline
57{,}2195808 & 44{,}7631610 \\
5721958 & 8{,}9526322 \\
429147 & 1{,}5667106 \\
\hline
57{,}8346913 & 1566711 \\
-55{,}4391749 & \overline{55{,}4391749} \\
\hline
2{,}3955164 &
\end{array}$$

$$\begin{array}{ll}
\tfrac{1}{2}\log 4043 + 1{,}8033519 & \tfrac{1}{2}\log 3260 + 1{,}7566088 \\
\tfrac{1}{2}\log 2477 + 1{,}6969630 & \qquad\;\; - 6{,}1444062 \\
\tfrac{1}{2}\log \pi \quad + 0{,}2485749 & \overline{\qquad 5{,}6122026 - 10} \\
\hline
6{,}1444062 & \log H > - 0{,}00002
\end{array}$$

$$0{,}00004094 < P < 0{,}00004095.$$

Auf der anderen Seite haben wir

$$c_1 = \frac{2477}{4044} \cdot \frac{3}{2} = \frac{7431}{8088}, \quad d_1 = \frac{6521}{4044 \cdot 4045} \cdot \frac{3}{2} = \frac{19563}{32715960},$$

$$c_2 = \frac{2476 \cdot 4044}{4045 \cdot 4046} \cdot \frac{3}{2} = \frac{7509708}{8183035}, \quad d_2 = \frac{6522 \cdot 3}{4046 \cdot 4047} = \frac{3261}{2729027},$$

$$c_3 = \frac{2475 \cdot 4045}{4047 \cdot 4048} \cdot \frac{3}{2} = \left(1 - \frac{2}{4047}\right) \cdot \frac{7425}{8096},$$

und erhalten schließlich nach einfachen Rechnungen

$$c_3 < 0{,}9167, \quad \frac{d_2}{1 - \omega_3} < \frac{3261}{0{,}0833 \cdot 2729027} < 0{,}01435,$$

$$0{,}918 > c_2 > \omega_2 > \frac{c_2}{1{,}01435} > 0{,}9047,$$

$$0{,}0074 > \frac{d_1}{0{,}082} > \frac{d_1}{1 - \omega_2} > \frac{d_1}{0{,}0953} > 0{,}00626,$$

$$0{,}912 < \frac{c_1}{1{,}0074} < \omega_1 < \frac{c_1}{1{,}00626} < 0{,}9131,$$

$$11{,}36 < \frac{1}{0{,}088} < S < \frac{1}{0{,}0869} < 11{,}508;$$

folglich ist

$$SP < \frac{0,4095}{869} < 0,0004713$$

aber

$$SP > \frac{0,4094}{880} > 0,000465.$$

Gehen wir zu der Wahrscheinlichkeit über, daß das zu E entgegengesetzte Ereignis mehr als 2738 mal erscheint, so müssen wir setzen

$$p = \frac{2}{5}, \quad q = \frac{3}{5}, \quad n = 6520, \quad l = 2738.$$

Bei diesen Werten p, q, n und l erhalten wir

$$P_1 = \sqrt{\frac{3260}{\pi \cdot 2739 \cdot 3781}} \left(\frac{2608}{2739}\right)^{2739} \cdot \left(\frac{3912}{3781}\right)^{3781},$$

$$H = e^{\frac{1}{12 \cdot 6520} - \frac{1}{12 \cdot 2739} - \frac{1}{12 \cdot 3781}}$$

und mit Hilfe logarithmischer Tafeln finden wir

log 2739 + 3,4375920323	log 3912 + 3,5923988461
log 2608 + 3,4163075871	log 3781 + 3,5776066774
0,0212844452	0,0147921687
× 2739	× 3781
42,5688904	44,3765061
14,8991116	10,3545181
6385334	1,1833735
1915600	147922
58,2980954	55,9291899
− 55,9291899	
2,3689055	

$\frac{1}{2}$ log 2739 + 1,7187960 $\frac{1}{2}$ log 3260 + 1,7566088

$\frac{1}{2}$ log 3781 + 1,7888033   − 6,1250797

$\frac{1}{2}$ log π + 0,2485749   5,6315291 − 10

6,1250797   log H > − 0,00002

0,00004820 < P < 0,00004281.

Damit zugleich haben wir

$$c_1 = \frac{3781}{2740} \cdot \frac{2}{3} = \frac{3781}{4110}, \quad d_1 = \frac{6521}{2740 \cdot 2741} \cdot \frac{2}{3} = \frac{6521}{11265510},$$

$$c_2 = \frac{3780 \cdot 2740}{2741 \cdot 2742} \cdot \frac{2}{3} = \frac{420}{457} \cdot \frac{2740}{2741}, \quad d_2 = \frac{2 \cdot 6522}{2742 \cdot 2743} \cdot \frac{2}{3} = \frac{4348}{3760653},$$

$$c_3 = \frac{3779 \cdot 2741}{2743 \cdot 2744} \cdot \frac{2}{3} = \left(1 - \frac{2}{2743}\right) \cdot \frac{7558}{8232},$$

woraus wir der Reihe nach die Ungleichheiten ableiten

$$c_3 < 0{,}9175, \quad \frac{d_2}{1 - \omega_2} < \frac{4348}{0{,}0825 \times 3760653} < 0{,}01402,$$

$$0{,}919 > c_2 > \omega_2 > \frac{c_2}{1{,}01402} > 0{,}9059,$$

$$0{,}0072 > \frac{d_1}{0{,}081} > \frac{d_1}{1 - \omega_2} > \frac{d_1}{0{,}0941} > 0{,}00615,$$

$$0{,}913 < \frac{c_1}{1{,}0072} < \omega_1 < \frac{c_1}{1{,}00615} < 0{,}9144,$$

$$11{,}49 < \frac{1}{0{,}087} < S < \frac{1}{0{,}0856} < 11{,}69;$$

folglich

$$SP < \frac{0{,}4281}{856} < 0{,}0005002,$$

oder

$$SP > \frac{0{,}428}{870} > 0{,}000491.$$

Daher ist die Wahrscheinlichkeit, daß bei den von uns betrachteten 6520 Proben das Ereignis E mehr als 4042 mal erscheint, enthalten zwischen

$$0{,}0004713 \quad \text{und} \quad 0{,}000465,$$

und die Wahrscheinlichkeit, daß bei denselben Proben das Ereignis E weniger als 3782 mal eintritt, enthalten zwischen

$$0{,}0005002 \quad \text{und} \quad 0{,}000491.$$

Daher liegt die Wahrscheinlichkeit dafür, daß das Ereignis E bei diesen Proben nicht weniger als 3782 mal und nicht mehr als 4042 mal eintritt, zwischen

$$1 - 0{,}000972 = 0{,}999028$$

und

$$1 - 0{,}000956 = 0{,}999044.$$

§ 26. Die Aufgabe von ROUCHÉ und BERTRAND.

Zum Schluß des Kapitels verweilen wir bei der Verallgemeinerung einer Aufgabe über den Ruin des Spielers (Aufgabe Nr. 6), mit der sich J. BERTRAND und E. ROUCHÉ beschäftigten.

Die Ausführungen dieser Gelehrten kann man nicht als durchaus richtig anerkennen, da sie eine dreigliedrige Differenzengleichung höherer Ordnung so betrachteten wie eine Gleichung zweiter Ordnung.

Auf die Möglichkeit einer gewissen Ungenauigkeit ihrer Ausführungen wies auch BERTRAND selbst hin in § 91 seines Buches „Calcul des probabilités", aber er klärte das Wesen dieser Ungenauigkeit nicht auf.

Es ist die Bemerkung von Interesse, daß in dem gegebenen Fall, wenn man einige Ungenauigkeiten zuläßt, dies sich bei der Lösung der Gleichung nützlich erwies: dadurch wurde die Möglichkeit gegeben, sehr einfach zu Näherungsformeln zu gelangen, die den richtigen um so näher kommen, je kleiner die Einsätze der Spieler im Vergleich zu ihren Kapitalien sind; die genaue Lösung aber der Aufgaben von BERTRAND und ROUCHÉ ist kompliziert und kann kaum großes Interesse bieten.

Wir ergänzen die Ausführungen von BERTRAND und ROUCHÉ durch die Ableitung einiger Ungleichheiten.

Die Abänderung, welche BERTRAND und ROUCHÉ bei der bekannten Aufgabe vom Ruin der Spieler vornahmen, besteht darin, daß sie die Einsätze der Spieler nicht für beide Spieler gleich voraussetzen.

Wir führen diese Abänderung bei der Aufgabe Nr. 6 ein und nehmen an, daß der Spieler L für jede gewonnene Partie α Einheiten des Kapitals von M erhält und ihm für jede verlorene Partie β Einheiten gibt. Wir werden für α und β ganze Zahlen nehmen ebenso wie für a und b, indem wir die Einheiten des Kapitals hinreichend klein annehmen.

Damit die abgeänderte Aufgabe vollkommen bestimmt ist, ist es umgänglich genau festzusetzen, wann jeder der beiden Spieler für ruiniert gilt; mit anderen Worten, wir müssen festsetzen, unter welchen Bedingungen das Spiel zu Ende ist.

Bei der Aufgabe Nr. 6, mit der wir uns in § 23 beschäftigten, wird der Ruin eines Spielers dadurch ausgedrückt, daß sein Kapital sich in Null verwandelt und das Spiel geht unverhindert fort, solange die Kapitale beider Spieler von Null verschieden sind. Bei der abgeänderten Aufgabe aber kann als Hinderungsgrund für die Fortsetzung des Spieles nicht die Reduktion des Kapitals eines der Spieler auf Null gelten, sondern vielmehr die Unmöglichkeit für einen der beiden Spieler den letzten Verlust voll zu bezahlen oder den vollen Einsatz zu bezahlen.

Wir verweilen bei der Voraussetzung, daß das Spiel beendigt ist, sobald nur einer der beiden Spieler außer Stande ist, den vollen Einsatz der laufenden Partie zu bezahlen, und dementsprechend werden wir den Spieler L als Gewinner des Spieles bezeichnen, den Spieler M aber als ruiniert, sobald das Kapital des letzteren kleiner als α wird; wenn aber das Kapital des Spielers L kleiner als β wird, so müssen wir nach unseren Bedingungen den Spieler L als Verlierer des Spieles und als ruiniert bezeichnen.

Führen wir die angegebene Abänderung bei der Aufgabe Nr. 6 ein und behalten die früheren Bezeichnungen bei, so gelangen wir auf demselben Wege, der früher auf die Gleichung zweiter Ordnung

$$y_x = p y_{x+1} + q y_{x-1}$$

führte, jetzt auf die lineare Gleichung

$$y_x = p y_{x+\alpha} + q y_{x-\beta}$$

von der Ordnung $\alpha + \beta$.

Die allgemeine Lösung dieser neuen linearen Gleichung ist verknüpft mit der Lösung der algebraischen Gleichung

$$p \xi^{\alpha+\beta} - \xi^{\beta} + q = 0$$

und enthält $\alpha + \beta$ willkürliche Konstanten.

Aus der allgemeinen Lösung erhalten wir den gesuchten Ausdruck y_x, wenn wir diesen Konstanten solche Werte erteilen, daß die Gleichungen erfüllt sind

$$y_{a+b} = y_{a+b-1} = \cdots = y_{a+b-\alpha+1} = 1$$
$$y_0 = y_1 = \cdots = y_{\beta-1} = 0,$$

wobei die Bedingungen der ersten Zeile hinweisen auf den Ruin des Spielers M, wenn sein Kapital kleiner als α wird, und die der zweiten Zeile hinweisen auf den Ruin von L, wenn sein Kapital kleiner als β wird.

Unser Ziel besteht, wie schon bemerkt wurde, in der Angabe zweier Grenzen, zwischen denen y_b enthalten sein muß, und die bei im Vergleich zu α und β großen Werten von a und b sich wenig voneinander unterscheiden.

Zu diesem Zweck stellen wir hinsichtlich unserer Gleichung

$$y_x = p y_{x+\alpha} + q y_{x-\beta}$$

fest, daß der ihr genügende Ausdruck y_x bei den von uns betrachteten Werten von x, d. h. für

$$x = 0, 1, 2, \ldots, a + b$$

keine negative Zahl sein kann, wenn unter den $\alpha + \beta$ Zahlen

$$y_0, y_1, \ldots, y_{\beta-1}, y_{a+b}, y_{a+b-1}, \ldots, y_{a+b-\alpha+1}$$

keine negativen sind; dabei benützen wir die Eigenschaft der Wahrscheinlichkeit, immer eine positive Zahl zu bleiben.

Vor allem verweilen wir bei den $\alpha + \beta$ Lösungen der von uns betrachteten Gleichung, für welche eine der Zahlen

$$y_0, y_1, \ldots, y_{\beta-1}, y_{a+b}, y_{a+b-1}, \ldots, y_{a+b-\alpha+1}$$

gleich Eins ist, die übrigen aber gleich Null.

Diese $\alpha + \beta$ Lösungen ergeben $\alpha + \beta$ Wahrscheinlichkeiten dafür, daß das Kapital des Spielers L sich aus der Größe x in eine bestimmte Zahl der Kombination von $\alpha + \beta$ Zahlen

$$0, 1, 2, \ldots, \beta - 1, a + b, a + b - 1, \ldots, a + b - \alpha + 1$$

verwandelt, und sie können deshalb für y_x keine negativen Werte ergeben, auch nicht für einen einzigen der von uns betrachteten Werte x, denn die Wahrscheinlichkeit kann nur eine positive Zahl oder Null sein.

Wenn wir zu den anderen Lösungen der Gleichung

$$y_x = p y_{x+\alpha} + q y_{x-\beta}$$

übergehen, so ist zu beachten, daß man jede beliebige von ihnen auf lineare Weise aus den soeben erwähnten $\alpha + \beta$ Lösungen herstellen kann, und wir können uns auf diese Weise leicht überzeugen von der Richtigkeit der oben ausgesprochenen Annahme, daß für

$$x = 0, 1, 2, \ldots, a + b$$

sein muß

$$y_x \geqq 0,$$

wenn diese Ungleichheit stattfindet für

$$x = 0, 1, 2, \ldots, \beta - 1, a + b, a + b - 1, \ldots, a + b - \alpha + 1.$$

Hieraus folgt, daß zwei Lösungen

$$y_x', \quad y_x''$$

unserer linearen Gleichung in der Tat die Ungleichheit erfüllen

$$y_x' \geqq y_x''$$

für alle von uns betrachteten Werte x, wenn diese Ungleichheit besteht für

$$x = 0, 1, 2, \ldots, \beta - 1, a + b, a + b - 1, \ldots, a + b - \alpha + 1.$$

Dies festgestellt, benennen wir mit dem Buchstaben ξ die zweite reelle positive Wurzel (die erste positive Wurzel ist 1) der Gleichung

$$\frac{p\,\xi^{\alpha+\beta} - \xi^{\beta} + q}{\xi - 1} = 0\,.$$

Wenn ξ nicht gleich 1 ist, so läßt unsere Gleichung

die Lösung zu
$$y_x = p\,y_{x+\alpha} + q\,y_{x-\beta}$$
$$y_x = C_1 + C_2\,\xi^x,$$

welche zwei willkürliche Konstanten C_1 und C_2 enthält, über die wir so verfügen können, daß sie zwei Gleichungen erfüllen. Vermöge der von uns angegebenen Ungleichheit darf man annehmen, daß der Ausdruck

$$C_1 + C_2\,\xi^x$$

größer ist als die gesuchte Wahrscheinlichkeit y_x, wenn wir die Zahlen C_1 und C_2 bestimmen durch die Gleichungen

$$C_1 + C_2\,\xi^{a+b-\alpha+1} = 1 \quad \text{und} \quad C_1 + C_2 = 0;$$

sind sie erfüllt, so haben wir

$$C_1 + C_2\,\xi^x > 1 \quad \text{für } x = a+b,\, a+b-1,\, \ldots,\, a+b-\alpha+2$$
und
$$C_1 + C_2\,\xi^x > 0 \quad \text{für } x = 1,\, 2,\, \ldots,\, \beta-1.$$

Dagegen wird unser Ausdruck

$$C_1 + C_2\,\xi^x$$

kleiner als die gesuchte Wahrscheinlichkeit y_x, wenn wir die Zahlen C_1 und C_2 bestimmen durch die Gleichungen

$$C_1 + C_2\,\xi^{a+b} = 1 \quad \text{und} \quad C_1 + C_2\,\xi^{\beta-1} = 0;$$

sind sie erfüllt, so haben wir
$$C_1 + C_2\,\xi^x < 1 \quad \text{für } x = a+b-1,\, a+b-2,\, \ldots,\, a+b-\alpha+1$$
und
$$C_1 + C_2\,\xi^x < 0 \quad \text{für } x = 0,\, 1,\, 2,\, \ldots,\, \beta-2.$$

Auf diese Weise gelangen wir zu den Ungleichheiten

$$\frac{\xi^x - 1}{\xi^{a+b-\alpha+1} - 1} > y_x > \frac{\xi^{x-\beta+1} - 1}{\xi^{a+b-\beta+1} - 1}$$

und ferner
$$\frac{\xi^b - 1}{\xi^{a+b-\alpha+1} - 1} > y_b > \frac{\xi^{b-\beta+1} - 1}{\xi^{a+b-\beta+1} - 1}\,.$$

BERTRAND, der alle negativen und imaginären Wurzeln der Gleichung

$$p\,\xi^{\alpha+\beta} - \xi^{\beta} + q = 0$$

unbeachtet ließ, gelangte zu der oben angegebenen einfachen Lösung mit zwei willkürlichen Konstanten, an Stelle der allgemeinen, die $\alpha + \beta$ willkürliche Konstanten enthalten muß, und dementsprechend nimmt er an, daß die gesuchte Wahrscheinlichkeit y_x durch die Formel bestimmt wird:

$$y_x = C_1 + C_2 \xi^x,$$

deren Koeffizienten C_1 und C_2 aus der Gleichung gefunden werden:

$$y_{a+b} = C_1 + C_2 \xi^{a+b} = 1, \quad y_0 = C_1 + C_2 = 0.$$

Er erhält so für y_b den Näherungswert

$$\frac{\xi^b - 1}{\xi^{a+b} - 1}$$

der zwischen den von uns angegebenen Grenzen

$$\frac{\xi^b - 1}{\xi^{a+b-\alpha+1} - 1} \quad \text{und} \quad \frac{\xi^{b-\beta+1} - 1}{\xi^{a+b-\beta+1} - 1}$$

liegt, und deshalb bei Werten von a und b, die groß sind im Vergleich mit α und β nur wenig vom genauen Wert y_b abweicht.

Für $\xi = 1$ läßt unsere Gleichung

$$y_x = p y_{x+\alpha} + q y_{x-\beta}$$

die Lösung zu

$$y_x = C' + C'' x;$$

setzen wir sie für verschiedene Werte von C' und C'' der gesuchten Wahrscheinlichkeit y_x gleich, so können wir auf frühere Überlegungen uns stützend, für die gesuchte Wahrscheinlichkeit y_b die Ungleichheiten aufstellen

$$\frac{b}{a+b-\alpha+1} > y_b > \frac{b-\beta+1}{a+b-\beta+1},$$

welche wir auch aus den früher aufgestellten erhalten können, indem wir ξ zur Grenze 1 übergehen lassen; für diesen Fall erhält BERTRAND folgenden Näherungswert

$$y_b = \frac{b}{a+b}.$$

Außer der Wahrscheinlichkeit für den Ruin der Spieler haben BERTRAND und ROUCHÉ sich auch mit den mathematischen Hoffnungen der Anzahl der Partien beschäftigt, die zum Ruin führen. Die notwendigen Ergänzungen ihrer unstrengen Betrachungen finden sich in meinem Aufsatz „Zur Frage des Ruins der Spieler" (Abhandlungen der physik.-mathem. Gesellschaft an der Univ. Kasan 1903).

Literatur.

Fermat, Oeuvres complètes publiés par Tannéry et Henry. T. II.

Pascal, Oeuvres T. IV, V (1779).

Montmort, Essai d'analyse sur les jeux de hazard.

Moivre, The doctrine of chance.

Euler, Calcul de la probabilité dans le jeu de rencontre (Hist. de l'Acad. r. des sc. et bel. let. Berlin 1773).

Lagrange, Mémoire sur l'utilité de la méthode de prendre le milieu entre les resultats de plusieurs observations, dans lequel on examine les avantages de cette méthode par le calcul de probabilités, et où l'on résout différents problèmes relatifs à cette matière (Oeuvres de Lagrange. T. II).

Euler, Solutio quarundam quaestionum difficiliorum in calculo probabilium (Opuscula analytica II).

Lagrange, Recherches sur les suites récurrentes dont les termes varient de plusieurs manières différentes, on sur l'intégration des équations linéaires aux différences finies et partielles; et sur l'usage de ces équations dans la théorie des hasards. (Oeuvres T. IV.)

W. P. Ermakoff, Wahrscheinlichkeitslehre (Russ.).

H. Bruns, Das Gruppenschema für zufällige Ereignisse (Ber. der Math. Phys. Klasse der K. S. G. d. W. 29).

A. Markoff, Untersuchung eines wichtigen Falles abhängiger Proben (Abh. der Kaiserl. Russ. Akademie d. W. 1907). (Russisch.)

A. Markoff, Erweiterung gewisser Sätze der Wahrscheinlichkeitsrechnung auf eine Summe verketteter Größen. (Schriften der K. Russ. Akademie 1908.) (Russisch.)

A. Markoff, Über miteinander verbundene Größen, die keine eigentliche Kette bilden. (Abh. der K. Russ. Ak. d. W. 1911.) (Russisch.)

A. Markoff, Über einen Fall von Proben, welche in eine komplizierte Kette vereinigt sind. (Abh. der K. Russ. Ak. d. W. 1911.) (Russisch.)

Kapitel V.

Grenzfälle, irrationale Zahlen und stetige Größen in der Wahrscheinlichkeitsrechnung.

§ 27. Definition und Untersuchung einiger Grenzfälle.

Ohne bei der allgemeinen Definition zu verweilen, wollen wir gewisse Ereignisse *Grenzfälle* von andern Ereignissen nennen, genau so, wie die Tangente als Grenzlage der Sekante bezeichnet wird.

Nennen wird aus irgend welchen Gründen das Ereignis E den Grenzfall für die Reihe der Ereignisse

$$E_1, E_2, \cdots, E_n, \cdots,$$

deren Wahrscheinlichkeiten die Zahlenreihe bilden

$$p_1, p_2, \ldots, p_n,$$

so bestimmen wir zugleich die Wahrscheinlichkeit des Ereignisses E als die Grenze, der sich p_n nähert bei unbegrenztem Anwachsen des Wertes n.

Beispiele für Grenzfälle von Ereignissen finden sich schon in der 6ten und 7ten Aufgabe des vorhergehenden Kapitels. Wir werden aber nicht auf die bereits untersuchten Aufgaben zurückgreifen, sondern uns mit neuen Fragen beschäftigen.

Bevor wir zu speziellen Fragen übergehen, bemerken wir, daß wir bei allen Verallgemeinerungen des Begriffs der Wahrscheinlichkeit als einer Zahl die Erhaltung des Additions- und des Multiplikationstheorems der Wahrscheinlichkeitsrechnung im Auge behalten.

Das erste interessante Beispiel eines Grenzfalls, bei dem wir verweilen werden, gibt uns die Aufgabe TSCHEBYSCHEFFs; so benennen wir die folgende, aus den Vorlesungen von TSCHEBYSCHEFF entnommene Aufgabe[1]:

---

1) Die Lösung dieser Aufgabe findet sich auch in den „Vorlesungen über Mathematik von LEOPOLD KRONECKER" (Zweiter Teil, erster Abschnitt, erster Band, 24. Vorlesung), wo erwähnt ist, daß DIRICHLET dieselbe Aufgabe betrachtete.

Die Wahrscheinlichkeit der Irreduzibilität eines rationalen Bruches zu bestimmen, dessen Zähler und Nenner beliebige hingeschriebene Zahlen sind. Diese wichtige Aufgabe wird, ähnlich wie viele andere, erst dadurch zu einer bestimmten und erhält eine bestimmte Lösung, wenn man eine Reihe von Bedingungen angibt, die den Sinn davon erhellen, was beliebig hingeschriebene Zähler und Nenner eines Bruches bedeuten.

Um der gestellten Frage nachzuspüren, beschäftigen wir uns zuerst mit der einfacheren Aufgabe, ob der gegebene Bruch hinsichtlich einer gegebenen Zahl a kürzbar ist oder nicht.

Hinsichtlich des Zählers des Bruches können wir a Fälle für den Rest bei der Teilung durch a unterscheiden; die möglichen Größen des Restes werden sein

$$0, 1, 2, \cdots, a - 1.$$

Vermöge der Angabe, daß der Zähler beliebig hingeschrieben ist, rechnen wir alle diese Fälle als gleich möglich an.

Da nun der Zähler nur in einem der von uns angegebenen Fälle durch a teilbar ist, so wird die Wahrscheinlichkeit seiner Teilbarkeit durch a ausgedrückt durch den Bruch $1 : a$. Aus demselben Grund ist die Wahrscheinlichkeit der Teilbarkeit des Bruchnenners durch a ebenfalls gleich $1 : a$.

Folglich wird die Wahrscheinlichkeit, daß man den Bruch in bezug auf a kürzen kann, ausgedrückt durch das Produkt

$$\frac{1}{a} \cdot \frac{1}{a} = \frac{1}{a^2}$$

und also wird die Wahrscheinlichkeit, daß der Bruch in Bezug auf a nicht kürzbar ist, durch die Differenz ausgedrückt

$$1 - \frac{1}{a^2}.$$

Weiter ist die Feststellung wichtig, daß die Wahrscheinlichkeit der Nichtkürzbarkeit des Bruches in bezug auf a ihren Wert

$$1 - \frac{1}{a^2}$$

beibehält, wenn bekannt ist, daß der Bruch sich in bezug auf eine beliebige zu a relativ prime Zahl b nicht kürzen läßt, denn auch in diesem Fall werden die möglichen Reste bei der Teilung von Bruchzähler und Bruchnenner wie früher bleiben

$$0, 1, 2, \cdots, a - 1.$$

Nachdem dies festgestellt ist, nehmen wir die Reihe der wachsenden Primzahlen

$$\alpha_1 = 2,\ \alpha_2 = 3,\ \alpha_3 = 5,\ \alpha_4 = 7,\ \alpha_5 = 11,\ \cdots$$

und bezeichnen als Ereignis E_n die Nichkürzbarkeit des Bruches in bezug auf

$$\alpha_1, \alpha_2, \cdots, \alpha_n.$$

Die Wahrscheinlichkeit dieses Ereignisses E_n wird auf Grund des Multiplikationssatzes der Wahrscheinlichkeitsrechnung dargestellt durch das Produkt

$$\left(1 - \frac{1}{2^2}\right)\left(1 - \frac{1}{3^2}\right) \cdots \left(1 - \frac{1}{\alpha_n^2}\right).$$

Betrachten wir endlich die Nichtkürzbarkeit eines Bruches in bezug auf irgend eine Zahl als einen Grenzfall der Reihe der Tatbestände

$$E_1, E_2, \cdots, E_n, \cdots,$$

so können wir die Wahrscheinlichkeit der Nichtkürzbarkeit durch das unendliche Produkt ausdrücken

$$\left(1 - \frac{1}{2^2}\right)\left(1 - \frac{1}{3^2}\right)\left(1 - \frac{1}{5^2}\right)\left(1 - \frac{1}{7^2}\right)\left(1 - \frac{1}{11^2}\right)\cdots,$$

welches gleich

$$\frac{6}{\pi^2}$$

ist, wie wir sogleich zeigen werden.

Zum Nachweis, daß das von uns erhaltene unendliche Produkt gleich $6 : \pi^2$ ist, bezeichnen wir es mit dem Buchstaben P und betrachten $1 : P$.

Wendet man auf jeden der Brüche

$$\frac{1}{1 - \frac{1}{2^2}},\ \frac{1}{1 - \frac{1}{3^2}},\ \frac{1}{1 - \frac{1}{5^2}},\ \cdots$$

die bekannte Formel an

$$\frac{1}{1 - x} = 1 + x + x^2 + \cdots,$$

so erhält man

$$\frac{1}{P} = \sum \frac{1}{2^{2\lambda}} \cdot \sum \frac{1}{3^{2\mu}} \cdot \sum \frac{1}{5^{2\nu}} \cdots = \sum \frac{1}{(2^\lambda 3^\mu 5^\nu \cdots)^2},$$

wobei wir unter

$$\lambda, \mu, \nu, \cdots$$

alle Zahlen

$$0, 1, 2, 3, \cdots$$

verstehen.

Jedes Produkt

$$2^\lambda 3^\mu 5^\nu \cdots$$

ist einer ganzen Zahl gleich; auf der andern Seite ist bekannt, daß man alle ganzen Zahlen durch solche Produkte darstellen kann, und daß jeder ganzen Zahl nur ein System von Zahlen!

$$\lambda, \mu, \nu, \cdots$$

entspricht, für welches das Produkt

$$2^\lambda 3^\mu 5^\nu \cdots$$

dieser Zahl gleich wird.

Deshalb ist die von uns erhaltene Summe

$$\sum \frac{1}{(2^\lambda 3^\mu 5^\nu \cdots)^2}$$

zurückführbar auf die bekannte Summe

$$1 + \frac{1}{2^2} + \frac{1}{3^2} + \frac{1}{4^2} + \frac{1}{5^2} + \frac{1}{6^2} + \cdots,$$

welche gleich ist

$$\frac{\pi^2}{6}.$$

Daher wird in dem oben erklärten Sinn die Wahrscheinlichkeit, daß ein rationaler Bruch, dessen Zähler und Nenner nach Belieben hingeschrieben sind, sich nicht kürzen läßt, durch die irrationale Zahl ausgedrückt

$$\frac{6}{\pi^2}.$$

Man kann die Nichtkürzbarkeit eines Bruches auch als Grenzfall einer andern Reihe von Ereignissen betrachten

$$E_2', E_3', \cdots, E_n', \cdots,$$

wobei E_n' die Nichtkürzbarkeit eines solchen Bruches bedeutet, dessen Zähler und Nenner nach Belieben aus der Reihe der n Zahlen genommen sind

$$1, 2, \cdots, n.$$

Ohne bei dieser Deutung der Aufgabe zu verweilen, bemerken wir, daß sie den von uns gefundenen Betrag für die Wahrscheinlichkeit

$$\frac{6}{\pi^2}$$

nicht abändert, wenn wir die Wahrscheinlichkeit des Ereignisses E_n' durch den Bruch

$$\frac{m}{n^2}$$

ausdrücken, wobei m die Anzahl der nichtkürzbaren Brüche bedeutet, deren Zähler und Nenner aus der Menge

$$1, 2, 3, \cdots, n$$

genommen sind.

Ein anderes Beispiel eines Grenzfalls gibt uns die folgende Aufgabe:

Eine gerade Strecke AB wird durch den Punkt C in zwei getrennte Teile zerlegt. Ferner wird dieselbe Strecke in drei Teile zerlegt durch zwei Punkte P und Q, von denen der eine beliebig auf AC, der zweite, ebenfalls beliebig, auf CB angenommen wird.

$$A \qquad P \qquad C \qquad Q \qquad B$$

Es wird verlangt, die Wahrscheinlichkeit zu bestimmen dafür, daß

$$AP, PQ, QB$$

die Seiten eines Dreiecks sein können.

Anders ausgedrückt, es wird verlangt, die Wahrscheinlichkeit zu bestimmen, daß jede der drei Strecken

$$AP, PQ, QB$$

kleiner ist, als die Summe der beiden andern.

Um der gestellten Frage einen bestimmten Sinn zu geben, nehmen wir zunächst an, daß die Strecke AB durch $2n - 1$ Punkte

$$D_1, D_2, \cdots, D_{2n-1}$$

in $2n$ gleiche Teile

$$AD_1, D_1D_2, \cdots, D_{2n-1}B$$

zerlegt ist, deren gemeinsame Länge wir mit dem Buchstaben ε bezeichnen.

Ferner mögen gleichzeitig die ganzen Zahlen k und l bestimmt sein durch die Ungleichheiten

$$k\varepsilon < AC < (k+1)\varepsilon$$

und
$$(l - 1)\varepsilon < BC < l\varepsilon,$$
sodaß
$$(k + l - 1)\varepsilon < AB = 2n\varepsilon < (k + l + 1)\varepsilon$$
und daher
$$k + l = 2n$$

ist, wobei wir uns, um die Überlegung abzukürzen, nicht bei den Fällen aufhalten, daß einer der Punkte $D_1, D_2, \cdots, D_{2n-1}$ mit C zusammenfällt.

Wir beschränken sodann die Lage der Punkte P und Q durch die Annahme, daß sie mit keinem andern Punkt der Strecke AB zusammenfallen können, außer den von uns angegebenen $2n - 1$ Punkten $D_1, D_2, \cdots, D_{2n-1}$.

Bei diesen Bedingungen sind für AP nur die folgenden Werte möglich
$$\varepsilon, 2\varepsilon, \cdots, k\varepsilon,$$

und für BQ sind nur die folgenden Werte möglich:
$$\varepsilon, 2\varepsilon, \cdots, (l - 1)\varepsilon.$$

Vereinigen wir jeden möglichen Wert AP mit jedem möglichen Wert BQ, so erhalten wir
$$k(l - 1)$$

Fälle, die wir nicht nur als allein möglich, sondern auch als gleichmöglich anrechnen werden.

Wenn wir jetzt zur Berechnung der Fälle übergehen, daß
$$AP, PQ, QB$$

als Seiten eines Dreiecks dienen können, setzen wir der Bestimmtheit halber
$$AC < CB.$$

Die Fälle, zu deren Berechnung wir übergehen, werden durch die Ungleichheiten bestimmt:
$$AP < PB, PQ < AP + BQ, AQ > BQ.$$

Die erste dieser drei Ungleichheiten ist für alle möglichen Lagen des Punktes P erfüllt, denn
$$AP < AC < CB < PB,$$

die beiden andern aber führen auf die folgenden

$$x + y > n > y,$$

sobald wir setzen

$$A Q = x \varepsilon, \; B Q = y \varepsilon.$$

Die Gesamtheit aller Fälle, welche diesen Bedingungen genügen, kann man leicht anordnen in die Tabelle:

$x = 2$	$x = 3$	$x = 4$		$x = k$
$y = n - 1$	$y = n - 1$	$y = n - 1$	$\cdots$	$y = n - 1$
	$y = n - 2$	$y = n - 2$	$\cdots$	$y = n - 2$
		$y = n - 3$	$\cdots$	$\cdots$
			$\cdots$	$\cdots$
				$y = n - k + 1$

Aus der Tabelle ist zu sehen, daß die Anzahl der von uns betrachteten Fälle, in denen $A P$, $P Q$ und $Q B$ Seiten eines Dreiecks sein können, gleich ist

$$1 + 2 + 3 + \cdots + k - 1 = \frac{k(k - 1)}{2}.$$

Teilt man diese Zahl durch die Gesamtzahl

$$k(l - 1)$$

der von uns zugelassenen Fälle, so findet man, daß bei den von uns gemachten Annahmen die Wahrscheinlichkeit, daß ein Dreieck mit den Seiten

$$A P, \; P Q, \; Q B$$

möglich ist, durch den Bruch ausgedrückt wird

$$\frac{k - 1}{2(l - 1)}.$$

Um endlich die Beschränkung zu beseitigen, vermöge deren die Punkte P und Q nur mit bestimmten Punkten der Segmente $A C$ und $C B$ zusammenfallen konnten, werden wir n unbegrenzt vergrößern. Da bei unbegrenztem Anwachsen der Zahl n der Bruch

$$\frac{k - 1}{2(l - 1)}$$

sich dem Grenzwert nähert

$$\frac{1}{2} \frac{A C}{B C},$$

so können wir auf Grund der oben ausgeführten Überlegungen

$$\frac{1}{2}\frac{AC}{BC}$$

für die gesuchte Wahrscheinlichkeit nehmen, daß AP, PQ, QB Seiten eines Dreiecks sein können.

Doch muß daran erinnert werden, daß wir an Stelle von

$$\frac{1}{2}\frac{AC}{BC}$$

für die gesuchte Wahrscheinlichkeit ganz andere Größen erhalten könnten, wenn wir einige der Annahmen, die bei der Lösung der Aufgabe eingeführt wurden, nicht aber bei der Stellung ausgesprochen, durch andere ersetzen. Zu diesen Voraussetzungen, welche unser Ergebnis bedingen, gehört z. B., daß die von uns aufgestellten $k(l-1)$ Fälle gleich möglich sind.

In derselben Weise könnte man verschiedene spezielle Fragen behandeln; aber diese Untersuchung einzelner Fragen würde allzu lang sein, und keine bestimmten Regeln für die Lösung anderer Fragen ergeben, weil sie nämlich besondere Überlegungen für jeden einzelnen Fall erfordert, und weil sie verlangt, außer der gesuchten Wahrscheinlichkeit noch andere Wahrscheinlichkeiten zu berechnen, für welche die gesuchte den Grenzfall bildet.

Um die Ausführungen abzukürzen und ihnen in vielen Fällen eine große Deutlichkeit und Bestimmtheit zu verleihen, kann man sich mit Erfolg einer Erweiterung des Begriffs Wahrscheinlichkeit bedienen, mit dem wir uns in den folgenden Paragraphen beschäftigen werden.

Wir bemerken, daß die soeben betrachtete Aufgabe über die Möglichkeit, ein Dreieck zu konstruieren, zu einer Gruppe von vielen Fällen gehört, von denen noch die Rede sein wird; die Aufgabe TSCHEBYSCHEFFs darf man aber nicht mit hierher rechnen.

§ 28. Stetige Größen, Wahrscheinlichkeitsdichte.

Wir nehmen an, daß die Gesamtheit der möglichen Werte von X nicht aus einer endlichen Menge von Zahlen besteht, sondern aus allen Zahlen, welche zwischen gegebenen Grenzen liegen

$$A \text{ und } B.$$

Wir nehmen ferner an, daß von der Wahrscheinlichkeit bestimmter Werte von X nicht mehr die Rede ist, sondern statt dessen die Frage auftritt nach der Wahrscheinlichkeit, daß X in einem bestimmten Intervall liegt.

Vergleicht man in diesem Fall die Wahrscheinlichkeit mit einer Masse und führt den Begriff *Dichte* der Wahrscheinlichkeit ein, analog dem Begriff der Dichtigkeit einer Masse, so werden wir die Wahrscheinlichkeit einer jeden der vier Ungleichheiten des Systems

1) $a < X < b$, 2) $a \leq X < b$, 3) $a < X < b$, 4) $a \leq X \leq b$

durch ein und dasselbe Integral ausdrücken

$$\int_a^b f(x)\,dx. \tag{10}$$

Die Funktion $f(x)$, welche unter dem Integralzeichen steht, werden wir die *Dichtigkeit* der Wahrscheinlichkeit nennen, und wir werden sie in jedem besonderen Fall, mehr oder weniger willkürlich, so festsetzen, daß die folgenden Bedingungen einzuhalten sind

    1. $f(x) \geq 0$ für $A \leq x \leq B$

    2. $f(x) = 0$ für $x < A$ und   für $x > B$

    3. $\int_A^B f(x)\,dx = 1$.

Die erste dieser drei Bedingungen wird durch die Vorstellung gewonnen, daß die Wahrscheinlichkeit immer eine positive Zahl oder Null sein muß; die zweite und die dritte aber daraus, daß X nach Voraussetzung zwischen A und B liegt, und keine Werte haben kann, die diese Grenzen verlassen.

Die einfachste Voraussetzung über die Funktion $f(x)$, die wir gewöhnlich machen werden, wird durch die Gleichung ausgedrückt

$$f(x) = \text{const.}\quad \text{für}\quad A \leq x \leq B,$$

wobei der konstante Wert von $f(x)$ gleich

$$\frac{1}{B-A}$$

ist wegen der Voraussetzung

$$\int_A^B f(x)\,dx = 1.$$

Bei dieser Voraussetzung werden für je zwei gleich große Intervalle, welche zwischen A und B enthalten sind, die Wahrscheinlichkeiten, daß X innerhalb dieser Intervalle liegt, durch dieselben Zahlen ausgedrückt, und dementsprechend kann man sagen, daß für uns alle möglichen Werte von X als gleich möglich gelten.

Eine andere wichtige Annahme für $f(x)$ bezieht sich auf den Fall, daß wir den kleinen Werten von X^2 eine beträchtlich größere Wahrscheinlichkeit erteilen, als den großen, dabei aber nicht die Möglichkeit haben, den Wert von X durch irgend ein bestimmtes Intervall einzugrenzen. Diese zweite häufig gemachte Annahme wird durch die Gleichungen ausgedrückt

$$A = -\infty, \; B = +\infty$$
$$f(x) = Ce^{-k^2 x^2},$$

wobei C und k konstante Zahlen sind, die vermöge der Bedingung

$$\int_A^B f(x)dx = 1$$

verknüpft sein müssen durch die Gleichung

$$C = \frac{k}{\sqrt{\pi}},$$

denn es ist ja

$$\int_{-\infty}^{+\infty} e^{-k^2 x^2} dx = \frac{\sqrt{\pi}}{k}.$$

Erweitern wir in dieser Weise den Begriff Wahrscheinlichkeit, so erweitern wir zugleich auch den Begriff der mathematischen Hoffnung. Wir nennen nämlich mathematische Hoffnungen von

$$X, X^2, X^3, \cdots$$

entsprechend die Integrale

$$\int_A^B xf(x)dx, \quad \int_A^B x^2 f(x)dx, \quad \int_A^B x^3 f(x)dx, \cdots$$

und allgemein nennen wir mathematische Hoffnung von $\varphi(X)$ das Integral

$$\int_A^B \varphi(x)f(x)dx. \tag{11}$$

Z. B. ist für

$$f(x) = \frac{1}{B-A}$$

die mathematische Hoffnung von X gleich

$$\int_A^B \frac{x\,dx}{B-A} = \frac{B+A}{2},$$

und die mathematische Hoffnung von X^2 gleich

$$\int_A^B \frac{x^2\,dx}{A-B} = \frac{A^2+AB+B^2}{3};$$

wenn aber

$$A_2 = -\infty, \quad B = -\infty \quad \text{und} \quad f(x) = \frac{k}{\sqrt{\pi}} e^{-k^2 x^2},$$

so ist die mathematische Hoffnung von X gleich Null, die mathematische Hoffnung von X^2 aber gleich

$$\frac{k}{\sqrt{\pi}} \int_{-\infty}^{+\infty} e^{-k^2 x^2} x^2\,dx = \frac{1}{2k^2}.$$

Betrachten wir zwei oder mehrere Größen der Art X, so müssen wir vor allem die Fälle von unabhängigen Größen als die einfachsten absondern.

Zwei Größen X und Y, deren mögliche Werte aus allen innerhalb gegebener Grenzen gelegenen Zahlen bestehen, werden wir voneinander unabhängig nennen, wenn wir für zwei beliebige Zahlen

$$a, b$$

und für zwei beliebige Zahlen

$$c, d$$

die Wahrscheinlichkeit der Ungleichheiten

$$a \leq X \leqq b$$

durch das Integral

$$\int_a^b f(x)\,dx$$

ausdrücken können und die Wahrscheinlichkeit der Ungleichheiten

$$c \leqq Y \leqq d$$

durch das Integral

$$\int\limits_{c}^{d} f_1(y)\,dy,$$

worin $f(x)$ denselben Wert beibehält, sowohl wenn Y unbekannt ist, wie auch für jeden gegebenen Wert von Y, und $f_1(y)$ denselben Wert beibehält, möge nun X unbekannt sein oder einen beliebigen gegebenen Wert annehmen.

Für solche Werte X und Y können wir die Wahrscheinlichkeit, daß die Ungleichheiten

$$a \leqq X \leqq b$$

zusammen mit den Ungleichheiten

$$c \leqq Y \leqq d$$

erfüllt sind, durch das Doppelintegral ausdrücken

$$\int\limits_{c}^{d}\int\limits_{a}^{b} f(x)\,f_1(y)\,dx\,dy = \int\limits_{a}^{b} f(x)\,dx \int\limits_{b}^{c} f_1(y)\,dy,$$

indem wir den Satz von der Multiplikation der Wahrscheinlichkeiten beibehalten. Es wird überhaupt das Integral

$$\int\!\int f(x)\,f_1(y)\,dx\,dy$$

über alle Werte x und y erstreckt, welche irgendwelchen Ungleichheiten genügen, die Wahrscheinlichkeit ausdrücken, daß X und Y denselben Ungleichheiten genügen.

Gehen wir von dem Fall unabhängiger Größen zum allgemeinen Fall über, so müssen wir an Stelle des Produktes $f(x)f_1(y)$ eine Funktion $\varphi(x, y)$ einführen, und wir können die Wahrscheinlichkeit, daß X und Y bestimmten Ungleichheiten genügen, durch das Doppelintegral

$$\int\!\int \varphi(x, y)\,dx\,dy \qquad (12)$$

ausdrücken, welches natürlich über die Werte von x und y zu erstrecken ist, die denselben Ungleichheiten genügen.

Wir werden dabei die Funktion $\varphi(x, y)$ der beiden Zahlen x und y ebenfalls die Dichtigkeit der Wahrscheinlichkeit nennen, und wir können sie mehr oder weniger beliebig annehmen, wobei nur festzuhalten ist, daß sie keine negativen Werte annimmt, und daß das Integral

$$\iint \varphi(x, y)\, dx\, dy$$

zu Eins wird, wenn man es über alle möglichen Werte x und y erstreckt.

Die einfachste Voraussetzung über die Funktion $\varphi(x, y)$ besteht darin, daß sie einen konstanten Wert behält für alle Werte x und y, die den gegebenen Ungleichheiten genügen und zu Null wird für die übrigen Werte von x und y. Bei dieser Voraussetzung gelangen wir, wenn wir zur geometrischen Vorstellung greifen und X und Y als gewöhnliche Punktkoordinaten der Ebene betrachten, leicht zu dem folgenden Schluß:

Betrachten wir $\varphi(x, y)$ als Funktion der Koordinaten der verschiedenen Punkte der Ebene und bedeutet S die Größe der Fläche, innerhalb deren $\varphi(x, y)$ einen konstanten Wert behält, der von Null verschieden ist, s aber irgend ein Stück der Ebene, das einen Teil der ersteren bildet, so drückt das Verhältnis

$$\frac{s}{S}$$

die Größe der Wahrscheinlichkeit aus, daß der Punkt, welcher durch die Koordinaten X und Y bestimmt ist, innerhalb der letzteren Fläche liegt, deren Größe gleich s ist.

Der Erweiterung des Begriffs Wahrscheinlichkeit entspricht auch eine Erweiterung des Begriffs der mathematischen Hoffnung; wir werden nämliche mathematische Hoffnung von $\psi(x, y)$ das Integral

$$\iint \psi(x, y)\, \varphi(x, y)\, dx\, dy$$

nennen, welches über alle Werte x, y zu erstrecken ist.

Was wir von den beiden Größen X und Y sagten, kann man auch leicht ausdehnen auf eine beliebige Zahl solcher Größen, wir halten es aber nicht für nötig, dabei zu verweilen.

Wir wollen die von uns entwickelten Begriffe auf eine Reihe von Aufgaben anwenden und mit der beginnen, die im vorhergehenden Paragraphen auf Grund anderer Begriffe betrachtet wurde.

§ 29. Zwei Aufgaben.

Erste Aufgabe. Eine gerade Strecke AB wird durch einen Punkt C in zwei bestimmte Teile zerlegt. Ferner wird dieselbe Strecke in drei Teile zerlegt durch zwei Punkte P und Q, von denen der erste beliebig auf AC, der zweite, ebenfalls beliebig, auf CB liegt.

Verlangt wird, die Wahrscheinlichkeit zu bestimmen, daß

$$AP, \; PQ, \; QB$$

die Seiten eines Dreiecks sein können.

Lösung. Wir werden zur geometrischen Darstellung greifen und die Strecken AP und BQ als gewöhnliche rechtwinklige Koordinaten

$$X, Y$$

irgendeines Punktes M in der Ebene betrachten.

In der nebenstehenden Figur ist

$$OD = AC, \quad OE = CB > AC$$

$$OG = OK = \frac{AB}{2}$$

$$OY \perp OX, \quad GH \parallel EF \parallel OX, \quad DH \parallel OY.$$

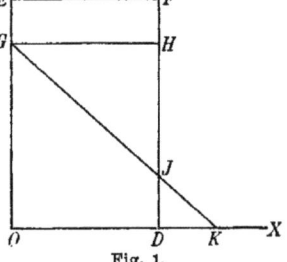

Fig. 1.

Der betrachtete Punkt M liegt in jedem Fall innerhalb des Rechtecks $OEFD$. Wenn dabei außerdem

$$AP, \; PQ, \; QB$$

Seiten desselben Dreiecks sein können, so müssen die Koordinaten des Punktes M den Ungleichheiten genügen

$$X < \frac{AB}{2}, \quad Y < \frac{AB}{2}, \quad X + Y > \frac{AB}{2},$$

und wenn diese erfüllt sind, so liegt der Punkt P innerhalb des Dreiecks GHJ. Deshalb wird die gesuchte Wahrscheinlichkeit, daß

$$AP, \; PQ, \; QB$$

Seiten eines und desselben Dreiecks sein können, durch das Verhältnis
der Fläche des Dreiecks GHJ zu der Fläche des Rechtecks $OEFD$
ausgedrückt, sobald wir nur alle Lagen des Punktes M innerhalb des
Rechtecks $OEFD$ als gleich möglich anrechnen, d. h. sobald wir die
Dichte $\varphi(x, y)$ der Wahrscheinlichkeit innerhalb des Rechtecks $OEFD$
als konstant annehmen.

Beachtet man endlich, daß das Verhältnis der Fläche des Dreiecks
GHJ zur Fläche des Rechtecks $OEFD$ gleich

$$\frac{1}{2} \frac{AC}{BC}$$

ist, so gelangt man zu demselben Ausdruck für die gesuchte Wahrscheinlichkeit, wie er früher auf anderem Wege gefunden wurde.

Bei anderen Vorraussetzungen über die Dichte der Wahrscheinlichkeit gelangen wir natürlich zu anderen Resultaten. Wenn wir z. B.
die Dichte der Wahrscheinlichkeit für die verschiedenen Lagen des
Punktes M proportional dem Produkt seiner Koordinaten annehmen,
so wird die von uns betrachtete Wahrscheinlichkeit durch den Quotienten zweier Integrale ausgedrückt

$$\frac{\displaystyle\int_{x=0}^{x=a} \int_{y=\frac{a+b}{2}-x}^{y=\frac{a+b}{2}} xy\,dx\,dy}{\displaystyle\int_{x=0}^{x=a} \int_{y=0}^{y=b} xy\,dx\,dy},$$

sowie wir mit dem Buchstaben a die Strecke AC und mit b die Strecke
BC bezeichnet haben.

Da nun

$$\int_{x=0}^{x=\frac{a+b}{2}} \int_{y=\frac{a+b}{2}-x}^{y=\frac{a+b}{2}} xy\,dy\,dx = \int_{x=0}^{x=a} \frac{x^2(a+b-x)}{2}\,dx = \frac{a^3(4b+a)}{24}$$

und

$$\int_{x=0}^{x=a} \int_{y=0}^{y=b} xy\,dy\,dx = \frac{a^2 b^2}{4},$$

so wird bei der neuen Voraussetzung die von uns betrachtete Wahrscheinlichkeit gleich

$$\frac{1}{2}\frac{a}{b}\cdot\frac{4b+a}{3b}$$

und sie unterscheidet sich daher von der früheren nur durch den Faktor

$$\frac{4b+a}{3b}.$$

In dem Spezialfall

$$AC = BC$$

wird die Wahrscheinlichkeit, daß

$$AP,\ PQ,\ QB$$

Seiten eines Dreiecks sein können, gleich $\frac{1}{2}$ bei der ersten Voraussetzung und gleich $\frac{5}{6}$ bei der zweiten.

Zweite Aufgabe. Auf der geraden Strecke AB sind zwei Punkte beliebig gelegen, von denen wir den ersten, an A näher gelegenen, mit P bezeichnen und den zweiten, an B näher gelegenen, mit Q.

$$\overline{A\qquad P\qquad\quad Q\qquad\quad B}$$

Verlangt wird, die Wahrscheinlichkeit zu bestimmen, daß

$$AP,\ PQ,\ QB$$

Seiten eines Dreiecks sein können.

Lösung. Indem wir wie früher

$$AP\quad \text{und}\quad BQ$$

als gewöhnliche Koordinaten

$$X,\ Y$$

eines Punktes in der Ebene betrachten, haben wir

$$X > 0,\quad Y > 0,\quad X + Y < AB.$$

Hieraus folgt, daß der Punkt M innerhalb des Dreiecks EOF liegt, das von den Koordinatenachsen OX, OY und der Geraden EF begrenzt ist, welche von den Koordinatenachsen die Stücke

$$OE,\ OF$$

gleich AB abschneidet. Für alle Lagen des Punktes M innerhalb des Dreiecks EOF werden wir die Dichte der Wahrscheinlichkeit gleich groß annehmen, und dem entsprechend werden wir sagen, daß alle Fälle der Teilung der Geraden AB durch zwei Punkte P und Q als gleich möglich gelten.

Bei diesen Voraussetzungen führt die Bestimmung der gesuchten Wahrscheinlichkeit auf die Berechnung der Größe der Fläche, innerhalb deren der Punkt M liegt, in allen Fällen, wenn

$$AP,\ PQ\ \text{und}\ QB$$

als Seiten eines Dreiecks dienen können. Das Verhältnis dieser Fläche zur Fläche des Dreiecks EOF drückt die gesuchte Wahrscheinlichkeit aus.

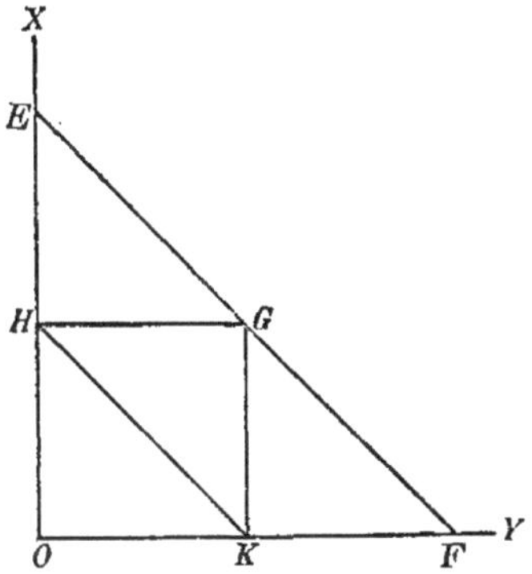

Auf der andern Seite wissen wir, daß

$$AP = X,\quad PQ = AB - X - Y,$$

$$QB = Y$$

Fig 2.

Seiten eines Dreiecks sein können dann und nur dann, wenn

$$X < \frac{AB}{2},\quad Y < \frac{AB}{2},\quad X + Y > \frac{AB}{2}.$$

Sind diese Ungleichheiten erfüllt, so liegt der Punkt M innerhalb des Dreicks HGK, das von den Geraden HG, GK, HK begrenzt ist, die die Mitten der Seiten OE, EF und OF verbinden; umgekehrt sind für alle Lagen des Punktes M innerhalb des Dreiecks HGK diese Ungleichheiten erfüllt. Hieraus kann man leicht schließen, daß die gesuchte Wahrscheinlichkeit durch den Quotienten ausgedrückt wird

$$\frac{\triangle HGK}{\triangle OEF},$$

welcher gleich $1/4$ ist.

Nehmen wir also an, daß alle Fälle der Teilung der Geraden AB in drei Abschnitte

$$AP,\ PQ,\ QB$$

in dem oben erläuterten Sinne gleich möglich sind, so wird die Wahrscheinlichkeit, daß man aus diesen drei Abschnitten ein Dreieck bilden kann, gleich $1/4$.

§ 30. BUFFONs Problem.

Dritte Aufgabe. Auf eine Ebene, welche mit einer Reihe von Parallelstreifen einer und derselben Breite h bedeckt ist, wird nach Belieben eine unendliche dünne Nadel geworfen, deren Länge l kleiner ist als die Breite h der Streifen. Man soll die Wahrscheinlichkeit finden, daß diese Nadel nicht völlig Platz hat auf einem Streifen, sondern eine der Geraden schneidet, welche zwei angrenzende Streifen trennen.

Lösung. Indem wir die verschiedenen möglichen Lagen der Nadel auf der Ebene betrachten, benennen wir mit dem Buchstaben x den Abstand der Mitte der Nadel von der nächsten unter den parallelen Geraden, welche die erwähnten Streifen trennen; mit dem Buchstaben φ aber bezeichnen wir die Größe des spitzen Winkels, den die Nadel mit der Senkrechten zur Richtung der Streifen bildet. Alle möglichen Werte von x sind zwischen 0 und $\frac{1}{2}h$ enthalten; wir werden sie als gleichmöglich anrechnen. Genau so können wir auch alle möglichen Werte des Winkels φ als gleichmöglich rechnen, welche zwischen 0 und $\pi:2$ liegen.

Ferner nehmen wir der größeren Anschaulichkeit halber eine will-kürliche Länge als Maßeinheit und werden x und y als gewöhnliche rechtwinklige Koordinaten eines Punktes M der Ebene betrachten.

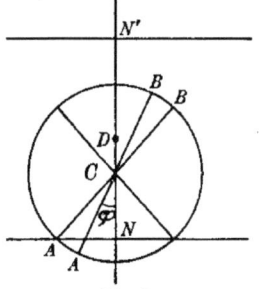

$$DN' = DN = \frac{h}{2},$$

$$CN = x$$

$$\sphericalangle ACN = \varphi$$

$$AC = CB = \frac{l}{2}.$$

Fig. 3.

Aus der Figur ist zu sehen, daß die Nadel nicht innerhalb eines Streifens Platz hat in den und nur in den Fällen, wenn

$$x < \frac{l}{2}\cos\varphi.$$

$$OH = \frac{h}{2}$$

$$OE = \frac{l}{2}, \quad LM = x$$

$$OG = \frac{\pi}{2}, \quad OL = \varphi,$$

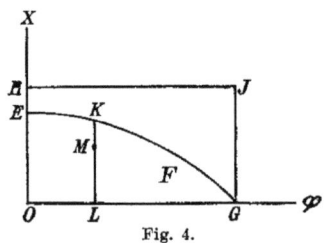

Fig. 4.

Wenden wir uns zur zweiten Figur, so ist zu bemerken, daß die Lagen des Punktes M, welche den eben angegebenen Fällen entsprechen, von seinen übrigen möglichen Lagen durch die Kurve $EKFG$ getrennt werden, die bestimmt wird durch die Gleichung:

$$x = \frac{l}{2}\cos\varphi,$$

und daß sie die Fläche $OEKFGO$ erfüllen, die von den Kordinaten-
achsen und von der Kurve $EKFG$ begrenzt werden. Folglich drückt
sich bei den gemachten Voraussetzungen die gesuchte Wahrscheinlichkeit, daß die Nadel nicht innerhalb eines Streifens Platz hat, durch das
Verhältnis der Fläche $OEKFGO$ zur Ebene des Rechtecks $OHJG$
aus, welches gleich ist

$$\frac{\int_0^{\frac{\pi}{2}} \frac{l}{2} \cos \varphi \, d\varphi}{\frac{h}{2} \cdot \frac{\pi}{2}} = \frac{2l}{h\pi}.$$

Diese Aufgabe wurde von Buffon gestellt als erstes Beispiel der
Wahrscheinlichkeitsrechnung, welches geometrische Darstellung erfordert. Ein kurzer Hinweis darauf findet sich in der „Histoire de l'Académie Royale des sciences, 1733"; ihre Lösung aber entsprechend den
obigen Ausführungen ist in der Abhandlung Buffons gegeben „Essai
d'arithmétique morale", der im Jahre 1777 als Anhang zur Naturge-
schichte Buffons erschien.

Bei Gelegenheit der Aufgabe Buffons ist der Züricher Professor
der Astronomie R. Wolf zu erwähnen, der im Verlauf vieler Jahre eine
Reihe von Versuchen[1]) ausführte über die Zulässigkeit der Resultate
der Wahrscheinlichkeitsrechnung auf die Wirklichkeit, auf Grund des
Bernoullischen Theorems. Wir führen nur das Ergebnis der Versuche an von R. Wolf, die sich auf die Buffonsche Aufgabe beziehen.
Bei den Versuchen R. Wolfs war die Breite der Streifen 45 Millimeter
und die Länge der geworfenen Nadel 36 Millimeter, daher drückte sich
also die Wahrscheinlichkeit, daß die Nadel auf einem Streifen nicht Platz
hat, auf Grund der Formel von Buffon aus durch die Zahl

$$\frac{72}{45\pi} \doteqdot 0{,}5093.$$

Die Nadel wurde 5000 mal auf die Ebene geworfen, wobei sie
2468 mal ganz innerhalb eines Streifens Platz hatte, und 2532 zum Teil
auf dem einen, zum Teil auf dem anderen Streifen, so daß die Anzahl

---

1) R. Wolf, Versuche zur Vergleichung der Erfahrungswahrscheinlichkeit mit
der mathematischen Wahrscheinlichkeit (Mitt. der Naturw. Ges. in Bern 1849
bis 1853). Die Resultate weiterer Versuche von R. Wolf sind veröffentlicht in
der Vierteljahrsschrift der Naturw. Gesellschaft in Zürich in den Jahren 1881,
1882, 1883 und 1893.

der Würfe, bei denen die Nadel nicht innerhalb eines Streifens Platz
hatte zur Anzahl aller Würfe gleich war

$$\frac{2532}{5000} = 0,5064$$

und hinreichend nahe herankommt an die oben angegebene Wahrscheinlichkeit, daß die Nadel auf einem Streifen nicht Platz findet.

In diesem Resultat kann man eine Bestätigung des BERNOULLI-
schen Theorems durch den Versuch erblicken. Es ist interessant, daß
man sich des Resultats der Versuche von R. WOLF bedienen könnte für
die Berechnung der Zahl π; man braucht nur auf Grund des BERNOULLI-
schen Theorems die angenäherte Gleichung zuzulassen

$$\frac{72}{45\,\pi} + \frac{2532}{5000}.$$

So finden wir für π den Wert

$$3,159\ldots,$$

der sich von dem wirklichen Wert um weniger als

$$0,02$$

unterscheidet.

§ 31. Verallgemeinerung der Aufgabe von BUFFON.

Vierte Aufgabe. Auf eine Ebene, die wie früher mit einer Reihe
von Parallelstreifen einer und derselben Breite h bedeckt ist, wird ein
Scheibchen geworden, das von einer konvexen Randkurve begrenzt ist,
und hinreichend klein ist, so daß es in keinem Fall zugleich auf drei
Streifen zu liegen kommt, sondern Platz finden muß ganz innerhalb eines
Streifens oder zum Teil in einem, zum Teil in einem anderen Streifen.
Man soll die Wahrscheinlichkeit finden, daß dieses Scheibchen nicht ganz
in einem Streifen Platz hat.

Lösung. Wir beginnen mit der Voraussetzung, daß das auf die
Ebene geworfene Scheibchen von einem konvexen Polygon begrenzt
ist, und der Bestimmtheit halber verweilen wir beim Fall des Fünfecks.

Die Seiten des Fünfecks unterscheiden wir voneinander durch die
Buchstaben

$$a,\ b,\ c,\ d,\ e,$$

mit denen wir in entsprechender Weise auch die Längen der Seiten bezeichnen. Wir beachten ferner, um die neue Aufgabe auf die alte zurück-

zuführen, daß in allen Fällen, wenn die Scheibe nicht innerhalb eines Streifens Platz hat, zwei Seiten des Umfangs von einer der Geraden geschnitten werden, die die Streifen begrenzen.

Auf Grund dieser Bemerkung zerfällen wir das Ereignis, dessen Wahrscheinlichkeit gefunden werden soll, in 10 Arten

$$ab,\ ac,\ ad,\ ae,\ bc,\ bd,\ be,\ cd,\ ce,\ de,$$

wo ab darin besteht, daß die Seiten a und b von einer Trennungslinie der Streifen geschnitten wird; die Art ac besteht darin, daß die Seiten a und c von einer dieser Geraden geschnitten werden usw.

Die angegebenen 10 Arten werden wir als einander ausschließende betrachten, indem wir den Fällen die Wahrscheinlichkeit Null erteilen, wo eine Ecke des Fünfecks auf der Grenze zweier Streifen liegt. Bezeichnen wir die Wahrscheinlichkeiten der Ereignisse

$$ab,\ ac,\ ad,\ ae,\ bc,\ bd,\ be,\ cd,\ ce,\ de$$

mit dem Symbolen

$$(ab),\ (ac),\ (ad),\ (ae),\ (bc),\ (bd),\ (be),\ \ldots$$

und die gesuchte Wahrscheinlichkeit, daß das Scheibchen zum Teil auf einem, zum Teil auf einem anderen Streifen liegt, mit dem Buchstaben P, so können wir auf Grund des Additionstheorems die Gleichung aufstellen

$$P = (ab) + (ac) + (ad) + (ae) + (bc) + (bd) + (be) + (cd) + (ce) + (de).$$

Vermöge dieses Additionstheorems der Wahrscheinlichkeiten haben wir

$$(a) = (ab) + (ac) + (ad) + (ae),$$
$$(b) = (ab) + (bc) + (bd) + (be),$$
$$(c) = (ac) + (bc) + (cd) + (ce),$$
$$(d) = (ad) + (bd) + (cd) + (de),$$
$$(e) = (ae) + (be) + (ce) + (de),$$

worin (a) die Wahrscheinlichkeit bezeichnet, daß die Seite a von einem Streifen auf den anderen ragt, (b) die gleiche Wahrscheinlichkeit für die Seite b usw. Diese letzteren Wahrscheinlichkeiten werden auf Grund der oben angegebenen Lösung der BUFFONschen Aufgabe durch die Gleichungen bestimmt

$$(a) = \frac{2\,a}{h\,\pi}, \quad (b) = \frac{2\,b}{h\,\pi}, \quad (c) = \frac{2\,c}{h\,\pi},$$

$$(d) = \frac{2\,d}{h\,\pi}, \quad (e) = \frac{2\,e}{h\,\pi}.$$

Aus den oben geschriebenen Gleichungen finden wir, daß die Summe

gleich der Zahl ist

$$(a) + (b) + (c) + (d) + (e)$$

$$\frac{2(a + b + c + d + e)}{h\,\pi}$$

und auch gleich der mit 2 multiplizierten Summe

$$(ab) + (ac) + (ad) + (ae) + (bc) + (bd) + (be) + (cd) + (ce) + (de),$$

welche die gesuchte Wahrscheinlichkeit P ausdrückt. Folglich ist

$$2\,P = \frac{2\,(a + b + c + d + e)}{h\,\pi}$$

und daher die gesuchte Wahrscheinlichkeit P gleich dem Verhältnis

$$\frac{a + b + c + d + e}{h\,\pi}$$

der Länge des Umfangs zum Produkt der Streifenbreite in die Zahl π.

Auch ist leicht einzusehen, daß diese Betrachtung nicht nur für ein Fünfeck gilt, sondern für ein beliebiges konvexes, hinreichend kleines Vieleck. Ferner aber kann man mit Hilfe eines Grenzüberganges auch auf krummlinige Konturen ausdehnen.

Daher wird die von uns gesuchte Wahrscheinlichkeit, daß ein geworfenes Scheibchen nicht ganz innerhalb eines Streifens Platz hat, durch das Verhältnis der Länge des Umfanges zu dem Produkt aus der Streifenbreite in die Zahl π ausgedrückt.

§ 32. Eine verwandte Aufgabe (Nadel im Dreieck).

Fünfte Aufgabe. Auf eine Ebene, die mit einem Netz gleicher Dreiecke bedeckt ist, wird eine unendlich dünne Nadel geworfen, deren Länge l kleiner ist als jede der Höhen des Dreiecks. Man soll die Wahrscheinlichkeit finden, daß diese Nadel ganz innerhalb eines Dreiecks Platz hat.

Lösung. Es sei ABC das Dreieck des Netzes, innerhalb dessen die Mitte der Nadel fällt; die Größen seiner Winkel bezeichnen wir mit den Buchstaben

$$A, B, C$$

und die Größen seiner Seiten mit den kleinen Buchstaben

$$a, b, c.$$

Wir werden alle Lagen der Nadelmitte für gleichmöglich annehmen, bei jeder Neigung der Nadel.

Indem wir ferner annehmen, daß die Nadel irgend eine gegebene Richtung hat, ziehen wir durch die Ecken des Dreiecks ABC parallel zur Richtung der Nadel die Geraden

$$LAL', \; MBM', \; NCN',$$

die in den Punkten ABC halbiert werden und dieselbe Länge l, wie auch die Nadel haben. Wenn man die Endpunkte dieser Strecken in geeigneter Weise durch Geraden verbindet, die parallel zu den Seiten des Dreiecks ABC sind, so entsteht innerhalb des Dreiecks ABC ein zweites Dreieck $A'B'C'$, das für die gegebene Richtung der Nadel die Lagen seiner Mitte, bei denen sie ganz innerhalb des Dreiecks ABC liegt, von den übrigen möglichen Lagen der Mitte der Nadel trennt, so daß in allen Fällen, wenn die Nadel die betrachtete Richtung hat, ihre Mitte innerhalb $A'B'C'$ liegen muß, damit die Nadel innerhalb ABC Platz hat.

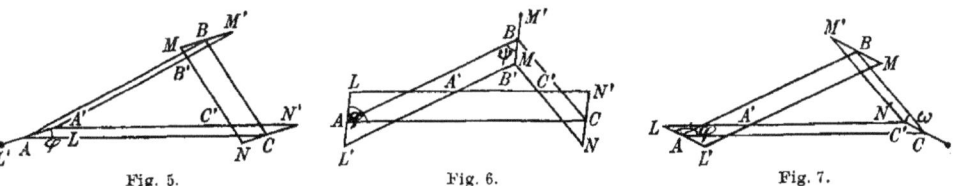

Fig. 5.   Fig. 6.   Fig. 7.

Die Konstruktion des Dreiecks $A'B'C'$ ist aus den Figuren zu sehen; man kann aus ihnen auch sehen, daß man die Richtung der Nadel bestimmen kann durch den Winkel

$$\varphi = \sphericalangle\, LAC,$$

der im Falle der ersten Figur (Fig. 5) zwischen 0 und A, im Falle der zweiten Figur (Fig. 6) zwischen A und $A + B$ und endlich im Falle der dritten Figur (Fig. 7) zwischen $A + B$ und $A + C + B = \pi$ liegt.

Außer dem Winkel φ ist es nützlich, gelegentlich der zweiten Figur den Winkel

$$\psi = \sphericalangle\, MBA = \varphi - A$$

und im Falle der dritten Figur den Winkel zu betrachten

$$\omega = \sphericalangle \, N'CB = \varphi - A - B.$$

Alle Richtungen der Nadel werden wir als gleichmöglich in dem Sinne rechnen, daß wir alle Größen des Winkels φ von 0 bis π als gleichmöglich ansehen werden. Bei diesen Bedingungen wird die gesuchte Wahrscheinlichkeit, daß die ganze Nadel innerhalb des einen von uns betrachteten Netzdreiecks Platz hat, durch das Integral ausgedrückt

$$\int_0^\pi \frac{\varDelta A'B'C'}{\varDelta ABC} \cdot \frac{d\varphi}{\pi},$$

welches der Summe gleich ist

$$\int_0^A \frac{\varDelta A'B'C'}{\varDelta ABC} \cdot \frac{d\varphi}{\pi} + \int_0^B \frac{\varDelta A'B'C'}{\varDelta ABC} \cdot \frac{d\psi}{\pi} + \int_0^C \frac{\varDelta A'B'C'}{\varDelta ABC} \cdot \frac{d\omega}{\pi}.$$

Wenden wir uns zum Integral

$$\int_0^A \frac{\varDelta A'B'C'}{\varDelta ABC} \cdot \frac{d\varphi}{\pi}$$

so bemerken wir, daß das Verhältnis der Flächen der Dreiecke

$$A'B'C' \quad \text{und} \quad ABC$$

gleich dem Quadrat des Verhältnisses ihrer entsprechenden Seiten ist, und aus der ersten Figur finden wir

$$A'C' = AC - C'N' = b - l\,\frac{\sin(C+\varphi)}{\sin C}.$$

Folglich

$$\frac{\varDelta A'B'C'}{\varDelta ABC} = \left(\frac{A'C'}{AC}\right)^2 = \left\{1 - \frac{l\sin(C+\varphi)^2}{b\sin C}\right\}^2$$

$$= 1 - \frac{2l}{b}\,\frac{\sin(C+\varphi)}{\sin C} + \frac{l^2\sin^2(C+\varphi)}{b^2\sin^2 C}$$

$$= 1 - \frac{2l}{b}\,\frac{\sin(C+\varphi)}{\sin C} + \frac{l^2(1-\cos 2(C+\varphi))}{2b^2\sin^2 C}$$

und daher

$$\int_0^A \frac{\varDelta A'B'C'}{\varDelta ABC} \cdot \frac{d\varphi}{\pi} = \frac{A}{\pi}\left(1 + \frac{l^2 a^2}{2Q^2}\right) - \frac{2la(\cos B + \cos C)}{Q\pi}$$

$$+ \frac{l^2 a^2(\sin 2B + \sin 2C)}{4Q^2\pi},$$

worin Q den doppelten Inhalt des Dreiecks ABC bedeutet, d. h. gleich ist

$$ab \sin C = ac \sin B = bc \sin A.$$

In derselben Weise finden wir mit Hilfe der zweiten und dritten Figur

$$\int_0^B \frac{\Delta A'B'C'}{\Delta ABC} \cdot \frac{d\psi}{\pi} = \frac{B}{\pi}\left(1 + \frac{l^2 b^2}{2Q^2}\right) - \frac{2lb(\cos A + \cos C)}{Q\pi}$$
$$+ \frac{l^2 b^2 (\sin 2A + \sin 2C)}{4Q^2\pi}$$

$$\int_0^C \frac{\Delta A'B'C'}{\Delta ABC} \cdot \frac{d\omega}{\pi} = \frac{C}{\pi}\left(1 + \frac{l^2 c^2}{2Q^2}\right) - \frac{2lc(\cos B + \cos A)}{Q\pi}$$
$$+ \frac{l^2 c^2 (\sin 2B + \sin 2A)}{4Q^2\pi}$$

Es bleibt noch übrig, die gefundenen Größen der drei Integrale zu addieren, und wir erhalten dann einen Ausdruck für die gesuchte Wahrscheinlichkeit in Gestalt der algebraischen Summe

$$1 + \frac{l^2}{2\pi}\frac{Aa^2 + Bb^2 + Cc^2}{Q^2} - \frac{2l}{\pi}\frac{a(\cos B + \cos C) + b(\cos A + \cos C) + c(\cos A + \cos B)}{Q}$$
$$+ \frac{l^2}{4\pi}\frac{a^2(\sin 2B + \sin 2C) + b^2(\sin 2A + \sin 2C) + c^2(\sin 2A + \sin 2B)}{Q^2}.$$

Um den erhaltenen Ausdruck zu vereinfachen, lenken wir die Aufmerksamkeit auf die einfachsten Gleichungen

$$a\cos B + b\cos A = c, \quad a^2\sin 2B + b^2\sin 2A = 2Q,$$
$$a\cos C + c\cos A = b, \quad a^2\sin 2C + c^2\sin 2A = 2Q,$$
$$b\cos C + c\cos B = a, \quad b^2\sin 2C + c^2\sin 2B = 2Q;$$

kraft deren sein muß

$$a(\cos B + \cos C) + b(\cos C + \cos A) + c(\cos A + \cos B) = a + b + c$$

und

$$a^2(\sin 2B + \sin 2C) + b^2(\sin 2A + \sin 2C) + c^2(\sin 2A + \sin 2B) = 6Q.$$

Benützen wir diese Gleichungen, so finden wir, daß die gesuchte Wahrscheinlichkeit durch die algebraische Summe dargestellt werden kann

$$1 + \frac{l^2(Aa^2 + Bb^2 + Cc^2)}{2\pi Q^2} - \frac{l(4a + 4b + 4c - 3l)}{2\pi Q}$$

In dem besonderen Fall, wenn das Netz aus gleichseitigen Dreiecken besteht, haben wir

$$A = B = C = \frac{\pi}{3}, \quad a = b = c, \quad Q = a^2 \frac{\sqrt{3}}{2}.$$

Der von uns gefundene Ausdruck für die Wahrscheinlichkeit, daß die Nadel ganz innerhalb eines Dreiecks Platz hat, wird dann zu folgendem vereinfacht

$$1 + \frac{2}{3} \left(\frac{l}{a}\right)^2 - \frac{\sqrt{3}}{\pi} \frac{l}{a} \left(4 - \frac{l}{a}\right).$$

Dieser spezielle Fall der Aufgabe wurde von BUNIAKOWSKI betrachtet in seinem Aufsatz „Über die Anwendung der Wahrscheinlichkeitsrechnung auf die Bestimmung angenäherter Werte transzendenter Zahlen"[1]) und in der Abhandlung „Grundlagen der mathematischen Theorie der Wahrscheinlichkeiten".

Nur infolge einer unglücklichen Wahl der Reihenfolge der Integration zeichnen sich die Rechnungen BUNIAKOWSKIS durch ziemliche Umständlichkeit aus, woraus auch ein Irrtum entstanden ist, der sich in das Resultat dieser Rechnungen eingeschlichen hat.

Setzt man z. B.

$$l = \frac{a}{\sqrt{3}},$$

so erhält man für die gesuchte Wahrscheinlichkeit

$$1 + \frac{2}{9} - \frac{1}{\pi} \left(4 - \frac{1}{\sqrt{3}}\right) \doteq 0,1328.$$

§ 33. Von der Summe unabhängiger Vektoren.

Sechste Aufgabe. Beschränken wir uns auf Vektoren in der Ebene, so nehmen wir dabei an, daß sie bestimmt werden durch zwei Systeme reeller Zahlen

$$X, Y, Z, \ldots, W$$
$$X', Y', Z', \ldots, W',$$

die äquivalent sind mit einem System komplexer Zahlen

$$X + X'i, \quad Y + Y'i, \ldots, W + W'i:$$

---

1) Mémoires l'Académie Impériale des Sciences de St. Pétersbourg, VI. Série, Sciences Mathém. et Phys. T I (III).

die Summe der betrachteten Vektoren wird durch die zwei reellen Summen bestimmt

$$X + Y + Z + \cdots + W \quad \text{und} \quad X' + Y' + Z' + \cdots + W'.$$

Wir nennen die betrachteten Vektoren unabhängig, indem wir voraussetzen, daß im System

$$X,\ X',\ Y,\ Y',\ \ldots,\ W,\ W'$$

nur solche Zahlen abhängig sind, die von uns mit denselben Buchstaben bezeichnet sind. Wir bezeichnen, ähnlich wie in § 16, mit den Buchstaben

$$\varrho,\ \sigma,\ \tau,\ \ldots,\ \omega$$

die Wahrscheinlichkeiten der Gleichungen

$$X + X'i = x + x'i, \quad Y + Y'i = y + y'i,\ \ldots,\ W + W'i = w + w'i,$$

so daß

$$\sum \varrho = \sum \sigma = \sum \tau = \cdots = \sum \omega = 1.$$

Ferner setzen wir

$$\sum \varrho x = a, \quad \sum \sigma y = b,\ \ldots,\ \sum \omega w = l,$$

$$\sum \varrho (x - a)^2 = a_1, \quad \sum \sigma (y - b)^2 = b_1,\ \ldots,\ \sum \omega (w - l)^2 = l_1,$$

$$\sum \varrho x' = a', \quad \sum \sigma y' = b',\ \ldots,\ \sum \omega w' = l',$$

$$\sum \varrho (x' - a')^2 = a_1', \quad \sum \sigma (y' - b')^2 = b_1',\ \ldots,\ \sum \omega (w' - l')^2 = l_1',$$

$$\sum \varrho (x-a)(x'-a') = \alpha, \quad \sum \sigma (y-b)(y'-b') = \beta,\ \ldots,\ \sum \omega (w-l)(w'-l') = \lambda;$$

diese Zahlen werden wir als gegeben betrachten.

Unsere Aufgabe besteht in der angenäherten Berechnung der Wahrscheinlichkeit, daß die Summen

$$X + Y + \cdots + W, \quad X' + Y' + \cdots + W'$$

gewissen Ungleichheiten genügen; wobei wir der Einfachheit der Rechnung halber bei solchen Ungleichheiten verweilen

und

$$t_1 < X + Y + \cdots + W - a - b - \cdots - l < t$$

$$t_1' < X' + Y' + \cdots + W' - a' - b' - \cdots - l' < t',$$

in denen wir t_1, t, t_1', t' als gegebene Zahlen betrachten.

Lösung. Wir bedienen uns, ähnlich wie früher, des Dirichlet-schen Faktors, und stellen die gesuchte Wahrscheinlichkeit in Gestalt eines Doppelintegrales auf

$$\frac{1}{\pi^2} \int\limits_{-\infty}^{+\infty} \int\limits_{-\infty}^{+\infty} \frac{\sin\frac{\delta\xi}{2}\sin\frac{\delta'\eta}{2}}{\xi\eta}\, \Omega\, e^{-\frac{is\frac{\varepsilon}{2}}{2}-\frac{is'\eta}{2}}\, d\xi\, d\eta,$$

worin

$$\delta = t - t_1, \quad \delta' = t' - t_1', \quad s = t + t_1, \quad s' = t' + t_1'$$

und

$$\Omega = \sum \varrho\,\sigma \ldots \omega\, e^{i(x + \cdots + w - a - \cdots - l) + i(x' + \cdots + w' - a' - \cdots - l')\eta}$$

$$= \sum \varrho\, e^{i(x-a)\xi + i(x'-a')\eta} \cdot \sum \sigma\, e^{i(y-b)\xi + i(y'-b')\eta} \ldots$$

Entwickelt man ferner die Summen

$$\sum \varrho\, e^{i(x-a)\xi + i(x'-a')\eta}, \quad \sum \sigma\, e^{i(y-b)\xi + i(y'-b')\eta} \ldots,$$

in Reihen nach wachsenden Potenzen von ξ und η, so erhält man

$$\sum \varrho\, e^{i(x-a)\xi + i(x'-a')\eta} = 1 - \frac{a_1\xi^2 + 2\alpha\xi\eta + a_1'\eta^2}{2} + \cdots$$

$$\sum \sigma\, e^{i(y-b)\xi + i(y'-b')\eta} = 1 - \frac{b_1\xi^2 + 2\beta\xi\eta + b_1'\eta^2}{2} + \cdots$$

. . . .

$$\sum \omega\, e^{i(w-l)\xi + i(w'-l')\eta} = 1 - \frac{l_1\xi^2 + 2\lambda\xi\eta + l_1'\eta^2}{2} + \cdots,$$

woraus wir durch Multiplikation ableiten

$$\Omega = 1 - \frac{A\xi^2 + 2B\xi\eta + C\eta^2}{2} + \cdots,$$

darin ist

$$A = a_1 + b_1 + \cdots + l_1, \quad B = \alpha + \beta + \cdots + \lambda, \quad C = a_1' + b_1' + \cdots + l_1'.$$

Aus der angegebenen Entwicklung von Ω nach wachsenden Potenzen von ξ und η schließen wir, daß diese Funktion sich wenig unterscheidet von der Exponentialfunktion

$$e^{-\frac{A\xi^2 + 2B\xi\eta + C\eta^2}{2}}.$$

Vertauschen wir aus diesem Grund Ω mit der Exponentialfunktion, so erhalten wir für die gesuchte Wahrscheinlichkeit einen angenäherten Ausdruck in der Gestalt eines zweifachen Integrals

$$\frac{1}{\pi^2} \int\limits_{-\infty}^{+\infty} \int\limits_{-\infty}^{+\infty} \frac{\sin\frac{\delta\xi}{2}\sin\frac{\delta'\eta}{2}}{\eta\xi}\, e^{-\frac{A\xi^2 + 2B\xi\eta + C\eta^2}{2} - \frac{si\frac{\varepsilon}{2}}{2} - \frac{s'i\eta}{2}}\, d\eta\, d\xi,$$

den wir der Kürze halber mit dem Buchstaben P bezeichnen.

Um die von uns eingeführten Hilfsgrößen ξ und η zu entfernen, betrachten wir P als Funktion der Veränderlichen t und t' und bilden die Ableitungen

$$\frac{dP}{dt}, \quad \frac{d^2 P}{dt\,dt'}.$$

Wir können dann die Formeln aufstellen

$$P = \int_{t_1}^{t} \frac{dP}{dt} \cdot dt = \int_{t_1}^{t} \int_{t_1'}^{t'} \frac{d^2 P}{dt\,dt'}\, dt\,dt'$$

und

$$\frac{d^2 P}{dt\,dt'} = \frac{1}{4\pi^2} \int_{-\infty}^{+\infty} \int_{-\infty}^{+\infty} e^{-\frac{A\xi^2 + 2B\xi\eta + C\eta^2}{2} - it\xi - it'\eta}\, d\eta\, d\xi.$$

Was das letztere zweifache Integral anbetrifft, so können wir, indem wir darauf zweimal die bekannte Formel anwenden

$$\int_{-\infty}^{+\infty} e^{-p\zeta^2 - 2q\zeta}\, d\zeta = \sqrt{\frac{\pi}{p}}\, e^{\frac{q^2}{p}},$$

worin p eine reelle positive Zahl ist, q aber eine beliebige komplexe Zahl, ohne große Mühe finden

$$\frac{d^2 P}{dt\,dt'} = \frac{1}{2\pi\sqrt{AC - B^2}}\, e^{-\frac{Ct^2 - 2Btt' + At'^2}{2(AC - B^2)}}.$$

Auf diese Weise erhalten wir für die gesuchte Wahrscheinlichkeit der Ungleichheiten

$$t_1 < X + Y + \cdots + W - a - b - \cdots - l < t$$

und

$$t_1' < X' + Y' + \cdots + W' - a' - b' - \cdots - l' < t'$$

den ziemlich einfachen Näherungswert

$$\frac{1}{2\pi\sqrt{AC - B^2}} \int_{t_1}^{t} \int_{t_1'}^{t'} e^{-\frac{Ct^2 - 2Btt' + At'^2}{2(AC - B^2)}}\, dt\,dt'.$$

Beachtet man aber, daß man jede Fläche als Grenzfall der Summe rechteckiger Flächen betrachten kann, deren Seiten zwei gegebene Richtungen haben, so kann man schließen, daß überhaupt das zweifache Integral

$$\frac{1}{2\pi\sqrt{AC - B^2}} \iint e^{-\frac{Ct^2 - 2Btt' + At'^2}{2(AC - B^2)}}\, dt\,dt',$$

welches über alle Werte t und t' zu erstrecken ist, die irgendwie vorgeschriebenen Ungleichheiten genügen, näherungsweise die Wahrscheinlichkeit darstellt, daß diesen Ungleichheiten die Größen genügen

$$t = X + Y + \cdots + W - a - b - \cdots - l$$
$$t' = X' + Y' + \cdots + W' - a' - b' - \cdots - l'.$$

Die Frage nach dem Fehler dieser angenäherten Berechnung bleibt offen.

Literatur.

CROFTON, On the theory of local probability, applied to straight lines drawn at random in a plane, the method used being also extended to the proof of certain new theorems in the integral calculus (Philos. Trans. London CLVIII, 1868).

Ch. M. SCHOLS, Théorie des erreurs dans le plan et dans l'espace (Ann. de l'Ecole polyt. de Delft T. II, 1886).

Ch. M. SCHOLS, Démonstration directe de la loi limite pour les erreurs dans le plan et dans l'espace (Ann. de l'Ec. pol. de Delft, T. III, 1887).

E. CZUBER, Geometrische Wahrscheinlichkeiten und Mittelwerte. 1884.

Kapitel VI.

Die Wahrscheinlichkeit von Hypothesen und zukünftigen Ereignissen.

§ 34. Division der Wahrscheinlichkeiten. Formel von BAYES.

In diesem Kapitel beschäftigen wir uns mit der Betrachtung einer Reihe von Fragen über die Änderung der Wahrscheinlichkeiten bei Änderung der Daten. Unsere Ausführungen werden sich auf folgenden Lehrsatz gründen, der eine unmittelbare Folgerung des Multiplikationssatzes der Wahrscheinlichkeitsrechnung bildet und der Satz der *Division der Wahrscheinlichkeiten* genannt werden kann.

Theorem: *Die Wahrscheinlichkeit des Ereignisses B ist, wenn der Eintritt von A bekannt ist, gleich dem Verhältnis der Wahrscheinlichkeit des Eintretens der Ereignisse A und B zusammen zur Wahrscheinlichkeit des Ereignisses A.*

Dieses Theorem wird durch die Formel ausgedrückt

$$(B, A) = \frac{(AB)}{(A)}, \tag{14}$$

welche aus der früher aufgestellten Gleichung hervorgeht

$$(AB) = (A)(B, A).$$

Das Divisionstheorem der Wahrscheinlichkeitsrechnung wenden wir vor allem auf die Lösung der folgenden Aufgabe an.

Erste Aufgabe.

Es seien bei bestehender Tatsache A die Ereignisse

$$B_1, B_2, \ldots, B_i, \ldots, B_n$$

allein möglich und nicht verträglich. Es seien ferner mit

$$(B_1), (B_2), \ldots, (B_i), \ldots, (B_n)$$

ihre Wahrscheinlichkeiten bezeichnet, wenn der Bestand oder Nichtbestand von A unbekannt ist und es möge das Symbol

$$(A, B_i)$$

die Wahrscheinlichkeit des Ereignisses A bedeuten, wenn das Eintreten des Ereignisses B_i *festgestellt ist; endlich möge das Symbol*

$$(B_i, A)$$

die Wahrscheinlichkeit des Ereignisses B_i *bedeuten, wenn bereits das Eintreten von A festgestellt ist. Sind gegeben*

$$(B_1), (B_2), \ldots, (B_n)$$
$$(A, B_1), (A, B_2), \ldots, (A, B_n),$$

so sind zu berechnen

$$(B_1, A), (B_2, A), \ldots, (B_n, A).$$

Lösung. Nach dem Divisionssatz der Wahrscheinlichkeitsrechnung haben wir

$$(B_i, A) = \frac{(A B_i)}{(A)}.$$

Auf der anderen Seite finden wir aus dem Multiplikationssatz der Wahrscheinlichkeitsrechnung:

$$(A B_i) = (B_i)(A, B_i).$$

Zerlegen wir endlich das Ereignis A in die Fälle

$$A B_1, A B_2, \ldots, A B_n,$$

so erhalten wir nach dem Additionssatz der Wahrscheinlichkeitsrechnung

$$(A) = (A B_1) + (A B_2) + \cdots + (A B_n).$$

Ferner haben wir

$$(A) = (B_1)(A, B_1) + (B_2)(A, B_2) + \cdots + (B_n)(A, B_n)$$

und endlich

$$(B_i, A) = \frac{(B_i)(A B_i)}{(B_1)(A, B_1) + (B_2)(A, B_2) + \cdots + (B_n)(A, B_n)}. \quad (15)$$

Betrachten wir die Ereignisse

$$B_1, B_2, \ldots, B_n$$

als Hypothesen, die für Erklärung des Auftretens des Ereignisses A aufgestellt sind, so können wir die letzte Formel zur Unterscheidung von anderen die *Formel zur Bestimmung der Wahrscheinlichkeit von Hypothesen nennen*. Sie ist auch unter dem Namen der BAYES*schen Formel* bekannt.

12*

Wir vereinigen jetzt mit den Ereignissen

$$A, B_1, B_2, \ldots, B_n$$

ein neues Ereignis C und stellen die folgende Aufgabe:

Zweite Aufgabe. *Es seien gegeben*

$$(B_1), (B_2), \ldots, (B_n),$$
$$(A, B_1), (A, B_2), \ldots, (A, B_n),$$
$$(C, AB_1), (C, AB_2), \ldots, (C, AB_n),$$

man soll (C, A) *finden, d. h. man soll die Wahrscheinlichkeit des Ereignisses* C *bestimmen, wenn das Eintreten des Ereignisses* A *festgestellt ist.*

Lösung. Bei den Voraussetzungen der Frage müssen die Ereignisse

$$B_1, B_2, \ldots, B_n$$

die einzigmöglichen und unverträglichen sein, wenn der Tatbestand A vorliegt. Deshalb können wir bei Bestehen von A das Ereignis C in die unverträglichen Fälle zerlegen

$$CB_1, CB_2, \ldots, CB_n$$

und haben nach dem Additionssatz der Wahrscheinlichkeitsrechnung

$$(C, A) = (CB_1, A) + (CB_2, A) + \cdots + (CB_n, A).$$

Wenden wir sodann auf die Summanden der letzten Summe den Multiplikationssatz der Wahrscheinlichkeitsrechnung an, so erhalten wir

$$(CB_i, A) = (B_i, A)(C, AB_i);$$

endlich hatten wir für den Ausdruck (B_i, A) schon die Formel aufgestellt

$$(B_i, A) = \frac{(B_i)(A, B_i)}{(B_1)(A, B_1) + \cdots + (B_n)(A, B_n)},$$

welche die vorhergehende Aufgabe löst. Folglich ist

$$(CB_i, A) = \frac{(B_i)(A, B_i)(C, AB_i)}{(B_1)(A, B_1) + \cdots + (B_n)(A, B_n)}$$

und

$$(C, A) = \frac{(B_1)(A, B_1)(C, AB_1) + \cdots + (B_n)(A, B_n)(C, AB_n)}{(B_1)(A, B_1) + \cdots + (B_n)(A, B_n)}. \quad (16)$$

Betrachten wir das Ereignis A als gegenwärtig, C aber als ein mögliches zukünftiges Ereignis, so können wir die letzte Formel zum

Unterschied von anderen die *Formel für den Ausdruck der Wahrschein-lichkeit zukünftiger Ereignisse* nennen.

Es ist wichtig, eine Vereinfachung dieser Formel zu beachten.

Die Ereignisse C und A werden allerdings als voneinander abhängig vorausgesetzt, aber sie können unabhängig werden, sobald klar ist, welcher der Fälle

$$B_1, B_2, \ldots, B_n$$

stattfindet. Wenn die Ereignisse C und A voneinander nicht abhängen, sobald erkannt worden ist, welcher der Fälle

$$B_1, B_2, \ldots, B_n$$

stattfindet, so fällt jede der Wahrscheinlichkeiten

$$(C, AB_i),$$

welche in die von uns betrachtete Formel eingehen, mit der entsprechenden Wahrscheinlichkeit

$$(C, B_i)$$

zusammen, daß C mit B_i eintritt. Es nimmt dann die oben gefundene Formel die einfachere Gestalt an

$$(C,\ A) = \frac{(B_1)(A, B_1)(C, B_1) + \cdots + (B_n)(A, B_n)(C, B_n)}{(B_1)(A, B_1) + \cdots + (B_n)(A, B_n)}. \tag{17}$$

Zur Erläuterung der aufgestellten Formeln betrachten wir eine Reihe einfacher besonderer Beispiele.

Erstes Beispiel.

Man nehme nach Belieben eine aus 14 Urnen, von denen bekannt ist, daß 9 von ihnen je 5 weiße und je 8 schwarze Kugeln enthalten, die übrigen aber je 11 weiße und je 2 schwarze Kugeln, und das keine von ihnen andere Kugeln enthält außer den weißen und schwarzen. Aus dieser Urne wird eine Kugel nach Belieben genommen und ergibt sich als weiß.

Es wird gefragt, wie groß bei diesen Voraussetzungen die Wahrscheinlichkeit ist, daß eine der 9 Urnen genommen wurde, die je 5 weiße und je 8 schwarze Kugeln enthalten?

Ferner wird nach der Wahrscheinlichkeit gefragt, daß die zweite Kugel, aus derselben Urne entnommen, ebenfalls weiß ist.

Anwendung der Formeln.

Die Tatsache B_1 möge darin bestehen, daß die hergenommene Urne 5 weiße und 8 schwarze Kugeln enthält, das Ereignis B_2 aber darin, daß die hergenommene Urne 11 weiße und 2 schwarze Kugeln enthält. Ferner möge der Tatbestand A bestehen in der weißen Farbe der ersten gezogenen Kugel und der Tatbestand C in der weißen Farbe der zweiten gezogenen Kugel. Dann haben wir, wenn wir die aufgestellten Bezeichnungen festhalten:

$$(B_1) = \frac{9}{14}, \quad (B_2) = \frac{5}{14},$$

$$(A, B_1) = \frac{5}{13}, \quad (A, B_2) = \frac{11}{13},$$

als gesuchten Größen aber gelten

$$(B_1, A) \quad \text{und} \quad (C, A).$$

Die erste von beiden

$$(B_1, A)$$

stellt die Wahrscheinlichkeit dar, daß die weiße Kugel aus einer Urne gezogen wird, die 9 weiße und 5 schwarze Kugeln enthält.

Bestimmen wir sie nach der oben erwiesenen Formel, so finden wir

$$(B_1, A) = \frac{\frac{9}{14} \cdot \frac{5}{13}}{\frac{9}{14} \cdot \frac{5}{13} + \frac{5}{14} \cdot \frac{11}{13}} = \frac{9}{20},$$

auf genau dieselbe Weise erhalten wir

$$(B_2, A) = \frac{\frac{5}{14} \cdot \frac{11}{13}}{\frac{9}{14} \cdot \frac{5}{13} + \frac{5}{14} \cdot \frac{11}{13}} = \frac{11}{20}.$$

Es ist die Bemerkung von Interesse, daß

$$(B_1) > (B_2) \quad \text{aber} \quad (B_1, A) < (B_2, A).$$

Wir gehen über zu der Größe

$$(C, A),$$

welche die Wahrscheinlichkeit darstellt, daß die zweite gezogene Kugel weiß ist, wie die erste.

Um sie zu berechnen nach der Formel

$$(C, A) = \frac{(B_1)(A, B_1)(C, A B_1) + (B_2)(A, B_2)(C, A B_2)}{(B_1)(A, B_1) + (B_2)(A, B_2)}$$

müssen wir die Beträge aufstellen:

$$(C,\ AB_1)\quad \text{und}\quad (C,\ AB_2).$$

Die Größe

$$(C,\ AB_1)$$

stellt die Wahrscheinlichkeit dar, daß nach einer weißen Kugel eine zweite weiße Kugel aus einer Urne gezogen wird, die zu Anfang der Züge 5 weiße und 8 schwarze Kugeln enthielt.

Setzt man voraus, daß die erste weiße Kugel nicht in die Urne zurückgelegt wird, so haben wir

$$(C,\ AB_1) = \frac{4}{12} = \frac{1}{3},$$

da ja die zweite weiße Kugel zu einer Anzahl von 12 Kugeln gehören muß, unter denen sich 4 weiße und 8 schwarze befinden.

Aus demselben Grunde haben wir

$$(C,\ AB_2) = \frac{10}{12} = \frac{5}{6}.$$

Folglich ist

$$(C,\ A) = \frac{\dfrac{9}{14}\cdot\dfrac{5}{13}\cdot\dfrac{4}{12} + \dfrac{5}{14}\cdot\dfrac{11}{13}\cdot\dfrac{10}{12}}{\dfrac{9}{14}\cdot\dfrac{5}{13} + \dfrac{5}{14}\cdot\dfrac{11}{13}} = \frac{73}{120};$$

so bestimmt sich die Wahrscheinlichkeit für die weiße Farbe der zweiten Kugel, wenn die weiße Farbe der ersten bekannt ist.

Solange aber, als die Farbe der ersten Kugel unbestimmt bleibt, ist die Wahrscheinlichkeit für die weiße Farbe der zweiten Kugel gleich

$$(C) = (A) = \frac{9}{14}\cdot\frac{5}{13} + \frac{5}{14}\cdot\frac{11}{13} = \frac{100}{182} = \frac{50}{91}.$$

Zweites Beispiel.

Aus einer Urne, welche 3 weiße und 5 schwarze Kugeln enthält und weiter keine Kugeln, werden 4 Kugeln gezogen und in eine andere leere Urne gelegt. Ferner werden aus der zweiten Urne, die nur 4 Kugeln der ersten Urne enthält, 2 Kugeln entnommen, die sich beide als weiß ergeben. Endlich wird aus derselben zweiten Urne noch eine Kugel gezogen.

Die Frage lautet: Wie groß ist die Wahrscheinlichkeit, daß die letztere Kugel ebenfalls weiß ist?

Anwendung der Formel. Da wir wissen, daß aus der zweiten Urne 2 weiße Kugeln gezogen worden sind, so können wir hinsichtlich der Kugeln, die aus der ersten Urne in die zweite gelegt wurden, zwei Annahmen machen 1. zwei weiße und zwei schwarze, 2. drei weiße und eine schwarze.

Bezeichnet man diese Hypothesen als Ereignisse

$$B_1 \text{ und } B_2,$$

die weiße Farbe beider gezogenen Kugeln als Ereignis A und die weiße Farbe der letzten gezogenen Kugel als Ereignis C, so hat man (§ 20)

$$(B_1) = \frac{1 \cdot 2 \cdot 3 \cdot 4}{1 \cdot 2 \cdot 1 \cdot 2} \cdot \frac{3 \cdot 2 \cdot 5 \cdot 4}{8 \cdot 7 \cdot 6 \cdot 5} = \frac{3}{7},$$

$$(B_2) = \frac{1 \cdot 2 \cdot 3 \cdot 4}{1 \cdot 2 \cdot 3 \cdot 1} \cdot \frac{3 \cdot 2 \cdot 1 \cdot 5}{8 \cdot 7 \cdot 6 \cdot 5} = \frac{1}{14},$$

$$(A, B_1) = \frac{2}{4} \cdot \frac{1}{3} = \frac{1}{6}, \quad (A, B_2) = \frac{3}{4} \cdot \frac{2}{3} = \frac{1}{2},$$

$$(C, A B_1) = 0, \quad (C, A B_2) = \frac{1}{2};$$

und deshalb ist die gesuchte Wahrscheinlichkeit gleich

$$\frac{\frac{1}{14} \cdot \frac{1}{2} \cdot \frac{1}{2}}{\frac{3}{7} \cdot \frac{1}{6} + \frac{1}{14} \cdot \frac{1}{2}} = \frac{1}{6}.$$

Diese Darlegung ist durchaus in Übereinstimmung mit dem Umstand, daß die betrachtete Kugel zu einer Anzahl von sechs Kugeln gehören muß, unter denen sich nur eine weiße befindet.

Drittes Beispiel. Wir halten alle Bedingungen und Bezeichnungen des zweiten Beispiels bei, nur mit der Abänderung, daß die letzte Kugel, von unbekannter Farbe, nicht aus der zweiten, sondern aus der ersten Urne genommen werden soll.

Bei dieser Voraussetzung haben wir

$$(C, A B_1) = \frac{1}{4} = (C, B_1), \quad (C, A B_2) = (C, B_2) = 0$$

und daher wird die Wahrscheinlichkeit, daß die letzte Kugel weiß ist, gleich

$$\frac{\frac{3}{7} \cdot \frac{1}{6} \cdot \frac{1}{4}}{\frac{3}{7} \cdot \frac{1}{6} + \frac{1}{14} \cdot \frac{1}{2}} = \frac{1}{6},$$

wie dies auch der Fall sein muß, da auch diese Kugel zu einer Anzahl von sechs Kugeln gehört, unter denen sich nur eine weiße befindet.

Viertes Beispiel. Wir haben zwei Urnen L und M, die Urne L enthält drei Kugeln, von denen eine schwarz ist und zwei weiß, die Urne M enthält aber sechs Kugeln, von denen eine weiß ist und fünf schwarz. Wir legen nach Belieben aus L eine Kugel in M, ziehen sodann aus M eine Kugel und bemerken, daß diese letztere Kugel von weißer Farbe ist.

Unter diesen Bedingungen wird verlangt, die Wahrscheinlichkeit zu bestimmen, daß die aus L in M hinübergelegte Kugel von schwarzer Farbe war.

Lösung. Die gesuchte Wahrscheinlichkeit ist gleich

$$\frac{\frac{1}{3} \cdot \frac{1}{7}}{\frac{2}{3} \cdot \frac{2}{7} + \frac{1}{3} \cdot \frac{1}{7}} = \frac{1}{5}.$$

§ 35. Die fundamentalen Formeln der statistischen Untersuchungen. Sterblichkeitstafeln.

Wir wollen uns der aufgestellten Formeln für die Lösung zweier Aufgaben bedienen, von denen ein bestimmter Fall bei einer speziellen Voraussetzung in der Praxis auftritt.

Dritte Aufgabe. *Es wird eine unbegrenzte Reihe von Proben betrachtet bei den unten angegebenen Daten.*

Nach Erklärung einiger Umstände werden diese Proben hinsichtlich des Ereignisses E voneinander unabhängig, und für sie alle wird die Wahrscheinlichkeit des Ereignisses E gleich einer und derselben Zahl α.

Die oben erwähnten Umstände bleiben nicht erklärt und die Zahl α wird nicht genau bestimmt. Hinsichtlich der Zahl α kann man n und nur n Voraussetzungen machen

$$\alpha = \alpha_1, \ \alpha = \alpha_2, \cdots, \ \alpha = \alpha_i, \cdots, \ \alpha = \alpha_n,$$

deren Wahrscheinlichkeiten, je nach den geltenden Daten, dargestellt werden durch die Zahlen

$$p_1, p_2, \cdots, p_i, \cdots, p_n.$$

Es wird verlangt, zu bestimmen, wie sich die Wahrscheinlichkeiten der verschiedenen Voraussetzungen über die Größen α ändern in dem Fall, daß außer den Daten, für die die Ausdrücke

$$p_1, p_2, \cdots, p_n$$

aufgestellt sind, bekannt ist, daß bei $k + l$ Proben das Ereignis E k-mal auftritt und das entgegengesetzte l-mal.

Anders gesagt, sind gegeben

$$\alpha_1, \alpha_2, \cdots, \alpha_i, \cdots, \alpha_n$$
$$p_1, p_2, \cdots, p_i, \cdots, p_n,$$

so wird verlangt die Wahrscheinlichkeit jeder der Annahmen

$$\alpha = \alpha_1, \alpha = \alpha_2, \cdots, \alpha = \alpha_n$$

nachher zu berechnen, wenn bekannt ist, daß bei $k + l$ Proben das Ereignis E k-mal eingetreten ist.

Lösung. Bezeichnen wir mit dem Buchstaben A das beobachtete Ergebnis von $k + l$ Proben, das im k-maligen Eintreten von E und im l-maligen Nichteintreten von E besteht. Ferner nennen wir die oben angegebenen Voraussetzungen über den Betrag der Zahl α die Ereignisse

$$B_1, B_2, \cdots, B_n:$$

so daß das Ereignis B_i wesentlich übereinstimmend ist mit der Gleichung

$$\alpha = \alpha_i.$$

Dann werden die gesuchten Größen sein

$$(B_1, A), (B_2, A), \cdots, (B_n, A),$$

die Wahrscheinlichkeiten der Ereignisse

$$B_1, B_2, \cdots, B_n$$

beim Tatsachenbestand A. Um uns zur Bestimmung dieser Wahrscheinlichkeiten der Formel

$$(B_i, A) = \frac{(B_i)(A, B_i)}{(B_1)(A, B_1) + \cdots + (B_n)(A, B_n)}$$

zu bedienen, müssen wir nur die Werte

$$(A, B_1), (A, B_2), \cdots, (A, B_n)$$

finden, da ja die Zahlen

$$(B_1) = p_1, (B_2) = p_2, \cdots, (B_n) = p_n$$

gegeben sind.

Indem wir uns zur Berechnung von

$$(A, B_1), (A, B_2), \cdots, (A, B_n)$$

wenden, beachten wir, daß

$$(A, B_i)$$

die Wahrscheinlichkeit des k-maligen Eintretens von E bei $k + l$ unabhängigen Proben bedeutet, für deren jede die Wahrscheinlichkeit des Ereignisses E gleich α_i ist. Eine solche Wahrscheinlichkeit wird durch eine bekannte Formel gefunden, kraft deren wir haben

$$(A, B_i) = \frac{1 \cdot 2 \cdots (k + l)}{1 \cdot 2 \cdots k \cdot 1 \cdot 2 \cdots l} \alpha_i^k (1 - \alpha_i)^l.$$

Setzen wir i der Reihe nach gleich

$$1, 2, \cdots, n,$$

so finden wir auf diese Weise die Größen

$$(A, B_1), (A, B_2), \cdots, (A, B_n).$$

Wir müssen nun diese Größen in die oben angegebene Formel einsetzen und nach Kürzung mit

$$\frac{1 \cdot 2 \cdots (k + l)}{1 \cdot 2 \cdots k \cdot 1 \cdot 2 \cdots l}$$

erhalten wir

$$(B_i, A) = \frac{p_i \alpha_i^k (1 - \alpha_i)^l}{p_1 \alpha_1^k (1 - \alpha_1)^l + p_2 \alpha_2^k (1 - \alpha_2)^l + \cdots + p_n \alpha_n^k (1 - \alpha_n)^l}.$$

Nachdem wir die Wahrscheinlichkeit für jeden Wert der Zahl α im einzelnen gefunden haben, können wir leicht auch die Wahrscheinlichkeit bestimmen, daß α innerhalb gegebener Grenzen liegt, da ja die letztere Wahrscheinlichkeit gleich der Summe der Wahrscheinlichkeiten für dieselben Werte der Zahl α ist, welche innerhalb der vorgegebenen Grenzen liegen. Folglich wird nach dem, was bekannt war, daß nämlich bei $k + l$ Proben das Ereignis E k-mal eintrat, die Wahrscheinlichkeit der Ungleichheiten

$$\alpha' < \alpha_i < \alpha''$$

durch den Bruch ausgedrückt

$$\frac{\sum' p_i \alpha_i^k (1 - \alpha_i)^l}{\sum p_i \alpha_i^k (1 - \alpha_i)^l},$$

wobei die Summe $\sum$ über alle möglichen Werte von i zu erstrecken ist, die Summe $\sum'$ aber nur über diejenigen, für welche die Ungleichheiten erfüllt sind

$$\alpha' < \alpha < \alpha''.$$

Vierte Aufgabe. *Unter Beibehaltung aller Bedingungen und Daten der dritten Aufgabe wird verlangt, die Wahrscheinlichkeit zu berechnen, daß bei $k_1 + l_1$ zukünftigen Proben aus der von uns betrachteten Reihe das Ereignis E k_1-mal eintritt, wenn bekannt ist, daß es bei $k + l$ Proben k-mal eintrat.*

Bemerkung. Wir nannten die $k_1 + l_1$ Proben zukünftig zum Unterschied von den beobachteten; aber bei unseren Ausführungen spielt die Zeit gar keine Rolle, und deshalb können die $k_1 + l_1$ Proben auch vollzogen oder gleichzeitig sein.

Lösung. Bezeichnet man mit dem Buchstaben C das k_1-malige Eintreten des Ereignisses E bei $k_1 + l_1$ Proben, so wird die von uns gesuchte Wahrscheinlichkeit gemäß der angenommenen Bezeichnung

$$(C, A),$$

und sie wird nach der Formel bestimmt

für

$$(C, A) = \frac{\Sigma (B_i)(A, B_i)(C, B_i)}{\Sigma (B_i)(A, B_i)}$$

$$i = 1, 2, \cdots, n,$$

Gleichzeitig hiermit haben wir

$$(B_i) = p_i, \quad (A, B_i) = \frac{1 \cdot 2 \cdots (k + l)}{1 \cdot 2 \cdots k \cdot 1 \cdot 2 \cdots l} \, \alpha_i^{\,k} (1 - \alpha_i)^l$$

und endlich

$$(C, B_i) = \frac{1 \cdot 2 \cdots (k_1 + l_1)}{1 \cdot 2 \cdots k_1 \cdot 1 \cdot 2 \cdots l_1} \, \alpha_i^{\,k_1} (1 - \alpha_i)^{l_1}$$

denn (C, B_i) unterscheidet sich von (A, B_i) nur durch die Zahlen k_1 und l_1, welche k und l entsprechen. Setzen wir diese Ausdrücke

$$(B_i), \; (A, B_i) \; \text{und} \; (C, B_i)$$

in die zuvor angeführte Formel ein und kürzen mit

$$\frac{1 \cdot 2 \cdots (k + l)}{1 \cdot 2 \cdots k \cdot 1 \cdot 2 \cdots l},$$

so erhalten wir

$$(C, A) = \frac{1 \cdot 2 \cdots (k_1 + l_1)}{1 \cdot 2 \cdots k_1 \cdot 1 \cdot 2 \cdots l_1} \cdot \frac{\Sigma p_i \alpha_i^{\,k + k_1} (1 - \alpha_i)^{l + l_1}}{\Sigma p_i \alpha_i^{\,k} (1 - \alpha_i)^l};$$

so wird die Wahrscheinlichkeit

$$(C, A)$$

bestimmt, daß das Ereignis E bei $k_1 + l_1$ Proben k_1-mal eintritt, wenn bekannt ist, daß dieses Ereignis bei $k + l$ Proben k-mal eintrat.

Zur besseren Erläuterung der letzten beiden Aufgaben dient der folgende Spezialfall davon. Wir haben n Kategorien von Urnen mit weißen und anderen Kugeln. Das Verhältnis der Zahl der weißen Kugeln zur Zahl aller Kugeln, die sich in einer Urne finden, sei gleich α_1 für jede Kugel der ersten Kategorie, gleich α_2 für jede Kugel der zweiten Kategorie usw. Endlich mögen die Zahlen

$$p_1, p_2, \cdots, p_n$$

entsprechend die Verhältnisse der Anzahl der Urnen

$$1^{\text{ter}}, 2^{\text{ter}}, \cdots, n^{\text{ter}}$$

Kategorie zur Gesamtzahl der Urnen bedeuten.

Alle diese Urnen werden durcheinander gestellt, und aus ihnen nach Belieben eine genommen, mit der auch die Reihe der Proben vorgenommen wird. Jede Probe besteht im Herausziehen einer Kugel, die sodann wieder in die Urne zurückgelegt wird, um das Verhältnis der Anzahl der weißen Kugeln zur Anzahl aller Kugeln in der Urne konstant zu erhalten.

Bei $k + l$ solchen Proben erschien eine weiße Kugel k-mal. Es wird verlangt, die Wahrscheinlichkeit zu bestimmen, daß für die zur Probe dienende Urne die Zahl der in ihr enthaltenen weißen Kugeln zur Zahl aller ihrer Kugeln ein gegebenes Verhältnis α_i hat.

Bis zur Beobachtung war diese Wahrscheinlichkeit p_i; nachher aber drückt sie sich, entsprechend der Formel, durch den Bruch aus

$$\frac{p_i \alpha_i^{k} (1 - \alpha_i)^{l}}{p_1 \alpha_1^{k} (1 - \alpha_1)^{l} + p_2 \alpha_2^{k} (1 - \alpha_1)^{l} + \cdots + p_n \alpha_n^{k} (1 - \alpha_n)^{l}} \cdot$$

Ferner wird verlangt, die Wahrscheinlichkeit zu bestimmen, daß bei $k_1 + l_1$ Proben, die mit eben derselben Urne vorgenommen sind nach Beobachtung von $k + l$ Proben, eine weiße Kugel k_1-mal erscheint.

Wäre das Ergebnis der $k + l$ beobachteten Proben nicht bekannt, so würde sich die letztere Wahrscheinlichkeit ausdrücken durch die Summe

$$\sum \frac{1 \cdot 2 \cdots (k_1 + l_1)}{1 \cdot 2 \cdots k_1 \cdot 1 \cdot 2 \cdots l_1} p_i \alpha_i^{k_1} (1 - \alpha_i)^{l_1},$$

wobei

$$i = 1, 2, \cdots, n;$$

sind aber die Ergebnisse von $k + l$ Proben schon bekannt, so wird sie nach der Formel, gleich

$$\frac{1 \cdot 2 \cdots (k_1 + l_1)}{1 \cdot 2 \cdots k_1 \cdot 1 \cdot 2 \cdots l_1} \cdot \frac{\sum p_i \alpha_i^{k+k_1}(1 - \alpha_i)^{l+l_1}}{\sum p_i \alpha_i^k (1 - \alpha_i)^l};$$

dabei ist

$$i = 1, 2, \cdots, n.$$

Wir gehen jetzt zu dem oben erwähnten Spezialfall über und setzen

$$p_1 = p_2 = \cdots = p_n = \frac{1}{n},$$

$$\alpha_1 = \frac{1}{n}, \quad \alpha_2 = \frac{2}{n}, \quad \cdots \alpha_i = \frac{i}{n}, \quad \cdots \alpha_n = 1$$

und werden n unbegrenzt vergrößern.

Dann werden die von uns betrachteten Summen

$$\sideset{}{'}\sum p_i \alpha_i^k (1 - \alpha_i)^l, \quad \sum p_i \alpha_i^k (1 - \alpha_i)^l, \quad \sum p_i \alpha_i^{k+k_1} (1 - \alpha_i)^{l+l_1}$$

wie leicht zu sehen, den Grenzwerten zustreben

$$\int_{\alpha'}^{\alpha''} \alpha^k (1 - \alpha)^l d\alpha, \quad \int_0^1 \alpha^k (1 - \alpha)^l d\alpha,$$

$$\int_0^1 \alpha^{k+k_1} (1 - \alpha)^{l+l_1} d\alpha.$$

Die Ergebnisse, zu denen wir so gelangen, sind in der Lösung der 5ten und 6ten Aufgabe enthalten.

Fünfte Aufgabe. *Es wird eine unbegrenzte Reihe von Proben betrachtet, hinsichtlich deren bekannt ist, daß sie bei Aufklärung einiger Umstände von einander unabhängig werden.*

Weiter wird als bekannt vorausgesetzt, daß die Wahrscheinlichkeit des Ereignisses E bei allen diesen Proben einen und denselben Betrag α haben muß, sobald nur die oben erwähnten Umstände aufgeklärt sind. Diese Umstände bleiben unaufgeklärt und deswegen bleibt die Zahl α unbekannt, und alle möglichen Werte zwischen 0 und 1 gelten für sie als gleichmöglich, so daß die Wahrscheinlichkeit der Ungleichheiten

$$\alpha' < \alpha < \alpha''$$

für $0 < \alpha' < \alpha'' < 1$ *ausgedrückt wird durch das Integral*

$$\int_{\alpha'}^{\alpha''} d\alpha = \alpha'' - \alpha'.$$

Es wird gefragt, wie sich die Wahrscheinlichkeiten der verschiedenen Annahmen über die Größen α in dem Fall ändern, wenn bekannt ist, daß bei k + l Proben k-mal das Ereignis eintritt und sein Gegenteil l-mal?

Antwort. Die Wahrscheinlichkeit der Ungleichheiten

$$\alpha' < \alpha < \alpha''$$

wird sich ausdrücken durch den Bruch

$$\frac{\int\limits_{\alpha'}^{\alpha''} \alpha^k (1 - \alpha)^l \, d\alpha}{\int\limits_{0}^{1} \alpha^k (1 - \alpha)^l \, d\alpha}; \tag{18}$$

anders gesagt, die Dichte der Wahrscheinlichkeit für die verschiedenen Werte von α wird proportional sein dem Bruch

$$\alpha^k (1 - \alpha)^l.$$

Sechste Aufgabe. *Unter Beibehaltung aller Bedingungen und Daten der vorigen Aufgabe wird verlangt, die Wahrscheinlichkeit zu bestimmen, daß bei $k_1 + l_1$ zukünftigen Proben aus der von uns betrachteten Reihe k_1-mal das Ereignis E eintritt, wenn bekannt ist, daß es bei k + l Proben k-mal eintrat.*

Antwort. Die gesuchte Wahrscheinlichkeit ist gleich

$$\frac{1 \cdot 2 \cdot 3 \cdot (k_1 + l_1)}{1 \cdot 2 \cdots k_1 \cdot 1 \cdot 2 \cdots l_1} \cdot \frac{\int\limits_{0}^{1} \alpha^{k + k_1} (1 - \alpha)^{l + l_1} \, d\alpha}{\int\limits_{0}^{1} \alpha^k (1 - \alpha)^l \, d\alpha}. \tag{19}$$

Die letzten beiden Aufgaben werden vortrefflich illustriert durch eine unerschöpfliche Urne, in der sich Kugeln von weißer und von anderer Farbe befinden, wobei das Verhältnis der Zahl der weißen Kugeln zur Gesamtzahl der Kugeln einen uns unbekannten konstanten Wert behält, wie viel Kugeln wir auch aus der Urne ziehen.

Die Formeln, welche die Antwort auf die 5te und 6te Aufgabe geben, lassen sich zur Bestimmung der Wahrscheinlichkeiten aus den Beobachtungen, a posteriori, anwenden. Man kann dabei aus dem Ausdruck für die Wahrscheinlichkeit der Ungleichheiten

$$\alpha' < \alpha < \alpha''$$

in Gestalt des Bruches

$$\frac{\displaystyle\int_{\alpha'}^{\alpha''} \alpha^k (1 - \alpha)^l \, d\alpha}{\displaystyle\int_{0}^{1} \alpha^k (1 - \alpha)^l \, d\alpha}$$

auf eine geringe Wahrscheinlichkeit großer Abweichungen von α und $k : (k + l)$ schließen, wenn nur die Zahl $k + l$ der beobachteten Proben beträchtlich, und deshalb kann man setzen

$$\alpha \doteq \frac{k}{k + l} \cdot$$

Ferner kann man aus der Antwort auf die sechste Aufgabe ableiten, daß bei einer großen Anzahl von beobachteten Proben und bei einer vergleichsweise kleinen Anzahl von zukünftigen Proben die Wahrscheinlichkeit der verschiedenen Vermutungen über die Zahl des Auftretens des Ereignisses E bei diesen letzten Proben sich wenig von denjenigen unterscheidet, die erhalten werden, wenn wir bei allen diesen zukünftigen Proben die Wahrscheinlichkeit des Ereignisses E annehmen gleich

$$\frac{k}{k + l} \cdot$$

So wird z. B. für eine zukünftige Probe die Wahrscheinlichkeit des Eintretens des Ereignisses E gleich

$$\frac{k + 1}{k + l + 2} \doteq \frac{k}{k + l} \, ;$$

und für zwei zukünftige Proben wird die Wahrscheinlichkeit, daß das Ereignis E alle beide mal eintritt, gleich

$$\frac{(k + 1)(k + 2)}{(k + l + 2)(k + l + 3)} \doteq \left(\frac{k}{k + l}\right)^2,$$

die Wahrscheinlichkeit aber, daß es nur einmal eintritt, gleich

$$2 \cdot \frac{(k + 1) \cdot (l + 1)}{(k + l + 2)(k + l + 3)} \doteq 2 \, \frac{k}{k + l} \cdot \frac{l}{k + l} \cdot$$

Aus den Formeln (18) und (19) kann man mit Hilfe der STIRLING-schen Formeln und Abänderung der unter dem Integral stehenden Funktion Näherungsformeln ableiten, ähnlich der Formel (6), wobei wir nicht verweilen wollen.

Hinsichtlich aller Ausführungen, die sich auf die von uns angegebene Anwendung der Formeln (18) und (19) gründeten, ist die Bemerkung angebracht, daß man ihnen keinen großen Wert beimessen darf. Das beruht darauf, daß man, bevor man diese oder jene Formel anwendet und aus ihr verschiedene Schlüsse zieht, unumgänglich ihre Existenzbedingung klarlegen muß und sich von ihrer Gültigkeit in den Fällen überzeugen muß, in denen wir die Formeln anzuwenden wünschen.

Die Formeln, welche die Antwort auf die fünfte und sechste Aufgabe darstellen, sind aufgestellt unter folgenden Bedingungen:

1. *der Unabhängigkeit der Proben nach Aufklärung gewisser Umstände.*

2. *der Erhaltung der uns unbekannten Wahrscheinlichkeit des Ereignisses E bei Aufklärung der oben erwähnten Umstände.*

3. *der gleich großen Wahrscheinlichkeit aller Werte dieser Wahrscheinlichkeit bis zur Beobachtung.*

Angewendet werden aber diese Formeln auf solche Fälle, wo die Erfüllung von wenigstens einer der erwähnten Bedingungen äußerst zweifelhaft ist.

Eines der wichtigsten Beispiele von Wahrscheinlichkeiten, die aus der Beobachtung bestimmt sind, bildet die Wahrscheinlichkeit, daß eine Person gegebenen Alters eine gegebene Frist weiter lebt, z. B. ein Jahr. Von dieser Wahrscheinlichkeit spricht man oft wegen ihrer wichtigen Anwendung. Viele beschäftigten sich mit der Ausarbeitung von Methoden für die angenäherte Berechnung auf Grund von Beobachtungen und stellten verschiedene Sterblichkeitstabellen auf, aus denen man leicht ihren angenäherten Wert berechnen kann für verschiedene Lebensalter und Fristen.

Wir werden die Einzelheiten und Feinheiten dieser Methoden nicht auseinandersetzen, wollen vielmehr bei der Erläuterung ihrer Grundlagen verweilen.

Wir nehmen an, daß n Personen, die ein und dasselbe gegebene Lebensalter haben, in unsere Beobachtung getreten sind, und daß wir sie im Lauf der gegebenen Frist nicht aus den Augen verlieren. Ferner nehmen wir an, daß m von ihnen eine gegebene Frist weiter leben, $n-m$ aber in ihrem Verlauf sterben. Betrachten wir dann unterschiedslos eine dieser Personen, so können wir den Bruch

$$\frac{m}{n}$$

die Wahrscheinlichkeit nennen, daß eine Person gegebenen Alters, die aus der Zahl der oben genannten n Personen genommen ist, die gegebene Frist weiter lebt.

Die so gefundene Wahrscheinlichkeit bezieht sich nur auf die Vergangenheit und auf eine gegebene Gruppe von Personen. Für den praktischen Zweck müssen wir die Ergebnisse der Vergangenheit auf die Zukunft übertragen. Diese Übertragung wird gerechtfertigt durch die Annahme, daß für eine andere Gruppe von Personen, die der ersten mehr oder minder ähnlich ist, das dem Bruch $m:n$ analoge Verhältnis von $m:n$ wenig verschieden sein wird; diese Annahme aber stützt sich auf die seit langen Zeiten beobachtete Wiederholung der verschiedenen Erscheinungen, aus denen die Vorstellung von der Unveränderlichkeit der Naturgesetze fließt.

Wenden wir jetzt auf den gegebenen Fall die fünfte und sechste Aufgabe an, so müssen wir uns vorstellen oder annehmen, daß es irgend eine unbekannte Größe gibt,

$$\alpha,$$

welche die Wahrscheinlichkeit für eine Person gegebenen Alters darstellt, eine gegebene Frist weiter zu leben, und welche angenähert gleich ist

$$\frac{m}{n}.$$

Es gibt aber keine Mittel, sich von der Richtigkeit dieser Annahme zu überzeugen, man kann sie auch nicht aus den Formeln (18) und (19) entnehmen, die auf eben diese Annahme gegründet sind. Im Gegenteil, wir haben bei allem Glauben an den Bestand unveränderlicher Naturgesetze vollen Grund, die Existenz einer konstanten Zahl α zu verwerfen, da ja im Verlauf der Zeit die Lebensbedingungen der Menschen sich sehr beträchtlich ändern können, und da bei Änderung der Lebensbedingungen die Sterblichkeit[1] der Menschen kaum unverändert bleiben kann. Überdies ist die Annahme verschiedener Sterblichkeit für die verschiedenen Kategorien von Menschen sehr natürlich, die gleichzeitig im Lande wohnen, sich aber durch die Art des Lebens, die Natur ihres Berufes und ihre körperliche Beschaffenheit unterscheiden.

Wenn man aber auch zugibt, daß eine feste Zahl α sich bestimmen

---

1) Wir bedienen uns dieses Wortes nach dem allgemeinen Gebrauch, ohne bei der Frage zu verweilen, ob man ihm einen völlig bestimmten Sinn verleihen kann.

ließe durch die gemeinsamen Lebensbedingungen aller Menschen, so wäre doch die Bestimmung dieser Zahl aus der Beobachtung an einer Gruppe von Personen kaum berechtigt zu nennen, durch welche Formeln wir auch diese Bestimmung stützen würden, da ja individuelle Besonderheiten der Gruppen auftreten müssen. Der aufgewiesene Umstand wird auch in dem Fall nicht beseitigt, daß wir nicht die Menge aller Menschen überhaupt betrachten, sondern einen Teil von ihnen, wobei noch die neue Schwierigkeit eintritt, daß man unbedingt den betrachteten Teil genau definieren muß.

Erkennen wir daher auch den Nutzen der Sterblichkeitstafeln für die praktischen Zwecke an, so halten wir es doch für unmöglich, die Berechtigung ihrer Anwendung durch Verweis auf die oben für die Berechnung der Wahrscheinlichkeit angeführten Formeln zu erbringen.

§ 36. Zeugenaussagen.

Zum Schluß des Kapitels verweilen wir bei der Frage nach der Wahrscheinlichkeit von Zeugenangaben, auf die man ebenfalls die BAYESsche Formel anwenden kann. Vom praktischen Gesichtspunkte aus kann diese Frage sehr wichtig werden, aber der Wert ihrer Entscheidung wird stark beeinträchtigt durch die unumgängliche Voraussetzung vieler willkürlicher Annahmen.

Wir wollen bei dieser Frage nicht lange verweilen, halten es aber für unmöglich, von ihr gänzlich zu schweigen.

Um die Frage zu vereinfachen, wollen wir annehmen, daß alle Zeugen vollständig orientiert sind über den Gegenstand ihrer Aussage, aber fähig, wissentlich falsche Zeugnisse zu geben; ihre Aussagen aber werden wir als unabhängig voneinander annehmen und als übereinstimmend.

Allen Zeugen werden wir dieselbe Neigung zur Wahrheit zuschreiben und werden ihr irgend einen Wert α zuschreiben, der zwischen Null und Eins liegt; die Zahl α werden wir als die Wahrscheinlichkeit bezeichnen, daß der Zeuge die Wahrheit redet, und dementsprechend wird die Differenz $1 - \alpha$ die Wahrscheinlichkeit darstellen, daß der Zeuge die Unwahrheit redet.

Die Zahl der Zeugen bezeichnen wir mit dem Buchstaben n.

Wir nehmen an, daß ihre übereinstimmenden Angaben sich auf ein ihnen allen bekanntes Ergebnis einer Probe beziehen; es mögen nämlich alle n Zeugen bescheinigen, daß bei den Proben das Ereignis E erschien, dessen Wahrscheinlichkeit vor den Zeugenaussagen gleich p war.

Endlich führen wir noch eine Größe β ein, welche die Wahrscheinlichkeit für einen die Unwahrheit redenden Zeugen ausdrückt gerade das Ereignis E zu bevorzugen, aber kein anderes mögliches Ergebnis derselben Probe.

Bei diesen Bedingungen drücken wir durch das Produkt

$$p\alpha^n$$

die Wahrscheinlichkeit des Auftretens von E und übereinstimmende Aussagen der Zeugen über dieses Auftreten aus, solange die Zeugen nichts ausgesagt haben; bei denselben Bedingungen wird die Wahrscheinlichkeit, des Nichteintretens von E und übereinstimmender Zeugenaussagen über ihr Eintreten dargestellt durch das Produkt

$$(1 - p)(1 - \alpha)^n \beta^n.$$

Demnach wird die Summe

$$p\alpha^n + (1 - p)(1 - \alpha)^n \beta^n$$

die Wahrscheinlichkeit übereinstimmen der Zeugenaussagen über das Eintreten des Ereignisses E angeben, solange die Zeugen nichts ausgesagt haben.

Hieraus schließen wir auf Grund der BAYESschen Formel, daß bei übereinstimmender Aussage der Zeugen die Wahrscheinlichkeit des Eintretens von E gleich wird

$$\frac{p\alpha^n}{p\alpha^n + (1 - p)(1 - \alpha)^n \beta^n} \,. \tag{20}$$

Den gefundenen einfachen Ausdruck wenden wir auf eine interessante Aufgabe an, die BUNJAKOWSKI in seiner oben erwähnten Abhandlung „Grundlagen der mathematischen Theorie der Wahrscheinlichkeit" betrachtete.

BUNJAKOWSKIS Aufgabe. Aus dem ganzen russischen Alphabeth werden sechs Buchstaben nach Belieben genommen, die, wie sie aufgedeckt sind, nebeneinander gelegt werden. Zwei Zeugen behaupten, daß die Buchstaben das Wort *Moskwa* (Moskau) bilden. Es wird gefragt, wie groß die Wahrscheinlichkeit ist, daß die Angabe der beiden Zeugen wahrhaftig ist.

Dabei wird vorausgesetzt, daß das ganze russische Alphabeth

36 Buchstaben enthält und daß die Neigung der Zeugen zur Wahrheit durch den Bruch $^9/_{10}$ ausgedrückt wird.

Lösung. Wenden wir uns zum allgemeinen Ausdruck der Wahrscheinlichkeit in Gestalt des Bruches

$$\frac{p\,\alpha^n}{p\,\alpha^n + (1-p)(1-\alpha)^n\,\beta^n},$$

so haben wir zu beachten, daß in dem gegebenen Fall

$$n = 2, \quad \alpha = \frac{9}{10}$$

und auf Grund des Multiplikationstheorems

$$p = \frac{1}{36} \cdot \frac{1}{35} \cdot \frac{1}{34} \cdot \frac{1}{33} \cdot \frac{1}{32} \cdot \frac{1}{31};$$

die Zahl β aber bleibt unbestimmt.

Um die Unbestimmtheit der Zahl β zu beseitigen, wenden wir uns zu der Voraussetzung, welche BUNJAKOWSKI bei der Lösung der Aufgabe machte.

Er zog einen Schluß daraus, daß es in der russischen Sprache 50 000 Wörter gibt, die aus sechs verschiedenen Buchstaben bestehen und daß bei falscher Angabe der Zeuge bei einem dieser Wörter stehen bleiben muß. In dem wir alle diese falschen Angaben als gleichmöglich annehmen und angesichts der Kleinheit der Differenz

$$\frac{1}{50000} - \frac{1}{49999}$$

die Verkleinerung ihrer Anzahl um eine Einheit nicht beachten, wenn die herausgegriffenen Buchstaben eines dieser Worte bilden, setzen wir

$$\beta = \frac{1}{50000}.$$

Bei diesen Voraussetzungen wird die gesuchte Wahrscheinlichkeit durch den Bruch ausgedrückt

$$\frac{\left(\dfrac{9}{10}\right)^2}{\left(\dfrac{9}{10}\right)^2 + \left(\dfrac{1}{10}\right)^2 \dfrac{36 \cdot 35 \cdot 34 \cdot 33 \cdot 32 \cdot 31 - 1}{(50000)^2}},$$

der durch einfache Kürzung zurückkommt auf

$$\frac{81 \times (625)^2}{81 \times 625^2 + 219126{,}5\ldots} > 0{,}99;$$

nach den Berechnungen Bunjakowskis aber ist die gesuchte Wahrscheinlichkeit nahezu

$$\frac{18}{28129}.$$

Die Abweichung der beiden Ergebnisse, die aus denselben Voraussetzungen abgeleitet sind, wird durch den Umstand aufgeklärt, daß
Bunjakowski übereinstimmende Angaben der Zeugen über Auftreten
des bestimmten Wortes *Moskwa* bei der einfachen Aussage jedes Zeugen
über das Auftreten eines Wortes der russischen Sprache annahm, und
dementsprechend die gesuchte Wahrscheinlichkeit durch den Bruch
ausdrückte

$$\frac{p\,\alpha^2}{p\,\alpha^2 + (1-p)(1-\alpha)^2},$$

indem er setzte

$$\alpha = \frac{9}{10} \quad \text{und} \quad p = \frac{50000}{36\cdot 35\cdot 34\cdot 33\cdot 32\cdot 31}.$$

Die von uns für β angenommene Größe ist wahrscheinlich zu klein;
denn die Zahl der russischen Wörter, die aus sechs Buchstaben bestehen,
ist durchaus beträchtlich kleiner als 50000, und außerdem muß man
natürlich voraussetzen, daß das Wort *Moskwa* für eine falsche Aussage
vor andern bevorzugt werden wird.

Vergrößern wir daher angesichts dieses Umstands die Zahl β und
setzen

$$\beta = \frac{1}{200};$$

so wird die gesuchte Wahrscheinlichkeit, daß die Angabe der beiden
Zeugen auf Wahrheit beruht, durch die schon beträchtlich kleine Zahl
ausgedrückt

$$\frac{\left(\frac{9}{10}\right)^2}{\left(\frac{9}{10}\right)^2 + \left(\frac{1}{10}\right)^2 \dfrac{36\cdot 35\cdot 34\cdot 33\cdot 32\cdot 31 - 1}{(200)^2}} + \frac{81}{35141}.$$

Das angeführte Beispiel zeigt nach unserer Meinung deutlich die
Unvermeidlichkeit von vielen willkürlichen Voraussetzungen bei der
Lösung von Fragen, die der von uns aufgeworfenen ähnlich sind, welche
in ihrem Wesen einen sehr unbestimmten Charakter haben.

Die von uns betrachtete Frage bekommt einen noch unbestimm-
teren Charakter, wenn wir zulassen, daß die Zeugen sich irren können
und die Unabhängigkeit ihrer Aussagen aufgeben.

Ohne den Ausdruck für die Wahrscheinlichkeit der Zeugenangaben bei verschiedenen Vorraussetzungen aufzustellen, halten wir es doch für nicht überflüssig, zu unseren Ausführungen eine Reihe einfacher Bemerkungen zu verfügen.

Erstens, wenn das Ereignis unmöglich ist, so vermögen ihm keine Zeugenaussagen eine noch so kleine Wahrscheinlichkeit zu verleihen.

Ein wenig wahrscheinliches Ereignis kann durch übereinstimmende Zeugenaussagen in ein sehr wahrscheinliches verwandelt werden, wenn die Übereinstimmung falscher Aussagen sich als noch unwahrscheinlicher herausstellt. Aber ein wenig wahrscheinliches Ereignis wird nicht sehr wahrscheinlich durch die übereinstimmende Aussagen von solchen Zeugen, die miteinander gesprochen haben oder übereinstimmende nicht völlig genaue Berichte über den Gegenstand ihrer Aussage haben. Wie zuverlässig auch der Zeuge des Ereignisses sein mag, so kann doch Zweifel daran, ob er fähig ist, das sich Abspielende richtig aufzufassen, in bekannten Fällen seiner Aussage jeden Wert nehmen.

Endlich kann die Mitteilung über ein Ereignis zu uns auch nicht durch Augenzeugen gelangen, sondern durch eine Reihe anderer Zeugen, die das weiter geben, was sie von den anderen gehört haben. In diesem Fall verdunkelt die Verlängerung der Kette der Zeugen den Tatbestand beträchtlich.

Unabhängig von mathematischen Formeln, bei denen wir nicht verweilen, da wir ihnen keinen großen Wert beimessen, ist klar, daß man Erzählungen von unwahrscheinlichen Ereignissen, die etwa in längstvergangenen Zeiten sich abgespielt haben sollen, mit äußerstem Zweifel begegnen muß.

Wir können daher keineswegs mit dem Akademiker BUNJAKOWSKI übereinstimmen („Grundlagen der mathematischen Theorie der Wahrscheinlichkeit", S. 326), daß man eine bekannte Klasse von Erzählungen abtrennen muß, an denen zu zweifeln er für ungehörig hält.[1]

---

1) BUNJAKOWSKI sagt: Einige Philosophen, die für anstößig gelten, versuchten Formeln, die zur Abschwächung der Glaubwürdigkeit der Zeugen dienen auf religiöse Glaubenssachen anzuwenden und sie dadurch zu erschüttern. Um ihre Ausführungen zu widerlegen, braucht man sich nur vorzuhalten, daß nicht jede aus analytischen Formeln abgeleitete Folgerung richtig zu sein braucht, weil sie nur begründet ist auf einer Voraussetzung, auf welcher die Formel beruht. Wenn die Voraussetzung falsch ist, dann muß die analytische Folgerung daraus auch für fehlerhaft gelten. Man muß deshalb vor allem die Grundlage der Voraussetzung prüfen, welche als Ausgangspunkt dient. Wenn diese Untersuchung uns zu dem Schluß führt, daß in der geistigen Welt Tatsachen existieren,

Um nicht mit noch strengeren Richtern zu tun zu haben und einer Anklage wegen Erschütterung aller Grundlagen zu begegnen, verweilen wir nicht bei diesem Gegenstand, der nicht unmittelbar mit der Mathematik zu tun hat.

Literatur.

Bayes, An essay toward solving a Problem in the Doctrine of Chances. A Demonstration of the second Rule in the Essay towards the Solution of a Problem in the Doctrine of Chances (Lond. Phil. Trans. 1764, 1765).

Condorcet: Mémoire sur le calcul des probabilités (Hist. de l'Acad. royale des sciences. 1781, 1782, 1783, 1784).

Condorcet, Essai sur l'application. de l'Analyse à la probabilité des décisions rendues à la pluralité des voix.

A. Markoff, Über die Wahrscheinlichkeit a posteriori (Russisch). (Mitteilungen der Charkower Math. Gesellsch. 2. Serie, T. III, 1900).

---

die physikalischen Gesetzen nicht unterliegen, dann fallen die schlimmen Gedanken jener Philosophen in sich zusammen. In dem Aufsatz „Certitude" (Encyclopédie ou Dictionaire raisonné des Sciences T. VI) finden die Leser einen bedeutungsvollen Auszug aus einer Abhandlung des Abbé Prad: Sur la vérité de la religion. In diesem Aufsatz betrachtet er mit ungewöhnlicher Gedankenkraft und Beredsamkeit ausführlich die Frage, die wir hier nur gestreift haben.

Kapitel VII.

Methode der kleinsten Quadrate.

§ 37. Die verschiedenen Fehlerarten.

Methode der kleinsten Quadrate heißt ein allgemein angewendetes Mittel, angenäherte Ergebnisse aus vielen Beobachtungen zu erhalten, mit Schätzung der Zuverlässigkeit dieser Ergebnisse.[1])

Um sie auf Erwägungen zu gründen, die sich auf die Wahrscheinlichkeitsrechnung beziehen, müssen wir eine Reihe von Voraussetzungen und Bedingungen aufstellen; und vor allem ist es unumgänglich, die Existenz von Zahlen zuzugeben, deren angenäherte Werte durch Beobachtungen geliefert werden.

Wir werden jede Beobachtung, die diese oder jene Zahl gibt, als einen Spezialfall vieler Beobachtungen betrachten; und dem entsprechend werden wir neben den wirklichen Ergebnissen der Beobachtung das von uns vorgestellte mögliche Ergebnis einer Beobachtung betrachten.

Indem wir eine gegebene Beobachtung als einen Spezialfall von vielen Beobachtungen betrachten, werden wir voraussetzen, daß die Bedingungen der Beobachtung in zwei Kategorien zerfallen: unveränderliche Bedingungen, die ohne Wechsel erhalten bleiben bei allen oben genannten Beobachtungen, von denen ein Spezialfall gegeben ist, und veränderliche oder zufällige Bedingungen, die sich von einer Beobachtung zur andern ändern. Außerdem nehmen wir an, daß jeder bestimmten Voraussetzung über die Größe eines möglichen Beobachtungsergebnisses eine bestimmte Wahrscheinlichkeit in dem Falle entspricht, wenn die uns unbekannten konstanten Bedingungen der Beobachtung bekannt werden.

Es möge a eine unbekannte Zahl bedeuten, deren angenäherten Wert x' wir aus der Beobachtung erhalten; ferner bedeutet x das mög-

---

1) Meine Ansicht über die verschiedenen Versuche der theoretischen Begründung der Methode der kleinsten Quadrate ist auseinander gesetzt in dem Aufsatz „Das Gesetz der großen Zahlen und die Methode der kleinsten Quadrate."

liche Ergebnis einer Beobachtung und die verschiedenen Werte von x seien

$$x', x'', x''', \cdots,$$

endlich mögen entsprechend

$$q', q'', q''', \cdots$$

die Wahrscheinlichkeiten dieser Werte von x bedeuten, wenn die konstanten Bedingungen der Beobachtung bekannt sind.

Von allen hier erwähnten Zahlen ist uns nur die eine x' bekannt. Die unbekannte Größe der Differenz

$$a - x'$$

stellt den wirklichen Fehler dar oder den Irrtum der Beobachtung; die Differenz aber

$$a - x$$

werden wir den möglichen Beobachtungsfehler nennen, seine mathematische Hoffnung

$$q'(a - x') + q''(a - x'') + q'''(a - x''') + \cdots$$

aber, gleich

$$a - (q'x' + q''x'' + q'''x''' + \cdots)$$

nennen wir den *konstanten Fehler*.

Die Größe des konstanten Fehlers ist uns durchaus unbekannt; in den weiteren Schlüssen aber werden wir ihn gleich Null annehmen. Dem entsprechend werden wir sagen, daß in der angenäherten Gleichung

$$a \doteq x'$$

kein konstanter Fehler ist. Der Schluß auf die Abwesenheit eines konstanten Fehlers wird oft aus der Voraussetzung abgeleitet, daß je zwei mögliche Fehlergrößen, die die Summe Null ergeben, gleichwahrscheinlich sind; aber für die letztere Annahme liegt kein Bedürfnis vor bei den weiteren Schlüssen.

Die Voraussetzung der Abwesenheit eines konstanten Fehlers, wie auch die sogleich angegebene Voraussetzung, ist nicht nur willkürlich, sondern sie befindet sich auch in einem gewissen Widerspruch mit der Tatsache, daß verschiedene Ursachen von konstanten Fehlern stufenweise entdeckt werden. Doch in theoretischen Betrachtungen nehmen wir diese Voraussetzung als unumgänglich an.

Wenn mit der Zahl a nicht mehr oder weniger bestimmte Umstände verknüpft sind, so können wir die Abwesenheit eines konstanten Fehlers unzweifelhaft machen, wenn wir die Zahl a durch die Gleichung bestimmen

$$a = q'x' + q''x'' + q'''x''' + \cdots.$$

In den weiteren Untersuchungen bedürfen wir auch der mathematischen Hoffnung des Quadrates des möglichen Fehlers, gleich der Summe

$$q'(x' - a)^2 + q''(x'' - a)^2 + q'''(x''' - a)^2 + \cdots,$$

eine Summe, deren uns unbekannte Quadratwurzel der *mittlere Fehler* der Beobachtung oder der angenäherten Gleichung

$$a \doteq x'$$

heißt.

Wenn wir die Ergebnisse der verschiedenen Beobachtungen vergleichen, so werden die Verhältnisse der mathematischen Hoffnungen der Quadrate ihrer Fehler zueinander als bekannt voraussetzen.

Führen wir dementsprechend für verschiedene Beobachtungen ein und dieselbe unbekannte Zahl k ein, so werden wir die mathematische Hoffnung des möglichen Fehlerquadrats der gegebenen Beobachtung in Gestalt eines Bruches darstellen

$$\frac{k}{P} \qquad \cdot$$

mit einem bestimmten Nenner P, den wir bezeichnen werden als das *Gewicht* der Beobachtung oder als das Gewicht der entsprechenden Gleichung

$$a \doteq x'.$$

Das Gewicht einer Beobachtung wird nach verschiedenen Gesichtspunkten festgestellt, mehr oder weniger willkürlich. In erster Linie werden wir den einfachsten von ihnen anführen. Wenn nämlich alle bekannten Bedingungen irgend welcher Beobachtungen, die den Annäherungswert ein und derselben Zahl a ergeben, übereinstimmen, dann setzt man gewöhnlich voraus, daß die Gewichte dieser Beobachtungen dieselben sind.

Außer den Annäherungsgleichungen, die unmittelbar durch die Beobachtungen geliefert sind, werden wir auch andere angenäherte Gleichungen betrachten, die wir aus einer Menge verschiedener Beobachtungen ableiten. Es möge

$$U' \doteq 0$$

eine von diesen Gleichungen bedeuten. Der Ausdruck U' wird in bestimmter Weise aus den gesuchten Zahlen gebildet, ähnlich der Zahl a und aus Zahlen, die durch die Beobachtung erhalten sind.

Vertauschen wir die durch die Beobachtung gewonnenen Zahlen mit den vorgestellten möglichen Ergebnissen der Beobachtung, so erhalten wir an Stelle von U' einen neuen Ausdruck U, den wir den möglichen Fehler der angenäherten Gleichung

$$U' \neq 0$$

nennen.

Mathematische Hoffnungen von U aber nennen wir den konstanten Fehler der angenäherten Gleichung

$$U' \neq 0.$$

Wir werden nur solche angenäherten Gleichungen der vorgeschriebenen Art benutzen, von denen man auf Grund unserer Annahmen und Voraussetzungen annehmen darf, daß ihre konstanten Fehler Null sind.

Ferner werden wir, ebenso wie für die durch Beobachtung unmittelbar gewonnenen Gleichungen für die abgeleiteten Gleichungen, das ihnen zukommende Gewicht abschätzen, welches die mathematische Hoffnung des möglichen Fehlerquadrates darstellt in Gestalt eines Bruches

$$\frac{k}{P},$$

worin, wie früher k, eine unbekannte Zahl bedeutet, P aber das Gewicht der entsprechenden angenäherten Gleichung. Wenn die Beobachtungen die Möglichkeit ergeben, für irgendeine unbekannte Zahl a einige angenäherte Gleichungen der Form

$$a - X' \neq 0$$

aufzustellen, worin X' eine durch die Ergebnisse der Beobachtungen vollständig bestimmte Zahl darstellt, so werden wir aus diesen Gleichungen als beste zur Bestimmung der Zahl a diejenige herausnehmen, deren Gewicht am größten ist.

§ 38. Der Fall einer Unbekannten.

Es seien zur Bestimmung der unbekannten Zahl a ausgeführt n Beobachtungen, welche für a die angenäherten Werte ergeben

$$a', a'', \cdots, a^{(n)}.$$

Nach den oben gegebenen Erklärungen werden wir neben den wirklich erhaltenen Zahlen

$$a', a'', \cdots, a^{(n)}$$

die möglichen Ergebnisse der Beobachtungen betrachten, welche sein mögen

$$u', u'', \cdots, u^{(n)};$$

so daß u' das mögliche Ergebnis der ersten Beobachtung ist, welche die Zahl a' ergeben hat, u'' das mögliche Ergebnis der zweiten Beobachtung usw. Wir nehmen an, daß unsere Beobachtungen von einem konstanten Fehler frei sind und *voneinander unabhängig*, indem wir dieser letzteren Bedingung den Sinn verleihen, daß die Größen

$$u', u'', \cdots, u^{(n)}$$

nicht voneinander abhängen.

Die von uns gemachten Beobachtungen geben zur Bestimmung von a eine Reihe von angenäherten Gleichungen

$$a \doteq a', a \doteq a'', \cdots, a \doteq a^{(n)},$$

die gemäß unserer Annahme und Definition keinen konstanten Fehler enthalten.

Diesen Gleichungen erteilen wir bestimmte Gewichte zu

$$p', p'', \cdots, p^{(n)},$$

indem wir setzen

$$\text{M. H. } (a - u')^2 = \frac{k}{p'}, \quad \text{M. H. } (a - u'')^2 = \frac{k}{p''}, \quad \cdots,$$

$$\text{M. H. } (a - u^{(n)})^2 = \frac{k}{p^{(n)}}.$$

Indem wir ferner die Ergebnisse aller Beobachtungen benützen, stellen wir aus den obigen n Annäherungsgleichungen die folgende zusammen

$$a \doteq \lambda' a' + \lambda'' a'' + \cdots + \lambda^{(n)} a^{(n)},$$

wo die Wahl der Koeffizienten

$$\lambda', \lambda'', \cdots, \lambda^{(n)}$$

in unserem Belieben steht.

Erstens fordern wir, daß die angenäherte Gleichung

$$a \doteq \lambda' a' + \lambda'' a'' + \cdots + \lambda^{(n)} a^{(n)}$$

frei ist von einem konstanten Fehler.

Diese Bedingung wird offenbar ausgedrückt durch die Gleichung

$$\lambda' + \lambda'' + \cdots + \lambda^{(n)} = 1,$$

da ja die mathematische Hoffnung der Summe

$$\lambda' u' + \lambda'' u'' + \cdots + \lambda^{(n)} u^{(n)}$$

bei einem beliebigen bestimmten System von Zahlen

$$\lambda', \lambda'', \cdots, \lambda^{(n)}$$

gleich ist

$$(\lambda' + \lambda'' + \cdots + \lambda^{(n)})a.$$

Zweitens verlangen wir, daß das Gewicht der angenäherten Gleichung

$$a + \lambda' a' + \lambda'' a'' + \cdots + \lambda^{(n)} a^{(n)}$$

möglichst groß ist. Diese Forderung wird durch den Umstand hervorgerufen, daß wir den Wert jeder angenäherten Gleichung einschätzen nach ihrem Gewicht, wie oben festgesetzt wurde.

Haben wir derart eine Reihe von Voraussetzungen und Bedingungen festgesetzt, so haben wir die im Bereich der Praxis liegende unbestimmte Frage, wie man nach Möglichkeit sich am besten der Ergebnisse vieler Beobachtungen bedient, hierdurch in eine bestimmte mathematische Aufgabe übergeführt.

Bemerkung. Wir beschränken uns auf Gleichungen der Form

$$a + \lambda' a' + \lambda'' a'' + \cdots + \lambda^{(n)} a^{(n)}$$

nicht nur wegen ihrer besonderen Einfachheit, sondern auch aus dem Grund, daß es bei keiner anderen Gleichung auf Grund unserer Bedingungen möglich ist, zu behaupten, daß sie einen angenäherten Wert für a ohne konstanten Fehler liefert.

Setzen wir z. B.

$$a + \sqrt[n]{a' a'' \cdots a^{(n)}}$$

oder

$$a + \sqrt{\frac{a' a' + a'' a'' + \cdots a^{(n)} a^{(n)}}{n}},$$

so könnte die Möglichkeit eines konstanten Fehlers nicht beseitigt werden.

Zur Bestimmung des Gewichts der angenäherten Gleichung

$$a + \lambda' a' + \lambda'' a'' + \cdots + \lambda^{(n)} a^{(n)}$$

stellen wir die mathematische Hoffnung auf für das Quadrat der Differenz

$$a - (\lambda' u' + \lambda'' u'' + \cdots + \lambda^{(n)} u^{(n)}).$$

Infolge der Bedingung

$$\lambda' + \lambda'' + \cdots + \lambda^{(n)} = 1$$

ist dieses Quadrat gleich

$$\{ \lambda'(u' - a) + \lambda''(u'' - a) + \cdots + \lambda^{(n)}(u^{(n)} - a) \}^2$$
$$= \lambda' \lambda' (u' - a)^2 + \lambda'' \lambda'' (u'' - a)^2 + \cdots + \lambda^{(n)} \lambda^{(n)} (u^{(n)} - a)^2$$
$$+ 2 \lambda' \lambda'' (u' - a)(u'' - a) + \cdots$$

und seine mathematische Hoffnung reduziert sich auf

$$k \left[\frac{\lambda' \lambda'}{p'} + \frac{\lambda'' \lambda''}{p''} + \cdots + \frac{\lambda^{(n)} \lambda^{(n)}}{p^{(n)}} \right];$$

denn die mathematischen Hoffnungen der Quadrate

$$(u' - a)^2, \ (u'' - a)^2, \ \cdots, \ (u^{(n)} - a)^2$$

sind nach Voraussetzung gleich

$$\frac{k}{p'}, \ \frac{k}{p''}, \ \cdots, \ \frac{k}{p^{(n)}},$$

und die mathematische Hoffnung der Produkte

$$(u' - a)(u'' - a), \ \cdots, \ (u'' - a)(u^{(n)} - a), \ \cdots$$

mit verschiedenen Faktoren werden zu Null, kraft der Unabhängigkeit der Größen $u', u'', \cdots, u^{(n)}$. Indem wir die Größe

$$k \left[\frac{\lambda' \lambda'}{p'} + \frac{\lambda'' \lambda''}{p''} + \cdots + \frac{\lambda^{(n)} \lambda^{(n)}}{p^{(n)}} \right]$$

darstellen in Gestalt eines Bruches

$$\frac{k}{P},$$

schließen wir, daß das Gewicht P der von uns betrachteten angenäherten Gleichung

$$a + \lambda' a' + \lambda'' a'' + \cdots + \lambda^{(n)} a^{(n)}$$

bestimmt wird durch die Formel

$$P = \frac{1}{\dfrac{\lambda' \lambda'}{p'} + \dfrac{\lambda'' \lambda''}{p''} + \cdots + \dfrac{\lambda^{(n)} \lambda^{(n)}}{p^{(n)}}}.$$

Und folglich erreicht dieses Gewicht seinen größten Wert in dem Fall wo die Summe

$$\frac{\lambda'\lambda'}{p'} + \frac{\lambda''\lambda''}{p''} + \cdots + \frac{\lambda^{(n)}\lambda^{(n)}}{p^{(n)}}$$

ihren kleinsten Wert erreicht, natürlich unter Berücksichtigung der Bedingung

$$\lambda' + \lambda'' + \cdots + \lambda^{(n)} = 1.$$

Auf der andern Seite kann man leicht die Identität feststellen:

$$(p' + p'' + \cdots + p^{(n)})\left\{\frac{\lambda'\lambda'}{p'} + \frac{\lambda''\lambda''}{p''} + \cdots + \frac{\lambda^{(n)}\lambda^{(n)}}{p^{(n)}}\right\} - (\lambda' + \lambda'' + \cdots + \lambda^{(n)})^2$$

$$= \sum p^{(i)} p^{(j)} \left\{\frac{\lambda^{(i)}}{p^{(i)}} - \frac{\lambda^{(j)}}{p^{(j)}}\right\}^2,$$

worin i jede der Zahlen $2, 3, \cdots, n$ bedeutet, j aber jede der Zahlen $1, 2, 3, \cdots, i - 1$.

Die von uns angeführte Identität zeigt, daß die Summe

$$\frac{\lambda'\lambda'}{p'} + \frac{\lambda''\lambda''}{p''} + \cdots + \frac{\lambda^{(n)}\lambda^{(n)}}{p^{(n)}}$$

ihren kleinsten Wert in dem Fall erreicht, wenn alle Differenzen

$$\frac{\lambda^{(i)}}{p^{(i)}} - \frac{\lambda^{(j)}}{p^{(j)}}$$

zu Null werden. Setzen wir dementsprechend

$$\frac{\lambda'}{p'} = \frac{\lambda''}{p''} = \cdots = \frac{\lambda^{(n)}}{p^{(n)}} = \frac{\lambda' + \lambda'' + \cdots + \lambda^{(n)}}{p' + p'' + \cdots + p^{(n)}},$$

so erhalten wir zur Bestimmung der Koeffizienten

$$\lambda', \lambda'', \cdots, \lambda^{(n)}$$

die folgende allgemeine Formel

$$\lambda^{(i)} = \frac{p^{(i)}}{p' + p'' + \cdots + p^{(n)}}.$$

Für die Größen $\lambda', \lambda'', \cdots, \lambda^{(n)}$, welche die von uns angegebene Formel liefern, wird die Summe

$$\frac{\lambda'\lambda'}{p'} + \frac{\lambda''\lambda''}{p''} + \cdots + \frac{\lambda^{(n)}\lambda^{(n)}}{p^{(n)}}$$

ihren kleinsten Wert erreichen

$$\frac{1}{p' + p'' + \cdots + p^{(n)}},$$

das Gewicht aber der angenäherten Gleichung

$$a \doteq \lambda' a' + \lambda'' a'' + \cdots + \lambda^{(n)} a^{(n)}$$

erreicht seinen größten Wert

$$p' + p'' + \cdots + p^{(n)}.$$

Angesichts der auseinandergesetzten Erwägungen leiten wir aus den angenäherten Gleichungen, die man auf Grund der angeführten Beobachtungsergebnisse ableiten kann, als besten Näherungswert zur Bestimmung von a den folgenden ab

$$a \doteq \frac{p' a' + p'' a'' + \cdots + p^{(n)} a^{(n)}}{p' + p'' + \cdots + p^{(n)}} \tag{21}$$

und beachten, daß ihr Gewicht P gleich der Summe der Gewichte der Ausgangsgleichungen ist

$$a \doteq a',\ a \doteq a'',\ \cdots,\ a \doteq a^{(n)},$$

die unmittelbar aus den Beobachtungen gewonnen sind:

$$P = p' + p'' + \cdots + p^{(n)}. \tag{22}$$

In dem einfachsten Fall, wenn wir nämlich allen Beobachtungen ein und dasselbe Gewicht zuschreiben, wird die durch Formel (21) bestimmte angenäherte Größe a durch das arithmetische Mittel aus den Werten dargestellt, die unmittelbar durch die Beobachtungen gewonnen sind; das Gewicht der angenäherten Gleichung aber

$$a \doteq \frac{a' + a'' + \cdots + a^{(n)}}{n}$$

wird gleich der Anzahl der Beobachtungen sein, wenn wir als Gewicht jeder Beobachtung die Einheit nehmen.

Wir nehmen jetzt an, daß außer n Beobachtungen, welche die angenäherten Gleichungen

$$a \doteq a',\ a \doteq a'',\ \cdots,\ a \doteq a^{(n)}$$

von gleicher Zuverlässigkeit liefern, noch m Beobachtungen ausgeführt sind, die die angenäherten Gleichungen

$$a \doteq a^{(n+1)},\ a \doteq a^{(n+2)},\ \cdots,\ a \doteq a^{(n+m)}$$

liefern, ebenfalls von gleicher Zuverlässigkeit, die aber möglicherweise verschieden ist von der der ersten.

Indem wir den angenäherten Gleichungen

$$a = a', \; a = a'', \; \cdots, \; a = a^{(n)}$$

dieselbe Zuverlässigkeit zuschreiben, setzen wir die mathematischen Hoffnungen ihrer Fehler ein und derselben unbekannten Zahl k_1 gleich; die mathematischen Hoffnungen aber der Quadrate der Fehler der Gleichungen

$$a = a^{(n+1)}, \; a = a^{(n+2)}, \; \cdots, \; a = a^{(n+m)}$$

setzen wir einer andern unbekannten Zahl k_2 gleich.

Ferner können wir aus der Verbindung der Gleichungen

$$a = a', \; a = a'', \; \cdots, \; a = a^{(n)}$$

die Gleichung ableiten

$$a = \frac{a' + a'' + \cdots + a^{(n)}}{n},$$

für welche die mathematische Hoffnung des Fehlerquadrates gleich ist

$$\frac{k_1}{n};$$

der Gleichungen

$$a = a^{(n+1)}, \; a = a^{(n+2)}, \; \cdots, \; a = a^{(n+m)}$$

aber können wir uns bedienen zur Bildung einer zweiten angenäherten Gleichung

$$a = \frac{a^{(n+1)} + a^{(n+2)} + \cdots + a^{(n+m)}}{m},$$

bei der die mathematische Hoffnung des Fehlerquadrates gleich ist

$$\frac{k_2}{m}.$$

Wenn wir uns aber in der Absicht der besten Bestimmung der Zahl a aller $n + m$ Gleichungen zu bedienen wünschen:

$$a = a', \; a = a'', \; \cdots, \; a = a^{(n)}, \; a = a^{(n+1)}, \; \cdots, \; a = a^{(n+m)};$$

dann müssen wir, so oder so, die Größe des Verhältnisses $k_1 : k_2$ aufstellen.

Wir beginnen mit der einfachsten Annahme und setzen

$$k_1 = k_2.$$

Dann liefert uns die Gesamtheit aller $n + m$ Gleichungen

$$a \doteq a', \; a \doteq a'', \; \cdots, \; a \doteq a^{(n + m)}$$

die folgende Gleichung

$$a \doteq \frac{a' + a'' + \cdots + a^{(n + m)}}{n + m},$$

für welche die mathematische Hoffnung des Fehlerquadrates durch den Bruch ausgedrückt wird

$$\frac{k_1}{n + m} = \frac{k_2}{n + m}.$$

Wir bemerken, daß die Gleichung

$$a \doteq \frac{a' + a'' + \cdots + a^{(n + m)}}{n + m}$$

erhalten werden kann als Folge der beiden Gleichungen

$$a \doteq \frac{a' + a'' + \cdots + a^{(n)}}{n} \quad \text{und} \quad a \doteq \frac{a^{(n + 1)} + \cdots + a^{(n + m)}}{m},$$

deren Gewichte den Zahlen n und m proportional sind, da ja

$$\frac{a' + a'' + \cdots + a^{(n + m)}}{n + m} = \frac{\dfrac{a' + a'' + \cdots + a^{(n)}}{n} n + \dfrac{a^{(n + 1)} + a^{(n + 2)} + \cdots + a^{(n + m)}}{m} m}{n + m}.$$

Wenn wir in diesem Fall Grund haben, an der Richtigkeit der Annahme

$$k_1 = k_2$$

zu zweifeln, so entsteht die Frage nach der angenäherten Berechnung der Zahlen k_1 und k_2.

Wir stellen eine allgemeine Formel auf für die angenäherte Berechnung von Zahlen der Art, wie k_1 und k_2.

Bei der Anwendung dieser Formel auf den betrachteten Fall gibt diese Formel zwei angenäherte Gleichungen

$$k_1 \doteq k_1' \quad \text{und} \quad k_2 \doteq k_2',$$

auf Grund deren wir das Verhältnis $k_1 : k_2$ der unbekannten Zahlen k_1 und k_2 dem Verhältnis $k_1' : k_2'$ von bekannten Zahlen k_1' und k_2' gleich setzen. Schreiben wir dann dem Verhältnis $k_1 : k_2$ den bestimmten Wert $k_1' : k_2'$ zu, so können wir uns dann der Gesamtheit aller $n + m$ Gleichungen bedienen

$$a \doteq a', \; a \doteq a'', \; \cdots, \; a \doteq a^{(n + m)},$$

14*

um einen neuen Näherungswert n abzuleiten. Wenn wir aber die mathematischen Hoffnungen der Fehlerquadrate der verschiedenen angenäherten Gleichungen durch Brüche mit ein und demselben Zähler k_1 ausdrücken werden, so können wir das Gewicht jeder der Gleichungen

$$a \doteq a', \ a \doteq a'', \ \cdots, \ a \doteq a^{(n)}$$

gleich Eins setzen, und das Gewicht jeder der Gleichungen

$$a \doteq a^{(n+1)}, \ a \doteq a^{(n+2)}, \ \cdots, \ a \doteq a^{(n+m)}$$

können wir dem Verhältnis $k_1' : k_2'$ gleichsetzen, kraft der Identität

$$k_2 = \frac{k_1}{\left(\dfrac{k_1}{k_2}\right)}.$$

Unter diesen Bedingungen können wir aus der Gesamtheit der $n + m$ Gleichungen

$$a \doteq a', \ a \doteq a'', \ \cdots, \ a = a^{(n+m)}$$

die neue Gleichung ableiten

$$a \doteq \frac{a' + a'' + \cdots + a^{(n)} + \dfrac{k_1'}{k_2'}(a^{(n+1)} + \cdots + a^{(n+m)})}{n + m\,\dfrac{k_1'}{k_2'}},$$

deren Gewicht gleich ist

$$n + m\,\frac{k_1'}{k_2'}.$$

Die letzte Gleichung kann auch aus den beiden Gleichungen:

$$a \doteq \frac{a' + a'' + \cdots + a^{(n)}}{n} \quad \text{und} \quad a \doteq \frac{a^{(n+1)} + \cdots + a^{(n+m)}}{m}$$

abgeleitet werden, deren Gewichte proportional sind den Zahlen

$$n \quad \text{und} \quad m\,\frac{k_1'}{k_2'}.$$

Beachten wir die Aufgabe der weiteren Berechnungen, wenden wir uns also zu dem allgemeinen Fall und dementsprechend zu der angenäherten Gleichung

$$a \doteq \frac{p'a' + p''a'' + \cdots + p^{(n)}a^{(n)}}{p' + p'' + \cdots + p^{(n)}}$$

und setzen

$$a_0 = \frac{p'a' + p''a'' + \cdots + p^{(n)}a^{(n)}}{p' + p'' + \cdots + p^{(n)}},$$

und

$$\xi = \frac{p'u' + p''u'' + \cdots + p^{(n)}u^{(n)}}{p' + p'' + \cdots + p^{(n)}}.$$

Bemerkung. Betrachten wir die Summen

$$\sum p^{(i)}(u^{(i)} - \xi)^2 = p'(u' - \xi)^2 - p''(u'' - \xi)^2 + \cdots + p^{(n)}(u^{(n)} - \xi)^2$$

und

$$\sum p^{(i)}(a^{(i)} - a_0)^2 = p'(a' - a_0)^2 + p''(a'' - a_0)^2 + \cdots + p^{(n)}(a^{(n)} - a_0)^2$$

als Funktionen der Veränderlichen ξ und a_0, wobei wir alle übrigen Größen, die in diese Summen eingehen, als gegebene Zahlen ansehen, so bestimmen die von uns aufgestellten Formeln Werte von ξ und a_0, denen die kleinsten Werte der betrachteten Summen entsprechen.

Folglich teilt uns die Größe a_0, die wir als neuen Näherungswert von a annehmen, den kleinsten Wert der Quadratsumme

$$\sum \left\{ \sqrt{p_i}(a^{(i)} - a_0) \right\}^2$$

mit; und daher stammt die Benennung „Methode der kleinsten Quadrate".

Wir werden zeigen, daß die mathematische Hoffnung der Summe

$$\sum p^{(i)}(u^{(i)} - \xi)^2 = p'(u' - \xi)^2 + p''(u'' - \xi)^2 + \cdots + p^{(n)}(u^{(n)} - \xi)^2$$

gleich ist

$$(n - 1)k.$$

Hierfür erhalten wir auf Grund der Gleichungen

$$\sum p^{(i)}(u^{(i)} - a) = (\xi - a) \sum p^{(i)}$$

und

$$\sum p^{(i)}(u^{(i)} - \xi) = 0$$

der Reihe nach

$$\begin{aligned}
\sum p^{(i)}(u^{(i)} - \xi)^2 &= \sum p^{(i)}(u^{(i)} - \xi)(u^{(i)} - a - \xi + a)\\
&= \sum p^{(i)}(u^{(i)} - \xi)(u^{(i)} - a) - (\xi - a) \sum p^{(i)}(u^{(i)} - \xi)\\
&= \sum p^{(i)}(u^{(i)} - a - \xi + a)(u^{(i)} - a)\\
&= \sum p^{(i)}(u^{(i)} - a)^2 - (\xi - a) \sum p^{(i)}(u^{(i)} - a)\\
&= \sum p^{(i)}(u^{(i)} - a)^2 - (\xi - a)^2 \sum p^{(i)};
\end{aligned}$$

und ferner leiten wir, wenn wir uns erinnern, daß die mathematischen Hoffnungen der Produkte

$$p^{(i)}(u^{(i)} - a)^2 \quad \text{und} \quad (\xi - a)^2 \sum p^{(i)}$$

gleich k sind, aus der Gleichung

$$\sum p^{(i)}(u^{(i)} - \xi)^2 = \sum p^{(i)}(u^{(i)} - a)^2 - (\xi - a)^2 \sum p^{(i)}$$

ab:

$$\text{M. H. } \sum p^{(i)}(u^{(i)} - \xi)^2 = \text{M. H. } \sum p^{(i)}(u^{(i)} - a)^2 - \text{M. H. } (\xi - a)^2 \sum p^{(i)}.$$

Daher ist

$$\text{M. H. } \sum p^{(i)}(u^{(i)} - \xi)^2 = (n - 1)k. \tag{23}$$

Die Gleichung (23) wird benützt zur angenäherten Berechnung der Zahl k, indem man auf ihrer linken Seite die mathematische Hoffnung der Summe

$$\sum p^{(i)}(u^{(i)} - \xi)^2$$

mit demjenigen ihrer speziellen Werte vertauscht, der den Beobachtungsergebnissen entspricht. Auf diese Art wird die Gleichung gewonnen:

$$k = \frac{\sum p^{(i)}(a^{(i)} - a_0)^2}{n - 1},$$

die von einem konstanten Fehler frei ist. Dividieren wir die Zahl

$$\frac{\sum p^{(i)}(a^{(i)} - a_0)^2}{n - 1}$$

durch das Gewicht der angenäherten Gleichungen, so erhalten wir Näherungswerte für die mathematischen Hoffnungen der Quadrate ihrer Fehler. Zum Beispiel wird

$$\frac{\sum p^{(i)}(a^{(i)} - a_0)^2}{(n - 1)\sum p^{(i)}}$$

der angenäherte Wert der mathematischen Hoffnung des Fehlerquadrats der Gleichung

$$a = a_0 = \frac{p'a' + p''a'' + \cdots + p^{(n)}a^{(n)}}{p' + p'' + \cdots + p^{(n)}}.$$

In dem speziellen Fall, wo wir allen Gleichungen

$$a = a', \; a = a'', \; \ldots, \; a = a^{(n)}$$

ein und dasselbe Gewicht zuerteilen, haben wir

$$a = \frac{a' + a'' + \cdots + a^{(n)}}{n}$$

und für die mathematische Hoffnung des Fehlerquadrates jeder der gegebenen Gleichungen

$$a = a', \; a = a'', \; \ldots, \; a = a^{(n)}$$

erhalten wir den angenäherten Wert

$$k_1' = \frac{\sum \left\{ a^{(i)} - \frac{a' + a'' + \cdots + a^{(n)}}{n} \right\}^2}{n-1}.$$

In ganz ähnlicher Weise erhalten wir, wenn wir die Reihe der übrigen Gleichungen

$$a \neq a^{(n+1)},\ a \neq a^{(n+2)},\ \cdots,\ a \neq a^{(n+m)}$$

betrachten, denen wir ein und dasselbe Gewicht zuerteilen, für die mathematische Hoffnung des Fehlerquadrates von jeder unter ihnen den Näherungswert

$$k_2' = \frac{\sum \left\{ a^{(j)} - \frac{a^{(n+1)} + a^{(n+2)} + \cdots + a^{(n+m)}}{m} \right\}^2}{m-1},$$

hierin ist

$$j = n+1,\ n+2,\ \cdots,\ n+m.$$

Solcher Art haben wir die Grundlagen für die Methode der kleinsten Quadrate im Fall einer einzigen Unbekannten aufgestellt.

Außerdem betrachtet man oft die Wahrscheinlichkeiten der verschiedenen Annahmen für den Wert des Fehlers der erhaltenen Näherungsgleichungen. Es sei $\varDelta$ der uns unbekannte Fehler einer der Gleichungen von der Art

$$a \neq a' \quad \text{oder} \quad a \neq a_0,$$

und es sei der angenäherte Wert der mathematischen Hoffnung des Quadrates von $\varDelta$ auf dem oben angegebenen oder auf einem anderen Fundament berechnet. Wir bezeichnen die von uns gefundene mathematische Hoffnung von $\varDelta^2$ mit dem Buchstaben h und nehmen an, daß die Wahrscheinlichkeit der Ungleichheiten

$$c < \varDelta < d$$

für beliebige Werte von c und d durch das Integral ausgedrückt wird

$$\int_c^d A e^{-\mu x^2} dx$$

wobei A und μ konstante Zahlen sind (s. § 28).

Dann werden die Konstanten A und μ durch die beiden Gleichungen bestimmt

$$\int_{-\infty}^{+\infty} A e^{-\mu x^2} dx = 1 \quad \text{und} \quad \int_{-\infty}^{+\infty} A x^2 e^{-\mu x^2} dx = h$$

die zu den folgenden führen

$$\frac{A}{\sqrt{\mu}} = \frac{1}{\sqrt{\pi}} \quad \text{und} \quad \frac{A}{\sqrt{\mu^3}} = \frac{2h}{\sqrt{\pi}}.$$

Hieraus finden wir

$$\mu = \frac{1}{2h} \quad \text{und} \quad A = \frac{1}{\sqrt{2h\pi}}.$$

Dementsprechend nimmt man für die Wahrscheinlichkeit der Ungleichheiten

$$c < \varDelta < d$$

das Integral

$$\frac{1}{\sqrt{2h\pi}} \int_c^d e^{-\frac{x^2}{2h}} dx,$$

welches übergeht in

$$\frac{1}{\sqrt{\pi}} \int_{\frac{c}{\sqrt{2h}}}^{\frac{d}{\sqrt{2h}}} e^{-z^2} dz$$

mit Hilfe der Substitution

$$\frac{x^2}{2h} = z^2.$$

Um ferner den angegebenen Ausdruck für die Wahrscheinlichkeit zu rechtfertigen, betrachtet man den Fehler $\varDelta$ als Summe vieler unbekannter Fehler und stützt sich auf den angenäherten Ausdruck für die Wahrscheinlichkeit, daß die Summe vieler unabhängiger Größen innerhalb gegebener Grenzen liegt, die von uns im dritten Kapitel ausgeführt wurde.

Eine andere Rechtfertigung desselben Ausdrucks gründet sich auf seine Übereinstimmung mit den Beobachtungen. Um zu verdeutlichen, worin man diese Übereinstimmung erblickt, nehmen wir an, daß n Beobachtungen von demselben Wert für die unbekannte Zahl a die Werte ergaben

$$a', a'', \cdots, a^{(n)}.$$

Bei großen Werten von n nimmt man für die unbekannte Größe a

$$\frac{a' + a'' + \cdots + a^{(n)}}{n},$$

und dementsprechend rechnet man die Differenzen

$$a^{(i)} - \frac{a' + a'' + \cdots + a^{(n)}}{n} \quad \text{für} \quad i = 1, 2, \cdots, n$$

als Beobachtungsfehler an. Weiterhin setzt man

$$h = \frac{\sum\left(a^{(i)} - \frac{a' + a'' + \cdots + a^{(n)}}{n}\right)^2}{n - 1}$$

und berechnet in doppelter Weise die Zahl der Fehler, welche innerhalb gegebener Grenzen liegen.

Man berechnet nämlich auf der einen Seite die Anzahl der Differenzen

$$a^{(i)} - \frac{a' + a'' + \cdots + a^{(n)}}{n}$$

die innerhalb gegebener Grenzen liegen; und auf der andern Seite nimmt man auf Grund des BERNOULLIschen Theorems und des oben angegebenen Ausdrucks für die Wahrscheinlichkeit der Ungleichheiten

$$c < \varDelta < d$$

an, daß die Zahl der Fehler, welche zwischen c und d liegen, gleich ist

$$\frac{n}{\sqrt{\pi}} \int_{c : \sqrt{2h}}^{d : \sqrt{2h}} e^{-z^2} dz.$$

Es sind einige Fälle veröffentlicht, bei denen diese beiden Berechnungen übereinstimmende oder einander nahe kommende Werte ergeben. Hier halte ich es nicht für überflüssig, eine kurze Stelle aus POINCARES Werk anzuführen: „La Science et l'Hypothèse." „Un physicien éminent me disait un jour à propos de la loi des erreurs: Tout le monde y croit fermement parce que les mathématiciens s'imaginent, que c'est un fait d'observation, et les observateurs que c'est un théorème de mathématiques."

An Stelle der mathematischen Hoffnung des Fehlerquadrats betrachtet man oft den *mittleren Fehler* und den *wahrscheinlichen Fehler*. Der mittlere quadratische Fehler, der gleich der Quadratwurzel aus der mathematischen Hoffnung des Fehlerquadrates ist, wird bei der von uns gemachten Voraussetzung auf $\sqrt{h}$ zurückgeführt.

Der wahrscheinliche Fehler aber wird durch die Bedingung bestimmt, daß zwei Voraussetzungen gleiche Wahrscheinlichkeit haben: Die Voraussetzung, daß der Zahlenwert des Fehlers kleiner ist als der wahrscheinliche Fehler, und die Voraussetzung, daß der Zahlenwert des Fehlers größer ist als der wahrscheinliche Fehler.

Nimmt man wie früher an, daß die Wahrscheinlichkeit der Ungleichheiten

$$c < \varDelta < d$$

für beliebige Werte c und d durch das oben angeführte Integral ausgedrückt wird, so wird der wahrscheinliche Fehler ausgedrückt durch das Produkt

$$\varrho \sqrt{h},$$

dabei bedeutet ϱ die Lösung der Gleichung

$$\frac{2}{\sqrt{\pi}} \int_{0}^{\frac{\varrho}{\sqrt{2}}} e^{-z^2} dz = \frac{1}{2},$$

woraus wir finden

$$\frac{\varrho}{\sqrt{2}} = 0{,}47693 \ldots \quad \text{und} \quad \varrho = 0{,}67448 \ldots$$

Angesichts solcher bestimmten Zusammenhänge zwischen der mathematischen Hoffnung des Fehlerquadrats, dem mittleren Fehler und dem wahrscheinlichen Fehler genügt es in jedem Fall, eine dieser drei Größen zu betrachten.

§ 39. Der Fall mehrerer Unbekannten.

Wir gehen zum Fall mehrerer Unbekannten über, und nehmen an, daß verlangt wird, die m Zahlen zu finden

$$a_1, a_2, \ldots, a_m$$

und daß die Beobachtungen die Näherungswerte

$$b', b'', \ldots, b^{(n)}$$

ergeben für die Ausdrücke

$$A_1' a_1 + A_2' a_2 + \cdots + A_m' a_m,$$
$$A_1'' a_1 + A_2'' a_2 + \cdots + A_m'' a_m,$$
$$\cdots \cdots \cdots \cdots \cdots \cdots \cdots$$
$$A_1^{(n)} a_1 + A_2^{(n)} a_2 + \cdots + A_m^{(n)} a_m,$$

die linear sind in bezug auf die gesuchten Zahlen. Die Koeffizienten A dieser n Ausdrücke setzen wir als gegebene Zahlen voraus.

Jede Beobachtung werden wir wie früher als einen besonderen Fall vieler Beobachtungen betrachten. Dementsprechend müssen wir zugleich mit jeder Zahl $b^{(j)}$, die durch Beobachtung gewonnen ist und den Näherungswert der Summe

$$A_1^{(j)} a_1 + A_2^{(j)} a_2 + \cdots + A_m^{(j)} a_m$$

bedeutet, das mögliche Ergebnis $u^{(j)}$ derselben Beobachtungen betrachten.

Außerdem werden wir voraussetzen, daß die Gleichung

$$A_1^{(j)} a_1 + A_2^{(j)} a_2 + \cdots + A_m^{(j)} a_m \neq b^{(j)}$$

frei ist von einem konstanten Fehler; mit anderen Worten, wir werden die mathematische Hoffnung der Zahl $u^{(j)}$ der Summe gleichsetzen:

$$A_1^{(j)} a_1 + A_2^{(j)} a_2 + \cdots + A_m^{(j)} a_m.$$

Den Grad der Zuverlässigkeit der Näherungsgleichungen

$$A_1' \, a_1 + A_2' \, a_2 + \cdots + A_m' \, a_m \neq b',$$
$$A_1'' \, a_1 + A_2'' \, a_2 + \cdots + A_m'' \, a_m \neq b'',$$
$$\cdots \cdots \cdots \cdots \cdots \cdots$$
$$A_1^{(n)} a_1 + A_2^{(n)} a_2 + \cdots + A_m^{(n)} a_m \neq b^{(n)}$$

werden wir schätzen durch ihre Gewichte

$$p', p'', \ldots, p^{(n)},$$

indem wir setzen

$$\text{M. H. } [u^{(j)} - c^{(j)}]^2 = \frac{k}{p^{(j)}},$$

für

$$c^{(j)} = A_1^{(j)} a_1 + A_2^{(j)} a_2 + \cdots + A_m^{(j)} a_m.$$

Wir werden von einander unabhängige Beobachtungen voraussetzen, damit die mathematischen Hoffnungen der Produkte je zweier verschiedener Faktoren

$$u' - c', \quad u'' - c'', \ldots, u^{(n)} - c^{(n)},$$

zu Null werden.

Ferner betrachten wir zwei Voraussetzungen.

Wir beginnen mit der Voraussetzung, daß uns keine Beziehung bekannt ist zwischen den gesuchten Zahlen

$$a_1, a_2, \ldots, a_m.$$

Es möge a_l eine der gesuchten Zahlen bedeuten.

Um aus den oben angeführten Gleichungen einen angenäherte Wert von a_l abzuleiten, führen wir als Hilfsgrößen die Multiplikatoren ein

$$\lambda', \lambda'', \ldots, \lambda^{(n)}$$

und wir nehmen an

$$a_l + \lambda'b' + \lambda''b'' + \cdots + \lambda^{(n)}b^{(n)}.$$

Die Koeffizienten

$$\lambda', \lambda'', \ldots, \lambda^{(n)}$$

unterwerfen wir denselben beiden Bedingungen, wie auch im Fall einer einzigen Unbekannten.

Die erste Bedingung besteht darin, daß aus den angenommenen Grundlagen unzweifelhaft folgt, daß die Gleichung

$$a_l + \lambda'b' + \lambda''b'' + \cdots + \lambda^{(n)}b^{(n)}$$

von einem konstanten Fehler frei ist. Kraft dieser Bedingung betrachten wir nur solche Zahlengruppen

$$\lambda', \lambda'', \ldots, \lambda^{(n)},$$

für deren jede die Gleichung erfüllt ist

$$\text{M. H.} \ (\lambda'u' + \lambda''u'' + \cdots + \lambda^{(n)}u^{(n)}) = a_l$$

für willkürliche Werte

$$a_1, a_2, \ldots, a_m.$$

Es ist aber

$$\text{M. H.} \ (\lambda'u' + \lambda''u'' + \cdots + \lambda^{(n)}u^{(n)}) = \lambda'c' + \lambda''c'' + \cdots + \lambda^{(n)}c^{(n)}$$

und

$$c^{(j)} = A_1^{(j)}a_1 + A_2^{(j)}a_2 + \cdots + A_m^{j}a_m,$$

und deshalb führt die Gleichung

$$\text{M. H.} \ (\lambda'u' + \lambda''u'' + \cdots + \lambda^{(n)}u^{(n)}) = a_l$$

auf die folgende

$$\left.\begin{array}{l} (A_1'\,\lambda' + A_1''\,\lambda'' + \cdots + A_1^{(n)}\lambda^{(n)})\,a_1 \\ (A_2'\,\lambda' + A_2''\,\lambda'' + \cdots + A_2^{(n)}\lambda^{(n)})\,a_2 \\ \cdot \ \cdot \ \cdot \ \cdot \ \cdot \ \cdot \ \cdot \ \cdot \ \cdot \ \cdot \ \cdot \\ (A_m'\,\lambda' + A_m''\,\lambda'' + \cdots + A_m^{(n)}\lambda^{(n)})\,a_m \end{array}\right\} = a_l,$$

die wegen der Unbestimmtheit der Zahlen

$$a_1, a_2, \ldots, a_m$$

in m Gleichungen zerfällt; es muß nämlich sein

und
$$A_l'\lambda' + A_l''\lambda'' + \cdots + A_l^{(n)}\lambda^{(n)} = 1$$
$$A_i'\lambda' + A_i''\lambda'' + \cdots + A_i^{(n)}\lambda^{(n)} = 0$$ (*)

wobei i eine beliebige der Zahlen

$$1, 2, \ldots, m$$

bedeutet, ausgenommen l.

Die zweite Bedingung besteht darin, daß das Gewicht unserer Gleichung

$$a_l + \lambda' b' + \lambda'' b'' + \cdots + \lambda^{(n)} b^{(n)}$$

möglichst groß sein soll. Wir finden dieses Gewicht, wenn wir die mathematische Hoffnung des Quadrates der Differenz

$$\xi_l - a_l$$

betrachten; dabei ist

$$\xi_l = \lambda' u' + \lambda'' u'' + \cdots + \lambda^{(n)} u^{(n)}.$$

Was aber die Differenz betrifft

$$\xi_l - a_l,$$

so ist sie gleich

$$\lambda'(u' - c') + \lambda''(u'' - c'') + \cdots + \lambda^{(n)}(u^{(n)} - c^{(n)});$$

denn es ist

$$a_l = \lambda' c' + \lambda'' c'' + \cdots + \lambda^{(n)} c^{(n)}.$$

Deshalb ist

$$(\xi_l - a_l)^2 = \lambda'\lambda'(u' - c')^2 + \lambda''\lambda''(u'' - c'')^2 + \cdots + \lambda^{(n)}\lambda^{(n)}(u^{(n)} - c^{(n)})^2$$
$$+ 2\lambda'\lambda''(u' - c')(u'' - c'') + \cdots$$

und

$$\text{M. H. } (\xi_l - a_l)^2 = k \left\{ \frac{\lambda'\lambda'}{p'} + \frac{\lambda''\lambda''}{p''} + \cdots + \frac{\lambda^{(n)}\lambda^{(n)}}{p^{(n)}} \right\};$$

folglich wird das Gewicht der betrachteten Näherungsgleichung durch den Bruch ausgedrückt

$$\frac{1}{\frac{\lambda'\lambda'}{p'} + \frac{\lambda''\lambda''}{p''} + \cdots + \frac{\lambda^{(n)}\lambda^{(n)}}{p^{(n)}}}$$

wie auch im Fall einer einzigen Unbekannten, und es erreicht seinen größten Wert dann, wenn die Summe

$$\frac{\lambda'\lambda'}{p'} + \frac{\lambda''\lambda''}{p''} + \cdots + \frac{\lambda^{(n)}\lambda^{(n)}}{p^{(n)}}$$

ihren kleinsten Wert erreicht.

Wir sind so zu der folgenden Aufgabe gelangt:

Aus den verschiedenen Koeffizientensystemen

$$\lambda', \lambda'', \ldots, \lambda^{(n)},$$

welche der Bedingung (*) genügen, dasjenigen zu finden, für welche die Summe

$$\frac{\lambda'\lambda'}{p'} + \frac{\lambda''\lambda''}{p''} + \cdots + \frac{\lambda^{(n)}\lambda^{(n)}}{p^{(n)}}$$

ihren kleinsten Wert erreicht.

Um auf diese Aufgabe die bekannte Methode der Hilfsmultiplikatoren anzuwenden, stellen wir den Ausdruck auf

$$S = \frac{1}{2}T - \mu_1 T_1 - \mu_2 T_2 - \cdots - \mu_m T_m,$$

darin ist

$$T = \frac{\lambda'\lambda'}{p'} + \frac{\lambda''\lambda''}{p''} + \cdots + \frac{\lambda^{(n)}\lambda^{(n)}}{p^{(n)}},$$

$$T_1 = A_1'\lambda' + A_1''\lambda'' + \cdots + A_1^{(n)}\lambda^{(n)},$$

$$\cdot \quad \cdot \quad \cdot \quad \cdot \quad \cdot \quad \cdot \quad \cdot \quad \cdot \quad \cdot \quad \cdot$$

$$T_m = A_m'\lambda' + A_m''\lambda'' + \cdots + A_m^{(n)}\lambda^{(n)},$$

die Koeffizienten aber

$$\mu_1, \mu_2, \ldots, \mu_m$$

bedeuten unbekannte Hilfsgrößen. Betrachtet man die Zahlen

$$\mu_1, \mu_2, \ldots, \mu_m$$

als Konstanten, aber

$$\lambda', \lambda'', \ldots, \lambda^{(n)}$$

als Veränderliche, so hat man nach einer bekannten Regel die Ableitungen von S nach jeder dieser Unbekannten gleich Null zu setzen.

Wir erhalten dann das System von n Gleichungen

$$\left.\begin{aligned}
\frac{\lambda'}{p'} &= \mu_1 A_1' + \mu_2 A_2' + \cdots + \mu_m A_m' \\
\frac{\lambda''}{p''} &= \mu_1 A_1'' + \mu_2 A_2'' + \cdots + \mu_m A_m'' \\
\cdot \quad &\cdot \quad \cdot \quad \cdot \quad \cdot \quad \cdot \quad \cdot \quad \cdot \\
\frac{\lambda^{(n)}}{p^{(n)}} &= \mu_1 A_1^{(n)} + \mu_2 A_2^{(n)} + \cdots + \mu_m A_m^{(n)}
\end{aligned}\right\} \quad (**)$$

welches zusammen mit dem vorigen System von m Gleichungen (*) zur Bestimmung dienen muß von den $n + m$ Zahlen

$$\lambda', \lambda'', \ldots, \lambda^{(n)}, \quad \mu_1, \mu_2, \ldots, \mu_m.$$

Zur Lösung der von uns aufgestellten Gleichungen führen wir in die Gleichungen (*) die Ausdrücke

$$\lambda', \lambda'', \ldots, \lambda^{(n)}$$

ein, wie sie mit Hilfe der Gleichungen (**) erhalten werden aus den Hilfsfaktoren

$$\mu_1, \mu_2, \ldots, \mu_m.$$

Diese Substitution führt zu dem System von m Gleichungen

$$
\left.
\begin{aligned}
G_{1,1}\mu_1 + G_{1,2}\mu_2 + \cdots + G_{1,m}\mu_m &= 0, \\
\cdots\cdots\cdots\cdots\cdots\cdots\cdots\cdots\cdots \\
G_{l-1,1}\mu_1 + G_{l-1,2}\mu_2 + \cdots + G_{l-1,m}\mu_m &= 0, \\
G_{l,1}\mu_1 + G_{l,2}\mu_2 + \cdots + G_{l,m}\mu_m &= 1, \\
G_{l+1,1}\mu_1 + G_{l+1,2}\mu_2 + \cdots + G_{l+1,m}\mu_m &= 0, \\
\cdots\cdots\cdots\cdots\cdots\cdots\cdots\cdots\cdots \\
G_{m,1}\mu_1 + G_{m,2}\mu_2 + \cdots + G_{m,m}\mu_m &= 0
\end{aligned}
\right\}
\qquad (*_*^*)
$$

deren Koeffizienten durch die Formeln bestimmt werden

$$G_{i,j} = G_{j,i} = p'A_i'A_j' + p''A_i''A_j'' + \cdots + p^{(n)}A_i^{(n)}A_j^{(n)}.$$

Wir bemerken, daß die Determinante

$$
\varDelta =
\begin{vmatrix}
G_{1,1}, & G_{1,2}, & \ldots, & G_{1,m} \\
\cdot & \cdot & \cdots & \cdot \\
G_{l,1}, & G_{l,2}, & \ldots, & G_{l,m} \\
\cdot & \cdot & \cdots & \cdot \\
G_{m,1}, & G_{m,2}, & \ldots, & G_{m,m}
\end{vmatrix}
$$

die aus allen diesen Koeffizienten gebildet ist, auf Grund des Multiplikationssatzes der Determinanten gleich sein muß der Summe der Quadrate der Determinanten aller Systeme von m^2 Elementen, die aus dem System

$$
\left.
\begin{aligned}
&A_1'\sqrt{p'},\ A_1''\sqrt{p''},\ A_1'''\sqrt{p'''},\ \ldots,\ A_1^{(n)}\sqrt{p^{(n)}} \\
&A_2'\sqrt{p'},\ A_2''\sqrt{p''},\ A_2'''\sqrt{p'''},\ \ldots,\ A_2^{(n)}\sqrt{p^{(n)}} \\
&\cdots\cdots\cdots\cdots\cdots\cdots\cdots\cdots\cdots \\
&A_m'\sqrt{p'},\ A_m''\sqrt{p''},\ A_m'''\sqrt{p'''},\ \ldots,\ A_m^{(n)}\sqrt{p^{(n)}}
\end{aligned}
\right\}
\qquad (A)
$$

durch Streichungen von $n - m$ Kolonnen sich bilden lassen, sobald nur

$$n \geqq m;$$

ist aber $n < m$, so ist die Determinante $\varDelta$ gleich Null. Soll es also eine und nur eine Auflösung der aufgestellten Gleichung geben, so ist es nötig, von der Betrachtung sowohl die Fälle $n < m$ auszuschließen, wie auch die Fälle, wenn für $n \geqq m$ die Determinanten aller Systeme von m^2 Elementen zu Null werden, welche man aus (A) durch Streichung von $n - m$ Kolonnen erhält.

Die Notwendigkeit, diese Fälle auszuschließen, kann auch unabhängig von den angegebenen Methoden erwiesen werden.

Sie kommt her von dem Umstand, daß man in den von uns ausgeschlossenen Fällen bei gegebenen Beträgen der Summen

$$A_1{}' a_1 + A_2{}' a_2 + \cdots + A_m{}' a_m$$
$$\cdot \quad \cdot \quad \cdot \quad \cdot \quad \cdot \quad \cdot \quad \cdot \quad \cdot \quad \cdot$$
$$A_1{}^{(n)} a_1 + A_2{}^{(n)} a_2 + \cdots + A_m{}^{(n)} a_m$$

die gesuchten Größen $a_1, a_2, \ldots, a_m$ nicht bestimmen kann.

Von den Hilfsmultiplikatoren

$$\mu_1, \mu_2, \ldots, \mu_m$$

hat μ_l eine besondere Bedeutung, da ja der Bruch

$$\frac{1}{\mu_l}$$

das Gewicht der Näherungsgleichung

$$a_l = \lambda' b' + \lambda'' b'' + \cdots + \lambda^{(n)} b^{(n)}$$

ausdrückt, wenn die Koeffizienten

$$\lambda', \lambda'', \ldots, \lambda^{(n)}$$

durch die oben aufgestellten Gleichungen bestimmt sind.

Für Werte aber von

$$\lambda', \lambda'', \ldots, \lambda^{(n)}$$

die nur den Gleichungen (*) genügen, wird das Gewicht der Gleichung

$$a_l = \lambda' b' + \lambda'' b'' + \cdots + \lambda^{(n)} b^{(n)}$$

kleiner als $\frac{1}{\mu_l}$ sein, wie wir sogleich zeigen werden.

In der Tat, es sei das Zahlensystem

$$\mu_1, \mu_2, \ldots, \mu_m$$

eine Lösung des Gleichungssystems $({}_* {}^* {}_*)$.

Verstehen wir ferner unter

$$\lambda', \lambda'', \ldots, \lambda^{(n)}$$

veränderliche Zahlen, und bezeichnen wir durch die Symbole

$$\bar{\lambda}', \bar{\lambda}'', \ldots, \bar{\lambda}^{(n)}$$

die durch die Gleichungen (**) bestimmten Werte dieser Veränderlichen; anders gesagt, setzen wir

für

$$\frac{\bar{\lambda}^{(i)}}{p^{(i)}} = \mu_1 A_1^{(i)} + \mu_2 A_2^{(i)} + \cdots + \mu_m A_m^{(i)}$$

$$i = 1, 2, \ldots, m.$$

Unter diesen Bedingungen kann der Ausdruck

$$S = \frac{1}{2} T - \mu_1 T_1 - \mu_1 T_2 - \cdots - \mu_m T_m$$

dargestellt werden in Gestalt der algebraischen Summe

$$\frac{(\lambda' - \bar{\lambda}')^2}{2 p'} + \frac{(\lambda'' - \bar{\lambda}'')^2}{2 p''} + \cdots + \frac{(\bar{\lambda}^{(n)} - \bar{\lambda}^{(n)})^2}{2 p^{(n)}}$$

$$- \frac{\bar{\lambda}' \bar{\lambda}'}{2 p'} - \frac{\bar{\lambda}'' \bar{\lambda}''}{2 p''} - \cdots - \frac{\lambda^{(n)} \bar{\lambda}^{(n)}}{2 p^{(n)}}.$$

Auf der anderen Seite haben wir

$$S = \frac{1}{2} \left(\frac{\lambda' \lambda'}{p'} + \frac{\lambda'' \lambda''}{p''} + \cdots + \frac{\lambda^{(n)} \lambda^{(n)}}{p^{(n)}} \right) - \mu_l$$

in allen den Fällen, wo die Zahlen

$$\lambda', \lambda'', \ldots \lambda^{(n)}$$

den oben aufgestellten Gleichungen (*) genügen.

Folglich muß für jedes Zahlensystem

$$\lambda', \lambda'', \ldots, \lambda^{(n)},$$

das den Gleichungen (*) genügt, sein

$$\frac{\lambda'\lambda'}{2p'} + \frac{\lambda''\lambda''}{2p''} + \cdots + \frac{\lambda^{(n)}\lambda^{(n)}}{2p^{(n)}} = \frac{(\lambda' - \overline{\lambda}')^2}{2p'} + \cdots + \frac{(\lambda^{(n)} - \overline{\lambda}^{(n)})^2}{2p^{(n)}} + \mu_l$$

$$- \frac{\overline{\lambda}'\,\overline{\lambda}'}{2p'} - \frac{\overline{\lambda}''\overline{\lambda}''}{2p''} - \cdots - \frac{\overline{\lambda}^{(n)}\overline{\lambda}^{(n)}}{2p^{(n)}};$$

woraus wir für

$$\lambda' = \overline{\lambda}', \ \lambda'' = \overline{\lambda}'', \ldots, \ \lambda^{(n)} = \overline{\lambda}^{(n)}$$

ableiten

$$\frac{\overline{\lambda}'\,\overline{\lambda}'}{p'} + \frac{\overline{\lambda}''\overline{\lambda}''}{p''} + \cdots + \frac{\overline{\lambda}^{(n)}\overline{\lambda}^{(n)}}{p^{(n)}} = \mu_l.$$

Hieraus kann man auch leicht schließen, daß μ_l den kleinsten möglichen Wert darstellt, den die Summe

$$\frac{\lambda'\lambda'}{p'} + \frac{\lambda''\lambda''}{p''} + \cdots + \frac{\lambda^{(n)}\lambda^{(n)}}{p^{(n)}}$$

bei Bestehen der Gleichung (*) erhalten kann; denn die Summe

$$\frac{\overline{\lambda}'\,\overline{\lambda}'}{p'} + \frac{\overline{\lambda}''\overline{\lambda}''}{p''} + \cdots + \frac{\overline{\lambda}^{(n)}\overline{\lambda}^{(n)}}{p^{(n)}}$$

ist gleich μ_l, wie bewiesen, aber die Summe

$$\frac{(\lambda' - \overline{\lambda}')^2}{2p'} + \cdots + \frac{(\lambda^{(n)} - \overline{\lambda}^{(n)})^2}{2p^{(n)}}$$

kann keine negative Zahl sein.

Daher zeichnet sich unter allen Gleichungen

$$a_l + \lambda' b' + \lambda'' b'' + \cdots + \lambda^{(n)} b^{(n)}$$

von denen man auf Grund unserer Daten und Bedingungen behaupten kann, daß sie von einem konstanten Fehler frei sind, diejenige durch das größte Gewicht aus, deren Koeffizienten

$$\lambda', \lambda'', \ldots, \lambda^{(n)}$$

durch die Gleichungen (**) und $(_*{}^*{}_*)$ bestimmt werden; dieses größte Gewicht aber ist dem Bruche gleich

$$\frac{1}{\mu_l}.$$

Aus dem gleichen System von m Gleichungen $(_*{}^*{}_*)$ folgt

$$\frac{1}{\mu_l} = \frac{\varDelta}{\varDelta_{l,\,l}},$$

wobei wir setzen:

$$\Delta_{l,l} = \begin{vmatrix} G_{1,1}, & \cdots, & G_{1,l-1}, & G_{1,l+1}, & \cdots, & G_{1,m} \\ \cdot & \cdot & \cdot & \cdot & \cdot & \cdot \\ G_{l-1,1}, & \cdots, & G_{l-1,l-1}, & G_{l-1,l+1}, & \cdots, & G_{l-1,m} \\ G_{l+1,1}, & \cdots, & G_{l+1,l-1}, & G_{l+1,l+1}, & \cdots, & G_{l+1,m} \\ G_{m,1}, & \cdots, & G_{m,l-1}, & G_{m,l+1}, & \cdots, & G_{m,m} \end{vmatrix}.$$

Bei den weiteren Entwicklungen bedürfen wir auch andere Minoren erster Ordnung der Determinante Δ. Wir erinnern daran, daß die Determinante Δ mit Hilfe ihrer Minoren sich durch die Summen ausdrücken läßt

$$\begin{aligned} \Delta &= G_{1,1}\Delta_{1,1} + G_{1,2}\Delta_{1,2} + \cdots + G_{1,m}\Delta_{1,m} \\ &= G_{1,1}\Delta_{1,1} + G_{2,1}\Delta_{2,1} + \cdots + G_{m,1}\Delta_{m,1} \\ &= G_{2,1}\Delta_{2,1} + G_{2,2}\Delta_{2,2} + \cdots + G_{2,m}\Delta_{2,m} \\ &= G_{1,2}\Delta_{1,2} + G_{2,2}\Delta_{2,2} + \cdots + G_{m,2}\Delta_{m,2} \\ &\quad \cdot \quad \cdot \quad \cdot \quad \cdot \quad \cdot \quad \cdot \quad \cdot \quad \cdot \quad \cdot \end{aligned}$$

worin allgemein $\Delta_{i,l}$ das Produkt von $(-1)^{i+l}$ in die Determinante bedeutet, die man aus Δ erhält durch des Ausstreichen der Kolonne

$$\begin{aligned} G_{1,l} \\ G_{2,l} \\ \cdot \\ \cdot \\ G_{m,l} \end{aligned}$$

und der Zeile

$$G_{i,1}, G_{i,2}, \ldots, G_{i,m}.$$

Ferner erinnern wir daran, daß jede Summe:

$$G_{1,i}\Delta_{1,j} + G_{2,i}\Delta_{2,j} + \cdots + G_{m,i}\Delta_{m,j},$$

worin i und j zwei verschiedene Zahlen aus der Reihe

$$1, 2, 3, \ldots, m$$

sind, zu Null wird, desgleichen auch die Summe

$$G_{i,1}\Delta_{j,1} + G_{i,2}\Delta_{j,2} + \cdots + G_{i,m}\Delta_{j,m}.$$

Endlich kann man leicht die Gleichung aufstellen

$$\Delta_{i,j} = \Delta_{j,i}$$

als Folgerung aus der Symmetrie der Determinante Δ.

Setzt man daher

$$a_l^0 = \lambda' b' + \lambda'' b'' + \cdots + \lambda^{(n)} b^{(n)}$$

und bestimmt die Koeffizienten

$$\lambda', \lambda'', \ldots, \lambda^{(n)}$$

durch die Gleichungen (**) und (***) für die verschiedenen Werte von l, so kann man Näherungswerte

$$a_1^0, a_2^0, \ldots, a_m^0$$

erhalten für alle gesuchten Zahlen

$$a_1, a_2, \ldots, a_m.$$

Dieselben Näherungswerte kann man durch ein recht einfaches System von Gleichungen bestimmen.

§ 40. Fortsetzung der Untersuchungen.

Wir haben im Auge, zu diesem System zu gelangen und bilden die Ausdrücke

und

$$\left. \begin{aligned} W &= \sum p (A_1 \xi_1 + A_2 \xi_2 + \cdots + A_m \xi_m - u)^2 \\ W^0 &= \sum p (A_1 a_1^0 + A_2 a_2^0 + \cdots + A_m a_m^0 - b)^2 \end{aligned} \right\},$$

deren erster die Summe bedeutet:

$$p'(A_1'\xi_1 + A_2'\xi_2 + \cdots + A_m'\xi_m - u')^2 + p''(A_1''\xi_1 + \cdots + A_m''\xi_m - u'')^2 + \cdots$$
$$+ p^{(n)}(A_1^{(n)}\xi_1 + A_2^{(n)}\xi_2 + \cdots + A_m^{(n)}\xi_m - u^{(n)})^2,$$

während der zweite aus dem ersten erhalten wird, wenn man die Zahlen

$$\xi_1, \xi_2, \ldots, \xi_m, \quad u', u'', \ldots, u^{(n)}$$

entsprechend ersetzt durch

$$a_1^0, a_2^0, \ldots, a_m^0, \quad b', b'', \ldots, b^{(n)}.$$

Wir werden den Ausdruck W betrachten als Funktion der Veränderlichen

$$\xi_1, \xi_2, \ldots, \xi_m,$$

den Ausdruck W^0 aber als Funktion der Veränderlichen

$$a_1^0, a_2^0, \ldots, a_m^0,$$

indem wir als konstant betrachten nicht nur die gegebenen Zahlen

$$p', p'', \ldots, p^{(n)}, \quad b', b'', \ldots, b^{(n)},$$

sondern auch die unbestimmten Zahlen

$$u', u'', \ldots, u^{(n)}.$$

Unter diesen Bedingungen kann man leicht feststellen, daß W seinen kleinsten Wert erreicht für diejenigen Werte

$$\xi_1, \xi_2, \ldots, \xi_m,$$

die bestimmt werden durch die Formeln

$$\xi_l = \lambda' u' + \lambda'' u'' + \cdots + \lambda^{(n)} u^{(n)}$$

und die Gleichungen (**) und $({}_*\,{}^*_*)$ für $l = 1, 2, \ldots, m$; und deshalb erreicht W^0 seinen kleinsten Wert für solche Werte von

$$a_1^0, a_2^0, \ldots, a_m^0,$$

die durch die Gleichungen (**), $({}_*\,{}^*_*)$ bestimmt werden und die Formeln

$$a_l^0 = \lambda' b' + \lambda'' b'' + \cdots + \lambda^{(n)} b^{(n)}.$$

Zum Beweis setzen wir die Ableitungen des Ausdrucks W nach

$$\xi_1, \xi_2, \ldots, \xi_m$$

gleich Null, was uns das Gleichungssystem ergibt

$$\left.\begin{aligned}
G_{1,1}\,\xi_1 + \cdots + G_{m,1}\,\xi_m &= A_1' p' u' + \cdots + A_1^{(n)} p^{(n)} u^{(n)} \\
G_{1,2}\,\xi_1 + \cdots + G_{m,2}\,\xi_m &= A_2' p' u' + \cdots + A_2^{(n)} p^{(n)} u^{(n)} \\
\cdots \cdots \cdots \cdots \cdots \cdots &\cdots \cdots \cdots \cdots \cdots \cdots \cdots \\
G_{1,m}\,\xi_1 + \cdots + G_{m,m}\,\xi_m &= A_m' p' u' + \cdots + A_m^{(n)} p^{(n)} u^{(n)}
\end{aligned}\right\}, \quad (24)$$

worin $G_{i,j}$ wie früher die Summe bedeutet

$$p' A_i' A_j' + p'' A_i'' A_j'' + \cdots + p^{(n)} A_i^{(n)} A_j^{(n)}.$$

Durch dieses System werden diejenigen Werte

$$\xi_1, \xi_2, \ldots, \xi_m$$

bestimmt, für welchen W seinen kleinsten Wert erreicht.

Geben wir sodann dem Buchstaben l seine frühere Bedeutung, so können wir aus dem System der Gleichungen (24) alle Unbekannten

$$\xi_1, \xi_2, \ldots, \xi_m$$

mit Ausnahme von ξ_l eliminieren mit Hilfe derselben Multiplikatoren

$$\mu_1, \mu_2, \ldots, \mu_m,$$

deren wir uns früher bedienten. In der Tat geht aus den Gleichungen (24) leicht hervor die Gleichung:

$$\left.\begin{array}{l} \mu_1\,(G_{1,1}\,\xi_1 + \cdots + G_{m,1}\,\xi_m) \\ + \mu_2\,(G_{1,2}\,\xi_1 + \cdots + G_{m,2}\,\xi_m) \\ \cdot\cdot\cdot\cdot\cdot\cdot\cdot\cdot\cdot\cdot\cdot\cdot\cdot\cdot \\ + \mu_m\,(G_{1,m}\,\xi_1 + \cdots + G_{m,m}\,\xi_m) \end{array}\right\} = \left\{\begin{array}{l} \mu_1\,(A_1'\,p'\,u' + \cdots + A_1^{(n)}p^{(n)}u^{(n)}) \\ + \mu_2\,(A_2'\,p'\,u' + \cdots + A_2^{(n)}p^{(n)}u^{(n)}) \\ \cdot\cdot\cdot\cdot\cdot\cdot\cdot\cdot\cdot\cdot\cdot\cdot\cdot\cdot \\ + \mu_m\,(A_m'\,p'\,u' + \cdots + A_m^{(n)}\,p^{(n)}u^{(n)}), \end{array}\right.$$

die kraft der Gleichung $({}_*{}^*{}_*)$ ergibt

$$\xi_l = \left\{\begin{array}{l} (\mu_1 A_1' + \mu_2 A_2' + \cdots + \mu_m A_m')\,p'\,u' \\ \cdot\cdot\cdot\cdot\cdot\cdot\cdot\cdot\cdot\cdot\cdot\cdot\cdot\cdot \\ + (\mu_1 A_1^{(n)} + \mu_2 A_2^{(n)} + \cdots + \mu_m A_m^{(n)})\,p^{(n)}u^{(n)}. \end{array}\right.$$

Vergleicht man den letzteren Ausdruck ξ_l mit dem durch die Formeln

$$\xi_l = \lambda'u' + \lambda''u'' + \cdots + \lambda^{(n)}u^{(n)}$$

und durch die Gleichungen (**) bestimmten, so kann man sich sofort von der Identität dieser beiden Ausdrücke ξ_l überzeugen. Daher bestimmen die oben aufgestellten Formeln und Gleichungen dieselben Werte

$$\xi_1, \xi_2, \ldots, \xi_m$$

wie das System (24). Unsere Ausführung behält ihre Geltung, welches auch die Zahlenwerte

$$u', u'', \ldots, u^{(n)}$$

sein mögen.

In dem besonderen Fall, wenn

$$u' = b', u'' = b'', \ldots, u^{(n)} = b^{(n)},$$

folgt daraus, daß der Ausdruck W^0 in der Tat seinen kleinsten Wert erhält für solche Größen

$$a_1^0, a_2^0, \ldots, a_m^0,$$

mit deren Bestimmung wir uns im vorhergehenden Paragraphen beschäftigt haben. Durch diesen Umstand wird die Benennung „Methode der kleinsten Quadrate" aufgeklärt; denn W^0 stellt eine Summe von Quadraten dar von Ausdrücken der Form

$$\sqrt{p}\,(A_1 a_1^0 + A_2 a_2^0 + \cdots + A_m a_m^0 - b).$$

Daher können alle gesuchten Zahlen

$$a_1^0, a_2^0, \ldots, a_m^0,$$

die als Näherungswerte dienen für die Unbekannten

$$a_1, a_2, \ldots, a_m,$$

gefunden werden aus dem einen Gleichungssystem

$$\left.\begin{array}{l} G_{1,1} a_1^0 + \cdots + G_{m,1} a_m^0 = A_1' p' b' + \cdots + A_1^{(n)} p^{(n)} b^{(n)} \\ G_{1,2} a_1^0 + \cdots + G_{m,2} a_m^0 = A_2' p' b' + \cdots + A_2^{(n)} p^{(n)} b^{(n)} \\ \cdot \\ G_{1,m} a_1^0 + \cdots + G_{m,m} a_m^0 = A_m' p' b' + \cdots + A_m^{(n)} p^{(n)} b^{(n)} \end{array}\right\} \cdot \quad (25)$$

Die Größen aber

$$\xi_1, \xi_2, \ldots, \xi_m,$$

die mit den Größen

$$u', u'', \ldots, u^{(n)}$$

zusammenhängen durch die Formeln

$$\xi_i = \lambda' u' + \lambda'' u'' + \cdots + \lambda^{(n)} u^{(n)}$$

und durch die Gleichungen (**) und ($_*$*$_*$) genügen dem Gleichungssystem (24).

Betrachten wir endlich an Stelle von

$$u', u'', \ldots, u^{(n)}, \quad \xi_1, \xi_2, \ldots, \xi_m$$

die Differenzen

$$u' - c' = v', \quad u'' - c'' = v'', \ldots, u^{(n)} - c^{(n)} = v^{(n)},$$
$$\xi_1 - a_1 = \eta_1, \quad \xi_2 - a_2 = \eta_2, \ldots, \xi_m - a_m = \eta_m,$$

so können wir die Gleichungen aufstellen

$$G_{1,1} \eta_1 + G_{2,1} \eta_2 + \cdots + G_{m,1} \eta_m = \omega_1,$$
$$G_{1,2} \eta_1 + G_{2,2} \eta_2 + \cdots + G_{m,2} \eta_m = \omega_2,$$
$$\cdot\ \cdot\ \cdot\ \cdot\ \cdot\ \cdot\ \cdot\ \cdot\ \cdot\ \cdot\ \cdot\ \cdot\ \cdot\ \cdot$$
$$G_{1,m} \eta_1 + G_{2,m} \eta_2 + \cdots + G_{m,m} \eta_m = \omega_m,$$

wobei allgemein

$$\omega_i = A_i' p' v' + A_i'' p'' v'' + \cdots + A_i^{(n)} p^{(n)} v^{(n)}.$$

Diese Gleichungen dienen zur abermaligen Bestimmung der Gewichte der Näherungsgleichungen

$$a_1 + a_1^0, \quad a_2 + a_2^0, \ldots, a_m + a_m^0,$$

anders gesagt, zur Bestimmung des Verhältnisses der unbestimmten Zahl k zu den mathematischen Hoffnungen der Größen:

$$\eta_1{}^2 = (\xi_1 - a_1)^2, \quad \eta_2{}^2 = (\xi_2 - a_2)^2, \ldots, \eta_m^2 = (\xi_m - a_m)^2.$$

Mit Hilfe derselben Gleichungen werden wir zeigen, daß die mathematische Hoffnung des Ausdrucks W gleich ist

$$(n - m)\, k,$$

wenn

$$\xi_1, \xi_2, \ldots, \xi_m$$

mit

$$u', u'', \ldots, u^{(n)}$$

durch die Gleichungen (24) zusammenhängen, wie wir voraussetzen. Um dies zu beweisen, leiten wir aus den aufgestellten Gleichungen ab

$$\varDelta\, \eta_1 = \varDelta_{1,1}\, \omega_1 + \varDelta_{1,2}\, \omega_2 + \cdots + \varDelta_{1,m}\, \omega_m,$$

$$\cdot \quad \cdot \quad \cdot \quad \cdot \quad \cdot \quad \cdot \quad \cdot \quad \cdot \quad \cdot \quad \cdot \quad \cdot \quad \cdot \quad \cdot$$

$$\varDelta\, \eta_m = \varDelta_{m,1}\, \omega_1 + \varDelta_{m,2}\, \omega_2 + \cdots + \varDelta_{m,m}\, \omega_m,$$

worin $\varDelta$ und $\varDelta_{i,j}$ die oben angegebenen Bedeutungen haben.

Multiplizieren wir sodann beide Seiten der Gleichung

$$\varDelta\, \eta_l = \varDelta_{l,1}\, \omega_1 + \varDelta_{l,2}\, \omega_2 + \cdots + \varDelta_{l,m}\, \omega_m$$

mit ω_j und η_i, so erhalten wir die beiden Gleichungen

$$\varDelta\, \omega_j\eta_l = \varDelta_{l,1}\, \omega_j\omega_1 + \varDelta_{l,2}\, \omega_j\omega_2 + \cdots + \varDelta_{l,m}\, \omega_j\omega_m$$

und

$$\varDelta\, \eta_i\eta_l = \varDelta_{l,1}\, \omega_1\, \eta_i + \varDelta_{l,2}\, \omega_2\, \eta_i + \cdots + \varDelta_{l,m}\, \omega_m\, \eta_i,$$

welche die Möglichkeit ergeben, die Bestimmung der mathematischen Hoffnungen der Produkte

$$\omega_j\eta_l \quad \text{und} \quad \eta_i\eta_l$$

zurückzuführen auf die Aufsuchung der mathematischen Hoffnungen der Produkte der Form

$$\omega_i\omega_j.$$

Das Produkt $\omega_i\omega_j$ aber, gleich

$$(A_i' p' v' + \cdots + A_i^{(n)} p^{(n)} v^{(n)}) (A_j' p' v' + \cdots + A_j^{(n)} p^{(n)} v^{(n)})$$

kommt hinaus auf die Summe

$$A_i' A_j' (p' v')^2 + A_i'' A_j'' (p'' v'')^2 + \cdots + A_i^{(n)} A_j^{(n)} (p^{(n)} v^{(n)})^2$$

und solcher Produkte, deren jedes außer Konstanten noch enthält zwei verschiedene Zahlen des Systems

$$v', v'', \ldots, v^{(n)}.$$

Daher ist die mathematische Hoffnung des Produktes $\omega_i \omega_j$ identisch mit der mathematischen Hoffnung der Summe

$$A_i' A_j' (p'v')^2 + A_i'' A_j'' (p''v'')^2 + \cdots + A_i^{(n)} A_j^{(n)} (p^{(n)}v^{(n)})^2;$$

die letztere aber ist, wie leicht einzusehen, gleich dem Produkt der Zahl k in die Summe

$$p' A_i' A_j' + p'' A_i'' A_j'' + \cdots + p^{(n)} A_i^{(n)} A_j^{(n)},$$

die wir bezeichnen mit dem Symbol

$$G_{i,j}.$$

Folglich ist
$$\text{m. H. } \omega_i \omega_j = k\, G_{i,j}$$
und aus der Gleichung

$$\varDelta \omega_j \eta_l = \varDelta_{l,1}\, \omega_j \omega_1 + \varDelta_{l,2}\, \omega_j \omega_2 + \cdots + \varDelta_{l,m}\, \omega_j \omega_m$$

ergibt sich also

$$\varDelta\,(\text{m. H. } \omega_j \eta_l) = \varDelta_{l,1}\,(\text{m. H. } \omega_j \omega_1) + \cdots + \varDelta_{l,m}\,(\text{m. H. } \omega_j \omega_m)$$
$$= k\,\{ G_{j,1}\varDelta_{l,1} + G_{j,2}\varDelta_{l,2} + \cdots + G_{j,m}\varDelta_{l,m} \}.$$

Hieraus schließen wir, daß die mathematischen Hoffnungen der Produkte

$$\omega_1 \eta_1, \ \omega_2 \eta_2, \ \ldots, \ \omega_m \eta_m$$

gleich k sind, die mathematischen Hoffnungen der anderen Produkte aber

$$\omega_j \eta_l$$

wo j von l verschieden ist, gleich Null; denn es ist

$$G_{l,1}\varDelta_{l,1} + G_{l,2}\varDelta_{l,2} + \cdots + G_{l,m}\varDelta_{l,m} = \varDelta$$
und
$$G_{j,1}\varDelta_{l,1} + G_{j,2}\varDelta_{l,2} + \cdots + G_{j,m}\varDelta_{l,m} = 0,$$

wenn j nicht gleich l ist. Auf Grund hiervon leiten wir aus der Formel

$$\varDelta \eta_i \eta_i = \varDelta_{l,1}\, \omega_1 \eta_i + \varDelta_{l,2}\, \omega_2 \eta_i + \cdots + \varDelta_{l,m}\, \omega_m \eta_i$$

die Formel ab

$$\varDelta\,(\text{m. H. } \eta_i \eta_i) = \varDelta_{l,1}\,(\text{m. H. } \omega_1 \eta_i) + \cdots + \varDelta_{l,m}\,(\text{m. H. } \omega_m \eta_i)$$
$$= k\, \varDelta_{l,i}$$

und im besonderen

$$\text{m. H. } \eta_i \eta_i = \text{m. H. } (\xi_l - a_l)^2 = k \frac{\varDelta_{l,l}}{\varDelta}. \tag{26}$$

Daher wird die mathematische Hoffnung für das Fehlerquadrat der Näherungsgleichung

$$a_l + a_l^0$$

ausgedrückt durch das Produkt

$$k \frac{\varDelta_{l,l}}{\varDelta};$$

anders gesagt, das Gewicht der Gleichung

$$a_l + a_l^0$$

wird ausgedrückt durch den Bruch

$$\frac{\varDelta}{\varDelta_{l,l}}$$

wie auch auf anderem Wege gefunden wurde.

Wir wenden uns wieder zum Ausdruck

$$W = \sum p \, (A_1 \xi_1 + A_2 \xi_2 + \cdots + A_m \xi_m - u)^2$$

und wollen ihn vor allem, nachdem von uns eine Bezeichnung eingeführt ist, in andere Summen entwickeln, die W analog sind; wir werden nämlich die Summe

$$f(p', A_1', \ldots, A_m', u', c') + f(p'', A_1'', \ldots, A_m'', u'', c'') + \cdots$$
$$+ f(p^{(n)}, A_1^{(n)}, \ldots, A_m^{(n)}, u^{(n)}, c^{(n)})$$

zur Abkürzung so darstellen

$$\sum f(p, A_1, A_2, \ldots, A_m, u, c)$$

für eine beliebige Funktion

$$f(p, A_1, A_2, \ldots, A_m, u, c)$$

der Veränderlichen

$$p, A_1, A_2, \ldots, A_m, u, c,$$

wobei

$$\xi_1, \xi_2, \ldots, \xi_m, \quad a_1, a_2, \ldots, a_m$$

die Rolle von Konstanten spielen mögen.

Wir beachten ferner, daß kraft der Gleichung

$$c^{(j)} = A_1^{(j)} a_1 + A_2^{(j)} a_2 + \cdots + A_m^{(j)} a_m$$

sein muß

$$A_1^{(j)}\xi_1 + A_2^{(j)}\xi_2 + \cdots + A_m^{(j)}\xi_m - u^j = A_1^{(j)}\eta_1 + A_2^{(j)}\eta_2 + \cdots + A_m^{(j)}\eta_m - v^{(j)}.$$

Daher fällt W zusammen mit der Summe

$$\sum p\,(A_1\eta_1 + A_2\eta_2 + \cdots + A_m\eta_m - v)^2.$$

Auf der anderen Seite ergeben einfache Rechnungen:

$$\sum p\,(A_1\eta_1 + A_2\eta_2 + \cdots + A_m\eta_m - v)^2$$
$$= \eta_1 \sum p A_1\,(A_1\eta_1 + A_2\eta_2 + \cdots + A_m\eta_m - v) + \cdots$$
$$+ \eta_m \sum p A_m\,(A_1\eta_1 + A_2\eta_2 + \cdots + A_m\eta_m - v)$$
$$- \sum p v\,(A_1\eta_1 + A_2\eta_2 + \cdots + A_m\eta_m - v)$$
$$= - \sum p v\,(A_1\eta_1 + A_2\eta_2 + \cdots + A_m\eta_m - v)$$
$$= \sum p v^2 - \eta_1 \sum p A_1 v - \eta_2 \sum p A_2 v - \cdots - \eta_m \sum p A_m v$$
$$= \sum p v^2 - \eta_1 \omega_1 - \eta_2 \omega_2 - \cdots - \eta_m \omega_m;$$

denn jede der Summen

$$\sum p A_1\,(A_1\eta_1 + A_2\eta_2 + \cdots + A_m\eta_m - v),$$
$$\sum p A_2\,(A_1\eta_1 + A_2\eta_2 + \cdots + A_m\eta_m - v),$$
$$\cdot \quad \cdot \quad \cdot \quad \cdot \quad \cdot \quad \cdot \quad \cdot \quad \cdot \quad \cdot$$
$$\sum p A_m\,(A_1\eta_1 + A_2\eta_2 + \cdots + A_m\eta_m - v)$$

ist gleich Null. Folglich ist

$$W = \sum p v^2 - \eta_1 \omega_1 - \eta_2 \omega_2 - \cdots - \eta_m \omega_m$$

und

m. H. $W = \sum$ m. H. $p v^2 -$ m. H. $\eta_1 \omega_1 -$ m. H. $\eta_2 \omega_2 - \cdots -$ m. H. $\eta_m \omega_m$
$$= (n - m)\,k,$$

da die mathematische Hoffnung eines jeden der Produkte

$$p'v'v', \ldots, p^{(n)}v^{(n)}v^{(n)}; \quad \eta_1\omega_1, \eta_2\omega_2, \ldots, \eta_m\omega_m$$

der Zahl k gleich ist. Die Formel

$$\text{m. H. } W = (n - m)\,k \qquad (27)$$

dient als Grundlage für die angenäherte Gleichung

$$k \doteq \frac{W^0}{n - m}:$$

sie zeigt, daß diese Gleichung frei ist von einem konstanten Fehler, wobei W^0 wie früher die Summe bezeichnet

$$p'(A_1'a_1^0 + A_2'a_2^0 + \cdots + A_m'a_m^0 - b')^2 + p''(A_1''a_1^0 + \cdots + A_m''a_m^0 - b'')^2 + \cdots$$
$$+ p^{(n)}(A_1^{(n)}a_1^0 + \cdots + A_m^{(n)}a_m^0 - b^{(n)})^2.$$

Der Ausdruck W^0 enthält außer gegebenen Elementen nur die Zahlen

$$a_1^0, a_2^0, \ldots, a_m^0,$$

die aus den Gleichungen (25) gefunden werden können.

Folglich kann man die Größe W^0 in jedem besonderen Fall berechnen, und daher haben wir mit Benutzung der Gleichung

$$k \div \frac{W^0}{n-m}$$

die Möglichkeit einen Näherungswert für k zu finden; und ferner können wir nach Formel (26) die angenäherten Werte der mathematischen Hoffnungen finden für die Quadrate der Fehler der Gleichungen

$$a_1 \div a_1^0, a_2 \div a_2^0, \ldots, a_m \div a_m^0,$$

die mit der Methode der kleinsten Quadrate gefunden sind.

Endlich, wenn das für nötig befunden wird, können wir auch die Wahrscheinlichkeit für die verschiedenen Annahmen der Größe der Fehler einer beliebigen der Gleichungen

$$a_1 \div a_1^0, a_2 \div a_2^0, \ldots, a_m \div a_m^0$$

betrachten, auf grund von Überlegungen, die wir oben anstellten, als die Rede war von dem Fall einer einzigen Unbekannten.

§ 41. Ansatz für den Fall von abhängigen Größen.
Anwendung auf die Winkel im Dreieck.

Wir wollen jetzt annehmen, daß uns außer den Daten und Bedingungen des § 39 nach einige Beziehungen zwischen $a_1, a_2, \ldots, a_m$ bekannt sind. Und genau so, wie wir früher die Ausdrücke, deren Näherungswerte durch Beobachtungen erhalten wurden, als linear in $a_1, a_2, \ldots, a_m$ voraussetzten, so werden wir auch jetzt als linear in bezug auf $a_1, a_2, \ldots, a_m$ die Ausdrücke voraussetzen, deren genaue Werte uns abgesehen von Beobachtungen bekannt sind.

Solche Annahmen sind gewöhnlich gerechtfertigt unter der Voraussetzung, daß die Methode der kleinsten Quadrate angewendet wird zur

Bestimmung kleiner Verbesserungen an den so oder so gefundenen angenäherten Werten der unbekannten Größen. Angesichts der vorausgesetzten Kleinheit der Zahlen a_1, a_2, ..., a_m vernachlässigt man ihre höheren Potenzen, und deshalb kommen alle Ausdrücke, welche diese Zahlen enthalten, auf lineare hinaus.

Ohne bei der Zuverlässigkeit der angegebenen Überlegungen zu verweilen, bemerken wir, daß die Voraussetzung der linearen Form aller Ausdrücke, deren Werte durch Beobachtungen gefunden werden, oder abgesehen von Beobachtungen bekannt sind, zu den Grundlagen gehört, und daß ihre Verletzung uns die Möglichkeit rauben würde, die Methode der kleinsten Quadrate auf den oben angegebenen Grundlagen zu erbauen.

Wir mögen also, außer den angenäherten Gleichungen

$$A_1' a_1 + A_2' a_2 + \cdots + A_m' a_m \pm b',$$
$$A_1'' a_1 + A_2'' a_2 + \cdots + A_m'' a_m \pm b'',$$
$$\cdots \quad \cdots \quad \cdots \quad \cdots \quad \cdots \quad \cdots$$
$$A_1^{(n)} a_1 + A_2^{(n)} a_2 + \cdots + A_m^{(n)} a_m \pm b^{(n)}$$

noch ν völlige genaue Gleichungen haben:

$$D_1' a_1 + D_2' a_2 + \cdots + D_m' a_m = d'$$
$$D_1'' a_1 + D_2'' a_2 + \cdots + D_m'' a_m = d''$$
$$\cdots \quad \cdots \quad \cdots \quad \cdots \quad \cdots \quad \cdots$$
$$D_1^{(r)} a_1 + D_2^{(r)} a_2 + \cdots + D_m^{(r)} a_m = d^r$$

worin die D und d, mit den verschiedenen Akzenten, gegebene Zahlen sind.

Außerdem nehmen wir an, daß man auf Grund der letzten Gleichungen die Zahlen

$$a_1, a_2, \cdots, a_r$$

ausdrücken kann durch

$$a_{r+1}, a_{r+2}, \cdots, a_m.$$

Wenn man sich dann der Ausdrücke der einen Zahlen in den anderen bedient und auf Grund hiervon

$$a_1, a_2, \cdots, a_r$$

eliminiert, so kann man die Zahl der Unbekannten verkleinern.

- Auf solche Weise wird jede der Summen

$$A_1^{(i)} a_1 + A_2^{(i)} a_2 + \cdots + A_m^{(i)} a_m$$

umgeformt in eine ihr gleiche Summe der Gestalt

$$B^{(i)}_{\nu+1}a_{\nu+1} + B^{(i)}_{\nu+2}a_{\nu+2} + \cdots + B^{(i)}_m a_m + B^{(i)},$$

worin die Koeffizienten

$$B^{(i)}_{\nu+1}, \; B^{(i)}_{\nu+2}, \; \cdots, \; B^{(i)}_m, \; B^{(i)}$$

durch unsere Angaben völlig bestimmt sind. Zugleich wird die Bestimmung der Näherungswerte der m Unbekannten

$$a_1, \; a_2, \; \cdots, \; a_m$$

zurückgeführt auf die Bestimmung der Näherungswerte der $m - \nu$ Zahlen

$$a_{\nu+1}, \; a_{\nu+2}, \; \cdots, \; a_m,$$

aus den n angenäherten Gleichungen

$$B'_{\nu+1}a_{\nu+1} + \cdots + B'_m a_m \doteq b' - B',$$
$$B''_{\nu+1}a_{\nu+1} + \cdots + B''_m a_m \doteq b'' - B'',$$
$$\cdot \quad \cdot \quad \cdot \quad \cdot \quad \cdot \quad \cdot \quad \cdot \quad \cdot$$
$$B^{(n)}_{\nu+1}a_{\nu+1} + \cdots + B^{(n)}_m a_m \doteq b^{(n)} - B^{(n)}.$$

Wir können dann zurückkehren zu den Überlegungen der vorhergehenden Paragraphen, sobald durch die angegebenen Gleichungen alle uns bekannten gegenseitigen Beziehungen zwischen den Unbekannten

$$a_1, \; a_2. \; \cdots, \; a_m$$

erschöpft sind, da es in diesem Fall zwischen den Zahlen

$$a_{\nu+1}, \; a_{\nu+2}, \; \cdots, \; a_m$$

keine uns bekannten Beziehungen mehr gibt.

Nachdem so die Zahl der Unbekannten verkleinert ist, finden wir in der eben auseinander gesetzten Art für die Unbekannten

$$a_{\nu+1}, \; a_{\nu+2}, \; \cdots, \; a_m$$

angenäherte Werte

$$a^0_{\nu+1}, \; a^0_{\nu+2}, \; \cdots, \; a^0_m,$$

denen die kleinsten Werte der Quadratsumme entspricht

gleich
$$\sum p(B_{\nu+1}a^0_{\nu+1} + B_{\nu+2}a^0_{\nu+2} + \cdots + B_m a^0_m + B - b)^2$$
$$p'(B'_{\nu+1}a^0_{\nu+1} + B'_{\nu+2}a^0_{\nu+2} + \cdots + B'_m a^0_m + B' - b')^2 + \cdots$$
$$+ p^{(n)}(B^{(n)}_{\nu+1}a^0_{\nu+1} + B^{(n)}_{\nu+2}a^0_{\nu+2} + \cdots + B^{(n)}_m a^0_m + B^{(n)} - b^{(n)})^2.$$

Für die übrigen Unbekannten aber

$$a_1, a_2, \cdots, a_\nu$$

finden wir ihre Näherungswerte

$$a_1{}^0, a_2{}^0, \cdots, a_\nu{}^0,$$

indem wir in den Ausdrücken dieser Unbekannten durch

$$a_{\nu+1}, a_{\nu+2}, \cdots, a_m$$

an Stelle der letzteren Zahlen einsetzen ihre Näherungswerte

$$a_{\nu+1}^0, a_{\nu+2}^0, \cdots, a_m^0.$$

Das auf solche Weise gefundene System von Näherungswerten der Unbekannten

$$a_1, a_2, \cdots, a_m$$

genügt allen Gleichungen

$$D_1{}' a_1{}^0 + D_2{}' a_2{}^0 + \cdots + D_m{}' a_m{}^0 = d'$$
$$\cdots \cdots \cdots \cdots \cdots \cdots$$
$$D_1{}^{(\nu)} a_1{}^0 + D_2{}^{(\nu)} a_2{}^0 + \cdots + D_m^{(\nu)} a_m^0 = d^{(\nu)}.$$

Es muß aber für jedes System der Zahlen

$$a_1{}^0, a_2{}^0, \cdots, a_m^0,$$

welches diesen Gleichungen genügt, sein

$$A_1{}^{(i)} a_1{}^0 + A_2{}^{(i)} a_2{}^0 + \cdots + A_m^{(i)} a_m^0 = B_{\nu+1}^{(i)} a_{\nu+1}{}^0 + \cdots B_m^{(i)} a_m^0 + B^{(i)},$$

und daher die Summe

$$\sum p (B_{\nu+1} a_{\nu+1}^0 + \cdots + B_m a_m^0 + B - b)^2$$

einerlei mit der Summe

$$\sum p (A_1 a_1{}^0 + A_2 a_2{}^0 + \cdots + A_m a_m^0 - b)^2.$$

Hieraus kann man leicht erschließen, daß das von uns gefundene Zahlensystem

$$a_1{}^0, a_2{}^0, \cdots, a_m^0$$

welche die Näherungswerte von $a_1, a_2, \cdots, a_m$ darstellt, sich von jedem andern Zahlensystem

$$a_1{}^0, a_2{}^0, \cdots, a_m^0$$

unterscheidet, das den uns bekannten Gleichungen genügt, dadurch, daß die Summe

$$\sum p (A_1 a_1{}^0 + A_2 a_2{}^0 + \cdots + A_m a_m^0 - b)^2$$

am kleinsten ist.

Beispiel: Um die von uns auseinandergesetzten Regeln besser zu erläutern, betrachten wir die folgende Frage der praktischen Geometrie.

In einem geradlinigen Dreieck EFG seien alle seine Winkel mehrfach gemessen, und für den Winkel E seien in Graden die r Näherungswerte gefunden

$$E', E'', \cdots, E^{(r)},$$

für den Winkel F, in Graden, die s Näherungswerte

$$F', F'', \cdots, F^{(s)}$$

und für den Winkel G, in Graden, die t Näherungswerte

$$G', G'', \cdots, G^{(t)}.$$

Wir setzen voraus, daß alle Messungen von einander unabhängig sind und frei von konstanten Fehlern. Geben wir außerdem allen Messungen eines und desselben Winkels dasselbe Gewicht, so erhalten wir nach der auseinandergesetzten Methode für die Winkel E, F, G die folgenden Näherungswerte

$$\frac{E' + E'' + \cdots + E^{(r)}}{r}, \quad \frac{F' + F'' + \cdots + F^{(s)}}{s}, \quad \frac{G' + G'' + \cdots + G^{(t)}}{t},$$

sobald wir die Beziehung beiseite lassen

$$E + F + G = 180^0.$$

Wünschen wir aber diese Beziehung zu beachten, so müssen wir die von uns gefundenen Zahlen

$$\frac{E' + E'' + \cdots + E^{(r)}}{r}, \quad \frac{F' + F'' + \cdots + F^{(s)}}{s}, \quad \frac{G' + G'' + \cdots + G^{(t)}}{t},$$

die wir der Kürze halber bezeichnen wollen mit den Symbolen

$$\overline{E}, \overline{F}, \overline{G},$$

kraft der auseinandergesetzten Regeln durch andere ersetzen.

Diese anderen Annäherungswerte der Zahlen E, F, G bezeichnen wir mit den Symbolen

$$E^0, F^0, G^0;$$

die Differenzen der

$$E^0 - \overline{E}, \; F^0 - \overline{F}, \; G^0 - \overline{G}$$

nennen wir die Korrekturen der ersten Annäherungswerte und bezeichnen sie mit den Symbolen

$$\delta(E), \; \delta(F), \; \delta(G).$$

Die Zahlen
$$E^0, F^0, G^0$$
zusammen mit den Korrekturen
$$\delta(E),\ \delta(F),\ \delta(G)$$
erhalten einen bestimmten Sinn nur dadurch, daß wir bestimmte Beziehungen zwischen den Gewichten der Messungen feststellen, die sich auf die verschiedenen Winkel E, F, G beziehen.

Wenn wir diese Beziehungen in verschiedener Weise aufstellen, können wir natürlich ganz verschiedene Ergebnisse erhalten.

Hier wollen wir zwei Systeme anführen für die Korrekturen
$$\delta(E),\ \delta(F),\ \delta(G).$$

Um das erste System zu erhalten, erteilen wir allen Messungen dasselbe Gewicht zu. Bei dieser Bedingung muß das von uns gesuchte Zahlensystem
$$E^0, F^0, G^0$$
sich von allen anderen Zahlensystemen
$$E^0, F^0, G^0,$$
welche der Bedingung
$$E^0 + F^0 + G^0 = 180$$
genügen, sich unterscheiden durch den kleinsten Betrag der Summe
$$(E^0 - E')^2 + (E^0 - E'')^2 + \cdots + (E^0 - E^{(r)})^2$$
$$+ (F^0 - F')^2 + (F^0 - F'')^2 + \cdots + (F^0 - F^{(s)})^2$$
$$+ (G^0 - G')^2 + (G^0 - G'')^2 + \cdots + (G^0 - G^{(t)})^2.$$

Diese Forderung wird ausgedrückt durch das Gleichungssystem
$$E^0 + F^0 + G^0 = 180$$
$$rE^0 - E' - E'' \cdots - E^{(r)} = sF^0 - F' - F'' \cdots - F^{(s)}$$
$$= tG^0 - G' - G'' \cdots - G^{(t)},$$
woraus wir ohne große Mühe ableiten
$$\frac{E^0 - \bar{E}}{\frac{1}{r}} = \frac{F^0 - \bar{F}}{\frac{1}{s}} = \frac{G^0 - \bar{G}}{\frac{1}{t}} = \frac{180 - (\bar{E} + \bar{F} + \bar{G})}{\frac{1}{r} + \frac{1}{s} + \frac{1}{t}}$$
oder, was ganz dasselbe ist
$$\frac{\delta(E)}{\frac{1}{r}} = \frac{\delta(F)}{\frac{1}{s}} = \frac{\delta(G)}{\frac{1}{t}} = \frac{180 - (\bar{E} + \bar{F} + \bar{G})}{\frac{1}{r} + \frac{1}{s} + \frac{1}{t}}.$$

Schreiben wir also allen Messungen der Winkel

$$E, F, G$$

ein und dasselbe Gewicht zu, so stellen die Korrekturen

$$\delta(E), \ \delta(F), \ \delta(G)$$

der ersten Näherungswerte

$$\overline{E} = \frac{E' + E'' + \cdots + E^{(r)}}{r}, \quad \overline{F} = \frac{F' + F'' + \cdots + F^{(s)}}{s},$$

$$\overline{G} = \frac{G' + G'' + \cdots + G^{(t)}}{t}.$$

dieser Winkel drei Teile der Differenz

$$180 - (\overline{E} + \overline{F} + \overline{G})$$

dar, umgekehrt proportional den Zahlen

$$r, s, t.$$

Im besonderen haben wir für

$$r = s = t,$$

$$\delta(E) = \delta(F) = \delta(G) = \frac{180 - (\overline{E} + \overline{F} + \overline{G})}{3}.$$

Bevor wir uns mit dem andern Korrektursystem beschäftigen, wollen wir die Formeln des vorhergehenden Paragraphen anwenden zur Abschätzung der Glaubwürdigkeit der angenäherten Gleichungen

$$E \doteqdot E^0, \ F \doteqdot F^0, \ G \doteqdot G^0.$$

Zu diesem Zweck eliminieren wir die Zahl G, indem wir sie ersetzen durch die Differenz

$$180 - (E + F),$$

da ja die Messungen des Winkels G uns genäherte Werte an die Hand geben für die Differenz

$$180 - (E + F).$$

Im gegebenen Fall kommt der Ausdruck W^0 des vorhergehenden Paragraphen hinaus auf die Summe

$$(E^0 - E')^2 + (E^0 - E'')^2 + \cdots + (E^0 - E^{(r)})^2$$
$$+ (F^0 - F')^2 + (F^0 - F'')^2 + \cdots + (F^0 - F^{(s)})^2$$
$$+ (E^0 + F^0 - 180 + G')^2 + \cdots + (E^0 + F^0 - 180 + G^{(t)})^2,$$

wenn wir das nach Voraussetzung gleiche Gewicht der Messungen der Einheit gleich setzen. Demgemäß führt das System (25) auf die beiden Gleichungen

$$(r + t)E^0 + tF^0 = r\bar{E} + t(180 - \bar{G})$$
$$tE^0 + (s + t)F^0 = s\bar{F} + t(180 - \bar{G})$$

und die Zahlen

$$\varDelta, \varDelta_{1,1} \text{ und } \varDelta_{2,2}$$

werden bestimmt durch die Gleichungen

$$\varDelta = \begin{vmatrix} r + t, t \\ t, s + t \end{vmatrix} = rs + rt + st, \quad \varDelta_{1,1} = s + t, \quad \varDelta_{2,2} = r + t.$$

Hieraus folgt, daß das Gewicht der Gleichung

$$E \doteq E^0$$

ausgedrückt wird durch den Bruch

$$\frac{rs + rt + st}{s + t}$$

und das Gewicht der Gleichung

$$F \doteq F^0$$

durch den Bruch

$$\frac{rs + rt + st}{r + t},$$

und nach Analogie kann man schließen, daß das Gewicht der Gleichung

$$G \doteq G^0$$

ausgedrückt wird durch den Bruch

$$\frac{rs + rt + st}{r + s}.$$

In dem besonderen Fall, daß

$$r = s = t$$

ergeben sich die Gewichte aller Gleichungen

$$E \doteq E^0, \ F \doteq F^0, \ G \doteq G^0$$

gleich

$$\frac{3r}{2},$$

d. h. gleich der Hälfte der Zahl aller Messungen.

Endlich wird die Zahl k, welche die mathematische Hoffnung des Fehlerquadrates ausdrückt, für jede der anfänglichen Gleichungen

$$E \doteq E', \cdots, E \doteq E^{(r)}, \ F \doteq F', \cdots, F \doteq F^{(s)}, \ G \doteq G', \cdots, G \doteq G^{(t)},$$

16*

bei unbekanntem Fehler aus der Gleichung berechnet

$$(r+s+t-2)k = \begin{cases} (E^0-E')^2 + (E^0-E'')^2 + \cdots + (E^0-E^{(r)})^2 \\ + (F^0-F')^2 + (F^0-F'')^2 + \cdots + (F^0-F^{(s)})^2 \\ + (G^0-G')^2 + (G^0-G'')^2 + \cdots + (G^0-G^{(t)})^2. \end{cases}$$

Das andere System von Korrekturen

$$\delta(E), \quad \delta(F), \quad \delta(G),$$

das wir sogleich angeben werden, bezieht sich auf den Fall, daß ein Zweifel besteht, ob es nicht angemessen ist, den Messungen der verschiedenen Winkel verschiedene Gewichte zuzuerkennen.

Dann müssen wir zur gerechten Abschätzung der Glaubwürdigkeit der verschiedenen Winkelmessungen versuchen, für jeden Winkel für sich eine angenäherte Größe für die mathematische Hoffnung des Fehlerquadrates ihrer Messungen zu finden. Wir werden nämlich, gemäß den oben angeführten Erläuterungen eine Zahl annehmen

$$k_1 = \frac{(\bar{E}-E')^2 + (\bar{E}-E'')^2 + \cdots + (\bar{E}-E^{(r)})^2}{r-1}$$

für den Näherungswert der mathematischen Hoffnung des Fehlerquadrats von jeder Messung des Winkels E, eine Zahl

$$k_2 = \frac{(\bar{F}-F')^2 + (\bar{F}-F'')^2 + \cdots + (\bar{F}-F^{(s)})^2}{s-1}$$

für den Näherungswert der mathematischen Hoffnung des Fehlerquadrats von jeder Messung des Winkels F, und endlich eine Zahl

$$k_3 = \frac{(\bar{G}-G')^2 + (\bar{G}-G'')^2 + \cdots + (\bar{G}-G^{(t)})^2}{t-1}$$

für den Näherungswert der mathematischen Hoffnung des Fehlerquadrats jeder Messung des Winkels G.

Wenn die Zahlen
$$k_1, k_2, k_3$$
sich wenig von einander unterscheiden, so kann ihr Anblick als eine gewisse Stütze der früheren Voraussetzung dienen, dergemäß wir allen Messungen dasselbe Gewicht zuschreiben. Wenn sich aber die Zahlen
$$k_1, k_2, k_3$$
von einander beträchtlich unterscheiden, so kann man an Stelle der Voraussetzung gleicher Gewichte aller Messungen die gerechtere Voraus-

setzungen annehmen, daß die Zahlen k_1, k_2, k_3 das wirkliche Gewicht der oben erwähnten mathematischen Hoffnungen bilden.

Bei dieser Voraussetzung muß man die Gewichte der Winkelmessungen E, F, G entsprechend gleich setzen den Brüchen

$$\frac{1}{k_1}, \quad \frac{1}{k_1}, \quad \frac{1}{k_3}.$$

Es wird sich dann das gesuchte Zahlensystem E^0, F^0, G^0 von jedem andern Zahlensystem E^0, F^0, G^0, das der Gleichung

$$E^0 + F^0 + G^0 = 180$$

genügt, durch den kleinsten Betrag der Summe unterscheiden

$$\frac{1}{k_1}(E^0 - E')^2 + \cdots + \frac{1}{k_1}(E^0 - E^{(r)})^2$$

$$+ \frac{1}{k_2}(F^0 - F')^2 + \cdots + \frac{1}{k_2}(F^0 - F^{(s)})^2$$

$$+ \frac{1}{k_3}(G^0 - G')^2 + \cdots + \frac{1}{k_3}(G^0 - G^{(t)})^2.$$

Diese Forderung wird ausgedrückt durch die Gleichungen

$$\frac{rE^0 - E' - E'' - \cdots - E^{(r)}}{k_1} = \frac{sF^0 - F' - F'' - \cdots - F^{(s)}}{k_2}$$

$$= \frac{tG^0 - G' - G'' - \cdots - G^{(t)}}{k_3},$$

aus denen wir in Verbindung mit der Gleichung

$$E^0 + F^0 + G^0 = 180$$

ohne Mühe ableiten

$$\frac{\delta(E)}{\dfrac{k_1}{r}} = \frac{\delta(F)}{\dfrac{k_2}{s}} = \frac{\delta(G)}{\dfrac{k_3}{t}} = \frac{180 - (\bar{E} + \bar{F} + \bar{G})}{\dfrac{k_1}{r} + \dfrac{k_2}{s} + \dfrac{k_3}{t}}.$$

Bedienen wir uns ferner zur Berechnung der Gewichte der Gleichungen

$$E + E^0, \quad F + F^0, \quad G + G_0$$

derselben Regeln, die wir früher anwendeten, so finden wir, das jetzt die Gewichte entsprechend gleich sind

$$\frac{rsk_3 + rtk_2 + stk_1}{k_1(sk + tk_2)}, \quad \frac{rsk_3 + rtk_2 + stk_1}{k_2(rk_3 + tk_1)}, \quad \frac{rsk_3 + rtk_2 + stk_1}{k_3(rk_2 + sk_1)}.$$

Literatur.

Gauss, Abhandlungen zur Methode der kleinsten Quadrate, herausgegeben von A. Börsch und P. Simon, Berlin 1887.

Encke, Über die Methode der kleinsten Quadrate (Berl. Astr. Jahrbuch 1834. 1835. 1836)

Bienaymé, Sur la probabilité des erreurs d'après la méthode des moindres carrés (Journ. de Liouville, T. XVII, 1852).

Bienaymé, Considérations à l'appui de la découverte de Laplace sur la loi de probabilité dans la méthode des moindres carrés (Compt. Rend. XXXVII, 1853, Jour. de Liouville, 2. Série XII, 1867).

Glaisher, On the law of facility of errors of observations and on the method of least squares (Mem. of the R. Astr. Soc. XXXIX).

R. Pizzetti, I Fondamenti Matematici per la critica dei resultati sperimentali. Genova 1892.

J. Majewskij, Entwickelung der Methode der kleinsten Quadrate und ihrer besonderen Anwendung auf die Untersuchung von Schießergebnissen (Russisch).

Helmert, Ausgleichungsrechnung nach der Methode der kleinsten Quadrate. 2. Aufl. 1907.

Kapitel VIII.

Von der Lebensversicherung.

§ 42. Verschiedene Versicherungsarten.

Die Berechnungen des Wertes der verschiedenen Formen der Lebensversicherung sind auf die Norm des Kapitalzuwachses und auf Sterblichkeitstabellen begründet, welche zur Berechnung der verschiedenen Wahrscheinlichkeiten für Leben und Tod der Menschen dienen; denn diese Berechnungen hängen zusammen mit der Bestimmung von Summen, welche ausgegeben oder eingenommen werden müssen für verschiedene Zeitepochen, in Abhängigkeit von Tod oder Leben bestimmter Menschen.

Mit Hilfe eines bekannten Faktors, welcher den Kapitalsanwuchs für die Zeit ausdrückt, werden solche Summen auf eine Epoche reduziert, die wir den zugrunde gelegten Zeitmoment nennen.

Man bezieht alle Kapitale auf den zugrunde gelegten Moment und reduziert das Kapital A auf

$$\frac{A}{(1+t)^n},$$

wenn die Einzahlung oder Auszahlung des Kapitals nach Verlauf von n Jahren nach dem zugrunde gelegten Anfangsmoment erfolgt, wobei t eine konstante Zahl bezeichnet und den jährlichen Kapitalsanwuchs mißt.

Wenn aber das Kapital A ausbezahlt oder einbezahlt werden soll n Jahre vor dem zugrunde gelegten Zeitmoment, so verwandelt man es in

$$A(1+t)^n.$$

Diese Reduktion der Kapitale fließt aus einem Hinweis der Praxis; wir werden sie beibehalten auch bei der Betrachtung der mathematischen Hoffnung des Gewinns oder Verlusts von Untersuchungen in den Fällen, wenn die Gewinne oder Verluste der Untersuchungen zu verschiedenen Zeiten stattfinden können.

Auf Grund hiervon kann man leicht den Begriff der mathematischen Hoffnung für den Gewinn eines Unternehmens, bezogen auf einen bestimmten Zeitmoment, aufstellen. Die letztere mathematische Hoffnung, die man den *Wert* eines Unternehmens nennen kann, dient zur Entscheidung der Frage nach dem Vorteil oder Nachteil bei einem Unternehmen je nach der Verschiedenartigkeit der Momente des Gewinnes oder Verlustes.

Zugleich hiermit verwandelt sich die früher aufgestellte Bedingung ehrlichen Spiels in die Forderung, daß für jeden Spieler die mathematische Hoffnung des auf einen bestimmten Zeitpunkt reduzierten Gewinns Null ist.

Die Wahrscheinlichkeiten, welche wir zu betrachten haben, werden durch die Sterblichkeitstafeln bestimmt.

Aus den Sterblichkeitstafeln erhält man eine Reihe von Zahlen

$$N_a, \ N_{a+1}, \ N_{a+2}, \ \cdots$$

wobei N_{a+i+1} die Anzahl der Personen angibt, die unter N_{a+i} Personen des Alters von $a + i$ Jahren bis zum Alter von $a + i + 1$ Jahren weiterleben. Dementsprechend ist der Bruch

$$\frac{N_{a+i+1}}{N_{a+i}}$$

die Wahrscheinlichkeit für eine Person von $a + i$ Jahren, das $a + i + 1^{\text{te}}$ Jahr zu erreichen, und der Bruch

$$\frac{N_{a+i} - N_{a+i+1}}{N_{a+i}}$$

drückt die Wahrscheinlichkeit für dieselbe $a + i$ Jahre alte Person aus, im Verlauf eines Jahres zu sterben.

Weiter kann man leicht den Schluß ziehen, daß der Bruch

$$\frac{N_{a+i+n}}{N_{a+i}}$$

die Wahrscheinlichkeit für eine Person von $a + i$ Jahren darstellt, $a + i + n$ Jahre alt zu werden, die Brüche aber

$$\frac{N_{a+i} - N_{a+i+1}}{N_{a+i}}, \quad \frac{N_{a+i+1} - N_{a+i+2}}{N_{a+i}}, \quad \frac{N_{a+i+2} - N_{a+i+3}}{N_{a+i}}, \quad \cdots$$

entsprechen der Wahrscheinlichkeit darstellen, daß die $a + i$ Jahre alte Person stirbt im Alter

von $a + i$ bis $a + i + 1$ Jahren,   von $a + i + 1$ bis $a + i + 2$ Jahren usw.

Aus den Zahlen

$$N_a, \; N_{a+1}, \; N_{a+2}, \; \cdots$$

wird eine andere wichtige Zahlenreihe gebildet

$$Q_a = \frac{N_a}{(1+t)^\omega}, \quad Q_{a+1} = \frac{N_{a+1}}{(1+t)^{\omega+1}}, \; \cdots, \; Q_{a+i} = \frac{N_{a+i}}{(1+t)^{\omega+i}}, \; \cdots,$$

worin ω irgend eine Konstante bedeutet, z. B. a. Die Reihe

$$Q_a, \; Q_{a+1}, \; Q_{a+2}, \; \cdots$$

besteht aus einer endlichen Anzahl von Gliedern; indem man sie addiert von irgend einem Glied an bis zum letzten, bildet man eine dritte Zahlenreihe

$$
\begin{aligned}
S_a \;\;\; &= Q_{a+1} + Q_{a+2} + Q_{a+3} + \cdots \\
S_{a+1} &= \qquad\quad\; Q_{a+2} + Q_{a+3} + \cdots \\
S_{a+2} &= \qquad\qquad\qquad\;\; Q_{a+3} + \cdots \\
&\cdots \cdots \cdots \cdots \cdots \cdots \cdots
\end{aligned}
$$

Der angegebenen Zahlen kann man sich zur Lösung der folgenden Aufgabe bedienen, die sich auf die Lebensversicherung beziehen.

Erste Aufgabe. *Den Wert der Einheit des Kapitals zu bestimmen, die an eine Person im Alter von c Jahren ausbezahlt wird, wenn sie d Jahre erreicht hat, wobei dieser Wert auf den Zeitpunkt bezogen werden soll, wo die obenerwähnte Person ein Alter von c Jahren hat.*

Man kann leicht erraten, daß dieser Wert ausgedrückt wird durch das Produkt

$$\frac{N_d}{N_c} \cdot \frac{1}{(1+t)^{d-c}},$$

welcher gleich ist dem Verhältnis

$$\frac{Q_d}{Q_c}.$$

Wenn es N_c Personen im Alter von c Jahren gibt und jeder von ihnen in die gemeinsame Kasse das Kapital

$$\frac{N_d}{N_c} \cdot \frac{1}{(1+t)^{d-c}}$$

einzahlt, so entsteht die Summe

$$\frac{N_d}{(1+t)^{d-c}},$$

welche nach $d - c$ Jahren sich verwandelt in

$$N_d,$$

wenn das von uns angenommene Maß des Kapitalzuwachses erhalten bleibt. Wenn auf der andern Seite diese N_c Personen aussterben gemäß der von uns angenommenen Sterblichkeitstafel, so sind im Moment der Auszahlung noch N_d Personen am Leben, die auch je eine Einheit des Kapitals aus der gemeinsamen Kasse erhalten können, welche N_d Kapitaleinheiten enthält. Dieser Schluß bestätigt die Richtigkeit der von uns gefundenen Zahl

$$\frac{N_d}{N_c} \cdot \frac{1}{(1+t)^{d-c}} = \frac{Q_d}{Q_c}.$$

Zweite Aufgabe. *Eine Person von c Jahren wünscht eine feste jährliche Rente A bis zum Tod, und beginnend mit dem Moment, wo sie c + i Jahre erreicht.*

Man soll bestimmen, durch welche Summe X diese Rente sichergestellt wird in dem Moment, wenn die erwähnte Person c Jahre alt ist.

Wir wollen annehmen, daß diese jährliche Rente A nicht über das Jahr verteilt wird, sondern ganz auf einmal bezahlt wird, und deshalb beziehen wir die jährliche Rente A auf die Zeitpunkte, wo die betrachtete Person der Reihe nach erreicht ein Alter von

$$c + i \text{ Jahren, } c + i + 1 \text{ Jahren, } c + i + 2 \text{ Jahren, } \cdots$$

Bei dieser Voraussetzung erhalten wir auf Grund der vorhergehenden Aufgabe die Reihe aufeinanderfolgender Werte

$$\frac{Q_{c+i}}{Q_c} A, \; \frac{Q_{c+i+1}}{Q_c} A, \; \frac{Q_{c+i+2}}{Q_c} A, \cdots,$$

deren Summe

$$\frac{Q_{c+i} + Q_{c+i+1} + Q_{c+i+2} + \cdots}{Q_c} A$$

die gesuchte Größe X ausdrückt; folglich ist

$$\frac{X}{A} = \frac{S_{c+i-1}}{Q_c}.$$

Die von uns gefundene Größe X kann als die normale Summe betrachtet werden, welche die Versicherungsanstalt von einer c Jahre alten Person verlangen muß, um ihr das Recht einer jährlichen Rente A zu verleihen, wenn die Auszahlung der Rente im Moment beginnt, wo die erwähnte Person $c + i$ Jahre alt ist und fortdauert bis zum Tod dieser Person.

Dritte Aufgabe. *Zu finden, welche Summe Y die Versicherungsgesellschaft fordern muß für die Verfügung, den Erben einer c-jährigen Person das Recht auf eine Summe A im Moment des Todes dieser Person zu gewähren. Mit andern Worten, es wird gefordert, den Wert dieses Rechtes zu bestimmen, wenn die versicherte Person sich unter den Lebenden befindet und ein Alter von c Jahren hat.*

Zur Vereinfachung der Frage datieren wir den bevorstehenden Tod der versicherten Person auf die Zeitpunkte, wo sie ein Alter erreicht von

$$c \text{ Jahren, } c + 1 \text{ Jahren, } c + 2 \text{ Jahren, usw.}$$

indem wir annehmen, daß in dem Fall, wenn der Tod der Person zwischen dem Alter von $c + i$ und $c + i + 1$ Jahren erfolgt, seine Erben die Summe A schon in dem Moment erhalten, wo das Alter dieser Person gleich $c + i$ Jahre war.

Diese Voraussetzung, welche die Berechnung beträchtlich vereinfacht, vergrößert in einem gewissen Grad den gesuchten Wert.

Um ferner eine Größe zu erhalten, die kleiner ist, als der gesuchte Wert, muß man alle Zeitpunkte der aufeinanderfolgenden Auszahlungen um ein Jahr hinausschieben, wodurch einfach der Teiler $1 + t$ eingeführt wird.

Indem wir an den obenangegebenen Voraussetzungen festhalten, werden wir die Lebensversicherung der Person betrachten als Verknüpfung jährlicher Versicherungen

im Fall des Todes zwischen c und $c + 1$ Jahren.

„ „ „ „ „ $c + 1$ und $c + 2$ Jahren usw.

Die Werte dieser jährlichen Versicherungen, bezogen auf den Zeitpunkt, wo die versicherte Person ein Alter von c Jahren hat, werden ausgedrückt durch die Produkte

$$\frac{N_c - N_{c+1}}{N_c} \cdot A, \quad \frac{N_{c+1} - N_{c+2}}{N_c} \cdot \frac{A}{1+t}, \quad \frac{N_{c+2} - N_{c+3}}{N_c} \cdot \frac{A}{(1+t)^2}, \; \cdots$$

Hieraus schließen wir, daß die gesuchte Größe Y, ein wenig vergrößert, dargestellt werden kann in Gestalt der Summe

$$\frac{N_c - N_{c+1}}{N_c} \cdot A + \frac{N_{c+1} - N_{c+2}}{N_c} \cdot \frac{A}{1+t} + \frac{N_{c+2} - N_{c+3}}{N_c} \cdot \frac{A}{(1+t)^2} + \cdots$$

die leicht zurückgeführt werden kann auf

$$A - t\,\frac{Q_{c+1} + Q_{c+2} + Q_{c+3} + \cdots}{Q_c} \cdot A = A - t\,\frac{S_c}{Q_c}\,A.$$

Dies Ergebnis kann auf Grund der vorhergehenden Aufgabe in dem Sinne gedeutet werden, daß die Erben, die das Kapital A erst nach dem Tode der erwähnten Person erhalten, für ihre ganze Lebenszeit auf die Prozente dieses Kapitals verzichten. Dividieren wir die gefundene Größe

$$A\left(1 - t\,\frac{S_c}{Q_c}\right)$$

durch $1 + t$, so erhalten wir die Größe

$$\frac{A}{1+t}\left(1 - t\,\frac{S_c}{Q_c}\right)$$

die in Übereinstimmung mit dem oben Gesagten, kleiner als der gesuchte Wert Y sein wird. Um endlich größere Genauigkeit zu erlangen, kann man den Tod der versicherten Person auf die Momente datieren, wo sie das Alter von

$$c + \frac{1}{2}\ \text{Jahren},\ c + \frac{3}{2}\ \text{Jahren},\ c + \frac{5}{2}\ \text{Jahren usw. erreicht;}$$

dann wird für den gesuchten Wert Y eine dritte Größe erhalten

$$\frac{A}{\sqrt{1+t}}\left(1 - t\,\frac{S_c}{Q_c}\right)$$

von der man bereits nicht mehr sagen kann, ob sie Y übertrifft oder nicht.

Wir bemerken, daß wir hier einen der für die Praxis wichtigen Fälle haben, wo die Existenz der gesuchten Größe in streng mathematischem Sinn nicht festgestellt werden kann; es kann deshalb im gegebenen Fall auch nicht von einer genauen Formel die Rede sein. Setzt man die Gedankengänge auseinander, so kann man sich der Illusion der Richtigkeit hingeben; um aber diese Illusion im vorliegenden Falle zu zerstören, genügt die Bemerkung, daß Sterblichkeitstafeln nicht in die Reihe mathematischer Tabellen gehören.

Vierte Aufgabe. *Eine Person vom Alter c bezahlt der Versicherungsgesellschaft eine jährliche Summe x vom Zeitpunkt an, wo sie das Alter c erreicht bis zu ihrem Tod, mit der Bedingung, daß den Erben dieser Person die Summe A sogleich nach ihrem Tode ausbezahlt wird. Man soll die gerechte Größe des Verhältnisses* $\dfrac{x}{A}$ *bezahlen.*

Nach dem Resultat der zweiten Aufgabe reduziert sich der Wert aller Summen, welche die versicherte Person der Versicherungsanstalt bezahlt für den Beginn der Versicherung auf

$$\left(1 + \frac{S_c}{Q_c}\right)x.$$

Auf der andern Seite kann man auf Grund der Lösung der zweiten Aufgabe erkennen, daß für denselben Moment der Wert der Summe A, die die Versicherungsanstalt den Erben der Person bezahlen muß, auf

$$\frac{A}{\sqrt{1+t}}\left(1 - t\frac{S_c}{Q_c}\right).$$

Daher haben wir auf Grund der Regel ehrlichen Spiels

$$\left(1 + \frac{S_c}{Q_c}\right)x = \frac{A}{\sqrt{1+t}}\left(1 - t\frac{S_c}{Q_c}\right),$$

woraus wir ableiten

$$\frac{x}{A} = \frac{1}{\sqrt{1+t}} \cdot \frac{1 - t\dfrac{S_c}{Q_c}}{1 + \dfrac{S_c}{Q_c}} = \frac{1}{\sqrt{1+t}}\,\frac{Q_c - t\,S_c}{Q_c + S_c}.$$

§ 43. Gegenseitige Versicherungen.

Wir gehen zu den Versicherungen über, die durch Leben oder Tod zweier Personen bestimmt sind und wir setzen der größeren Allgemeinheit wegen voraus, daß diese zwei Personen zu verschiedenen Kategorien von Menschen gehören, daß man daher für sie zwei verschiedene Sterblichkeitstafeln anwenden muß.

Wir behalten daher für die eine Person die frühere Zahlenreihe bei

$$N_a,\ N_{a+1},\ N_{a+2},\ N_{a+3},\ \cdots$$

im oben angegebenen Sinn; für die andere Person aber werden wir in demselben Sinn die neue Zahlenreihe anwenden

$$N'_a,\ N'_{a+1},\ N'_{a+2},\ N'_{a+3},\ \cdots.$$

Wenn dann die erste Person ein Alter von c Jahren hat, die zweite aber ein Alter von d Jahren, so wird die Wahrscheinlichkeit, daß alle beide i Jahre weiter leben, ausgedrückt durch das Produkt

$$\frac{N_{c+i}}{N_c} \cdot \frac{N'_{d+i}}{N'_d}.$$

Unter denselben Bedingungen wird die Wahrscheinlichkeit, daß die erste Person nach Verlauf von i Jahren stirbt, die zweite aber am Leben bleibt, dargestellt durch das Produkt

$$\frac{N_c - N_{c+i}}{N_c} \cdot \frac{N'_{d+i}}{N'_d};$$

und die Wahrscheinlichkeit, daß die zweite Person im Verlauf von i Jahren stirbt, die erste aber am Leben bleibt, wird durch das Produkt. dargestellt

$$\frac{N_{c+i}}{N_c} \cdot \frac{N'_d - N'_{d+i}}{N'_d}.$$

Endlich drückt das Produkt

$$\frac{N_c - N_{c+i}}{N_c} \cdot \frac{N'_d - N'_{d+i}}{N'_d}$$

die Wahrscheinlichkeit aus, daß beide Personen nach Verlauf von i Jahren sterben.

Zur Lösung der unten folgenden Aufgaben ist es nützlich, drei Zahlensysteme einzuführen:

$$X_c = \frac{1}{N_c}\left\{\frac{N_{c+1}}{1+t} + \frac{N_{c+2}}{(1+t)^2} + \frac{N_{c+3}}{(1+t)^2} + \cdots\right\},$$

$$X'_d = \frac{1}{N'_d}\left\{\frac{N'_{d+1}}{1+t} + \frac{N'_{d+2}}{(1+t)^2} + \frac{N'_{d+3}}{(1+t)^3} + \cdots\right\},$$

$$X_{c,d} = \frac{1}{N_c N'_d}\left\{\frac{N_{c+1} N'_{d+1}}{(1+t)} + \frac{N_{c+2} N'_{d+2}}{(1+t)^2} + \cdots\right\},$$

wo wir unter den Buchstaben c und d verstehen eine beliebige der Zahlen

$$a, a+1, a+2, a+3, \cdots.$$

Die Zahl

$$1 + X_c$$

stellt auf Grund der Lösung der zweiten Aufgabe den Wert der Einheit des Kapitals dar, welches jährlich an die erste Person zu zahlen ist oder

von der ersten Person zu bezahlen, vom Moment an, wo sie c Jahre alt
ist, bis zum Tode, wobei dieser Wert auf den Zeitpunkt der ersten Zahlung bezogen ist, wann die erwähnte Person c Jahre alt ist.

Dieselbe Bedeutung hat für die zweite Person die Zahl

$$1 + X'_d.$$

Was aber die Zahl

$$1 + X_{c,d}$$

betrifft, so drückt sie, wie man sich leicht überzeugen kann, den Wert
der jährlichen Zahlungen der Einheit des Kapitals aus, welche vorgenommen werden unter der Bedingung, daß beide betrachtete Personen am
Leben bleiben, wobei dieser Wert ähnlich wie der vorhergehende, sich
auf den Moment der ersten Bezahlung bezieht, der mit dem Zeitpunkt
zusammenfällt, wo die erwähnten Personen das Alter von c und d Jahren
erreichen.

Fünfte Aufgabe. *Eine Person im Alter von c Jahren wünscht,
daß sogleich nach ihrem Tode die Versicherungsanstalt einer andern Person
im Alter von d Jahren das Kapital A auszahlt, wenn der Tod der ersten
Person in dem Zeitraum erfolgt, wo das Alter der ersten Person zwischen*
$c + i$ *und* $c + i + 1$ *Jahren liegt. Man soll den Wert dieses Kapitals
bestimmen, bezogen auf den Zeitpunkt, wo die erste Person das Alter von c,
die zweite aber das Alter von d Jahren hat.*

Wäre die Bezahlung des Kapitals A nicht gebunden an das Leben
der zweiten Person, so könnte der gesuchte Wert dargestellt werden
durch das Produkt

$$\frac{N_{c+i} - N_{c+i+1}}{N_c} \cdot \frac{1}{(1+t)^{c+\frac{1}{2}}},$$

auf Grund dessen, was wir bei der Lösung der dritten Aufgabe sagten.

Jetzt aber müssen wir noch einen Faktor hinzufügen, der die Wahrscheinlichkeit ausdrückt, daß im Moment des Todes der ersten Person
die zweite noch unter den Lebenden weilt. Dieser Faktor liegt zwischen

$$\frac{N'_{d+i}}{N'_d} \quad \text{und} \quad \frac{N'_{d+i+1}}{N'_d};$$

denn im betrachteten Moment des Todes der zweiten Person ist das
Alter der zweiten Person enthalten zwischen $d + i$ und $d + i + 1$ Jahren.

Nehmen wir aber an, daß im Moment des Todes der ersten Person das Alter der zweiten gleich $d + i + \frac{1}{2}$ Jahre ist, so können wir für den erwähnten Faktor wählen

$$\frac{N'_{d+i} + N'_{d+i+1}}{2 N'_d}.$$

Daher können wir als Größe des gesuchten Betrags festsetzen das Produkt

$$\frac{N_{c+i} - N_{c+i+1}}{N_c} \cdot \frac{N'_{d+i} + N'_{d+i+1}}{2 N'_d} \cdot \frac{1}{(1+t)^{i+\frac{1}{2}}}.$$

Dieses Resultat dient als Grundlage für unsere weiteren Ausführungen.

Sechste Aufgabe. *Eine Person vom Alter c zahlt einer Versicherungsanstalt das Kapital Y ein mit der Bedingung, daß sogleich nach dem Tode dieser Person das Kapital A einer Person im Alter von d Jahren ausgezahlt wird.*

Man soll bestimmen die normale Größe des Verhältnisses

$$\frac{Y}{A}.$$

Man kann die Versicherung, von der die Rede ist, als Summe von Jahresversicherungen betrachten, deren Wert wir soeben bestimmt haben.

Auf Grund hiervon kann man leicht die Gleichungen aufstellen

$$\frac{Y}{A} = \sum \frac{N_{c+i} - N_{c+i+1}}{N_c} \cdot \frac{N'_{d+i} + N'_{d+i+1}}{2 N'_d} \cdot \frac{1}{(1+t)^{i+\frac{1}{2}}},$$

wobei

$$c = 0, 1, 2, 3, \cdots.$$

Ferner leiten wir durch einfache Umformungen ab

$$\frac{Y}{A} \sqrt{1+t} = \frac{1}{2}(1 - t X_{c,d}) - \frac{N_{c+1}}{2 N_c}(1 + X_{c+1,d}) + \frac{N'_{d+1}}{2 N'_d} \cdot (1 + X_{c,d+1}).$$

Siebente Aufgabe. *Eine Person vom Alter c und eine andere vom Alter d zahlen der Versicherungsanstalt das Kapital Z ein mit der Bedingung, daß sogleich bei dem Tode der einen von beiden das Kapital A der überlebenden ausbezahlt wird. Man soll die normale Größe bestimmen für das Verhältnis*

$$\frac{Z}{A}.$$

Auf Grund der Lösung der sechsten Aufgabe wird das Produkt

$$\frac{Z}{A}\sqrt{1+t}$$

ausgedrückt durch die Summe

$$\frac{1}{2}(1 - t X_{c,d}) - \frac{N_{c+1}}{2N_c}(1 + X_{c+1,d}) + \frac{N'_{d+1}}{2N'_d}(1 + X_{c,d+1})$$

$$+ \frac{1}{2}(1 - t X_{c,d}) - \frac{N'_{d+1}}{2N'_d}(1 + X_{c,d+1}) + \frac{N_{c+1}}{2N_c}(1 + X_{c+1,d}),$$

die hinauskommt auf

$$1 - t X_{c,d}.$$

Man kann dieses Ergebnis auch aus der Überlegung ableiten, daß zwei Personen, um das Kapital A erst nach dem Tode der einen von ihnen zu erhalten, für ihre ganze Lebenszeit auf die Prozente dieses Kapitals verzichten.

Achte Aufgabe. *Eine Person vom Alter c und eine andere vom Alter d zahlen jährlich der Versicherungsanstalt das Kapital x ein, solange sie leben, mit der Bedingung, daß sogleich nach dem Tode der einen von beiden der überlebenden das Kapital A ausgezahlt wird.*

Man soll die normale Größe bestimmen für das Verhältnis

$$\frac{x}{A}.$$

Auf Grund der Lösung der vorhergehenden Aufgabe erhalten wir

$$\frac{x}{A} = \frac{1 - t X_{c,d}}{1 + X_{c,d}} \cdot \frac{1}{\sqrt{1+t}},$$

wenn die erste Zahlung des Kapitals x in dem Moment stattfindet, wo die erwähnten Personen c und d Jahre alt sind.

Neunte Aufgabe. *Eine Person vom Alter c zahlt einer Versicherungsanstalt das Kapital Z ein, damit der andern Person vom Alter d eine lebenslängliche Jahresrente A vom Moment des Todes der ersten Person an sichergestellt ist. Man soll die normale Größe des Verhältnisses Z : A bestimmen.*

Zur Vereinfachung der Rechnung datieren wir alle Abgaben der Rente auf die Momente, wo die zweite Person das Alter erreicht von

$$d + 1 \text{ Jahren, } d + 2 \text{ Jahren, } d + 3 \text{ Jahren usw.}$$

Weiter erläutern wir die Bedingung der Aufgabe so, daß bei Erreichung des Alters von

$$d + 1 \text{ Jahren}, \ d + 2 \text{ Jahren}, \ d + 3 \text{ Jahren usw.}$$

die zweite Person in jedem Fall die Rente A erhält, die sie freilich dann der Versicherungsanstalt zurückgibt, wenn auch die erste Person noch am Leben ist.

Bei dieser Deutung der Aufgabe erhält man leicht die Formel

$$\frac{Z}{A} = X'_d - X_{c,d}.$$

Denen, die wünschen, ausführlicher mit den verschiedenen Fragen der Lebensversicherung und den Regeln für ihre Lösung bekannt zu werden, nennen wir die wichtige Abhandlung von B. F. MALESCHEWSKIJ „Theorie und Praxis der Rentenkassen"; sie enthält auch die Auseinandersetzung der Regeln für die Aufstellung von Sterblichkeitstabellen. Man vergleiche auch G. BOHLMANN, Lebensversicherungs-Mathematik. (Math. Enzyklopädie I D 4 b.)

Anhang I.

Über die Wurzeln der Gleichung $e^{x^2} \dfrac{d^m e^{-x^2}}{dx^m} = 0$.

(Bull. de l'Acad. St. Petersbourg 5. Série 9, 1898, S. 437—445.)

Lehrsatz 1. Alle Wurzeln der Gleichung

$$e^{x^2} \frac{d^m e^{-x^2}}{dx^m} = 0$$

sind enthalten zwischen den Grenzen

$$\frac{-m}{\sqrt{\log m}} \quad \text{und} \quad \frac{+m}{\sqrt{\log m}}.$$

Beweis. Ersetzt man in der Gleichung

$$(-1)^m e^{x^2} \frac{d^m e^{-x^2}}{dx^m} = (2x)^m - \frac{m(m-1)}{1}(2x)^{m-2}$$

$$+ \frac{m(m-1)(m-2)(m-3)}{1\cdot 2}(2x)^{m-4} - \cdots$$

die Produkte

$$m(m-1)(m-2)(m-3), \quad m(m-1)(m-2)(m-3)(m-4)(m-5)\ldots$$

entsprechend durch

$$m^4 - 6m^3, \quad m^6 + 15m^5, \quad m^8 - 28m^7, \quad m^{10} + 45m^9 \cdots,$$

so erhält man die Ungleichheit

$$\frac{e^{x^2}}{(-2x)^m}\frac{d^m e^{-x^2}}{dx^m} > 1 - t + \frac{t^2}{1\cdot 2} - \frac{t^3}{1\cdot 2\cdot 3} + \frac{t^4}{1\cdot 2\cdot 3\cdot 4} - \cdots$$

$$- \frac{3t^2}{m}\left(1 + \frac{5\cdot 6}{2\cdot 3\cdot 6}t + \frac{7\cdot 8}{2\cdot 3\cdot 4\cdot 6}t^2 + \frac{9\cdot 10}{2\cdot 3\cdot 4\cdot 5\cdot 6}t^3 + \cdots\right),$$

worin t den Bruch $\dfrac{m^2}{4x^2}$ bedeutet.

Die Summe

$$1 - t + \frac{t^2}{1\cdot 2} - \frac{t^3}{1\cdot 2\cdot 3} + \frac{t^4}{1\cdot 2\cdot 3\cdot 4} - \cdots$$

17*

ist gleich e^{-t} und der Wert der Summe

$$1 + \frac{5 \cdot 6}{2 \cdot 3 \cdot 6} \, t + \frac{7 \cdot 8}{2 \cdot 3 \cdot 4 \cdot 6} \, t^2 + \frac{9 \cdot 10}{2 \cdot 3 \cdot 4 \cdot 5 \cdot 6} \, t^3 + \cdots$$

ist kleiner als e^t.

Folglich gibt uns die vorhergehende Ungleichheit die einfachere

$$\frac{e^{x^2}}{(-2x)^m} \frac{d^m e^{-x^2}}{dx^m} > e^{-t} \left\{ 1 - \frac{3}{m} \, t^2 e^{2t} \right\}.$$

Setzt man auf der anderen Seite

$$t \leqq \frac{\log m}{4},$$

so wird man erhalten

$$\frac{3}{m} \, t^2 e^{2t} < \frac{3}{16} \frac{(\log m)^2}{\sqrt{m}} < 1.$$

Wir sehen also, daß der Ausdruck

$$\frac{e^{x^2}}{(-x)^m} \frac{d^m e^{-x^2}}{dx^m}$$

eine positive Zahl ist für alle Werte von x, welche der Ungleichheit genügen

$$\frac{m^2}{4 x^2} < \frac{\log m}{4},$$

die hinauskommt auf die folgende

$$x \geqq \frac{m}{\sqrt{\log m}}.$$

Der ausgesprochene Lehrsatz folgt hieraus unmittelbar.

Zusatz: Betrachtet man den Quotienten

$$\frac{d^m e^{-x^2}}{dx^m} : \quad -2 \frac{d^{m-1} e^{-x^2}}{dx^{m-1}},$$

und stellt ihn in Form des Kettenbruchs dar

$$x - \cfrac{m-1}{2}{x - \cfrac{m-2}{2}{x - \cdots},}$$

so kann man sich auch leicht überzeugen, daß alle Wurzeln unserer Gleichung

$$e^{x^2} \frac{d^m e^{-x^2}}{dx^m} = 0$$

enthalten sind zwischen

$$-\sqrt{2m} \quad \text{und} \quad +\sqrt{2m}.$$

Lehrsatz 2. Für hinreichend große Werte von m hat die Gleichung

$$e^{x^2} \frac{d^m e^{-x^2}}{dx^m} = 0$$

in jedem gegebenen Intervall Wurzeln.

Beweis: Es seien a und b zwei gegebene Zahlen.

Wir nehmen um die Betrachtung zu vereinfachen an, daß diese Zahlen positiv sind; man sieht leicht ein, daß die Annahme die allgemeine Gültigkeit der Schlußfolgerungen nicht beeinflußt.

Wir bezeichnen mit c die größte Wurzel der betrachteten Gleichung

$$e^{x^2} \frac{d^m e^{-x^2}}{dx^m} = 0$$

und setzen

$$(c+a)(c+b) = d, \quad (x-a)(b-x) = z$$

und

$$\Omega(x) = \left\{ \cos \mu \arccos \frac{2z+d}{d} \right\}^2,$$

worin μ eine ganze Zahl ist, gleich $\frac{m-1}{2}$ oder $\frac{m-2}{2}$.

Bekanntlich können die Funktionen

$$e^{x^2} \frac{d^m e^{-x^2}}{dx^m}$$

als die Nenner der Näherungsbrüche des Kettenbruchs betrachtet werden, welcher dem Integral entspricht

$$\int_{-\infty}^{+\infty} \frac{e^{-t^2}}{x-t} \, dt.$$

Bezeichnet man demnach mit

$$x_1, x_2, \ldots, x_m$$

alle Wurzeln der betrachteten Gleichung

$$e^{x^2} \frac{d^m e^{-x^2}}{dx^m} = 0,$$

und bestimmt man die entsprechenden Koeffizienten durch die Formel:

$$A_i = \int_{-\infty}^{+\infty} \frac{e^{-t^2}\varphi(t)}{(t-x_i)\varphi'(x_i)}\,dt,$$

wobei $\varphi(x)$ gleich

$$e^{x^2}\frac{d^m e^{-x^2}}{dx^m}$$

ist, so hat man, zufolge einer bekannten Eigenschaft der Kettenbrüche[1])

$$\int_{-\infty}^{+\infty} e^{-x^2}\Omega(x)\,dx = \sum A_i \Omega(x_i);$$

denn der Grad der ganzen Funktion $\Omega(x)$ ist niedriger als $2m$.

Nun sind aber die Koeffizienten A_i positive Zahlen und ihre Summe

$$A_1 + A_2 + \cdots + A_m$$

ist gleich

$$\int_{-\infty}^{+\infty} e^{-x^2}\,dx.$$

Nachdem dies festgestellt ist, nehmen wir an, daß die Gleichung

$$e^{x^2}\frac{d^m e^{-x^2}}{dx^m} = 0$$

keine Wurzeln im Intervall (a, b) hat.

Bei dieser Annahme genügen alle Zahlen x_i den Ungleichheiten

$$b < x_i < c \quad \text{oder} \quad -c < x_i < a$$

und alle Ausdrücke

$$z_i = (x_i - a)(b - x_i)$$

liegen zwischen Null und $-d$.

Hieraus folgen die Ungleichheiten

$$-1 < \frac{2z_i + d}{d} < +1, \quad \Omega(x_i) < 1,$$

und folglich

$$\int_{-\infty}^{+\infty} e^{-x^2}\Omega(x)\,dx = \sum A_i \Omega(x_i) < \sum A_i = \int_{-\infty}^{+\infty} e^{-x^2}\,dx.$$

---

1) A. A. Markoff, Differenzenrechnung, übersetzt von Friesendorff und Prümm (Leipzig 1896) Kap. VII.

Zu gleicher Zeit kann man leicht sehen, daß die Funktion $\Omega(x)$ eine positive Zahl ist für alle Werte von x und der Ungleichheit genügt

$$\Omega(x) > 4\mu(\mu - 1) \frac{(x - a)(b - x)}{(c + a)(c + b)}$$

für alle Werte von x, die zwischen a und b liegen.

In der Tat kommt die sich ergebende Gleichung hinaus auf

$$\Omega(x) = \left\{ \frac{\left(\frac{2z + d}{d} + \sqrt{\left(\frac{2z + d}{d}\right)^2 - 1}\right)^{\mu} + \left(\frac{2z + d}{d} - \sqrt{\left(\frac{2z + d}{d}\right)^2 - 1}\right)^{\mu}}{2} \right\}^2;$$

für

$$a < x < b$$

hat man aber

$$\frac{2z + d}{d} > 1, \quad \sqrt{\left(\frac{2z + d}{d}\right)^2 - 1} > 2\sqrt{\frac{z}{d}}$$

und folglich

$$\Omega(x) > \left\{ \frac{\left(1 + 2\sqrt{\frac{z}{d}}\right)^{\mu} + \left(1 - 2\sqrt{\frac{z}{d}}\right)^{\mu}}{2} \right\} > \left(1 + 2\mu(\mu - 1)\frac{z}{d}\right)^2$$

$$> 4\mu(\mu - 1)\frac{z}{d}.$$

Folglich gilt die Ungleichheit

$$\int_{-\infty}^{+\infty} e^{-x^2} \Omega(x)\, dx > \frac{4\mu(\mu - 1)}{(c + a)(c + b)} \int_a^b e^{-x^2}(x - a)(b - x)\, dx.$$

Vergleicht man die Ungleichheit mit der vorhergehenden

$$\int_{-\infty}^{+\infty} e^{-x^2} \Omega(x)\, dx < \int_{-\infty}^{+\infty} e^{-x^2}\, dx,$$

so findet man, daß der Quotient

$$\frac{(c + a)(c + b)}{4\mu(\mu - 1)}$$

größer ist als der Quotient

$$\frac{\int_a^b e^{-x^2}(x - a)(b - x)\, dx}{\int_{-\infty}^{+\infty} e^{-x^2}\, dx}.$$

Auf Grund des ersten Satzes aber muß der Quotient

$$\frac{(c+a)(c+b)}{4\,\mu\,(\mu-1)}$$

sich der Null nähern, wenn m unbegrenzt wächst.

Unsere Annahme also, daß die Gleichung

$$e^{x^2}\frac{d^m e^{-x^2}}{d\,x^m}=0$$

im Intervall (a,b) keine Wurzeln hat, kann für hinreichend große Werte von m nicht gelten; und damit ist der Lehrsatz bewiesen.

Lehrsatz 3. Setzt man

$$\varphi\,(x)=e^{x^2}\frac{d^m e^{-x^2}}{d\,x^m}\quad\text{und}\quad\psi\,(x)=\int_{-\infty}^{+\infty}\frac{\varphi\,(t)-\varphi\,(x)}{t-x}\,e^{t^2}\,dt,$$

so wird die Summe

$$\sum_{\alpha}^{\beta}\frac{\psi\,(x_i)}{\varphi'\,(x_i)}$$

erstreckt über alle Wurzeln x_i der Gleichung

$$\varphi(x)=0,$$

die im gegebenen Intervall $(\alpha,\,\beta)$ liegen, sich der Grenze nähern

$$\int_{\alpha}^{\beta}e^{-x^2}\,dx,$$

wenn m unbegrenzt wächst.

Beweis: Bezeichnet man mit ξ' und ξ'' zwei Wurzeln der Gleichung $\varphi(x)=0$, die den Ungleichheiten $\xi'<\alpha<\xi''$ genügen und möglichst nahe an α liegen, und mit η' und η'' zwei Wurzeln derselben Gleichung, die den Ungleichheiten $\eta'<\beta<\eta''$ genügen und möglichst nahe an β liegen, so hat man bekanntlich die Ungleichheiten[1])

$$\int_{\xi''}^{\eta'}e^{-x^2}\,dx<\sum_{\alpha}^{\beta}\frac{\psi\,(x_i)}{\varphi'\,(x_i)}<\int_{\xi'}^{\eta''}e^{-x^2}\,dx.$$

Aber zufolge des vorigen Lehrsatzes müssen die Zahlen ξ' und ξ'' sich dem Grenzwerte α nähern, und die Zahlen η' und η'' dem Grenzwert β, wenn m unbegrenzt wächst.

---

1) A. Markoff, Démonstration de certaines inégalités de M. Tchebychef, Math. Annalen XXIV.

Folglich nähern sich die Integrale

$$\int_{\xi''}^{\eta'} e^{-x^2} dx \quad \text{und} \quad \int_{\xi'}^{\eta''} e^{-x^2} dx$$

und die Summe

$$\sum_{\alpha}^{\beta} \frac{\psi(x_i)}{\varphi(x_i)},$$

die zwischen diesen beiden Integralen liegt, dem Grenzwert

$$\int_{\alpha}^{\beta} e^{-x^2} dx,$$

wenn m unbegrenzt wächst.

Bemerkung. Der Grenzwert

$$\int_{\alpha}^{\beta} e^{-x^2} dx$$

der Summe

$$\sum_{\alpha}^{\beta} \frac{\psi(x_i)}{\varphi'(x_i)}$$

bleibt derselbe, wenn man diese Summe vermehrt oder vermindert um eine bestimmte Anzahl der Glieder

$$\frac{\psi(x_i)}{\varphi'(x_i)}$$

die den Wurzeln x_i der Gleichung

$$\varphi(x) = 0$$

entsprechen, welche an α und β möglichst nahe liegen.

So nähert sich z. B. die Summe

$$\sum \frac{\psi(x_i)}{\varphi'(x_i)} \, (\xi'' < x_i < \eta'),$$

erstreckt über alle Wurzeln x_i, welche den Ungleichheiten genügen

$$\xi'' < x_i < \eta'$$

und die Summe

$$\sum \frac{\psi(x_i)}{\varphi'(x_i)} \, (\xi' \leqq x_i \leqq \eta'')$$

erstreckt über alle Wurzeln x_i, welche den Ungleichheiten genügen

$$\xi' \leqq x_i \leqq \eta''$$

ebenfalls dem Grenzwert

$$\int_\alpha^\beta e^{-x^2}\,dx,$$

wenn m unbegrenzt wächst.

Diese Bemerkung bedarf keines besonderen Beweises.

Die Lehrsätze über die Wurzeln der Gleichung

$$e^{x^2}\frac{d^m e^{-x^2}}{dx^m} = 0,$$

die wir bewiesen haben, können dazu dienen, den folgenden Satz sehr einfach zu begründen, der sich von einem Satz Tschébyscheffs nur in unwesentlichen Details unterscheidet.

Lehrsatz 4. Wenn alle Funktionen $f_n(\bar{x})$ der Reihe

$$f_1(\bar{x}),\, f_2(\bar{x}),\, f_3(\bar{x})\,\ldots$$

der Ungleichheit genügen

$$f_n(\bar{x}) \geqq 0$$

und die Summen

$$\sum_{-\infty}^{+\infty} f_n(\bar{x}),\quad \sum_{-\infty}^{+\infty} \bar{x} f_n(\bar{x}),\quad \sum_{-\infty}^{+\infty} \bar{x}^2 f_n(\bar{x}),\,\ldots$$

der Reihe nach sich den Grenzwerten nähern

$$\int_{-\infty}^{+\infty} e^{-x^2}\,dx,\quad \int_{-\infty}^{+\infty} x e^{-x^2}\,dx,\quad \int_{-\infty}^{+\infty} x^2 e^{-x^2}\,dx,\,\ldots,$$

sobald n über alle Grenzen wächst, so nähert sich die Summe

$$\sum_\alpha^\beta f_n(\bar{x}),$$

erstreckt über alle Werte von $\bar{x}$, die innerhalb eines gegebenen Intervalles (α, β) liegen, der Grenze

$$\int_\alpha^\beta e^{-x^2}\,dx,$$

wenn n über alle Grenzen wächst. Die Werte von $\bar{x}$ bleiben unbestimmt.

Beweis. Um den Lehrsatz zu beweisen, ist es notwendig und hinreichend, festzustellen, daß für hinreichend große Werte von n die Differenz

$$\sum_{\alpha}^{\beta} f_n(\bar{x}) - \int_{\alpha}^{\beta} e^{-x^2}\, dx$$

dem absoluten Betrage nach kleiner wird, als jede beliebig kleine gegebene Größe.

Behält man unsere im Lehrsatz 3 und in der Anmerkung eingeführten Bezeichnungen bei und bezeichnet man mit ε eine gegebene positive Zahl, so sei angenommen, daß man m einen bestimmten Wert erteilt hat, so groß, daß die beiden Differenzen zwischen dem Integral

$$\int_{\alpha}^{\beta} e^{-x^2}\, dx$$

und den Summen

$$\sum \frac{\psi(x_i)}{\varphi'(x_i)}\,(\xi'' < x_i < \eta') \quad \text{und} \quad \sum \frac{\psi(x_i)}{\varphi'(x_i)}\,(\xi' \leqq x_i \leqq \eta'')$$

dem absoluten Betrage nach kleiner als $\frac{\varepsilon}{2}$ sind; eine Annahme, die dem Lehrsatz 3 entspricht.

Hierauf betrachten wir die Näherungsbrüche des Kettenbruchs, welcher der Summe entspricht

$$\sum_{-\infty}^{+\infty} \frac{f_n(\bar{x})}{x - \bar{x}},$$

d. i. der Reihe

$$\frac{1}{x} \sum_{-\infty}^{+\infty} f_n(\bar{x}) + \frac{1}{x^2} \sum_{-\infty}^{+\infty} \bar{x} f_n(\bar{x}) + \frac{1}{x^3} \sum_{-\infty}^{+\infty} \bar{x}^2 f_n(\bar{x}) + \cdots;$$

wir bezeichnen mit

$$\frac{\overline{\psi}(x)}{\overline{\varphi}(x)}$$

einen dieser Näherungsbrüche, den wir durch die Bedingung bestimmen, daß der Grad von $\overline{\varphi}(x)$ gleich m ist.

Die Koeffizienten des Bruches

$$\frac{\overline{\psi}(x)}{\overline{\varphi}(x)}$$

sind rationale Funktionen der Größen

$$\alpha_0 = \sum f_n(\bar{x}), \quad \alpha_1 = \sum \bar{x} f_n(\bar{x}), \quad \ldots, \quad \alpha_{2m-1} = \sum \bar{x}^{2m-1} f_n(\bar{x})$$

und folglich sind die Wurzeln der Gleichung

$$\bar{\varphi}(x) = 0$$

algebraische Funktionen dieser Größen.

Nun nähern sich aber die Größen

$$\alpha_0, \alpha_1, \alpha_2, \ldots \alpha_{2m-1}$$

entsprechend den Grenzwerten

$$\int_{-\infty}^{+\infty} e^{-x^2} dx, \quad \int_{-\infty}^{+\infty} e^{-x^2} x \, dx, \quad \ldots, \quad \int_{-\infty}^{+\infty} e^{-x^2} x^{2m-1} dx,$$

wenn n unbegrenzt wächst.

Hieraus folgt, daß die Wurzeln

$$\bar{x}_1, \bar{x}_2, \ldots \bar{x}_m$$

der Gleichung

$$\bar{\varphi}(x) = 0$$

sich von den entsprechenden Wurzeln

$$x_1, x_2, \ldots, x_n$$

der Gleichung

$$\varphi(x) = 0$$

nur um beliebig kleine Beträge unterscheiden, wenn n hinreichend groß ist; $\bar{x}_i$ und x_i sind die entsprechenden Wurzeln der Gleichungen

$$\bar{\varphi}(x) = 0 \quad \text{und} \quad \varphi(x) = 0,$$

wenn man setzt

$$\bar{x}_1 < \bar{x}_2 < \cdots < \bar{x}_m \quad \text{und} \quad x_1 < x_2 < \cdots < x_m.$$

Aus demselben Grund nähert sich auch die Differenz

$$\frac{\bar{\psi}(\bar{x}_i)}{\bar{\varphi}'(\bar{x}_i)} - \frac{\psi(x_i)}{\varphi(x_i)}$$

dem Grenzwert Null für jedes Paar entsprechenden Wurzeln $\bar{x}_i$ und x_i, wenn n unbegrenzt wächst.

Demnach sind für hinreichend große Werte von n die Differenzen zwischen

$$\sum \frac{\overline{\psi}(\overline{x}_i)}{\overline{\varphi}'(\overline{x}_i)} \, (\overline{\xi}'' < \overline{x}_i < \overline{\eta}') \quad \text{und} \quad \sum \frac{\psi(x_i)}{\varphi'(x_i)} \, (\xi'' < x_i < \eta')$$

und zwischen

$$\sum \frac{\overline{\psi}(\overline{x}_i)}{\overline{\varphi}'(\overline{x}_i)} \, (\overline{\xi}' \leqq \overline{x}_i < \overline{\eta}'') \quad \text{und} \quad \sum \frac{\psi(x_i)}{\varphi'(x_i)} \, (\xi' \leqq x_i \leqq \overline{\eta}'')$$

dem absoluten Betrage nach kleiner als die gegebene Größe $\frac{\varepsilon}{2}$; dabei sind $\overline{\xi}', \overline{\xi}'', \overline{\eta}', \overline{\eta}''$ die Wurzeln der Gleichung

$$\overline{\varphi}(x) = 0,$$

welche den Wurzeln $\xi', \xi'', \eta', \eta''$ der Gleichung $\varphi(x) = 0$ entsprechen.

Andrerseits müssen infolge der bekannten Eigenschaften der Näherungsbrüche des Kettenbruchs, welcher der Summe entspricht

$$\sum_{-\infty}^{+\infty} \frac{f_n(\overline{x})}{x - \overline{x}},$$

die Ungleichheiten gelten

$$\sum_{\alpha}^{\beta} f_n(\overline{x}) > \sum \frac{\psi(\overline{x}_i)}{\overline{\varphi}'(\overline{x}_i)} \, (\overline{\xi}'' < \overline{x}_i < \overline{\eta}')$$

und

$$\sum_{\alpha}^{\beta} f_n(\overline{x}) < \sum \frac{\psi(\overline{x}_i)}{\overline{\varphi}'(\overline{x}_i)} \, (\overline{\xi}' \leqq x_i \leqq \overline{\eta}'').$$

Hieraus folgt, daß für hinreichend große Werte von n die betrachtete Summe

$$\sum_{\alpha}^{\beta} f_n(\overline{x})$$

größer ist als

$$\int_{\alpha}^{\beta} e^{-x^2} dx - \frac{\varepsilon}{2} - \frac{\varepsilon}{2}$$

und kleiner als

$$\int_{\alpha}^{\beta} e^{-x^2} dx + \frac{\varepsilon}{2} + \frac{\varepsilon}{2}.$$

Nach dem Lehrsatz 4 bewiesen ist, folgt daraus fast unmittelbar, wie TSCHEBYSCHEFF bemerkt hat[1]), der folgende wichtige Satz der Wahrscheinlichkeitsrechnung:

Die Wahrscheinlichkeit, daß die Summe

$$u_1 + u_2 + \cdots + u_n$$

der unabhängigen Größen

$$u_1, u_2, \ldots, u_n$$

gelegen ist zwischen

$$\alpha \sqrt{2(a_1 + a_2 + \cdots + a_n)} \quad und \quad \beta \sqrt{2(b_1 + b_2 + \cdots + b_n)},$$

wobei $a_1, a_2, \ldots, a_n$ *die mathematischen Hoffnungen (die wahrscheinlichen Werte) von*

$$u_1{}^2, u_2{}^2, \ldots, u_n{}^2$$

sind und α *und* β *zwei beliebige gegebene Größen, nähert sich mit unbegrenzt wachsendem n dem Grenzwert*

$$\frac{1}{\sqrt{\pi}} \int_\alpha^\beta e^{-x^2} dx;$$

wenn die Reihe der unabhängigen Größen

$$u_1, u_2, \ldots, u_n$$

den folgenden Bedingungen genügt:

1. *die mathematischen Hoffnungen von*

$$u_1, u_2, u_3, \ldots$$

sind gleich Null;

2. *die mathematischen Hoffnungen von*

$$u_k{}^2, u_k{}^3, u_k{}^4, \ldots$$

bleiben endlich für alle endlichen Werte von k und in dem Fall, daß k unbegrenzt wächst.

3. *die mathematische Hoffnung von*

$$u_k{}^2$$

wird nicht unendlich klein, wenn k unbegrenzt wächst.

---

1) N. TSCHEBYSCHEFF, Über zwei Sätze der Wahrscheinlichkeitsrechnung. Abhandlung 6 im IV. Band der Schriften der Kaiserlichen Akademie der Wissenschaften.

In der Tat genügt es, um diesen Satz zu beweisen, nach Satz 4 festzustellen, daß die mathematischen Hoffnungen der Ausdrücke

$$\frac{u_1 + u_2 + \cdots + u_n}{\sqrt{2(a_1 + a_2 + \cdots + a_n)}}, \qquad \left(\frac{u_1 + u_2 + \cdots + u_n}{\sqrt{2(a_1 + a_2 + \cdots + a_n)}}\right)^2,$$

$$\left(\frac{u_1 + u_2 + \cdots + u_n}{\sqrt{2(a_1 + a_2 + \cdots + a_n)}}\right)^3, \qquad \left(\frac{u_1 + u_2 + \cdots + u_n}{\sqrt{2(a_1 + a_2 + \cdots + a_n)}}\right)^4 \cdots$$

entsprechend sich den Grenzen nähern

$$\frac{1}{\sqrt{\pi}} \int_{-\infty}^{+\infty} x e^{-x^2} dx, \quad \frac{1}{\sqrt{\pi}} \int_{-\infty}^{+\infty} x^2 e^{-x^2} dx, \quad \frac{1}{\sqrt{\pi}} \int_{-\infty}^{+\infty} x^3 e^{-x^2} dx, \quad \frac{1}{\sqrt{\pi}} \int_{-\infty}^{+\infty} x^4 e^{-x^2} dx, \ldots$$

wenn n unbegrenzt wächst und die gegebenen Bedingungen erfüllt sind. Dies folgt unmittelbar aus dem Lehrsatz § 17, S. 76. Wir verweilen nicht bei der Verallgemeinerung von A. M. LJAPUNOFF, durch die er den oben genannten Lehrsatz über die Grenzwerte der Wahrscheinlichkeiten erweitert hat.

Anhang II.

Ausdehnung der Sätze über die Grenzwerte in der Wahrscheinlichkeitsrechnung auf eine Summe verketteter Größen.

(Abh. der Kais. Russ. Ak. d. W. 22, 9 1908).

In dem Aufsatz „Ausdehnung des Gesetzes der großen Zahlen", mitgeteilt im 15. Band der 2. Serie der Abhandlungen der phys.-math. Gesellschaft an der Kasaner Universität wies ich nach, daß das bekannte Gesetz der großen Zahlen, wie es von TSCHEBYSCHEFF für unabhängige Größen aufgestellt ist, auch auf viele Fälle abhängiger Größen erweitert werden kann.

Von diesen Fällen verdienen nach meiner Meinung die Fälle verketteter Größen besondere Aufmerksamkeit, so daß, wenn der Wert von einer von ihnen bekannt ist, die darauffolgenden von den ihr vorausgehenden unabhängig sind.

Bei der Betrachtung von einem dieser Fälle, man kann wohl sagen, dem einfachsten, in dem Aufsatz „Untersuchung eines wichtigen Falles abhängiger Proben"[1]) wies ich für ihn den Lehrsatz vom Grenzwert der mathematischen Hoffnung nach, aus dem ein bestimmter Ausdruck für den Grenzwert der Wahrscheinlichkeit in Gestalt des bekannten LAPLACEschen Integrals hervorgeht.[2])

Dies Ergebnis führt auf den Gedanken, daß die Sätze über die Grenzwerte der mathematischen Hoffnung und der Wahrscheinlichkeit auch für andere Fälle verketteter Größen gelten muß.

Mein Beweis war auf eine Besonderheit des gegebenen Falles begründet: auf die Symmetrie der gesuchten Ausdrücke in p und q; es genügt aber, kleine Änderungen vorzunehmen, um ihn von der angegebenen Besonderheit des einfachen Falles frei zu machen, und es wird die Möglichkeit klar, ähnliche Schlüsse und entsprechende Ausführungen auf andere Fälle zu übertragen.

---

1) Acta mathematica T. 33.   2) Anhang I.

Wir verweilen nicht bei dem erörterten Fall, sondern wir betrachten einen anderen, allgemeineren Fall und erläutern an ihm einen Beweis, der allgemeinen Charakter hat.

§ 1.

Es seien

$$x_1, x_2, \cdots, x_k, x_{k+1}, \cdots$$

eine Reihe verketteter Größen.

Ferner seien für jede dieser Größen möglich nur die drei Werte

$$- 1, 0, + 1$$

und dementsprechend bedeutet das Zahlensystem

$$\begin{matrix} p, & q, & r \\ p', & q', & r' \\ p'', & q'', & r'' \end{matrix}$$

in der ersten Zeile die Wahrscheinlichkeiten der Gleichungen

$$x_{k+1} = -1, \ x_{k+1} = 0, \ x_{k+1} = +1,$$

wenn $x_k = -1$ ist, in der zweiten Zeile die Wahrscheinlichkeit derselben Gleichungen für $x_k = 0$ und endlich in der dritten Zeile ihre Wahrscheinlichkeiten für $x_k = +1$.

Diese Wahrscheinlichkeiten können natürlich keine negativen Zahlen sein und müssen den Bedingungen genügen

$$\begin{aligned} p + q + r &= 1, \\ p' + q' + r' &= 1, \\ p'' + q'' + r'' &= 1. \end{aligned} \tag{1}$$

Außerdem setzen wir voraus, daß keine von ihnen gleich Eins ist; diese Voraussetzung zu machen, ist besonders wichtig für

$$p, q', r'',$$

damit die Reihe

$$x_1, x_2, x_3, \cdots$$

sich nicht als einfache Wiederholung einer Zahl erweist.

Endlich müssen wir noch drei Zahlen einführen

$$P, Q, R,$$

die die Wahrscheinlichkeiten sind dafür, daß x_1 den Wert hat

$$- 1, 0, + 1.$$

Unter diesen Bedingungen beschäftigen wir uns mit der Betrachtung der Wahrscheinlichkeit verschiedener Annahmen über die Größe der Summe

$$x_1 + x_2 + \cdots + x_n$$

für einen beliebig gegebenen Wert n und beginnen mit kleinen Werten von n, gehen sodann über zu großen und unbegrenzt wachsenden.

Für $n = 1$ reduziert sich unsere Summe auf die Zahl x_1 und kann dementsprechend die drei Werte haben

$$-1, 0, +1,$$

deren Wahrscheinlichkeiten zufolge der Bedingung sind

$$P, Q, R.$$

Für $n = 2$ haben wir die Summe zweier Zahlen

$$x_1 + x_2,$$

für welche man die Werte nehmen kann

$$-2, -1, 0, +1, +2$$

und die Wahrscheinlichkeiten dieser Werte sind, wie man leicht sieht entsprechend gleich

$$Pp, \; Pq + Qp', \; Pr + Qq' + Rp'', \; Qr' + Rq'', \; Rr''.$$

Für die Summe

$$x_1 + x_2 + x_3$$

sind schon sieben Werte möglich

$$-3, -2, -1, 0, +1, +2, +3$$

und ihre Wahrscheinlichkeiten werden der Reihe nach sein

$$Ppp, \, P(pq + qp') + Qp'p, \, P(pr + qq' + rp'') + Q(p'q + q'p) + Rp''p,$$
$$P(qr' + rq'') + Q(p'r + q'q' + r'p'') + R(p''q + q''p),$$
$$Prr'' + Q(q'r' + r'q'') + R(p''r + q''q' + r''p''),$$
$$Qr'r'' + R(q''r' + r''q''), \quad Rr''r''.$$

Fährt man ferner fort, ähnlich wie in dem erwähnten Aufsatz „Untersuchung eines wichtigen Falles . . .", bei beständiger Zunahme der Zahl n von Eins an, so hat man die Wahrscheinlichkeit der Gleichung

$$x_1 + x_2 + \cdots + x_n = m$$

für beliebig gegebene Werte n und m in Gestalt einer Summe darstellen

$$\bar{P}_{m,n} + P_{m,n} + \overset{+}{P}_{m,n}$$

wobei wir mit den drei Symbolen die Wahrscheinlichkeit derselben Gleichung bezeichnen, mit der Nebenbedingung, die nach der Folge der Wahrscheinlichkeiten ausgedrückt wird durch die Gleichungen

$$x_n = -1, \ x_n = 0, \ x_n = +1.$$

Bei diesen Bezeichnungen kann man leicht die folgenden Gleichungen aufstellen:

$$\bar{P}_{m,n+1} = p\,\bar{P}_{m+1,n} + p'\,P_{m+1,n} + p''\,\overset{+}{P}_{m+1,n}$$

$$P_{m,n+1} = q\,\bar{P}_{m,n} + q'\,P_{m,n} + q''\,\overset{+}{P}_{m,n} \qquad (2)$$

$$\overset{+}{P}_{m,n+1} = r\,\bar{P}_{m-1,n} + r'\,P_{m-1,n} + r''\,\overset{+}{P}_{m-1,n}$$

für

$$n = 1, 2, 3, \ldots$$

Dieser Gleichungen kann man sich bedienen, um der Reihe nach die Wahrscheinlichkeiten

$$\bar{P}_{m,n}, \ P_{m,n}, \ \overset{+}{P}_{m,n}$$

für

$$n = 2, 3, 4, \cdots$$

zu berechnen; man muß nur die Ausgangsgleichungen beachten

$$\bar{P}_{-1,1} = P, \ P_{0,1} = Q, \ \overset{+}{P}_{1,1} = R \qquad (3)$$

und beachten, daß alle übrigen Ausdrücke

$$\bar{P}_{m,1}, \ P_{m,1} \ \overset{+}{P}_{m,1}$$

gleich Null werden müssen, als Wahrscheinlichkeiten von unmöglichen Annahmen.

Wir finden auf diese Weise

$$\bar{P}_{-2,2} = pP, \ \bar{P}_{-1,2} = p'Q, \ \bar{P}_{0,2} = p''R$$

$$P_{-1,2} = qP, \ P_{0,2} = q'Q, \ P_{1,2} = q''R,$$

$$\overset{+}{P}_{0,2} = rP, \ \overset{+}{P}_{1,2} = r'Q, \ \overset{+}{P}_{2,2} = r''R,$$

18*

die übrigen Ausdrücke aber

$$\bar{P}_{m,2}, \quad P_{m,2}, \quad \overset{+}{P}_{m,2}$$

gleich Null; ferner erhalten wir

$$\bar{P}_{-3,3} = pp\,P, \quad \bar{P}_{-2,3} = pp'\,Q + p'q\,P, \quad P_{-2,3} = qp\,P, \quad \overset{+}{P}_{-2,3} = 0$$

$$\bar{P}_{-2,3} + P_{-2,3} + \overset{+}{P}_{-2,3} = (pq + qp')\,P + Qp'p$$

usw.

Lassen wir in unseren Betrachtungen den Fall bei Seite, daß die Determinante

$$\begin{vmatrix} p, & p', & p'' \\ q, & q', & q'' \\ r, & r', & r'' \end{vmatrix}$$

gleich Null ist, so können wir noch drei Zahlen einführen

$$\bar{P}_{0,0}, \quad P_{0,0}, \quad \overset{+}{P}_{0,0},$$

die wir aus den Gleichungen bestimmen:

$$P = p\,\bar{P}_{0,0} + p'\,P_{0,0} + p''\,\overset{+}{P}_{0,0}$$

$$Q = q\,\bar{P}_{0,0} + q'\,P_{0,0} + q''\,\overset{+}{P}_{0,0}$$

$$R = r\,\bar{P}_{0,0} + r'\,P_{0,0} + r''\,\overset{+}{P}_{0,0},$$

Kraft deren wir haben

$$\bar{P}_{0,0} + P_{0,0} + \overset{+}{P}_{0,0} = 1.$$

Wenn wir zugleich den Symbolen

$$\bar{P}_{m,0}, \quad P_{m,0}, \quad \overset{+}{P}_{m,0}$$

für von Null verschiedenes m den Wert Null erteilen, so können wir die von uns gefundenen Gleichungen auf den Fall $n = 0$ ausdehnen.

§ 2.

Führt man die Hilfsveränderliche t ein und ihre Funktionen

$$\bar{\varphi}_n = \sum \bar{P}_{m,n}\,t^m, \quad \varphi_n = \sum P_{m,n}\,t^n, \quad \overset{+}{\varphi}_n = \sum \overset{+}{P}_{m,n}\,t^m \tag{4}$$

$$\varPhi_n = \bar{\varphi}_n + \varphi_n + \overset{+}{\varphi}_n,$$

so können wir erstens die Wahrscheinlichkeit der Gleichung

$$x_1 + x_2 + \cdots + x_n = m$$

als Koeffizient von t^m in der Entwicklung von Φ_n nach Potenzen von t bestimmen, zweitens aus den Gleichungen (2) ableiten

$$t\bar{\varphi}_{n+1} = p\bar{\varphi}_n + p'\varphi_n + p''\overset{+}{\varphi}_n$$

$$\varphi_{n+1} = q\bar{\varphi}_n + q'\varphi_n + q''\overset{+}{\varphi}_n \qquad (5)$$

$$\frac{1}{t}\overset{+}{\varphi}_{n+1} = r\bar{\varphi}_n + r'\varphi_n + r''\overset{+}{\varphi}_n.$$

Aus diesen letzteren Gleichungen folgt für alle Funktionen

$$\bar{\varphi}_n, \ \varphi_n, \ \overset{+}{\varphi}_n, \ \Phi_n$$

ein und dieselbe lineare Differenzengleichung, die wir für die Funktion Φ_n sehr einfach in symbolischer Form darstellen können

$$\begin{vmatrix} p - t\Phi, & p', & p'' \\ q, & q' - \Phi, & q'' \\ r, & r' & r'' - \frac{1}{t}\Phi \end{vmatrix} \Phi^n = 0, \qquad (6)$$

wobei in der Ausführung der angegebenen Rechnung an Stelle von

$$\Phi^{n+3}, \ \Phi^{n+2}, \ \Phi^{n+1}, \ \Phi^n$$

zu setzen ist

$$\Phi_{n+3}, \ \Phi_{n+2}, \ \Phi_{n+1}, \ \Phi_n$$

und außerdem

$$n = 0, 1, 2, \cdots.$$

Wir lenken die Aufmerksamkeit auf die symbolische Form der Gleichung aus dem Grunde, weil sie klar erkennen läßt, wie unsere Ausführungen auf andere Fälle von allgemeinerem Charakter zu erweitern sind, wenn x_k mehr als drei verschiedene Werte haben kann.

In gewöhnlicher Form wird die Gleichung (6) so dargestellt

$$\Phi_{n+3} \overset{-}{\mp} A\Phi_{n+2} + B\Phi_{n+1} - D\Phi_n = 0,$$

wobei

$$A = \frac{p}{t} + q' + r''t, \quad B = \frac{pq' - p'q}{t} + pr'' - p''r + (q'r'' - q''r')t \qquad (7)$$

$$D = pq'r'' - pq''r' + p'q''r - p'qr'' + p''qr' - p''q'r.$$

Auf der andern Seite haben wir nach unserer Bezeichnungsweise

$$\Phi_0 = 1$$

und die unmittelbare Betrachtung der Fälle $n = 1$ und $n = 2$ gibt uns

$$\Phi_1 = P\frac{1}{t} + Q + Rt$$

$$\Phi_2 = Pp\frac{1}{t^2} + (Pq + Qp')\frac{1}{t} + Pr + Qq' + Rp'' + (Qr' + Rq'')t + Rr''t^2.$$

Aus diesen Angaben können wir auf Grund von Gleichung (6) alle übrigen Funktionen Φ_n finden. Man kann auch leicht einsehen, daß man alle Funktionen Φ_n bestimmen kann als Koeffizienten von z^n in der Entwicklung einer gewissen rationalen Funktion

$$\frac{f(t, z)}{F(t, z)}$$

nach wachsenden Potenzen einer neuen Hilfsveränderlichen z, wobei der Nenner bestimmt ist durch die Formel

$$F(t, z) = -\begin{vmatrix} pz - t, & p'z, & p''z \\ qz, & q'z - 1, & q''z \\ rz, & r'z, & r''z - \frac{1}{t} \end{vmatrix} = 1 - Az + Bz^2 - Dz^3, \quad (8)$$

der Zähler aber eine ganze Funktion vom zweiten Grad in z darstellt.

Die Funktion $f(t, z)$ wird bestimmt durch die drei ersten Glieder der rechten Seite der Formel

$$\frac{f(t, z)}{F(t, z)} = \Phi_0 + \Phi_1 z + \Phi_2 z^2 + \cdots + \Phi_n z^n + \cdots; \quad (9)$$

die einfache Multiplikation der auf der rechten Seite von (9) stehenden Reihe mit $F(t, z)$ gibt uns

$$f(t, z) = \Phi_0 + (\Phi_1 - A\Phi_0)z + (\Phi_2 - A\Phi_1 + B\Phi_0)z^2.$$

Für unsere Absicht ist die Bemerkung wichtig, daß für $t = 1$ alle Funktionen Φ_n zu Eins werden müssen und folglich ist

$$\frac{f(1, z)}{F(1, z)} = \frac{1}{1 - z}. \quad (10)$$

§ 3.

Die gefundenen Formeln verwenden wir zur Berechnung der mathematischen Hoffnungen der verschiedenen Potenzen der Summe

$$x_1 + x_2 + \cdots + x_n - na,$$

wobei wir die Zahl a so auswählen, daß die mathematische Hoffnung der ersten Potenz dieser Summe endlich bleibt bei unbegrenztem Anwachsen der Zahl n.

Da die Funktion Φ_n nach ihrer Definition als Koeffizient einer beliebigen gegebenen Potenz von t die Wahrscheinlichkeit gibt, daß die Summe

$$x_1 + x_2 + \cdots + x_n,$$

gleich dem Exponenten dieser Potenz ist, so können wir die Wahrscheinlichkeit, daß die Summe

$$x_1 + x_2 + \cdots x_n - na$$

einer gegebenen Zahl gleich ist, durch Entwicklung des Produktes

$$t^{-na}\Phi_n$$

nach Potenzen von t bestimmen, als Koeffizient in diesem Produkt bei derjenigen Potenz von t, deren Exponent der gegebenen Zahl gleich ist.

Hieraus kann man leicht erschließen, daß die mathematische Hoffnung von

$$(x_1 + x_2 + \cdots + x_n - na)^i$$

wobei i eine beliebige positive ganze Zahl ist, mit Hilfe des Produktes

$$t^{-na}\Phi_n$$

in folgender Weise erhalten werden kann:

Wir setzen

$$t = e^u,$$

sodann bilden wir die Ableitung

$$\frac{d^i(t^{-na}\Phi_n)}{du^i}$$

und darin setzen wir u gleich Null; das auf diese Weise erhaltene Resultat

$$\left\{ \frac{d^i t^{-na}\Phi_n}{du^i} \right\}_{u=0}$$

gibt uns die gesuchte mathematische Hoffnung; der Übergang von t zu e^u ist uns nützlich, damit bei der Differentiation die Exponenten nicht kleiner werden.

Zugleich kann man leicht einsehen, daß die Reihe

$$\Phi_0 + t^{-a}\Phi_1 z + t^{-2a}\Phi_2 z^2 + \cdots + t^{-na}\Phi_n z^n + \cdots$$

aus der Reihe

$$\Phi_0 + \Phi_1 z + \Phi_2 z^2 + \cdots + \Phi_n z^n + \cdots$$

erhalten wird, indem man die Zahl z ersetzt durch das Produkt

$$t^{-a} z.$$

Demnach haben wir auf Grund von Formel (9)

$$\frac{f(t, z t^{-a})}{F(t, z t^{-a})} = \Phi_0 + t^{-a} \Phi_1 z + t^{-2a} \Phi_2 z^2 + \cdots \tag{11}$$

und die mathematische Hoffnung von

$$(x_1 + x_2 + \cdots + x_n - na)^i$$

können wir als Koeffizient von z^n bei der Entwicklung des Ausdrucks

$$\frac{d^i}{d u^i} \left(\frac{f(e^u, z e^{-au})}{F(e^u, z e^{-au})} \right)_{u=0} \tag{12}$$

nach wachsenden Potenzen von z bestimmen.

§ 4.

Wir verweilen bei der mathematischen Hoffnung der ersten Potenz

$$x_1 + x_2 + \cdots + x_n - na$$

um die Zahl a zu finden.

Diese mathematische Hoffnung wird, entsprechend unseren Darlegungen, ausgedrückt durch den Koeffizienten von z^n bei der Entwicklung der Funktion

$$\frac{f'_{u=0}(e^u, z e^{-au})}{F(1, z)} - \frac{f(1, z)}{F(1, z)} \frac{F'_{u=0}(e^u, z e^{-au})'}{F(1, z)} \tag{13}$$

nach wachsenden Potenzen von z, wobei die Symbole

$$f'_{u=0}(e^u, z e^{-au}) \quad \text{und} \quad F'_{u=0}(e^u, z e^{-au})$$

entsprechend zu bedeuten haben die Werte der Ableitungen

$$\frac{d f(e^u, z e^{-au})}{d u} \quad \text{und} \quad \frac{d F(e^u, z e^{-au})}{d u}$$

für $u = 0$.

Um die Entwicklung der angegebenen Funktion nach wachsenden Potenzen von z auszuführen, beschäftigen wir uns vor allem mit der Entwicklung von ihr in die einfachsten Brüche, wobei für unsern Zweck wichtig ist, den Bruch mit dem Nenner $(1 - z)^2$ abzutrennen.

Als Nenner der gesuchten einfachsten Brüche können offenbar nur die einfachen Faktoren der ganzen Funktion $F(1, z)$ dienen.

Als der eine Faktor der Funktion $F(1, z)$ dient

$$1 - z$$

da sein Wert für $z = 1$ ausgedrückt wird durch die Determinante

$$- \begin{vmatrix} p - 1, & p', & p'' \\ q, & q' - 1, & q'' \\ r, & r', & r'' - 1 \end{vmatrix},$$

die zufolge der Grundgleichungen

$$p + q + r = p' + q' + r' = p'' + q'' + r'' = 1$$

gleich Null ist.

Wir wenden uns zu den andern einfachen Faktoren der Funktion $F(1, z)$ und setzen

$$F(1, z) = (1 - z)(1 - y_1 z)(1 - y_2 z); \tag{14}$$

wobei die drei Zahlen

$$1, y_1, y_2$$

darstellen die drei Wurzeln der Gleichung

$$\begin{vmatrix} p - y, & p', & p'' \\ q, & q' - y, & q'' \\ r, & r', & r'' - y \end{vmatrix} = 0. \tag{15}$$

Von dieser Gleichung wollen wir zeigen, daß nur eine ihrer Wurzeln gleich Eins ist und daß die Moduln der beiden andern kleiner als Eins sind.

Zu diesem Zweck bilden wir von der linken Seite der Gleichung (15) die Ableitung nach y und setzen $y = 1$, das Ergebnis können wir in Gestalt der Summe dreier Differenzen darstellen

$$\{q'' r' - (1 - q')(1 - r'')\} + \{p'' r - (1 - p)(1 - r'')\}$$
$$+ \{p' q - (1 - p)(1 - q')\},$$

von denen keine eine positive Zahl sein kann und die alle zu Null werden könnten nur in den von uns ausgeschlossenen Fällen, wenn wenigstens eine der Zahlen

$$p, q', r''$$

gleich Eins wäre.

Nachdem wir uns so überzeugt haben, daß Eins eine einfache und keine vielfache Wurzel der Gleichung (15) ist, gehen wir über zu den andern Wurzeln

$$y_1, y_2$$

derselben Gleichung, welche von Eins verschieden sind.

Sei y eine der beiden Zahlen

$$y_1, y_2,$$

einerlei welche.

Zu dieser Zahl y kann man ein System von Zahlen bilden

$$\alpha, \beta, \gamma,$$

welches nicht aus Nullen allein besteht und das den Gleichungen genügt

$$\alpha y = p\alpha + q\beta + r\gamma$$
$$\beta y = p'\alpha + q'\beta + r'\gamma$$
$$\gamma y = p''\alpha + q''\beta + r''\gamma.$$

Die Differenzen

$$\alpha - \beta, \; \alpha - \gamma, \; \beta - \gamma$$

können auch nicht sämtlich Null sein, da ja für

$$\alpha = \beta = \gamma$$

aus den Gleichungen, welche α, β, γ erfüllen, die Gleichung folgen würde

$$y = 1.$$

Wir verweilen bei derjenigen Differenz

$$\alpha - \beta, \; \alpha - \gamma, \; \beta - \gamma,$$

die den größten Modul hat; es sei dies $\alpha - \beta$.

Dementsprechend subtrahieren wir βy von αy; dies gibt uns die Gleichung

$$(\alpha - \beta)y = (p - p')\alpha + (q - q')\beta + (r - r')\gamma.$$

Hier sind die Faktoren

$$p - p', \; q - q', \; r - r'$$

von α, β und γ ihrem absoluten Betrage nach kleiner als Eins und da ihre Summe gleich Null ist, so hat einer das Zeichen $\pm$, entgegengesetzt dem Zeichen $\mp$ der beiden andern und ist dem absoluten Betrage nach ihrer Summe gleich.

Um eine genaue Bestimmung zu haben, nehmen wir an, daß $p - p'$ uud $q - q'$ das eine Vorzeichen haben und $r - r'$ das andere.

Ersetzen wir unter dieser Annahme in der obenstehenden Gleichung die Differenz $r - r'$ durch die ihr gleiche Differenzensumme

$$p' - p + q' - q,$$

so erhalten wir

$$y = (p - p') \frac{\alpha - \gamma}{\alpha - \beta} + (q - q') \frac{\beta - \gamma}{\alpha - \beta}$$

und daher

mod $y <$ abs. Betr. $(p - p')$ + abs. Betr. $(q - q')$ = abs. Betr. $(r - r') < 1$.

Daher sind die Moduln der Koeffizienten y_1, y_2, welche in der Zerlegung (14) der Funktion $F(1, z)$ in einfache Faktoren auftreten, kleiner als Eins.

Daher müssen in den bekannten Entwicklungen nach wachsenden Potenzen von z der Brüche

$$\frac{1}{(1 - y_1 z)^l} \quad \text{und} \quad \frac{1}{(1 - y_2 z)^l}$$

die Koeffizienten von z^n mit $1 : n$ dem Grenzwert Null sich nähern.

Was aber die Entwicklung der Brüche von der Form

$$\frac{1}{(1 - z)^l}$$

nach wachsenden Potenzen von z betrifft, so haben wir nach der Formel

$$E_n = \frac{(n + 1)(n + 2) \cdots (n + l - 1)}{1 \cdot 2 \cdots (l - 1)},$$

welche die Koeffizienten dieser Entwicklung

$$\frac{1}{(1 - z)^l} = 1 + E_1 z + E_2 z^2 + \cdots + E_n z^n + \cdots$$

angibt,

$$\underset{n = \infty}{\text{Limes}} \ \frac{E_n}{n^{l-1}} = \frac{1}{1 \cdot 2 \cdots (l - 1)} \quad \text{und} \quad \underset{n = \infty}{\text{Limes}} \ \frac{E_n}{n^{l-1+\varepsilon}} = 0,$$

worin ε eine beliebig vorgegebene positive Zahl bedeutet.

Wenden wir unsere Ausführungen auf die Funktion (13) an, so ergibt sich der Schluß, daß bei ihrer Entwicklung nach wachsenden Potenzen von z der Koeffizient von z^n, gleich der mathematischen Hoffnung der Summe

$$x_1 + x_2 + \cdots + x_n - na,$$

mit n unbegrenzt wächst dann und nur dann, wenn der Bruch

$$\frac{f(1,z)}{F(1,z)} \cdot \frac{F'_{u=0}(e^u, z\,e^{-a\,u})}{F(1,z)}$$

nicht durch $1 - z$ kürzbar ist.

Wünschen wir, daß diese mathematische Hoffnung nicht mit n unbegrenzt wächst, und erinnern wir uns, daß infolge der früher aufgestellten Gleichung

$$\frac{f(1,z)}{F(1,z)} = \frac{1}{1 - z}$$

die ganze Funktion $f(1,z)$ den Faktor $1 - z$ nicht enthalten kann, so müssen wir a einen solchen Wert geben, daß der Faktor $1 - z$ enthalten ist in der Funktion

$$F'_{u=0}(e^u, z\,e^{-a\,u}).$$

Wir gelangen so zu der Gleichung

$$F'_{u=0}(e^u, e^{-a\,u}) = 0,$$

die man leicht in die folgende Gestalt bringen kann

$$- a\left\{\frac{d\,F(1,z)}{d\,z}\right\}_{z=1} + \left\{\frac{d\,F(t,1)}{d\,t}\right\}_{t=1} = 0. \tag{16}$$

Die Koeffizienten dieser Gleichung, welche eine und nur eine Lösung zuläßt, kann man berechnen nach den Formeln

$$\left\{\frac{d\,F(1,z)}{d\,z}\right\}_{z=1} = q''r' - (1 - q')(1 - r'') + p''r - (1 - p)(1 - r'')$$
$$+ p'q - (1 - p)(1 - q'), \tag{17}$$
$$\left\{\frac{d\,F(t,1)}{d\,t}\right\}_{t=1} = (1 - q')(1 - r'') - q''r' - (1 - p)(1 - q') + p'q.$$

§ 5.

Wir gehen über zu der Betrachtung der höheren Potenzen der Summe

$$x_1 + x_2 + \cdots + x_n - n\,a,$$

für die von uns gefundene Größe a.

Nach dem, was bewiesen wurde, kann man die mathematische Hoffnung

$$(x_1 + x_2 + \cdots + x_n - n\,a)^i$$

als Koeffizient von z^n in der Entwicklung der folgenden Funktion

$$\frac{d^i}{du^i}\left(\frac{f(e^u, z\,e^{-a\,u})}{F(e^u, z\,e^{-a\,u})}\right)_{u=0}$$

nach wachsenden Potenzen einer willkürlichen Zahl z bestimmen.

Um zur Erforschung dieser Funktion überzugehen, setzen wir zur Abkürzung

$$f(e^u, z\,e^{-a\,u}) = U, \quad F(e^u, z\,e^{-a\,u}) = V$$
$$\frac{d^i V}{du^i} = V^{(i)}, \quad \frac{d^i U}{du^i} = U^{(i)}. \tag{18}$$

Bei diesen Bezeichnungen haben wir nach der Differentiationsformel für ein Produkt

$$\frac{d^i}{du^i}\left(\frac{V}{U}\right) = U\frac{d^i}{du^i}\left(\frac{1}{V}\right) + \frac{i}{1} U'\frac{d^{i-1}}{du^{i-1}}\left(\frac{1}{V}\right) + \cdots \tag{19}$$

und nach der Differentiationsformel für die Funktion einer Funktion erhalten wir

$$\frac{d^i}{du^i}\left(\frac{1}{V}\right) = \sum \frac{i!\,j!}{V^{j+1}}\frac{(-V')^{\lambda}}{\lambda!}\frac{\left(-\frac{1}{2}V''\right)^{\mu}}{\mu!}\frac{\left(-\frac{1}{2\cdot 3}V'''\right)^{\nu}}{\nu!}\cdots, \tag{20}$$

wobei man die Summation auf alle möglichen Kombinationen ganzer Zahlen

$$j, \lambda, \mu, \nu, \cdots$$

zu erstrecken hat, welche den beiden Gleichungen genügen

$$\begin{aligned}\lambda + \mu + \nu + \cdots &= j,\\ \lambda + 2\mu + 3\nu + \cdots &= i\end{aligned} \tag{21}$$

und den Ungleichheiten

$$0 < j \leqq i, \ \lambda \geqq 0, \ \mu \geqq 0, \ \nu \geqq 0, \cdots.$$

Wir wollen zeigen, daß bei unbegrenztem Anwachsen der Zahl n das Verhältnis der mathematischen Hoffnung von

$$(x_1 + x_2 + \cdots + x_n - na)^i$$

zu $n^{\frac{i}{2}}$ sich einem Grenzwert nähert gleich dem Produkt

$$\frac{1}{\sqrt{\pi}}\,C^{\frac{i}{2}}\int\limits_{-\infty}^{+\infty} t^i e^{-t^2}\,dt,$$

wo C eine konstante Zahl bedeutet.

Zu diesem Zweck muß man in Anbetracht der vorausgehenden Betrachtungen erweisen, daß der Nenner der rationalen Funktion von z, die durch die Ableitung

$$\frac{d^i}{du^i}\left(\frac{U}{V}\right)$$

dargestellt wird für $u = 0$, den Faktor $1 - z$ nach der entsprechenden Kürzung nur in Potenzen enthalten kann, welche $\frac{i+1}{2}$ bei ungeradem i und $\frac{i}{2} + 1$ bei geradem i nicht übersteigen.

Betrachtet man für $u = 0$ eines der Produkte

$$U^{(l)}\frac{d^{i-l}}{du^{i-l}}\left(\frac{1}{V}\right),$$

wie sie in Formel (19) auftreten, so bemerkt man, daß der Faktor $1 - z$ im Nenner dieses Produktes in keiner höheren Potenz enthalten sein kann, als im Nenner des zweiten Faktors

$$\frac{d^{i-l}}{du^{i-l}}\left(\frac{1}{V}\right)_{u=0}.$$

Über diesen zweiten Faktor aber können wir für uns wichtige Schlüsse ziehen auf Grund von Formel (20), indem wir in ihr die Zahl i ersetzen durch die Differenz $i - l$.

In der Tat kann man leicht einsehen, daß bei dem von uns gewählten Wert von a das allgemeine Glied

$$\frac{i!\,j!}{V^{j+1}}\frac{(-V')^\lambda}{\lambda!}\cdot\frac{\left(-\frac{1}{2}V''\right)^\mu}{\mu!}\frac{\left(-\frac{1}{2\cdot3}V'''\right)^\nu}{\nu!}\cdots$$

der Formel (20) für $u = 0$ nach der Kürzung auf einen solchen Bruch führt, dessen Nenner den Faktor $1 - z$ in keiner höheren Potenz als

$$j + 1 - \lambda$$

enthält, da für $u = 0$ die Funktion V' den Faktor $1 - z$ enthält, die Funktion V aber nicht durch $(1 - z)^2$ teilbar ist.

Anderseits kann man leicht aus den Bedingungen, welche die Größen

$$j, \lambda, \mu, \nu, \cdots$$

beschränken, die Gleichung ableiten

$$\lambda \geqq 2j - i, \qquad (22)$$

welche den Wert λ beschränkt, sobald $2j > i$ ist.

Wenn $2j < i$, so wird die Differenz

$$j + 1 - \lambda,$$

in der $\lambda > 0$, offenbar kleiner als $\frac{i}{2} + 1$; kraft der Ungleichung (22) wird die Differenz

$$j + 1 - \lambda$$

kleiner als $\frac{i}{2} + 1$ bleiben, auch für $2j > i$, und nur für $j = \frac{i}{2}$, wenn dieser Wert möglich ist, und für $\lambda = 0$ kann sie den Wert $\frac{i}{2} + 1$ erreichen.

Verweilen wir bei der Voraussetzung

$$i = 2j, \quad \lambda = 0,$$

welche nur bei geradem i möglich ist, so finden wir, daß dieser Voraussetzung nur das eine Glied der Formel (20) genügt

$$\frac{1 \cdot 2 \cdot 3 \cdots i(-V'')^{\frac{i}{2}}}{2^{\frac{i}{2}}\, V^{\frac{i}{2}+1}},$$

da ja für $j = \frac{i}{2}$ und $\lambda = 0$ aus den Gleichungen (21) und den damit verbundenen Ungleichheiten folgt

$$\mu = \frac{i}{2}.$$

Deshalb kann bei ungeradem i keiner der Brüche, auf welche die Ableitungen führen

$$\frac{d^i}{du^i}\left(\frac{1}{V}\right), \quad \frac{d^{i-1}}{du^{i-1}}\left(\frac{1}{V}\right), \quad \frac{d^{i-2}}{du^{i-2}}\left(\frac{1}{V}\right)\cdots,$$

wenn wir $u = 0$ setzen, sobald die entsprechende Kürzung vorgenommen ist, im Nenner den Faktor $1 - z$ in höherem Grade als $\frac{i+1}{2}$ enthalten, und bei geradem i kann nur der erste Bruch, erhalten aus der Ableitung

$$\frac{d^i}{du^i}\left(\frac{1}{V}\right)$$

im Nenner den Faktor $1 - z$ in der Potenz $\frac{i}{2} + 1$ enthalten; zieht man aber von diesem ersten Bruch den Ausdruck ab

$$\frac{1 \cdot 2 \cdot 3 \cdots i\, (-V'')^{\frac{i}{2}}}{2^{\frac{i}{2}}\, V^{\frac{i}{2}+1}},$$

genommen für $u = 0$, so führt die Differenz nach entsprechender Kürzung zu einem solchen Bruch, dessen Nenner den Faktor $1 - z$ in geringerer Potenz als $\frac{i}{2} + 1$ enthält.

Setzt man das Ergebnis in Formel (19) ein und beachtet die Bezeichnung (18) so ist zu schließen, daß für ungerades i der von uns betrachtete Ausdruck

$$\frac{d^i}{du^i}\left(\frac{f(e^u, z\,e^{-a\,u})}{F(e^u, z\,e^{-a\,u})}\right)_{u=0} \tag{12}$$

auf eine derartige rationalgebrochene Funktion der Zahl z führt, deren Nenner den Faktor $1 - z$ in einer niedrigeren Potenz als $\frac{i}{2} + 1$ enthält.

Hieraus aber folgt kraft der Ausführungen in den §§ 3 und 4 sogleich, daß bei ungeradem i der Bruch

$$\underline{\text{m. H. } (x_1 + x_2 + \cdots + x_n - n\,a)^i}{n^{\frac{i}{2}}}$$

sich dem Grenzwert Null nähern muß, wenn n unbegrenzt wächst.

Man kann auch leicht den einfachen Bruch mit dem Nenner $(1 - z)^{\frac{i}{2}+1}$ finden, den man vom Ausdruck (12) abtrennen muß, bei geradem i damit der Nenner des Restes den Faktor $(1 - z)^{\frac{i}{2}+1}$ nicht mehr enthält, aber wohl niedrigere Potenzen von $1 - z$ enthalten darf.

In der Tat muß dieser Bruch zusammenfallen mit demjenigen, durch dessen Abspaltung von dem Ausdruck

$$\frac{1 \cdot 2 \cdot 3 \cdots i}{2^{\frac{i}{2}}}\left(\frac{U}{V}\right)_{u=0}\left(\frac{-V''}{V}\right)_{n=0}^{\frac{i}{2}} r'$$

ein Bruch übrig bleibt, der im Nenner den Faktor $(1 - z)$ in keiner höheren Potenz als $\frac{i}{2} - 1$ enthält.

Beachtet man demnach die Gleichung

$$\left(\frac{U}{V}\right)_{u=0} = \frac{1}{1-z}, \tag{10}$$

die in § 2 aufgestellt ist, so findet man, daß man den gesuchten Bruch in der Gestalt darstellen kann

$$\frac{1 \cdot 2 \cdot 3 \cdots i}{2^i} \cdot \frac{C^{\frac{i}{2}}}{(1-z)^{\frac{i}{2}+1}},$$

worin die Zahl C durch die Formel bestimmt wird

$$\frac{1}{2} C = \frac{F''_{u=0}(e^u, e^{-au})}{F'_{z=1}(1, z)}. \tag{23}$$

Stellen wir den Ausdruck, zu dem wir gelangt sind, zusammen mit den Ausführungen in § 3 und 4, so können wir uns leicht überzeugen, daß der Bruch

$$\text{m. H. } \frac{(x_1 + x_2 + \cdots + x_n - na)^i}{n^{\frac{i}{2}}}$$

bei geradem i sich dem Grenzwert nähert

$$\frac{1 \cdot 2 \cdot 3 \cdots i}{2^i \, 1 \cdot 2 \cdots \frac{i}{2}} C^{\frac{i}{2}},$$

wenn n unbegrenzt wächst.

Es ist noch zu beachten, daß das Integral

$$\frac{1}{\sqrt{\pi}} \int\limits_{-\infty}^{+\infty} t^i e^{-t^2} dt$$

bei ungeradem i gleich Null ist, bei geradem i aber gleich der Zahl

$$\frac{1 \cdot 2 \cdot 3 \cdots i}{2^i \cdot 1 \cdot 2 \cdot 3 \cdot \frac{i}{2}},$$

und damit gelangen wir zu dem endgültigen Ergebnis:

Wenn die Zahl a durch die Gleichung (16) bestimmt ist, die Zahl C aber durch Formel (23), so muß sein

$$\underset{n=\infty}{\text{limes m. H.}} \left(\frac{x_1 + x_2 + \cdots + x_n - na}{\sqrt{n}} \right)^i = \frac{1}{\sqrt{\pi}} C^{\frac{i}{2}} \int\limits_{-\infty}^{+\infty} t^i e^{-t^2} dt$$

sowohl bei ungeradem, wie bei geradem i, und folglich muß sich bei unbegrenztem Anwachsen der Zahl n die Wahrscheinlichkeit[1]), daß die Ungleichheit erfüllt ist

$$t_1 \sqrt{Cn} < x_1 + x_2 + \cdots + x_n - na < t_2 \sqrt{Cn},$$

wobei t_1 und t_2 beliebige gegebene Zahlen sind und $t_2 > t_1$, dem Grenzwert nähern

$$\frac{1}{\sqrt{\pi}} \int\limits_{t_1}^{t_2} e^{-t^2} dt.$$

---

1) Siehe Anhang I.

§ 6.

Bei der Betrachtung des einen Falles verketteter Größen bemerkte ich, daß dieser Fall keine charakteristischen Besonderheiten aufweist, sondern sich von andern nur durch die einfachen Voraussetzungen unterscheidet, wir können also in kurzen Worten auch auf den allgemeinen Fall verketteter Größen unsere Ausführungen übertragen, der in meinem oben erwähnten Aufsatz „Ausdehnung des Gesetzes der großen Zahlen..." aufgestellt ist.

Wir behalten die Bezeichnungen dieses Aufsatzes bei und nehmen an, daß die verschiedenen möglichen Werte der Zahlenkette

$$x_1, x_2, \cdots, x_k, x_{k+1}, \cdots$$

sind

$$\alpha, \beta, \gamma, \cdots \tag{24}$$

und daß das System

$$p_{\alpha,\alpha}, p_{\alpha,\beta}, p_{\alpha,\gamma}, \cdots$$

$$p_{\beta,\alpha}, p_{\beta,\beta}, p_{\beta,\gamma}, \cdots \tag{25}$$

$$p_{\gamma,\alpha}, p_{\gamma,\beta}, p_{\gamma,\gamma}, \cdots$$

$$\cdots \cdots \cdots \cdots$$

die Wahrscheinlichkeiten darstellt, daß bei gegebenem Wert von x_k die Größe x_{k+1} einen bestimmten Wert hat, wobei der erste Index von p auf die gegebene Größe x_k deutet, der zweite aber den erwähnten Wert von x_{k+1} bedeutet.

Durch die Zahlen (24) und (25) werden unsere endgültigen Schlußfolgerungen bestimmt, um aber eine ganz bestimmte Aufgabe zu stellen, müssen wir noch die Zahlen einführen

$$p_{\alpha}', p_{\beta}', p_{\gamma}', \cdots,$$

die, ähnlich den Zahlen P, Q, R des einfachen Falles, der Reihe nach die Wahrscheinlichkeiten der Gleichungen

$$x_1 = \alpha, \; x_1 = \beta, \; x_1 = \gamma, \cdots,$$

bedeuten, wenn alle Größen unserer Kette

$$x_1, x_2, \cdots, x_n, \cdots$$

unbestimmt bleiben.

Wir gehen jetzt zur Bestimmung der Größe der Wahrscheinlichkeiten der verschiedenen Annahmen über die Größe der Summe über

$$x_1 + x_2 + \cdots + x_n,$$

und bezeichnen die Wahrscheinlichkeit der Gleichung

$$x_1 + x_2 + \cdots + x_n = m$$

mit dem Symbol $P_{m,n}$ und führen die Funktion Φ_n der willkürlichen Zahl t ein, bestimmt durch die Summe

$$\Phi_n = \sum P_{m,n} t^m. \tag{26}$$

Wir verfahren genau wie im einfachen Fall und zerlegen $P_{m,n}$ in die Summanden

$$P_{m,n} = \overset{\alpha}{P}_{m,n} + \overset{\beta}{P}_{m,n} + \overset{\gamma}{P}_{m,n} + \cdots \tag{27}$$

und führen die Reihe von Funktionen ein

$$\overset{\alpha}{\Phi}_n = \sum \overset{\alpha}{P}_{m,n} t^m, \ \overset{\beta}{\Phi}_n = \sum \overset{\beta}{P}_{m,n} t^m, \ \cdots \tag{28}$$

indem wir unter den Symbolen

$$\overset{\alpha}{P}_{m,n}, \ \overset{\beta}{P}_{m,n}, \ \overset{\gamma}{P}_{m,n}, \ \cdots$$

die Wahrscheinlichkeiten verstehen, daß eben dieselbe Gleichung erfüllt ist

$$x_1 + x_2 + \cdots + x_n = m$$

mit der Nebenbedingung, die je nachdem ausgedrückt wird durch eine der Gleichungen

$$x_n = \alpha, \ x_n = \beta, \ x_n = \gamma, \ \cdots.$$

Bei diesen Bezeichnungen kann man leicht entsprechend den Bedingungen der Frage, die Gleichungen aufstellen

$$\overset{\alpha}{P}_{m,n} = \overset{\alpha}{P}_{m-\alpha,n-1} p_{\alpha,\alpha} + \overset{\beta}{P}_{m-\alpha,n-1} p_{\beta,\alpha} + \cdots$$

$$\overset{\beta}{P}_{m,n} = \overset{\alpha}{P}_{m-\beta,n-1} p_{\alpha,\beta} + \overset{\beta}{P}_{m-\beta,n-1} p_{\beta,\beta} + \cdots$$

$$\cdots \cdots \cdots \cdots \cdots$$

und von ihnen übergehen zu den Gleichungen

$$\overset{\alpha}{\Phi}_n t^{-\alpha} = p_{\alpha,\alpha} \overset{\alpha}{\Phi}_{n-1} + p_{\beta,\alpha} \overset{\beta}{\Phi}_{n-1} + p_{\gamma,\alpha} \overset{\gamma}{\Phi}_{n-1} + \cdots$$

$$\overset{\beta}{\Phi}_n t^{-\beta} = p_{\alpha,\beta} \overset{\alpha}{\Phi}_{n-1} + p_{\beta,\beta} \overset{\beta}{\Phi}_{n-1} + p_{\gamma,\beta} \overset{\gamma}{\Phi}_{n-1} + \cdots \tag{29}$$

$$\overset{\gamma}{\Phi}_n t^{-\gamma} = p_{\alpha,\gamma} \overset{\alpha}{\Phi}_{n-1} + p_{\beta,\gamma} \overset{\beta}{\Phi}_{n-1} + p_{\gamma,\gamma} \overset{\gamma}{\Phi}_{n-1} + \cdots$$

$$\cdots \cdots \cdots \cdots \cdots$$

Aus den Gleichungen (29) folgt aber für alle Funktionen

$$\overset{\alpha}{\Phi}_n, \ \overset{\beta}{\Phi}_n, \ \overset{\gamma}{\Phi}_n, \ \cdots$$

und für

$$\Phi_n = \overset{\alpha}{\Phi}_n + \overset{\beta}{\Phi}_n + \overset{\gamma}{\Phi}_n + \cdots$$

ein und dieselbe gleichartige Differenzengleichung, die wir sehr einfach in symbolischer Form darstellen können

$$
\begin{vmatrix}
p_{\alpha,\alpha} - t^{-\alpha}\Phi, & p_{\beta,\alpha}, & p_{\gamma,\alpha} & \cdots \\
p_{\alpha,\beta}, & p_{\beta,\beta} - t^{-\beta}\Phi, & p_{\gamma,\beta}, & \cdots \\
p_{\alpha,\gamma}, & p_{\beta,\gamma}, & p_{\gamma,\gamma} - t^{-\gamma}\Phi, & \cdots \\
\cdots & \cdots & \cdots & \cdots
\end{vmatrix}
\Phi^n = 0, \qquad (30)
$$

wo nach Ausführung der angedeuteten Rechnungen an Stelle von

$$\Phi^n, \ \Phi^{n+1}, \ \Phi^{n+2}, \ \cdots$$

zu setzen ist

$$\Phi_n, \ \Phi_{n+1}, \ \Phi_{n+2}, \ \cdots$$

Durch diese Gleichung kann man alle Funktionen

$$\Phi_0, \ \Phi_1, \ \Phi_2, \ \cdots, \ \Phi_n, \ \cdots$$

als Koeffizienten in der Entwicklung einer gewissen rationalen Funktion

$$\frac{f(t,z)}{F(t,z)}$$

einer neuen Hilfsveränderlichen z nach wachsenden' Potenzen von z bestimmen, deren Nenner bestimmt ist durch die Formel

$$
F(t,z) =
\begin{vmatrix}
p_{\alpha,\alpha}z - t^{-\alpha}, & p_{\beta,\alpha}z, & p_{\gamma,\alpha}z, & \cdots \\
p_{\alpha,\beta}z, & p_{\beta,\beta}z - t^{-\beta}, & p_{\gamma,\beta}z, & \cdots \\
p_{\alpha,\gamma}z, & p_{\beta,\gamma}z, & p_{\gamma,\gamma}z - t^{-\gamma}, & \cdots \\
\cdots & \cdots & \cdots & \cdots
\end{vmatrix}
\qquad (31)
$$

Bevor wir zu weiterer Ausführung übergehen, ist unbedingt hervorzuheben, daß wir nur solche Ketten betrachten

$$x_1, \ x_2, \ \cdots, \ x_n, \ \cdots,$$

bei denen das Auftreten einer der Zahlen

$$\alpha, \ \beta, \ \gamma, \ \cdots$$

nicht das Auftreten der andern schließlich unmöglich macht. Diese
wichtige Bedingung kann man auch mit Hilfe einer Determinante so ausdrücken: die Determinante

$$\begin{vmatrix} u, & p_{\beta,\alpha}, & p_{\gamma,\alpha}, & \cdots \\ p_{\alpha,\beta}, & v, & p_{\gamma,\beta}, & \cdots \\ p_{\alpha,\gamma}, & p_{\beta,\gamma}, & w, & \cdots \\ \cdot & \cdot & \cdot & \cdot \quad \cdot \quad \cdot \end{vmatrix}$$

mit den willkürlichen Elementen

$$u,\, v,\, w,\, \cdots$$

ist kein Produkt mehrerer Determinanten derselben Art.

Diese Bedingung ist aber für unsere Zwecke nicht ausreichend und
wir müssen voraussetzen[1]), daß die von uns angegebene Determinante
nicht in bestimmter Art auf das Produkt verschiedener Determinanten
zurückkommt auch für

$$u = p_{\alpha,\alpha},\; v = p_{\beta,\beta},\; w = p_{\gamma,\gamma},\; \cdots.$$

Wie in dem speziellen Fall, so beziehen sich auch in dem allgemeinen unsere Ausführungen auf die mathematische Hoffnung der Potenz

$$(x_1 + x_2 + \cdots + x_n - na)^i,$$

wo wir die Zahl a durch die Bedingung bestimmen, daß für $i = 1$ diese
mathematische Hoffnung nicht mit n unbegrenzt wachsen kann.

Nachdem wir wie früher festgestellt haben, daß man die gesuchte
mathematische Hoffnung ausdrücken kann durch den Koeffizienten von z^n
bei der Entwicklung des Wertes der Ableitung

$$\frac{d^i}{du^i} \left\{ \frac{f(e^u, z e^{-au})}{F(e^u, z e^{-au})} \right\}$$

nach wachsenden Potenzen von z für $u = 0$, bemerken wir, daß man
zur Übertragung der Schlüsse beim speziellen Fall auf den allgemeinen
Fall die Entwicklung der Funktion $F(1, z)$ in einfache Faktoren

$$F(1, z) = \pm (1 - z)(1 - y_1 z)(1 - y_2 z) \cdots$$

betrachten müssen, und nachweisen, daß bei dieser Entwicklung der
Faktor $1 - z$ nur einmal auftritt und daß die Moduln der Zahlen

$$y_1 y_2$$

kleiner als Eins sind.

---

1) Man kann unsere Betrachtungen auch auf viele der von uns ausgeschlossenen Fälle ausdehnen.

Mit andern Worten, wir müssen uns dann überzeugen, daß Eins eine einfache Wurzel ist von

$$
\begin{vmatrix}
p_{\alpha,\alpha} - y, & p_{\beta,\alpha}, & p_{\gamma,\alpha}, & \cdots \\
p_{\alpha,\beta}, & p_{\beta,\beta} - y, & p_{\gamma,\beta}, & \cdots \\
p_{\alpha,\gamma}, & p_{\beta,\gamma}, & p_{\gamma,\gamma} - y, & \cdots \\
\cdots & \cdots & \cdots & \cdots
\end{vmatrix} = 0 \tag{32}
$$

und daß die Moduln der übrigen Wurzeln

$$y_1, y_2, \cdots$$

derselben Gleichung nicht kleiner als Eins sind.

Zum Nachweis, daß die Einheit eine einfache und keine vielfache Wurzel der Gleichung (32) ist, kann der folgende Satz über die Determinante dienen:

Wenn alle Elemente der Determinante

$$
\begin{vmatrix}
u, & -b_1, & -c_1, & \cdots \\
-a_1, & v, & -c_2, & \cdots \\
-a_2, & -b_2, & w, & \cdots \\
\cdots & \cdots & \cdots & \cdots
\end{vmatrix}
$$

den Ungleichheiten genügen.

$$a_k \geqq 0, \; b_k \geqq 0, \; c_k \geqq 0, \cdots \tag{*}$$

und den Ungleichheiten

$$u \geqq a_1 + a_2 + \cdots, \; v \geqq b_1 + b_2 + \cdots, \; w \geqq c_1 + c_2 + \cdots, \cdots; \tag{**}$$

so kann sie keine negative Zahl sein, und kann äußerstenfalls nur dann gleich Null sein, wenn alle Ungleichheiten (**) zu Gleichungen werden, oder wenn sie, derart, daß einige der Ungleichheiten (*) zu Gleichungen werden, zu einem Produkt einiger Determinanten von demselben Typus wird und unter den letzteren eine solche Determinante sich befindet, für welche alle Ungleichheiten, welche (**) entsprechen, zu Gleichungen werden.[1])

Wir überzeugen uns von der Wahrheit dieses für uns wichtigen Satzes, indem wir $u, v, w, \cdots$ als veränderliche Größen auffassen und beachten, daß die Ableitungen unserer Determinante nach $u, v, w, \cdots$

---

1) Ein ähnlicher Satz findet sich auch in der Arbeit von HERMANN MINKOWSKI „Zur Theorie der Einheiten in den algebraischen Zahlkörpern" (Nachr. der Königl. Ges. d. W. Göttingen 1900).

sich ausdrücken als ebensolche Determinanten von niedrigerer Ordnung; diese Betrachtung gibt uns die Möglichkeit, schrittweise den Satz von einer zweireihigen Determinante, für die er selbstverständlich ist, auf eine dreireihige Determinante auszudehnen, von einer dreireihigen Determinante auf eine vierreihige usw.

Aus dem hierdurch erwiesenen Satz folgt sogleich, daß unter den von uns festgesetzten Bedingungen die Ableitung der linken Seite der Gleichung (32) nach y nicht zu Null wird für $y = 1$, da diese Ableitung nach Multiplikation mit ± 1 in der Form einer Summe von Determinanten dargestellt werden kann

$$\begin{vmatrix} 1 - p_{\beta,\beta}, & - p_{\gamma,\beta}, & \cdots \\ - p_{\beta,\gamma}, & 1 - p_{\gamma,\gamma}, & \cdots \\ \cdot \quad \cdot \quad \cdot & \cdot \quad \cdot \quad \cdot \end{vmatrix} + \begin{vmatrix} 1 - p_{\alpha,\alpha}, & - p_{\gamma,\alpha}, & \cdots \\ - p_{\alpha,\gamma}, & 1 - p_{\gamma,\gamma}, & \cdots \\ \cdot \quad \cdot \quad \cdot & \cdot \quad \cdot \quad \cdot \end{vmatrix} \cdots,$$

welche den Bedingungen des Satzes genügen und nicht alle zu dem äußersten Fall gehören.

Daher kann die Zahl Eins, die zufolge der Bedingungen

$$p_{\alpha,\alpha} + p_{\alpha,\beta} + p_{\alpha,\gamma} + \cdots = 1$$

$$p_{\beta,\alpha} + p_{\beta,\beta} + p_{\beta,\gamma} + \cdots = 1$$

$$\cdot \quad \cdot \quad \cdot \quad \cdot \quad \cdot \quad \cdot \quad \cdot \quad \cdot$$

die Gleichung (32) erfüllen muß, keine vielfache Wurzel dieser Gleichung sein.

Wir wenden uns zu den anderen Wurzeln der Gleichung (32) und nehmen an, daß y eine beliebige von ihnen ist.

Zu dieser Zahl y kann man ein System von Zahlen bilden

$$\alpha', \beta', \gamma', \cdots,$$

das nicht aus Nullen allein besteht und das den Gleichungen genügt

$$\alpha' y = p_{\alpha,\alpha} \alpha' + p_{\alpha,\beta} \beta' + p_{\alpha,\gamma} \gamma' + \cdots$$

$$\beta' y = p_{\beta,\alpha} \alpha' + p_{\beta,\beta} \beta' + p_{\beta,\gamma} \gamma' + \cdots$$

$$\gamma' y = p_{\gamma,\alpha} \alpha' + p_{\gamma,\beta} \beta' + p_{\gamma,\gamma} \gamma' + \cdots$$

$$\cdot \quad \cdot \quad \cdot \quad \cdot \quad \cdot \quad \cdot \quad \cdot \quad \cdot$$

Die Zahlen $\alpha', \beta', \gamma', \cdots$ können nicht alle einen und denselben Wert haben, da bei der Annahme des Bestehens des vollständigen Gleichungssystems

$$\alpha' = \beta' = \gamma' = \cdots$$

aus den Gleichungen, denen diese Zahlen nach Voraussetzung genügen, sofort folgt

$$y = 1.$$

Indem wir das beachten, setzen wir zuerst voraus, daß die Zahlen $\alpha', \beta', \gamma', \ldots$ nicht denselben Modul haben. Bei dieser Voraussetzung wird angesichts der von uns gestellten Bedingungen sich unter den Gleichungen, welchen die Zahlen $\alpha', \beta', \gamma', \ldots$ unterworfen sind, auch mindestens eine befinden, in der auf der linken Seite als Faktor von y eine der Zahlen

$$\alpha', \beta', \gamma', \ldots$$

auftritt mit dem größten Modul, auf der rechten Seite aber mit einem von Null verschiedenen Koeffizienten auch eine solche von unseren Zahlen

$$\alpha', \beta', \gamma', \ldots$$

deren Modul nicht den genannten größten Wert erreicht. Hieraus folgt sogleich

$$\operatorname{mod} y < 1,$$

da die Summe der Koeffizienten bei

$$\alpha', \beta', \gamma', \cdots$$

auf der rechten Seite jeder der von uns aufgestellten Gleichungen gleich Eins ist.

Wir gehen jetzt zu der Voraussetzung über, daß alle Zahlen

$$\alpha', \beta', \gamma', \cdots$$

einen und denselben Modul haben.

Wir wissen nur, daß sie nicht alle einander gleich sind. Deswegen kann ihre Gesamtheit in bezug auf die erste α' in zwei Gruppen zerlegt werden: in die Gruppe der Zahlen, welche gleich α' sind und die Gruppe der Zahlen, welche nicht gleich α' sind, wobei die letzteren sich von α' durch die Größe des Argumentes unterscheiden.

Auf der andern Seite kann wegen der einen zugrunde liegenden Bedingung die Gesamtheit der Summen

$$p_{\alpha,\alpha}\alpha' + p_{\alpha,\beta}\beta' + p_{\alpha,\gamma}\gamma' + \cdots$$
$$p_{\beta,\alpha}\alpha' + p_{\beta,\beta}\gamma' + p_{\beta,\gamma}\gamma' + \cdots$$
$$\cdot \quad \cdot \quad \cdot \quad \cdot \quad \cdot \quad \cdot \quad \cdot$$

nicht in zwei solche Gruppen zerfallen, daß von allen Zahlen

$$\alpha', \beta', \gamma', \cdots$$

die Summe der ersten Gruppe mit von Null verschiedenen Koeffizienten nur Zahlen gleich α' enthält, die Summen der andern Gruppe nur solche die von α' verschieden ist.

Deswegen enthält eine dieser Summen ganz bestimmt mit von Null verschiedenen Koeffizienten sowohl Zahlen, welche gleich α' sind, wie auch Zahlen, welche von α' verschieden sind, daher muß ihr Modul gleich dem Produkt des Moduls von y in den Modul von α', kleiner als der Modul von α' sein, da für Zahlen verschiedener Argumente der Modul ihrer Summe kleiner ist als die Summe ihrer Moduln und nicht gleich.

Hieraus folgt sofort die Ungleichheit

$$\operatorname{mod} y < 1,$$

die wir nachweisen mußten.

Nachdem auf diese Weise nachgewiesen ist, daß in der Zerlegung der Funktion $F(1, z)$ in einfache Faktoren

$$F(1, z) = \pm\, (1 - z)(1 - y_1 z)(1 - y_2 z) \cdots$$

der Faktor $1 - z$ nur in der ersten Potenz auftritt und die Moduln der Koeffizienten

$$y_1, y_2, \cdots$$

kleiner als Eins ist, können wir alle übrigen Schlüsse, die wir in dem Spezialfall zogen, unverändert auf den allgemeinen übertragen.

Wegen der vollständigen Identität wollen wir sie nicht wiederholen, sondern nur den endgültigen Schluß angeben.

Wenn wir bei den von uns aufgestellten Bedingungen und Bezeichnungen die Zahlen a und C bestimmen durch die Gleichungen

$$a = \frac{F'_{t=1}(t, 1)}{F'_{z=1}(z, 1)}, \quad \frac{1}{2}\, C = \frac{F''_{u=0}(e, e^{u-au})}{F'_{z=1}(1, z)}, \tag{33}$$

die weder zu unmöglichen noch zu unbestimmten Werten führen, so muß sein

$$\lim_{n=\infty} \text{m. H.} \left(\frac{x_1 + x_2 + \cdots + x_n - na}{\sqrt{n}}\right)^i = \frac{1}{\sqrt{\pi}}\, C^{\frac{i}{2}} \int_{-\infty}^{+\infty} t^i e^{-t^2}\, dt$$

für eine beliebige ganze positive Zahl i, und folglich muß bei unbegrenztem Anwachsen der Zahl n die Wahrscheinlichkeit, daß die Ungleichheiten erfüllt sind

$$t_1 \sqrt{\overline{Cn}} < x_1 + x_2 + \cdots + x_n - na < t_2 \sqrt{\overline{Cn}},$$

wobei t_1 und t_2 beliebig gegebene Zahlen sind, außerdem $t_2 > t_1$, sich dem Grenzwert nähern

$$\frac{1}{\sqrt{\pi}} \int_{t_1}^{t_2} e^{-t^2} d\ .$$

Hinsichtlich der Zahlen a und C ist auch zu bemerken, daß sie entsprechend gleich sind den Grenzwerten

$$\text{m. H. } \frac{x_1 + x_2 + \cdots + x_n}{n} \quad \text{und} \quad 2 \cdot \text{m. H. } \left(\frac{x_1 + x_2 + \cdots + x_n - na}{\sqrt{n}} \right)^2,$$

wenn n unbegrenzt wächst.

Diese Bemerkung erlaubt, unsere Schlüsse auch auf solche Fälle auszudehnen, wo die Zahlenreihe

$$\alpha, \beta, \gamma, \cdots$$

nicht durch eine endliche Anzahl von Gliedern erschöpft ist.

Man kann unsere Ausführungen auch erweitern auf komplizierte Ketten, in denen jede Zahl unmittelbar nicht nur mit einer, sondern mit mehreren ihr vorausgehenden Zahlen verknüpft ist.

Anhang III.

Über verbundene Größen, die keine eigentlichen Ketten bilden.

(Vorgelegt in der Sitzung der Mathematisch-Physikalischen Abteilung der Kais. Russ. Akademie vom 19. Januar 1911.)

In dem Buch von H. BRUNS: „Wahrscheinlichkeitsrechnung und Kollektivmaßlehre" und in dem Aufsatz desselben Verfassers: „Das Gruppenschema für zufällige Ereignisse", welcher sich in den „Abhandlungen der mathematisch-physikalischen Klasse der Königlich Sächsischen Gesellschaft der Wissenschaften" vom Jahre 1906 (Band XXIX) befindet, werden wichtige Fälle abhängiger Proben betrachtet, die nicht unter den von uns aufgestellten Begriff einer Kette von Proben gehören, auf die man aber doch mit Erfolg die Methode der mathematischen Hoffnungen anwenden kann.[1])

In einer Kette von Proben, wie wir sie auffassen, sind alle Proben miteinander verbunden, und die Unabhängigkeit einiger Proben erscheint nur bei der Aufstellung der Ergebnisse einer bekannten Zahl vermittelnder Proben; bei den Fällen von BRUNS aber erweisen sich alle Proben, die hinreichend voneinander entfernt sind, als unabhängig, wenn keine Ergebnisse von vermittelnden Proben aufgestellt sind; sind aber solche Ergebnisse aufgestellt, so können im Gegenteil sie sich als abhängig voneinander erweisen.

Zur Aufklärung des Tatbestandes betrachten wir vor allem einen der einfachsten Fälle von BRUNS.

§ 1.

Es möge die Zahlenreihe

$$w_1, w_2, \ldots, w_k, \quad w_{k+1}, \ldots, w_n, \ldots$$

mit einer Reihe unabhängiger Proben in der Weise verbunden sein, daß w_k gleich 1 oder Null ist, je nachdem das Ereignis A bei der k^{ten}

---

1) Siehe auch: H. GRÜNBAUM, Isolierte und reine Gruppen und die MARBEsche Zahl „p". Würzburg 1904.

Proben eintritt oder nicht; es sei die Wahrscheinlichkeit des Ereignisses A bei jeder Probe gleich α, und die Wahrscheinlichkeit des entgegengesetzten Ereignisses B bezeichnen wir mit dem Buchstaben β, so daß

$$\alpha + \beta = 1.$$

Endlich sei

$$m = w_1 w_2 + w_2 w_3 + \cdots + w_n w_{n+1}.$$

Bei diesen Bedingungen und Bezeichnungen ist das Produkt

$$w_k w_{k+1}$$

gleich 1 oder 0, je nachdem bei dem Probenpaar mit den Nummern

$$k \quad \text{und} \quad k+1$$

die Kombination AA erscheint oder nicht; die Zahl m aber, bestimmt durch die hingeschriebene Summe, ist gleich der Kombination AA bei allen Paaren von Proben

$$1 \text{ und } 2, \quad 2 \text{ und } 3, \quad 3 \text{ und } 4, \ldots, n \text{ und } n+1.$$

Unsere Paare von Proben bilden eine Kette von Proben, bei denen nur zwei aufeinanderfolgende Proben miteinander verbunden sind in bezug auf die Kombination AA, denn die beiden Produkte

$$w_i w_{i+1} \quad \text{und} \quad w_k w_{k+1}$$

hängen voneinander nicht ab, wenn keine der folgenden Gleichungen besteht

$$i = k, \quad i = k+1, \quad i+1 = k.$$

Betrachtet man diese Reihe von Doppelproben und nennt die Kombination AA das Ereignis E, so soll uns jetzt die Bestimmung der Wahrscheinlichkeit beschäftigen, daß bei einer gegebenen Anzahl von Proben die Zahl der Ereignisse E, d. h. die Zahl der Kombinationen AA innerhalb bekannter Grenzen liegt.

In der genannten Absicht führen wir eine Reihe von Bezeichnungen ein.

Erstens bezeichnen wir mit dem Symbol

$$P_{m,n}$$

die Wahrscheinlichkeit, daß bei n Proben das Ereignis E m-mal eintritt. Ferner zerlegen wir diese Wahrscheinlichkeit in zwei und setzen

$$P_{m,n} = P_{m,n}^1 + P_{m,n}^0$$

und bezeichnen mit den Symbolen

$$P^1_{m,n} \quad \text{und} \quad P^0_{m,n}$$

ebenfalls die Wahrscheinlichkeit, daß bei n Proben das Ereignis E m-mal eintritt, aber mit einer Zusatzbedingung, welche für $P^1_{m,n}$ ausgedrückt wird durch die Gleichung

$$x_{n+1} = 1$$

und für $P^0_{m,n}$ durch die Gleichung

$$x_{n+1} = 0.$$

Wir können dann ohne Mühe die Gleichungen aufstellen:

$$P^1_{m,n} = \alpha P^1_{m-1,n-1} + \alpha P^0_{m,n-1}$$
$$P^0_{m,n} = \beta P^1_{m,n-1} + \beta P^0_{m,n-1},$$

die wir durch die folgenden darstellen

$$\varphi^{(1)}_n = \alpha \xi \varphi^{(1)}_{n-1} + \alpha \varphi^{(0)}_{n-1}$$
$$\varphi^{(0)}_n = \beta \varphi^{(1)}_{n-1} + \beta \varphi^{(0)}_{n-1},$$

indem wir eine Hilfsvariable ξ einführen und ihre Funktionen

$$\varphi_n = \sum P_{m,n} \xi^m = \varphi^{(1)}_n + \varphi^{(0)}_n,$$
$$\varphi^{(1)}_n = \sum P^1_{m,n} \xi^m, \quad \varphi^0_n = \sum P^0_{m,n} \xi^m.$$

Hieraus können wir für die Funktion φ_n leicht eine lineare Differenzengleichung zweiter Ordnung einführen, die man in symbolischer Gestalt so darstellen kann

$$\begin{vmatrix} \alpha\xi - \varphi, & \alpha \\ \beta, & \beta - \varphi \end{vmatrix} \varphi^n = 0;$$

und die mit Beseitigung der Symbole wird

$$\varphi_{n+2} - (\alpha\xi + \beta)\varphi_{n+1} + \alpha\beta(\xi - 1)\varphi_n = 0.$$

Dieser Gleichung entsprechend führen wir eine neue Hilfsveränderliche t ein und können die Formel aufstellen:

$$1 + t\varphi_1 + t^2\varphi_2 + \cdots + t^n\varphi_n + \cdots = \frac{C + Dt}{1 - (\alpha\xi + \beta)t + \alpha\beta(\xi - 1)t^2},$$

worin C und D definiert sind durch die Gleichungen

$$C = 1, \quad D = \varphi_1 - \alpha\xi - \beta = \alpha\beta(1 - \xi).$$

Eine ähnliche Formel finden wir bei BRUNS. Wendet man nun auf den gegebenen Fall die Methode an, die von mir in den Aufsätzen „Untersuchung wichtiger Fälle abhängiger Proben" und „Ausdehnung der Sätze über die Grenzwerte in der Wahrscheinlichkeitsrechnung auf eine Summe von Größen, die in einer Kette verbunden sind" (Anhang II), so gelangen wir zu dem Schluß, daß die Wahrscheinlichkeit der Ungleichheiten

$$t_1 \sqrt{2bn} < m - n\alpha^2 < t_2 \sqrt{2bn},$$

worin t_1 und t_2 beliebig gegebene Zahlen sind, b aber bestimmt wird durch die Formel

$$b = -\frac{d^2}{du^2} \{1 - (\alpha e^u + \beta) e^{-\alpha^2 u} + \alpha\beta (e^u - 1) e^{-2\alpha^2 u}\}_{u=0}$$

$$= \alpha^2 \beta (1 + 3\alpha),$$

sich einem Grenzwert nähern muß, der gleich ist

$$\frac{1}{\sqrt{\pi}} \int_{t_1}^{t_2} e^{-t^2} dt,$$

wenn n unbegrenzt wächst.

Wir bemerken, daß in dem gegebenen Fall einfache Rechnungen ergeben

math. Hoff. $(m - n\alpha^2)^2 = n\alpha^2 (1 - \alpha^2) + 2(n - 1)\alpha^3 (1 - \alpha)$

$$= n\alpha^2 \beta (1 + 3\alpha) - 2\alpha^3 \beta,$$

was sich auch bei BRUNS vorfindet.

§ 2.

Um jetzt unseren Betrachtungen eine möglichst große Allgemeinheit zu verleihen, ohne daß sie ihre offenbare Einfachheit verlieren, nehmen wir an, daß wir eine unbegrenzte Zahlenreihe betrachten

$$x_1, x_2, x_3, \ldots, x_i, x_{i+1}, \ldots, x_k, \ldots, x_n, \ldots,$$

die, ohne eine eigentliche Kette zu bilden, doch nicht vollkommen unabhängige Größen darstellen, vielmehr in besonderer Weise verknüpft sind; es sollen nämlich, wenn der Betrag der Differenz $k - i$ größer ist als eine gewisse konstante Zahl c

$$x_i \quad \text{und} \quad x_k$$

im Sinne der Wahrscheinlichkeitsrechnung von einander unabhängig sein, wenn aber der Betrag der Differenz $k - i$ die Zahl c nicht übertrifft, so hängen

$$x_i \quad \text{und} \quad x_k$$

voneinander ab.

Hinsichtlich der Zahlen

$$x_1, x_2, \ldots, x_k, \ldots, x_n, \ldots$$

setzen wir voraus, daß ihre Quadrate nicht beliebig groß sind, daß also eine konstante Zahl L existiert, die der Ungleichheit genügt

$$x_n^2 < L^2,$$

für alle möglichen Werte von x, wie groß auch die Zahl n sei.

Diese Annahme, welche zu einer beträchtlichen Vereinfachung der Betrachtungen führt, wird zum Beispiel erfüllt, wenn die Summe

$$x_1 + x_2 + \cdots + x_n$$

in bekannter Weise die Trefferzahl eines Ereignisses bei n Proben ausdrückt.

Wir führen die folgenden Bezeichnungen ein:

$$\text{m. H.} \; x_k = a_k, \quad x_k - a_k = z_k$$

und werden betrachten

$$\text{m. H.} \; (z_1 + z_2 + \cdots + z_n)^m$$

für

$$m = 1, 2, 3, \ldots,$$

wie wir das machten in den Aufsätzen „Das Gesetz der großen Zahlen und die Methode der kleinsten Quadrate" (Veröffentlichungen der Phys.-Math. Gesellschaft an der Kasaner Universität", T. VIII) und „Untersuchung des allgemeinen Falles von Proben, die in einer Kette verbunden sind" (Schriften der Kais. Russ. Ak. d. W. 1910).

Die mathematische Hoffnung der Summe

$$z_1 + z_2 + \cdots z_n$$

ist offenbar gleich Null; man kann sich leicht davon überzeugen, daß der Bruch

$$\text{m. H.} \frac{(z_1 + z_2 + \cdots + z_n)^2}{n}$$

eine endliche Zahl bleiben muß bei unbegrenztem Anwachsen der Zahl n: man kann nämlich leicht die Ungleichheit aufstellen

$$\text{m. H.} \frac{(z_1 + z_2 + \cdots + z_n)^2}{n} < 4 L^2 (1 + 2c).$$

Eine solche Ungleichheit reicht bekanntlich aus um auf den gegebenen Fall das Gesetz der großen Zahlen ausdehnen zu können.

Was aber die weiteren Ausführungen betrifft, so setzen wir, um möglichst zu vereinfachen, voraus, daß der Bruch

$$\text{m. H.} \frac{(z_1 + z_2 + \cdots + z_n)^2}{n}$$

auch nicht beliebig klein werden kann.

§ 3.

Unter diesen Voraussetzungen werden wir zeigen, daß der Bruch

$$\frac{\text{m. H.} (z_1 + z_2 + \cdots + z_n)^m}{\{\text{m. H.} 2(z_1 + z_2 + \cdots + z_n)^2\}^{\frac{m}{2}}}$$

sich dem Grenzwert nähern muß

$$\frac{1}{\sqrt{\pi}} \int\limits_{-\infty}^{+\infty} t^m e^{-t^2} dt,$$

wenn n unbegrenzt wächst; hieraus aber entspringt der bekannte bestimmte Ausdruck für den Grenzwert der Wahrscheinlichkeit.

In der genannten Absicht bedienen wir uns wie gewöhnlich der NEWTONschen Formel, nach der wir haben

$$\text{m. H.} (z_1 + z_2 + \cdots + z_n)^n = \sum N \cdot \text{m. H.} z_e^{\gamma} z_f^{\delta} \ldots z_i^{\lambda} z_j^{\mu} z_k^{\nu} \ldots z_s^{\sigma},$$

dabei ist

$$N = \frac{1 \cdot 2 \cdots m}{\gamma! \delta! \cdots \lambda! \mu! \nu! \cdots \sigma!}$$

und die Summation $\sum$ ist zu erstrecken über alle möglichen Werte

$$e, f, \ldots i, j, k, \ldots s$$

und

$$\gamma, \delta, \ldots \lambda, \mu, \nu, \ldots \sigma,$$

welche den Ungleichheiten genügen

$$e < f < \cdots < i < j < k < \cdots < s$$
$$\gamma > 0, \quad \delta > 0, \ldots \lambda > 0, \quad \mu > 0, \quad \nu > 0, \ldots \sigma > 0,$$

und auch der Gleichung

$$\gamma + \delta + \cdots + \lambda + \mu + \nu + \cdots + \sigma = m.$$

Wir wenden uns jetzt zur mathematischen Hoffnung des Produkts

$$z_e^\gamma z_f^\delta \ldots z_i^\lambda z_j^\mu z_k^\nu \ldots z_s^\sigma$$

und gruppieren in ihm als besondere Produkte alle die Faktoren, in denen die Reihe aufeinander folgender Indizes Differenzen ergibt, welche c nicht übertreffen; so vereinigen wir z. B. für

$$f - e \leqq c$$

die Faktoren

$$z_e^\gamma \quad \text{und} \quad z_f^\delta$$

in ein Produkt und für

$$j - i \leqq c, \quad k - j \leqq c$$

vereinigen wir zu einem Produkt die Faktoren

$$z_i^\lambda, z_j^\mu \quad \text{und} \quad z_k^\nu.$$

Diese Gruppierung der Faktoren in besondere Produkte, deren Anzahl wir mit dem Buchstaben ω bezeichnen, gibt uns die Möglichkeit die mathematische Hoffnung des Produktes

$$z_e^\gamma z_f^\delta \ldots z_i^\lambda z_j^\mu z_k^\nu \ldots z_s^\sigma$$

in Gestalt der Produkte von mathematischen Hoffnungen ω unabhängiger Größen, welche entweder einzelne von den Faktoren

$$z_e^\gamma, z_f^\delta \ldots z_s^\sigma$$

sind, oder Produkte einiger Faktoren.

Wenn irgendeine der ω Größen zusammenfällt mit einer besonderen Zahl

$$z_e, z_f, \ldots, z_s,$$

wobei der entsprechende Exponent

$$\gamma, \delta, \ldots, \sigma$$

gleich Eins ist, so wird seine mathematische Hoffnung gleich Null und damit zugleich wird natürlich auch die mathematische Hoffnung des ganzen Produktes gleich Null.

Streichen wir solche Produkte fort, so können wir uns bei allen übrigen Produkten

$$z_e^\gamma z_f^\delta \ldots z_i^\lambda z_j^\mu z_k^\nu \ldots z_s^\sigma$$

ohne große Mühe überzeugen, daß ω nicht größer als $\frac{m}{2}$ ist, und daß es diesen Wert nur in solchen Fällen erreicht, wenn unsere ω Faktoren nichts anderes sind als die Quadrate der einzelnen Glieder der Reihe

$$z_1, z_2, \ldots, z_n$$

und Produkte von ihnen zu je zweien, die außerdem in der ersten Potenz genommen sind.

Auf der anderen Seite kann man sich auch leicht davon überzeugen, daß das Verhältnis der Anzahl der Produkte

$$z_e^\gamma z_f^\delta \ldots z_s^\sigma,$$

für welche ω ein und denselben Wert hat, zu n^ω unter unseren Bedingungen endlich bleiben muß und nicht unbegrenzt wachsen kann mit n.

Wir brauchen deshalb bei der Betrachtung vom Grenzwert des Verhältnisses

$$\frac{\text{m. H.}\,(z_1 + z_2 + \cdots + z_n)^m}{\{\text{m. H.}\,2\,(z_1 + z_2 + \cdots + z_n)^2\}^{\frac{m}{2}}}$$

in der oben angegebenen Summe

$$\sum N\,\text{m. H.}\,z_e^\gamma z_f^\delta \ldots z_i^\lambda z_j^\mu z_k^\nu \ldots z_s^\sigma$$

nur solche Glieder beizubehalten, für welche

$$\omega = \frac{m}{2}.$$

Bei ungeradem m treten solche Glieder nicht auf und deshalb haben wir

$$\underset{n=\infty}{\text{limes}}\ \frac{\text{m. H.}\,(z_1 + z_2 + \cdots + z_n)^m}{\{\text{m. H.}\,2\,(z_1 + z_2 + \cdots + z_n)^2\}^{\frac{m}{2}}} = 0 = \frac{1}{\sqrt{\pi}}\int\limits_{-\infty}^{+\infty} e^{-t^2} t^m\,dt.$$

Der Fall eines geraden m erfordert allerdings eine ausführliche Untersuchung, zu deren Durchführung es nützlich ist, neue Bezeichnungen einzuführen: wir setzen nämlich

$$\text{m. H.}\,z_i^2 = a_{i,i}\quad\text{und}\quad\text{m. H.}\,2\,z_i z_j = a_{i,j}$$

für

$$i < j \leqq i + c.$$

Bei diesen Bezeichnungen kann man die Summe

$$\sum N\,\text{m. H.}\,z_e^\gamma z_f^\delta \ldots z_i^\lambda z_j^\mu z_k^\nu \ldots z_s^\sigma,$$

die nur über solche Glieder erstreckt ist, für welche $\omega = \frac{m}{2}$ ist, durch das Produkt darstellen

$$\frac{1 \cdot 2 \cdot 3 \cdots m}{2^{\frac{m}{2}}}\sum a_{e,g}\,a_{h,i}\,a_{k,l} \ldots a_{r,s},$$

wobei

$$0 \leqq g-e \leqq c, \quad h-g > c, \quad 0 \leqq i-h \leqq c, \quad k-i > c, \ldots 0 \leqq s-r \leqq c.$$

Beachten wir aber, daß uns nur das Verhältnis dieser Summe zu dem Ausdruck

$$\{\text{m. H. } 2\,(z_1 + z_2 + \cdots + z_n)^2\}^{\frac{m}{2}}$$

interessiert, welches anwächst wie $n^{\frac{m}{2}}$, so können wir hier die Ungleichheiten

$$h-g > c, \quad k-i > c, \ldots$$

ausschließen, indem wir nur voraussetzen, um die mehrfache Wiederholung eines und desselben Produktes

$$a_{e,\,g}\, a_{h,\,i}\, a_{k,\,l} \cdots, a_{r,\,s}, \ldots$$

zu vermeiden, daß es in der Reihe der Differenzen

$$h-e, \quad k-h, \ldots$$

aufeinander folgender Indizes

$$e, h, k, \ldots, r$$

keine negative Zahl gibt, und daß, wenn eine dieser Differenzen zu Null wird, ihr in der Reihe der Differenzen der zweiten Indizes

$$i-g, \quad l-i, \ldots$$

eine positive Zahl entspricht.

Wir führen auf diese Weise in unsere Summe eine Reihe von Gliedern ein, für welche das Verhältnis ihrer Anzahl und folglich ihrer Summe zu $n^{\frac{m}{2}}$ den Grenzwert Null hat, wenn n unbegrenzt wächst.

Auf der anderen Seite haben wir

$$\text{m. H. } (z_1 + z_2 + \cdots + z_n)^2 = \sum a_{i,\,k}$$

wobei

$$0 \leqq k-i \leqq c$$

und daher

$$\{\text{m. H. } (z_1 + z_2 + \cdots + z_n)^2\}^{\frac{m}{2}} = \sum Q\,(a_{e,\,g})^{\xi}\,(a_{h,\,i})^{\eta}\,(a_{k,\,l})^{\zeta} \cdots (a_{r,\,s})^{\vartheta}$$

wobei

$$Q = \frac{1 \cdot 2 \cdot 3 \cdots \frac{m}{2}}{\xi!\,\eta!\,\zeta! \cdots \vartheta!}$$

$$\xi > 0, \quad \eta > 0, \quad \zeta > 0, \ldots, \vartheta > 0, \quad \xi + \eta + \zeta + \cdots + \vartheta = \frac{m}{2},$$

und die Summierung $\sum$ zu erstrecken ist auf alle möglichen Kombinationen der Indizes

$$e, g, h, i, k, l, \ldots, r, s$$

ohne daß die einzelnen Produkte einige Male wiederholt werden; um die Wiederholung einzelner Produkte zu vermeiden, müssen wir rechtzeitig die oben angewandte Bedingung aufstellen, daß unter den Differenzen

$$h - e, \quad k - h, \ldots$$

keine negativen Zahlen sind, und daß, wenn eine dieser Differenzen zu Null wird, ihr in der Reihe der Differenzen

$$i - g, \, l - i, \ldots$$

eine positive Zahl entspricht.

In der Summe aber

$$\sum Q \, (a_{e,g})^\xi \, (a_{h,i})^\eta \, (a_{k,l})^\zeta \, \ldots \, (a_{r,s})^\vartheta$$

spielen die Hauptrolle die Glieder, in denen alle Indizes

$$\xi, \, \eta, \, \zeta, \, \ldots, \, \vartheta$$

gleich Eins sind, da das Verhältnis der Zahl der übrigen Glieder zu $n^{\frac{m}{2}}$ sich der Null nähert, wenn n unbegrenzt wächst.

Man kann also in unserer Untersuchung den Ausdruck

$$\{ \text{m. H. } (z_1 + z_2 + \cdots + z_n)^2 \}^{\frac{m}{2}}$$

ersetzen durch das Produkt

$$1 \cdot 2 \cdot 3 \cdots \frac{m}{2} \cdot \sum a_{e,g} \, a_{h,i} \, a_{k,l} \, \ldots \, a_{r,s},$$

worin die Indizes

$$e, h, k, \ldots, r \quad \text{und} \quad g, i, l, \ldots, s$$

den oben angegebenen Bedingungen genügen. Und da wir, den oben gegebenen Erklärungen entsprechend,

$$\text{m. H. } (z_1 + z_2 + \cdots + z_n)^m$$

ersetzen können durch das Produkt

$$\frac{1 \cdot 2 \cdot 3 \cdots m}{2^{\frac{m}{2}}} \sum a_{e,g} \, a_{h,i} \, a_{k,l} \, \ldots \, a_{r,s},$$

worin die Indizes

$$e, h, k, \ldots, r \quad \text{und} \quad g, i, l, \ldots, s$$

denselben Bedingungen genügen, so können wir unmittelbar die Formel aufstellen

$$\operatorname*{limes}_{m=\infty} \frac{\mathrm{m.\,H.}\,(z_1 + z_2 + \cdots + z_n)^m}{\{\mathrm{m.\,H.}\,2\,(z_1 + z_2 + \cdots + z_n)^2\}^{\frac{m}{2}}} = \frac{1 \cdot 2 \cdot 3 \cdots m}{2^m \cdot 1 \cdot 2 \cdots \frac{m}{2}} = \frac{1}{\sqrt{\pi}} \int\limits_{-\infty}^{+\infty} e^{-t^2} t^m dt.$$

Hieraus aber geht bekanntlich der Schluß hervor, daß für beliebig gegebene Zahlen t_1 und t_2 die Wahrscheinlichkeit der Ungleichheiten

$$t_1 < \frac{x_1 + x_3 + \cdots + 2\,x_n - a_1 - a_2 - \cdots - a_n}{\sqrt{2 \cdot \mathrm{m.\,H.}\,(x_1 - a_1 + x_2 - a_2 + \cdots + x_n - a_n)^2}} < t_2$$

sich dem Grenzwert nähern muß

$$\frac{1}{\sqrt{\pi}} \int\limits_{t_1}^{t_2} e^{-t^2} dt,$$

wenn n unbegrenzt wächst.

§ 4.

Zum Schluß des Aufsatzes verweilen wir bei einer interessanten Kombination des BRUNSschen Falles mit einer einfachen gleichartigen Kette.

Wir gelangen zu einer solchen Kombination, wenn wir, wie in § 1, die Summe betrachten

$$w_1 w_2 + w_2 w_3 + \cdots + w_n w_{n+1},$$

aber außerdem voraussetzen, daß die Zahlen

$$w_1, w_2, \ldots, w_n, w_{n+1} \cdots$$

nicht unabhängig sind, sondern in eine Kette von solchem Typus verbunden sind, wie er betrachtet wurde in dem Aufsatz „Untersuchung eines bemerkenswerten Falles abhängiger Proben".

Dementsprechend hat die Wahrscheinlichkeit der Gleichung

$$w_{k+1} = 1$$

für uns drei Werte

$$p, p_1, p_0,$$

von denen der erste dem Fall entspricht, daß keine der Zahlen

$$w_1, w_2, \ldots, w_k, w_{k+1}, \ldots$$

feststeht, der zweite dem Fall
$$w_k = 1$$
und der dritte dem Fall
$$w_k = 0.$$
    Die Zahlen
$$p, p_1, p_0$$
sind verbunden durch die bekannte Gleichung
$$p = pp_1 + (1 - p)p_0,$$
um dieser zu genügen, setzen wir
$$p_1 = p + \delta q, \quad q_1 = q - \delta q, \quad p_0 = p - \delta p, \quad q_0 = q + \delta p,$$
wobei
$$q = 1 - p, \quad q_1 = 1 - p_1, \quad q_0 = 1 - p_0.$$
Führt man dieselben Bezeichnungen ein wie in § 1
$$P_{m,n}, \quad P_{m,n}^1, \quad P_{m,n}^0,$$
$$\varphi_n = \sum P_{m,n} \xi^m = \varphi_n^{(1)} + \varphi_n^{(2)}$$
$$\varphi_n^{(1)} = \sum P_{m,n}^1 \xi^m, \quad \varphi_n^{(0)} = \sum P_{m,n}^{(0)} \xi^m,$$
so leiten sich daraus die Gleichungen ab
$$P_{m,n}^1 = p_1 P_{m-1,n-1}^1 + p_0 P_{m,n-1}^0$$
$$P_{m,n}^0 = q_1 P_{m,n-1} \quad + q_0 P_{m,n-1}^0,$$
ferner
$$\varphi_n^{(1)} = p_1 \xi \varphi_{n-1}^{(1)} + p_0 \varphi_{n-1}^{(0)}$$
$$\varphi_n^{(0)} = q_1 \varphi_{n-1}^{(1)} + q_0 \varphi_{n-1}^{(0)}$$
und endlich
$$\varphi_{n+2} - (p_1 \xi + q_0) \varphi_{n+1} + (p_1 q_0 \xi - p_0 q_1) \varphi_n = 0.$$
    Die letzte Gleichung aber führt uns auf die Formel
$$1 + t\varphi_1 + t^2 \varphi_2 + t^3 \varphi_3 + \cdots = \frac{A + Bt}{1 - (p_1 \xi + q_0)t + (p_1 q_0 \xi - p_0 q_1)t^2},$$
wobei
$$A = 1, \quad B = \varphi_1 - p_1 \xi - q_0 = -p_1 q (\xi - 1) - \delta.$$
    Wir müssen dann nur noch auf den Bruch
$$\frac{A + Bt}{1 - (p_1 \xi + q_0)t + (p_1 q_0 \xi - p_0 q_1)t^2}$$
unsere Methode anwenden, was keine besonderen Schwierigkeiten bereitet.

Auf diese Weise gelangen wir in dem gegebenen Falle zu dem Schluß, daß die Wahrscheinlichkeit der Ungleichheiten

$$t_1 \sqrt{\frac{2b}{n}} < \frac{w_1 w_2 + w_2 w_3 + \cdots + w_n w_{n+1}}{n} - p p_1 < t_2 \sqrt{\frac{2b}{n}}$$

sich dem Grenzwert nähern muß

$$\frac{1}{\sqrt{\pi}} \int_{t_1}^{t_2} e^{-t^2} dt,$$

wobei t_1 und t_2 zwei beliebige gegebene Zahlen sind, die Zahl b aber bestimmt wird durch die Formel

$$b(1-\delta) = -\frac{d^2}{du^2} \left\{ 1 - (p_1 e^u + q_0) e^{-p p_1 u} + (p_1 q_0 e^u - p_0 q_1) e^{-2 p p_1 u} \right\}_{u=0}$$

$$= p q p_1 \left\{ 1 + \delta + (1-\delta)(3-\delta) p \right\}$$

oder, was ganz dasselbe ist, durch die Formel

$$b = p q p_1 \left\{ \frac{1+\delta}{1-\delta} + (3-\delta) p \right\}.$$

Tabelle der Werte von $\dfrac{2}{\sqrt{\pi}}\displaystyle\int_0^x e^{-t^2}\,dt$.

x		0	1	2	3	4	5	6	7	8	9	
0,00	0,00	0000	1128	2257	3385	4513	5642	6770	7899	9027	0155	0,01
0,01	0,01	1283	2412	3540	4668	5796	6924	8053	9181	0309	1437	0,02
0,02	0,02	2565	3692	4820	5948	7076	8204	9331	0459	1586	2714	0,03
0,03	0,03	3841	4969	6096	7223	8350	9477	0604	1731	2858	3984	0,04
0,04	0,04	5111	6238	7364	8490	9617	0743	1869	2995	4121	5246	0,05
0,05	0,05	6372	7497	8623	9748	0873	1998	3123	4248	5373	6497	0,06
0,06	0,06	7622	8746	9870	0994	2118	3241	4365	5488	6612	7735	0,07
0,07	0,07	8858	9981	1103	2226	3348	4470	5592	6714	7835	8957	0,08
0,08	0,09	0078	1199	2320	3441	4561	5682	6802	7922	9042	0161	0,10
0,09	0,10	1281	2400	3519	4638	5756	6874	7993	9110	0228	1346	0,11
0,10	0,11	2463	3580	4697	5813	6930	8046	9162	0277	1393	2508	0,12
0,11	0,12	3623	4738	5852	6966	8080	9194	0307	1420	2533	3646	0,13
0,12	0,13	4758	5870	6982	8094	9205	0316	1427	2537	3648	4758	0,14
0,13	0,14	5867	6976	8085	9194	0303	1411	2519	3626	4733	5840	0,15
0,14	0,15	6947	8053	9159	0265	1370	2476	3580	4685	5789	6893	0,16
0,15	0,16	7996	9099	0202	1304	2406	3508	4610	5711	6811	7912	0,17
0,16	0,17	9012	0111	1211	2310	3408	4507	5605	6702	7799	8896	0,18
0,17	0,18	9992	1089	2184	3279	4374	5469	6563	7657	8750	9843	0,19
0,18	0,20	0936	2028	3120	4211	5302	6393	7483	8573	9662	0751	0,21
0,19	0,21	1840	2928	4016	5103	6190	7277	8363	9448	0533	1618	0,22
0,20	0,22	2703	3787	4870	5953	7036	8118	9200	0281	1362	2442	0,23
0,21	0,23	3522	4601	5680	6759	7837	8915	9992	1069	2145	3221	0,24
0,22	0,24	4296	5371	6445	7519	8592	9665	0738	1810	2881	3952	0,25
0,23	0,25	5023	6093	7162	8231	9300	0368	1435	2502	3569	4635	0,26
0,24	0,26	5700	6765	7829	8893	9957	1020	2082	3144	4205	5266	0,27
0,25	0,27	6326	7386	8445	9504	0562	1620	2677	3733	4789	5845	0,28
0,26	0,28	6900	7954	9008	0061	1114	2166	3218	4269	5319	6369	0,29
0,27	0,29	7418	8467	9515	0563	1610	2656	3702	4748	5792	6836	0,30
0,28	0,30	7880	8923	9965	1007	2049	3089	4129	5169	6208	7246	0,31
0,29	0,31	8283	9321	0357	1393	2428	3463	4497	5530	6563	7595	0,32
0,30	0,32	8627	9658	0688	1718	2747	3775	4803	5830	6857	7883	0,33
0,31	0,33	8908	9933	0957	1980	3003	4025	5047	6067	7088	8107	0,34
0,32	0,34	9126	0144	1162	2179	3195	4211	5226	6240	7253	8266	0,35
0,33	0,35	9279	0290	1301	2312	3321	4330	5338	6346	7353	8359	0,36
0,34	0,36	9365	0369	1374	2377	3380	4382	5383	6384	7384	8383	0,37
0,35	0,37	9382	0380	1377	2374	3370	4365	5359	6353	7346	8338	0,38
0,36	0,38	9330	0321	1311	2300	3289	4277	5264	6251	7237	8222	0,39
0,37	0,39	9206	0190	1173	2155	3136	4117	5097	6076	7055	8032	0,40
0,38	0,40	9009	9986	0961	1936	2910	3883	4856	5828	6799	7769	0,41
0,39	0,41	8739	9707	0676	1643	2609	3575	4540	5504	6468	7430	0,42

Tabelle der Werte von $\dfrac{2}{\sqrt{\pi}}\displaystyle\int_0^x e^{-t^2}\,dt$.

x		0	1	2	3	4	5	6	7 ´	8	9	
0,40	0,42	8392	9354	0314	1274	2232	3190	4148	5104	6060	7015	0,43
0,41	0,43	7969	8922	9875	0827	1778	2728	3678	4626	5574	6521	0,44
0,42	0,44	7468	8413	9358	0302	1245	2187	3129	4069	5009	5948	0,45
0,43	0,45	6887	7824	8761	9697	0632	1566	2500	3432	4364	5295	0,46
0,44	0,46	6225	7154	8083	9011	9938	0864	1789	2713	3637	4560	0,47
0,45	0,47	5482	6403	7323	8243	9161	0079	0996	1912	2827	3742	0,48
0,46	0,48	4655	5568	6480	7391	8301	9211	0119	1027	1934	2840	0,49
0,47	0,49	3745	4649	5553	6455	7357	8258	9158	0057	0956	1853	0,50
0,48	0,50	2750	3645	4540	5434	6327	7220	8111	9002	9891	0780	0,51
0,49	0,51	1668	2555	3442	4327	5211	6095	6978	7860	8741	9621	0,51
0,50	0,52	0500	1378	2256	3132	4008	4883	5757	6630	7502	8373	0,52
0,51	0,52	9244	0113	0982	1849	2716	3582	4447	5311	6175	7037	0,53
0,52	0,53	7899	8759	9619	0478	1336	2193	3049	3904	4758	5612	0,54
0,53	0,54	6464	7316	8166	9016	9865	0713	1560	2406	3251	4096	0,55
0,54	0,55	4939	5782	6623	7464	8304	9143	9981	0818	1654	2489	0,56
0,55	0,56	3323	4157	4989	5821	6651	7481	8310	9138	9965	0791	0,57
0,56	0,57	1616	2440	3263	4086	4907	5727	6547	7366	8183	9000	0,57
0,57	0,57	9816	0631	1445	2258	3070	3881	4691	5501	6309	7116	0,58
0,58	0,58	7923	8728	9533	0337	1140	1941	2742	3542	4341	5139	0,59
0,59	0,59	5936	6733	7528	8322	9116	9908	0700	1490	2280	3068	0,60
0,60	0,60	3856	4643	5429	6214	6998	7780	8563	9344	0124	0903	0,61
0,61	0,61	1681	2459	3235	4010	4785	5558	6331	7102	7873	8643	0,61
0,62	0,61	9411	0179	0946	1712	2477	3241	4004	4766	5527	6287	0,62
0,63	0,62	7046	7805	8562	9318	0074	0828	1582	2334	3086	3836	0,63
0,64	0,63	4586	5334	6082	6829	7575	8320	9063	9806	0548	1289	0,64
0,65	0,64	2029	2768	3506	4244	4980	5715	6449	7183	7915	8646	0,64
0,66	0,64	9377	0106	0835	1562	2289	3014	3739	4463	5185	5907	0,65
0,67	0,65	6628	7347	8066	8784	9501	0217	0932	1646	2359	3071	0,66
0,68	0,66	3782	4492	5202	5910	6617	7323	8029	8733	9436	0139	0,67
0,69	0,67	0840	1541	2240	2939	3636	4333	5028	5723	6417	7109	0,67
0,70	0,67	7801	8492	9182	9871	0559	1245	1931	2616	3300	3983	0,68
0,71	0,68	4666	5347	6027	6706	7384	8061	8738	9413	0087	0761	0,69
0,72	0,69	1433	2105	2775	3445	4113	4781	5447	6113	6778	7441	0,69
0,73	0,69	8104	8766	9427	0086	0745	1403	2060	2716	3371	4025	0,70
0,74	0,70	4678	5330	5981	6631	7281	7929	8576	9222	9868	0512	0,71
0,75	0,71	1156	1798	2440	3080	3720	4358	4996	5633	6268	6903	0,71
0,76	0,71	7537	8170	8801	9432	0062	0691	1319	1946	2572	3197	0,72
0,77	0,72	3822	4445	5067	5688	6309	6928	7546	8164	8780	9396	0,72
0,78	0,73	0010	0624	1237	1848	2459	3069	3678	4286	4892	5498	0,73
0,79	0,73	6103	6707	7311	7913	8514	9114	9713	0312	0909	1506	0,74
0,80	0,74	2101	2695	3289	3882	4473	5064	5654	6243	6830	7417	0,74
0,81	0,74	8003	8588	9172	9755	0338	0919	1499	2078	2657	3234	0,75
0,82	0,75	3811	4386	4961	5535	6107	6679	7250	7820	8389	8957	0,75
0,83	0,75	9524	0090	0655	1219	1783	2345	2906	3467	4026	4585	0,76
0,84	0,76	5143	5699	6255	6810	7364	7917	8469	9020	9570	0120	0,77
0,85	0,77	0668	1215	1762	2307	2852	3396	3939	4480	5021	5561	0,77
0,86	0,77	6100	6638	7176	7712	8247	8782	9315	9848	0379	0910	0,78
0,87	0,78	1440	1969	2497	3024	3550	4075	4599	5123	5645	6167	0,78
0,88	0,78	6687	7207	7726	8244	8761	9277	9792	0306	0819	1332	0,79
0,89	0,79	1843	2354	2863	3372	3880	4387	4893	5398	5902	6406	0,79

Tabelle der Werte von $\dfrac{2}{\sqrt{\pi}}\displaystyle\int_0^x e^{-t^2}\,dt$.

x		0	1	2	3	4	5	6	7	8	9	
0,90	0,79	6908	7410	7910	8410	8909	9407	9904	0400	0895	1389	0,80
0,91	0,80	1883	2375	2867	3358	3848	4336	4824	5312	5798	6283	0,80
0,92	0,80	6768	7251	7734	8216	8697	9177	9656	0134	0611	1088	0,81
0,93	0,81	1564	2038	2512	2985	3457	3928	4399	4868	5337	5804	0,81
0,94	0,81	6271	6737	7202	7666	8129	8592	9053	9514	9974	0433	0,82
0,95	0,82	0891	1348	1804	2260	2714	3168	3621	4073	4524	4974	0,82
0,96	0,82	5424	5872	6320	6767	7213	7658	8102	8545	8988	9429	0,82
0,97	0,82	9870	0310	0749	1188	1625	2062	2497	2932	3366	3799	0,83
0,98	0,83	4232	4663	5094	5523	5952	6380	6808	7234	7659	8084	0,83
0,99	0,83	8508	8931	9353	9775	0195	0615	1034	1452	1869	2285	0,84
1,00	0,84	2701	3115	3529	3942	4355	4766	5177	5586	5995	6403	0,84
1,01	0,84	6810	7217	7623	8027	8431	8834	9237	9638	0039	0439	0,85
1,02	0,85	0838	1236	1634	2030	2426	2821	3215	3609	4001	4393	0,85
1,03	0,85	4784	5174	5564	5952	6340	6727	7113	7499	7883	8267	0,85
1,04	0,85	8650	9032	9414	9794	0174	0553	0931	1309	1685	2061	0,86
1,05	0,86	2436	2810	3184	3557	3928	4300	4670	5040	5408	5776	0,86
1,06	0,86	6144	6510	6876	7241	7605	7968	8331	8692	9054	9414	0,86
1,07	0,86	9773	0132	0490	0847	1204	1559	1914	2268	2622	2974	0,87
1,08	0,87	3326	3677	4028	4377	4726	5074	5421	5768	6114	6459	0,87
1,09	0,87	6803	7147	7489	7832	8173	8513	8853	9192	9531	9868	0,87
1,10	0,88	0205	0541	0877	1211	1545	1878	2211	2542	2873	3204	0,88
1,11	0,88	3533	3862	4190	4517	4844	5170	5495	5819	6143	6466	0,88
1,12	0,88	6788	7109	7430	7750	8070	8388	8706	9023	9340	9656	0,88
1,13	0,88	9971	0285	0599	0912	1224	1535	1846	2156	2466	2774	0,89
1,14	0,89	3082	3390	3696	4002	4307	4612	4916	5219	5521	5823	0,89
1,15	0,89	6124	6424	6724	7023	7321	7619	7915	8212	8507	8802	0,89
1,16	0,89	9096	9390	9682	9975	0266	0557	0847	1136	1425	1713	0,90
1,17	0,90	2000	2287	2573	2859	3143	3427	3711	3993	4275	4557	0,90
1,18	0,90	4837	5117	5397	5676	5954	6231	6508	6784	7059	7334	0,90
1,19	0,90	7608	7882	8155	8427	8698	8969	9239	9509	9778	0046	0,91
1,20	0,91	0314	0581	0847	1113	1378	1643	1907	2170	2432	2694	0,91
1,21	0,91	2956	3216	3476	3736	3994	4253	4510	4767	5023	5279	0,91
1,22	0,91	5534	5788	6042	6295	6548	6800	7051	7302	7552	7801	0,91
1,23	0,91	8050	8298	8546	8793	9039	9285	9530	9775	0019	0262	0,92
1,24	0,92	0505	0747	0989	1230	1470	1710	1949	2188	2426	2663	0,92
1,25	0,92	2900	3136	3372	3607	3841	4075	4309	4541	4773	5005	0,92
1,26	0,92	5236	5466	5696	5925	6154	6382	6609	6836	7063	7288	0,92
1,27	0,92	7514	7738	7962	8186	8409	8631	8853	9074	9295	9515	0,92
1,28	0,92	9734	9953	0172	0389	0607	0823	1040	1255	1470	1685	0,93
1,29	0,93	1899	2112	2325	2537	2749	2960	3171	3381	3590	3799	0,93
1,30	0,93	4008	4216	4423	4630	4836	5042	5247	5452	5656	5860	0,93
1,31	0,93	6063	6266	6468	6669	6870	7071	7271	7470	7669	7867	0,93
1,32	0,93	8065	8262	8459	8656	8851	9047	9241	9435	9629	9822	0,93
1,33	0,94	0015	0207	0399	0590	0781	0971	1160	1349	1538	1726	0,94
1,34	0,94	1914	2101	2287	2473	2659	2844	3029	3213	3396	3580	0,94
1,35	0,94	3762	3944	4126	4307	4488	4668	4848	5027	5205	5384	0,94
1,36	0,94	5561	5739	5915	6092	6268	6443	6618	6792	6966	7139	0,94
1,37	0,94	7312	7485	7657	7828	7999	8170	8340	8510	8679	8848	0,94
1,38	0,94	9016	9184	9351	9518	9684	9850	0016	0181	0346	0510	0,95
1,39	0,95	0673	0837	0999	1162	1323	1485	1646	1806	1966	2126	0,95

Tabelle der Werte von $\dfrac{2}{\sqrt{\pi}}\displaystyle\int\limits_0^x e^{-t^2}\,dt.$

x		0	1	2	3	4	5	6	7	8	9	
1,40	0,95	2285	2444	2602	2760	2917	3074	3231	3387	3542	3698	0,95
1,41	0,95	3852	4007	4161	4314	4467	4620	4772	4924	5075	5226	0,95
1,42	0,95	5376	5526	5676	5825	5974	6122	6270	6417	6564	6771	0,95
1,43	0,95	6857	7003	7148	7293	7438	7582	7726	7869	8012	8154	0,95
1,44	0,95	8297	8438	8580	8720	8861	9001	9140	9280	9419	9557	0,95
1,45	0,95	9695	9833	9970	0107	0243	0379	0515	0650	0785	0919	0,96
1,46	0,96	1054	1187	1320	1453	1586	1718	1850	1981	2112	2243	0,96
1,47	0,96	2373	2503	2632	2761	2890	3018	3146	3274	3401	3528	0,96
1,48	0,96	3654	3780	3906	4031	4156	4281	4405	4529	4652	4775	0,96
1,49	0,96	4898	5020	5142	5264	5385	5506	5627	5747	5867	5986	0,96
1,50	0,96	6105	6224	6342	6460	6578	6695	6812	6929	7045	7161	0,96
1,51	0,96	7277	7392	7507	7621	7736	7849	7963	8076	8189	8301	0,96
1,52	0,96	8413	8525	8637	8748	8859	8969	9079	9189	9298	9407	0,96
1,53	0,96	9516	9625	9733	9841	9948	0055	0162	0268	0374	0480	0,97
1,54	0,97	0586	0691	0796	0900	1004	1108	1212	1315	1418	1520	0,97
1,55	0,97	1623	1725	1826	1928	2029	2129	2230	2330	2430	2529	0,97
1,56	0,97	2628	2727	2825	2924	3022	3119	3216	3313	3410	3507	0,97
1,57	0,97	3603	3698	3794	3889	3984	4079	4173	4267	4361	4454	0,97
1,58	0,97	4547	4640	4732	4825	4916	5008	5099	5191	5281	5372	0,97
1,59	0,97	5462	5552	5642	5731	5820	5909	5997	6085	6173	6261	0,97
1,60	0,97	6348	6435	6522	6609	6695	6781	6867	6952	7037	7122	0,97
1,61	0,97	7207	7291	7375	7459	7543	7626	7709	7792	7874	7956	0,97
1,62	0,97	8038	8120	8201	8282	8363	8444	8524	8604	8684	8764	0,97
1,63	0,97	8843	8922	9001	9079	9157	9235	9313	9391	9468	9545	0,97
1,64	0,97	9622	9698	9775	9851	9926	0002	0077	0152	0227	0301	0,98
1,65	0,98	0376	0450	0523	0597	0670	0743	0816	0889	0961	1033	0,98
1,66	0,98	1105	1177	1248	1319	1390	1461	1531	1601	1671	1741	0,98
1,67	0,98	1810	1880	1949	2018	2086	2154	2223	2290	2358	2426	0,88
1,68	0,98	2493	2560	2627	2693	2759	2825	2891	2957	3022	3088	0,98
1,69	0,98	3153	3217	3282	3346	3410	3474	3538	3601	3665	3728	0,98
1,70	0,98	3790	3853	3915	3978	4040	4101	4163	4224	4285	4346	0,98
1,71	0,98	4407	4468	4528	4588	4648	4707	4767	4826	4885	4944	0,98
1,72	0,98	5003	5061	5120	5178	5235	5293	5351	5408	5465	5522	0,98
1,73	0,98	5578	5635	5691	5747	5803	5859	5914	5970	6025	6080	0,98
1,74	0,98	6135	6189	6244	6298	6352	6405	6459	6513	6566	6619	0,98
1,75	0,68	6672	6724	6777	6829	6881	6933	6985	7037	7088	7139	0,98
1,76	0,98	7190	7241	7292	7342	7393	7443	7493	7543	7592	7642	0,98
1,77	0,98	7691	7740	7789	7838	7886	7935	7983	8031	8079	8127	0,98
1,78	0,98	8174	8222	8269	8316	8363	8409	8456	8502	8549	8595	0,98
1,79	0,98	8641	8686	8732	8777	8822	8868	8912	8957	9002	9046	0,98
1,80	0,98	9091	9135	9179	9222	9266	9309	9353	9396	9439	9482	0,98
1,81	0,98	9525	9567	9609	9652	9694	9736	9778	9819	9861	9902	0,98
1,82	0,98	9943	9984	0025	0066	0106	0147	0187	0227	0267	0307	0,99
1,83	0,99	0347	0386	0426	0465	0504	0543	0582	0621	0659	0698	0,99
1,84	0,99	0736	0774	0812	0850	0888	0925	0963	1000	1037	1074	0,99
1,85	0,99	1111	1148	1184	1221	1257	1293	1330	1365	1401	1437	0,99
1,86	0,99	1472	1508	1543	1578	1613	1648	1683	1718	1752	1787	0,99
1,87	0,99	1821	1855	1889	1923	1956	1990	2024	2057	2090	2123	0,99
1,88	0,99	2156	2189	2222	2254	2287	2319	2352	2384	2416	2448	0,99
1,89	0,99	2479	2511	2542	2574	2605	2636	2667	2698	2729	2760	0,99

Tabelle der Werte von $\frac{2}{\sqrt{\pi}} \int_0^x e^{-t^2} dt$.

x		0	1	2	3	4	5	6	7	8	9
1,90	0,99	2790	2821	2851	2881	2912	2942	2972	3001	3031	3061
1,91	0,99	3090	3119	3148	3178	3207	3235	3264	3293	3321	3350
1,92	0,99	3378	3406	3435	3463	3490	3518	3546	3574	3601	3628
1,93	0,99	3656	3683	3710	3737	3764	3790	3817	3844	3870	3896
1,94	0,99	3923	3949	3975	4001	4026	4052	4078	4103	4129	4154
1,95	0,99	4179	4204	4229	4254	4279	4304	4329	4353	4378	4402
1,96	0,99	4426	4450	4475	4498	4522	4546	4570	4593	4617	4640
1,97	0,99	4664	4687	4710	4733	4756	4779	4802	4824	4847	4870
1,98	0,99	4892	4914	4937	4959	4981	5003	5025	5047	5068	5090
1,99	0,99	5111	5133	5154	5176	5197	5218	5239	5260	5281	5302
2,00	0,99	5322	5343	5363	5384	5404	5425	5445	5465	5485	5505
2,01	0,99	5525	5545	5564	5584	5604	5623	5643	5662	5681	5700
2,02	0,99	5719	5738	5757	5776	5795	5814	5832	5851	5870	5888
2,03	0,99	5906	5925	5943	5961	5979	5997	6015	6033	6050	6068
2,04	0,99	6086	6103	6121	6138	6156	6173	6190	6207	6224	6241
2,05	0,99	6258	6275	6292	6308	6325	6342	6358	6375	6391	6407
2,06	0,99	6423	6440	6456	6472	6488	6504	6519	6535	6551	6567
2,07	0,99	6582	6598	6613	6628	6644	6659	6674	6689	6704	6719
2,08	0,99	6734	6749	6764	6779	6794	6808	6823	6837	6852	6866
2,09	0,99	6880	6895	6909	6923	6937	6951	6965	6979	6993	7007
2,10	0,99	7021	7034	7048	7061	7075	7088	7102	7115	7128	7142
2,11	0,99	7155	7168	7181	7194	7207	7220	7233	7246	7258	7271
2,12	0,99	7284	7296	7309	7321	7334	7346	7358	7371	7383	7395
2,13	0,99	7407	7419	7431	7443	7455	7467	7479	7490	7502	7514
2,14	0,99	7525	7537	7548	7560	7571	7583	7594	7605	7616	7627
2,15	0,99	7639	7650	7661	7672	7683	7693	7704	7715	7726	7737
2,16	0,99	7747	7758	7768	7779	7789	7800	7810	7820	7831	7841
2,17	0,99	7851	7861	7871	7881	7891	7901	7911	7921	7931	7941
2,18	0,99	7951	7960	7970	7980	7989	7999	8008	8018	8027	8037
2,19	0,99	8046	8055	8065	8074	8083	8092	8101	8110	8119	8128
2,20	0,99	8137	8146	8155	8164	8173	8181	8190	8199	8207	8216
2,21	0,99	8224	8233	8241	8250	8258	8267	8275	8283	8292	8300
2,22	0,99	8308	8316	8324	8332	8340	8348	8356	8364	8372	8380
2,23	0,99	8388	8396	8403	8411	8419	8426	8434	8442	8449	8457
2,24	0,99	8464	8472	8479	8486	8494	8501	8508	8516	8523	8530
2,25	0,99	8537	8544	8552	8559	8566	8573	8580	8586	8593	8600
2,26	0,99	8607	8614	8621	8627	8634	8641	8648	8654	8661	8667
2,27	0,99	8674	8680	8687	8693	8700	8706	8712	8719	8725	8731
2,28	0,99	8738	8744	8750	8756	8762	8768	8775	8781	8787	8793
2,29	0,99	8799	8805	8810	8816	8822	8828	8834	8840	8845	8851
2,30	0,99	8857	8862	8868	8874	8879	8885	8890	8896	8902	8907
2,31	0,99	8912	8918	8923	8929	8934	8939	8945	8950	8955	8960
2,32	0,99	8966	8971	8976	8981	8986	8991	8996	9001	9006	9011
2,33	0,99	9016	9021	9026	9031	9036	9041	9045	9050	9055	9060
2,34	0,99	9065	9069	9074	9079	9083	9088	9093	9097	9102	9106
2,35	0,99	9111	9115	9120	9124	9129	9133	9137	9142	9146	9150
2,36	0,99	9155	9159	9163	9168	9172	9176	9180	9184	9189	9193
2,37	0,99	9197	9201	9205	9209	9213	9217	9221	9225	9229	9233
2,38	0,99	9237	9241	9245	9249	9252	9256	9260	9264	9268	9271
2,39	0,99	9275	9279	9282	9286	9290	9293	9297	9301	9304	9308

Tabelle der Werte von $\frac{2}{\sqrt{\pi}}\int\limits_{0}^{x}e^{-t^2}dt.$

x		0	1	2	3	4	5	6	7	8	9
2,40	0,99	9311	9315	9319	9322	9326	9329	9333	9336	9339	9343
2,41	0,99	9346	9350	9353	9356	9360	9363	9366	9370	9373	9376
2,42	0,99	9379	9383	9386	9389	9392	9395	9398	9402	9405	9408
2,43	0,99	9411	9414	9417	9420	9423	9426	9429	9432	9435	9438
2,44	0,99	9441	9444	9447	9450	9452	9455	9458	9461	9464	9467
2,45	0,99	9469	9472	9475	9478	9480	9483	9486	9489	9491	9494
2,46	0,99	9497	9499	9502	9505	9507	9510	9512	9515	9517	9520
2,47	0,99	9523	9525	9528	9530	9533	9535	9538	9540	9542	9545
2,48	0,99	9547	9550	9552	9554	9557	9559	9561	9564	9566	9568
2,49	0,99	9571	9573	9575	9578	9580	9582	9584	9586	9589	9591
2,5	0,999	5930	6143	6345	6537	6720	6893	7058	7215	7364	7505
2,6	0,999	7640	7767	7888	8003	8112	8215	8313	8406	8494	8578
2,7	0,999	8657	8732	8803	8870	8934	8994	9051	9105	9156	9204
2,8	0,999	9250	9293	9334	9373	9409	9443	9476	9507	9536	9563
2,9	0,999	9589	9613	9636	9658	9679	9698	9716	9733	9750	9765
3,0	0,999	9779	9793	9805	9817	9829	9839	9849	9859	9867	9876
3,1	0,999	9884	9891	9898	9904	9910	9916	9921	9926	9931	9936
3,2	0,999	9940	9944	9947	9951	9954	9957	9960	9962	9965	9967
3,3	0,999	9969	9971	9973	9975	9977	9978	9980	9981	9982	9984
3,4	0,999	9985	9986	9987	9988	9989	9989	9990	9991	9991	9992
3,5	0,999	9993	9993	9994	9994	9994	9995	9995	9996	9996	9996
3,6	0,999	9996	9997	9997	9997	9997	9998	9998	9998	9998	9998
3,7	0,999	9998	9998	9999	9999	9999	9999	9999	9999	9999	9999

Beispiele, welche die Bedeutung der Tabelle zeigen:

$$\frac{2}{\sqrt{\pi}}\int\limits_{0}^{0,212}e^{-t^2}dt = 0{,}235680; \qquad \frac{2}{\sqrt{\pi}}\int\limits_{0}^{0,293}e^{-t^2}dt = 0{,}321393.$$

Sachregister.

(Angabe der wichtigsten Erklärungen, Sätze und Anwendungen. —
Abkürzung: W = mathematische Wahrscheinlichkeit.)

BUCHTIPPS

Abrupte Klimaschwankungen seit 2000 Jahren
Lokale und kosmische Ursachen eines Klimawandels. Herausgeber: Sedlacek, Klaus-Dieter (Hrsg.). Innerhalb der letzten zwei Jahrtausende sind verschiedene abrupte Klimaschwankungen nachweisbar. Der fortwährende Wandel des Klimas verzeichnete allein fünf große Klimaepochen und zahlreiche ...

Ägypten zur Zeit der Pyramidenbauer
Mit 16 Abbildungen im Text und 17 Bildtafeln. Autor: Eduard Meyer , Klaus-Dieter Sedlacek (Hrsg.). Bei keinem Volk der Erde reichen die Denkmäler einer höheren Kultur in so frühe Zeiten hinauf ...

Allgemeine moderne Psychologie
Allgemeine moderne Psychologie Systematische Einführung in die Wissenschaft psychischer Prozesse Autor: Messer, August Man hat mit Recht drei Hauptwurzeln der Psychologie unterschieden: die praktische Menschenkenntnis, den religiösen Seelenglauben und die biologische Lebenserklärung. Psychologie als ...

Anleitung zum Roman-Schreiben
Wie man anfängt, einen Plot entwickelt und eine gute Geschichte erzählt. Autor: Wilde, Oliver J. Sie wollen einen Roman schreiben? Das ist toll! Aber begnügen Sie sich nicht damit, nur einen Roman ...

Äquivalenz von Information und Energie
Die Grundbausteine der Welt – Neuausgabe – Autor: Sedlacek, Klaus-Dieter. „Es stellt sich letztendlich heraus, dass Information ein wesentlicher Grundbaustein der Welt ist", versicherte der durch sein Quantenteleportationsexperiment bekannte Prof. Zeilinger in ...

Babel und Bibel
Babel und Bibel Vortrag über die babylonischen Wurzeln der Bibel Autor: Delitzsch, Friedrich Das Buch ist der Vortragstext von dem Vortrag, den der Autor am 13. Januar 1902 in der Singakademie zu Berlin ...

Besseres Gedächtnis
Wie man es stärkt, trainiert und einsetzt. Autor: Atkinson, Wilhelm Walker. Viele Menschen scheinen zu glauben, dass Erinnerungen einfach kommen und nicht gefördert werden können. Aber der Trugschluss einer solchen Vorstellung wird ...

Bleib beweglich und fit ohne Geräte!
Leichte ärztliche Zimmergymnastik für jedes Alter. Autor: Moritz Schreber , Klaus-Dieter Sedlacek (Hrsg.). Dieses Buch hilft die für die Körperausbildung, Erhaltung der Gesundheit und Beweglichkeit bis ins hohe Alter anerkannt wichtige ...

Das Gesetz im Zufall
Wie sich verborgene Gesetzlichkeit manifestiert. Neubearbeitung. Autor: Cantor, Moritz. Zufall wurde es Jahrhunderte lang genannt, wenn der Wind von Süd nach Südwest, von Nord nach Nordost umzuschlagen pflegte und nicht etwa die ...

Der Alchemist Leonhard Thurneysser
Die Lebensgeschichte des Goldmachers von Berlin. Autor: Sedlacek, Klaus-Dieter (Hrsg.) . Der im Jahr 1531 geborene Leonhard Thurneysser erlernte als Sohn eines Goldschmieds in Basel die Kunst seines Vaters, übernahm aber bald ...

Der allmächtige Informatiker
Das Mysterium des Universums. Autor: Jeans, Sir James. Die englische Ausgabe dieses Buchs mit dem Originaltitel „The Mysterious Universe" ist als populäres Wissenschaftsbuch de britischen Astrophysikers Sir James Jeans zuerst von ...

Der erdgeschichtliche Klimawandel
Den wahren Ursachen von Klimaschwankungen auf der Spur. Autor: Wilhelm Bölsche , Klaus-Dieter Sedlacek (Hrsg.) Der Klimazustand während der letzten Jahrhunderttausende im Wesentlichen auf den Einfluss von Sonneneinstrahlung zurückzuführen, die ...

Der geschichtliche Jesus
Der geschichtliche Jesus Was wissen wir von ihm? Auto Hertlein, Eduard Vorwort: Mit der gegenwärtigen Veröffentlichung komme ich einem mehrfach geäußerten Wunsch von Hörern eines Vortrags nach, den ich in Stuttgart gehalten habe. Ich ...

Der Mann, der „Ich denke, also bin ich" sagte
Der Mann, der „Ich denke, also bin ich" sagte Eine kurze René Descartes Biografie Autor: Sedlacek, Klaus-Dieter (Hrsg Descartes gilt als der Begründer des modernen frühneuzeitlichen Rationalismus. Sein rationalistisches Denke wird auch Cartesianismus ...

Der Stein der Weisen
Der Stein der Weisen: Wie die Alchemie zur Chemie wur (Abenteuer Naturwissenschaft) von Klaus-Dieter Sedlacek (Herausgeber), Wilhelm Ostwald (Autor) Einführend berichtet Justus Liebig, wie die voller Geheimnisse steckende Alchemie die Grundlagen der ...

Der verborgene Mechanismus des Weltgeschehens
Der verborgene Mechanismus des Weltgeschehens Neu Erkenntnisse über die Gestalten biotechnischer Systeme der Welt Autoren: Sedlacek, Klaus-Dieter; Francé, Raoul H. Seit Jahrtausenden ist die Menschheit bestrebt, die Welt, in der sie lebt, erkennen ...

Der Weg zu Wohlstand und Reichtum
Goldene Regeln für den Aufbau einer selbstständigen Existenz. Autor: Barnum, P. T. Der Weg zum Reichtum ist, wie einer der Gründerväter der Vereinigten Staaten sagt, „so klar v der Weg zur Mühle". ...

Die ersten Spuren psychischer Erscheinungen
Die ersten Spuren psychischer Erscheinungen Das psychische Leben von Mikroorganismen – Eine Studie in experimenteller Psychologie Autor: Binet, Alfred Es gibt mikroskopisch winzige Lebewesen, die kein Gehirn haben und dennoch so etwas wie ...

Die geheimnisvolle Kultur der alten Kelten
Von Druiden, Fürstensitzen und der Lebensart unserer frühgeschichtlichen Vorfahren. Autor: Grupp, Georg Die Kelter zeichneten sich aus durch hohes handwerkliches Können, Handelsbeziehungen bis in den Süden Europas und tollkühne Mut, der den ...

Die Heldin des Radiums
Eine kleine Biografie von Marie Curie. Hrsg: Sedlacek, Klaus-Dieter. Marie Curie war eine Physikerin und Chemikerin polnischer Herkunft, die in Frankreich lebte und wirkte. Sie untersuchte die 1896 von Henri Becquerel beobachtete ...

Die Kultur der Azteken
Mit einem Anhang Große Landesausstellung Baden-Württemberg „Azteken" im Lindenmuseum. Autor: Prescott, William. „Von dem ganzen ausgedehnten Reich, das einst die Herrschaft Spaniens in der Neuen Welt anerkannte, ist kein Te

Wichtigkeit ...

Die Lebenskraft
Wie Enzyme, Bewusstsein und quantenbiologische Effekte
s Leben regulieren Autoren: Sedlacek, Klaus-Dieter; Wrobel,
rbert Der Begründer der Quantenmechanik und
belpreisträger Erwin Schrödinger beschäftigte sich unter
1erem mit der Frage: „Was ist Leben?" ...

Die letzten Ursachen
Das Buch der Naturerkenntnis. Hrsg.: Sedlacek, Klaus-
ter. Die klassischen physikalischen Theorien, zum Beispiel
klassische Mechanik oder die Elektrodynamik, haben eine
re Interpretation. Den Symbolen der Theorie wie Ort,
schwindigkeit, Kraft beziehungsweise ...

Die Psychoanalyse des Organischen
Sechs Vorträge und Aufsätze vom Wegbereiter der
ychosomatik. Autor: Georg Groddeck , Klaus-Dieter Sedlacek
sg.) Den publizistischen Anfang zur Psychosomatik machte
org Groddeck 1917 mit der Broschüre Psychische Bedingtheit
d psychoanalytische ...

Die Transzendenz der Realität
Spuren einer allumfassenden transzendenten Realität
seits von Raum und Zeit. Autor: Klaus-Dieter Sedlacek. Der
belpreisträger Max Planck war einer der Pioniere der
antenphysik und deshalb nicht verdächtig einem esoterischen
eltbild anzuhängen. Er ...

Die unbekannte Seele
Alltagsrätsel des Seelenlebens. Autor: Driesch, Hans. Es
1t in dem Buch um sehr Grundlegendes. Gewiss wird der
ser auch mit Normalem zu tun haben, sogar mit sehr
täglichem. Aber das Normale bietet ...

Die verborgene Ordnung des Weltsystems
Neue Erkenntnisse über die schöpferischen Kräfte der
tur. Autor: Francé, Raoul Heinrich. Wie zeigt sich die
rborgene Ordnung des Weltsystems? Woher kommt die
indungskraft, die den Wohlstand bei uns sichert? Ist sie ...

Durchblick Chemie
Praktische Grundlagen und Einführung in die anorganische,
anische und Biochemie Klaus-Dieter Sedlacek, Lassar Cohn,
ılther Löb Wollen Sie in unserer modernen Welt mitreden?
nn brauchen Sie den Durchblick! Dazu gehören auch
ındkenntnisse ...

Eine andere Sicht auf die Entstehung der sporadischen
rm der Alzheimerkrankheit
Eine andere Sicht auf die Entstehung der sporadischen
rm der Alzheimerkrankheit: Neuronale, mitochondriale
ergetik – Quantenbiologischer Hintergrund (Wissenschaftliche
liothek) von Klaus-Dieter Sedlacek (Herausgeber), Norbert
obel (Autor) Bei der Alzheimerkrankheit soll einer Theorie ...

Einfach logisch denken!
Oder die Gesetze des Denkens. Autor: Atkinson, Wilhelm
ılker In diesem Buch werden die Methoden und Prinzipien der
rrekten Anwendung des Denkvermögens aufgezeigt, und zwar
f eine einfache und klare Weise, ohne ...

Einsteins Relativitätstheorie ganz ohne Mathematik
Spezielle und allgemeine Relativitätstheorie Paul
chberger , Klaus-Dieter Sedlacek (Hrsg.) Man wird nicht
ten gefragt, ob man eine Schrift wisse, die in die Einsteinsche
eorie für Laien so einführen könne, dass ...

Emergenz
Emergenz Strukturen der Selbstorganisation in Natur und
chnik Autor: Sedlacek, Klaus-Dieter Das Universum erschien

bis ins 19. Jahrhundert wie ein ablaufendes mechanisches
Uhrwerk. Der Schock kam im frühen 20. Jahrhundert mit dem
Aufkommen ...

Epigenetik-Experimente
Neuvererbung oder Beweise für die Vererbung erworbener
Eigenschaften? Autor: Kammerer, Paul Der Biologe Paul
Kammerer wurde durch seine Aufsehen erregenden
Experimente zur Epigenetik berühmt. In einer seiner
Versuchsserien verwendete er zwei Arten ...

Es begann mit Feuerskraft
Das Werden des Menschen und seiner Kultur. Autor:
Neumann, Carl Wilhelm . Seit Anbeginn seiner Tage war der
Mensch keineswegs der stolze Beherrscher der Natur, als den er
sich heute mit Recht ...

Exotische Reise durch Persien
Abenteuerlicher Bericht aus einer fremdartigen Welt des
19ten Jahrhunderts. Autor: Loti, Pierre. „Wer mit mir kommen
und die Zeit der Rosenblüte in Ispahan sehen will, der mache
sich gefasst auf die Gefahren ...

Freizeitvergnügen Sternenhimmel mit bloßem Auge
Wie man Sternbilder auffindet ohne Instrumente. Autor:
Kirchberger, Paul. Der Anblick des gestirnten Himmels ist das
Größte, das uns die Natur zu bieten vermag, und kein
empfängliches Gemüt kann sich seinem Eindruck ...

Gefangen zwischen Eisschollen
Die dramatische Entdeckungsgeschichte der Antarktis
Autor: Sedlacek, Klaus-Dieter (Hrsg.) Auf dem 6. Internationalen
Geographischen Kongress 1895 in London verabschiedete man
folgende Resolution: „Dieser Kongress ist der Meinung, dass die
Erkundung der Antarktisregionen ...

Geld vernünftig ausgeben
Über die richtige Art von Sparsamkeit Autor: Marden, Orison
Swett Im Inhalt behandelte Punkte: – Wirtschaft ist keine
Schikane, sondern das planvolle Handeln zur Befriedigung von
Bedürfnissen. – Kapital ist der kleine Unterschied zwischen ...

Gestalt-Psychologie
Einführung in die neue Psychologie vom Begründer der
Gestaltpsychologie Kurt Koffka , Klaus-Dieter Sedlacek (Hrsg.)
Kurt Koffka hat als forschender Psychologe für dieses Buch zur
Einführung in die Psychologie einen besonderen ...

Giganten der Physik
Giganten der Physik Die Top10-Physiker der
Menschheitsgeschichte Autor: Sedlacek, Klaus-Dieter (Hrsg.)
Den meisten Menschen sind Schöpfer von Kunst und Literatur
vertraut, sie kennen unsere Staatslenker und Wirtschaftsführer,
doch wer kennt die Giganten der ...

Giordano Bruno
Seine Lebensgeschichte. Autor: Riehl, Alois. Giordano
Bruno war ein italienischer Priester, Dichter, Philosoph und
Astronom. Er wurde durch die Inquisition der Ketzerei für
schuldig befunden und zum Tode verurteilt. Bruno postulierte die
...

Homöopathie und Praxis
Naturheilkundliche alternative Medizin für den mündigen
Patienten. Autor: Voorhoeve, Jacob. Der Zweck des Buches ist
es, den Leser mit der homöopathischen Heilweise näher
bekannt zu machen. Unter Wahrung des wissenschaftlichen
Charakters gibt ...

Im dunkelsten Afrika
Die legendäre Emin-Pascha Expedition. Autor: Stanley,
Henry M. Im Sudan, der ab 1821 unter die Herrschaft der

osmanischen Vizekönige von Ägypten gekommen war, brach 1881 der Mahdiaufstand aus. Nach dem Abzug der ...

Immortal Consciousness
Space-time Phenomena Evidence And Visions. Author: Sedlacek, Klaus-Dieter. Thirty-five top-class scientists have a vision. They meet in seclusion and want to learn about the immortality of consciousness and the meaning of life. ...

Ist echte Erkenntnis möglich?
Ist echte Erkenntnis möglich?: Einführung in die Erkenntnistheorie von Klaus-Dieter Sedlacek (Herausgeber), Erich Becher (Autor) Die Frage nach der Wahrheit und ihrer Sicherung liegt dem nach Erkenntnis strebenden Menschen besonders am Herzen, ...

Jenseits der Erscheinungen
Erkennbarkeit und Realität der Quantennatur. Autor: Schlick, Moritz. Es ist kein Zweifel, dass echte Erkenntnis der transzendenten Welt sehr wohl möglich ist. Die Wendung, zu der die Physik der letzten Jahre bzw. Jahrzehnte ...

Kleines Wörterbuch der Natur-Philosophie
1200 Begriffe, die man kennen sollte, kurz und prägnant. Herausgeber: Sedlacek, Klaus-Dieter. „Ein neues Wörterbuch der Natur-Philosophie? Wozu soll das gut sein? Schließlich gibt es doch ein riesiges, umfangreiches Internetlexikon in aller ...

Klimaänderungen und Klimaschwankungen
Ursachen, historische Fakten und kosmische Einflüsse, sowie ein Anhang „Mittelalterliche Warmzeit" Eduard Brückner, Julius Hann , Klaus-Dieter Sedlacek (Hrsg.) Größere Klimaänderung und Klimaschwankungen können nicht ohne einen tiefgehenden Einfluss auf das ...

Kochbuch für ganze Kerle
Kochbuch für ganze Kerle Kräftige und Feinschmecker-Gerichte für Freizeit und Camping Autor: Sedlacek, Klaus-Dieter (Hrsg.) Dieses Buch liegt vielleicht nicht im Trend von Diätkochbüchern und Fernsehkoch-Rezepten, aber es hat einen unschätzbaren Vorteil, es ...

Kometenfurcht
Komet und Weltuntergang: Die Gefahr aus dem All. Autor: Bölsche, Wilhel. Als 2006 der erdbahnkreuzende Komet 73P/Schwassmann-Wachmann 3 in einige Stücke zerbrach, war dies der Bild-Zeitung einen schaurigen Bericht unter dem Titel ...

Kultur erleben mit dem Wohnmobil in Frankreich
Vierzig kulturelle Highlights, Park- und Übernachtungsplätze sowie Navigations-Koordinaten Klaus-Dieter Sedlacek (Hrsg.) Dieser Wohnmobilführer ist anders. Er hilft uns, Kulturerlebnisse zu einem Genuss werden zu lassen. Er enthält die Beschreibung von vierzig kulturellen ...

Leben aus Quantenstaub
Leben aus Quantenstaub Elementare Information und reiner Zufall im Nichts als Bausteine einer 4-dimensionalen Quanten-Welt Autoren: Wrobel, Norbert; Sedlacek, Klaus-Dieter Obwohl bereits vor mehr als hundert Jahren die Quantenphysik Gestalt annahm, setzte sich ...

Leben in der Warmzeit der Erde
Aus den Urtagen vor dem heutigen Klimawandel Wilhelm Bölsche , Klaus-Dieter Sedlacek (Hrsg.) Der Weltklimarat schlägt Alarm. Die Lage spitzt sich zu: Die Erde erwärmt sich immer mehr. In diesem Buch geht ...

Leben nach dem Leben
Die Befreiung des Bewusstseins von den Fesseln der Zeit Klaus-Dieter Sedlacek Für uns Menschen hat die Frage nach

dem zeitlichen Ende unserer Existenz eine hohe Bedeutung. Antwort, die der Glaube sucht, ...

Leonardo da Vinci
Seine naturwissenschaftlichen Studien und genialen Erfindungen Hermann Grothe , Klaus-Dieter Sedlacek (Hrsg.) Leonardo da Vinci versuchte, ein Phänomen zu verstehen, indem er es genau beobachtete und bis ins kleinste Detail beschrieb ...

Liebesbeziehungen und deren Störungen
Lebensführung nach den Grundsätzen der Individualpsychologie. Autor: Alfred Adler , Klaus-Dieter Sedlacek (Hrsg.). Um einen Menschen ganz kennenzulernen, es notwendig, ihn auch in seinen Liebesbeziehungen zu verstehen ... Wir müssen ...

Massenpsychologie am Beispiel Jan Bockelsons
Geschichte eines Massenwahns mit einer Einführung von Sigmund Freud Friedrich Reck-Malleczewen , Klaus-Dieter Sedlacek (Hrsg.) Der Begriff Massenhysterie oder auch Massenwahn bezeichnet eine starke emotionale Erregung in großen Menschenmengen. Auch massenhaft ...

Mein Leben im Tropenparadies
Fünfundzwanzig Jahre in Ceylon – Erlebnisse und Abenteuer. Autor: Hagenbeck, John. Ein Mann des praktische Lebens und ein Mann der Feder haben sich zusammengetan, um gemeinschaftlich in diesem Buch die Naturwunder und ...

Meine erste Weltumseglung
Tagebuch einer epochalen Expedition James Cook , Klau Dieter Sedlacek (Hrsg.) James Cook unternahm seine erste Weltumseglung im Rahmen einer wissenschaftlichen Expediti um den Durchgang des Planeten Venus vor der Sonnenschei – ...

Mit der Beagle um die Welt
Bericht meiner Forschungsreise zum Galapagos-Archipe Charles Darwin , Klaus-Dieter Sedlacek (Hrsg.) Auszug aus Darwins Reisebericht: Ich habe die Reise mit zu tief empfundenem Entzücken gemacht, als dass ich nicht jedem Naturforscher empfehlen ...

Naturphilosophie
Das Wesen von Naturgesetzen und die Erklärung des Lebens. Neubearbeitung. Autor: Schlick, Moritz. Die Naturphilosophie verhält sich zur Naturwissenschaft wie die Philosophie im Allgemeinen zur Wissenschaft überhaupt. So is es die Aufgabe ...

Optische Täuschungen
… und Illusionen, sowie ihre Ursachen. Autor: Reuss, August von . Optische Täuschungen bzw. Illusionen können nahezu alle Aspekte des Sehens betreffen. Es gibt Illusionen aller Art, Lichtblitze, Farbreize, Tiefenillusionen, geometrische Illusionen, ...

Peking – Paris im Automobil
Die legendäre 16.000 km – Rallye 1907. Autor: Barzini, Luigi. „Gibt es jemanden, der diesen Sommer eine Fahrt per Automobil von Peking nach Paris unternehmen wird?", fragte Pariser Zeitung Le Matin ...

Phänomen Naturgesetze
Phänomen Naturgesetze Das Geheimnis hinter den Erscheinungen der Welt Autor: Sedlacek, Klaus-Dieter Was ur an den beinahe mythischen Denkern der antiken Welt so fasziniert, ist die wundervolle, abgeschlossene Einheit ihres Weltbildes. Mit welcher ...

Psychologische Verkaufskunst
Denk- und Handlungsweisen, Vorgangsweise und
schluss. Autor: Atkinson, Wilhelm Walker. In der Psychologie
r Verkaufskunst gibt es zwei wichtige Elemente, nämlich (1)
e Psyche des Verkäufers; und (2) die Psyche des Käufers.
s zu verkaufende ...

Quantenbewusstsein
Quantenbewusstsein Natürliche Grundlagen einer Theorie
s evolutiven Quantenbewusstseins Autoren: Wrobel, Norbert;
dlacek, Klaus-Dieter Seltsam sind die physikalischen
esetze, die unsere Welt wirklich beherrschen: Es sind die
esetze einer makroskopischen Quantenwelt, in der alles ...

Quantum Consciousness
Quantum Consciousness Natural foundations of a theory of
olutionary quantum consciousness Autoren: Wrobel, Norbert;
dlacek, Klaus-Dieter Usually, the term „consciousness" is
sociated with higher, cognitive performance. However, in the
urse of this dialogue ...

Real Life After Life
The liberation of consciousness from the shackles of time.
tor: Sedlacek, Klaus-Dieter. For us humans the question of
e temporal end of our existence is of great importance. The
swer that faith ...

Strahlende Kräfte durch positives Denken
Die Wurzeln des Erfolgs und Wege zum Glück. Autor:
ters, Emil . Aus dem Inhalt: – Charakter, Wille und
rsönlichkeit – Die Macht deiner Gedanken – Vom Schaffen
d vom Ruhen – Die Verjüngung deines Lebens – ...

Supervereinigung
Wie alles nichts alles entsteht. Ansatz einer großen
heitlichen Feldtheorie. – Neuausgabe -. Autor: Sedlacek,
aus-Dieter. Unter Physikern herrscht allgemein
ereinstimmung darin, dass die fundamentale Wirklichkeit
serer Welt aus Feldern besteht. Bei ...

Synthetisches Bewusstsein
Synthetisches Bewusstsein Wie Bewusstsein funktioniert
d Roboter damit ausgestattet werden können. Autor:
dlacek, Klaus-Dieter Bewusstsein zeigt sich nach
berzeugung der meisten Wissenschaftler im Zusammenhang
t der im Gehirn stattfindenden Informationsverarbeitung. Es ist
ine ...

The great god Pan / Der große Gott Pan – zweisprachig
Horror story English – German / Horror Geschichte
glisch – Deutsch. Autor: Machen, Arthur. The Great God Pan
a horror and fantasy novel by the Welsh writer Arthur Machen.
achen was ...

The nature of the physical world
The Gifford Lectures 1927 Sir Arthur Eddington , Klaus-
eter Sedlacek (Hrsg.) In these lectures the author Eddington
scusses some of the results of modern study of the physical
orld which give ...

The Philosophy of Physical Science
TARNER LECTURES 1938 – CAMBRIDGE Sir Arthur
ddington , Klaus-Dieter Sedlacek (Hrsg.) It is often said that
ere is no „philosophy of science", but only the philosophies of
rtain scientists. But …

Theophrastus Paracelsus
Der Wegbereiter neuzeitlicher Medizin Autor: Kahlbaum,
Georg W. A. Es darf ohne weiteres gesagt werden, dass es in
der ganzen Geschichte der menschlichen Entwicklung
kein zweites Beispiel dafür gibt, dass über den gleichen ...

Transzendenz und Unendlichkeit
Die Welt- und Lebensanschauungen eines Physikers Max
Bernhard Weinstein , Klaus-Dieter Sedlacek (Hrsg.) Weinstein
verfasste mit seinem Buch über „Welt- und
Lebensanschauungen" eines der umfassendsten Darstellungen
der Idee des metaphysisch geprägten ...

Treibhauseffekt und Klimawandel
Energiewende, ja bitte, aber nicht wegen CO2. Von
Sedlacek, Klaus-Dieter (Hrsg.) Dieses Buch dokumentiert zum
Thema Klimawandel und CO2 teils unbequeme
wissenschaftliche Fakten bzw. Meldungen und die
dazugehörigen Quellen. Sie sind eingeladen, …

Unsterbliches Bewusstsein
Raumzeit-Phänomene, Beweise und Visionen –
Taschenbuchausgabe Klaus-Dieter Sedlacek In diesem Buch
geht es weder um Glauben noch um Esoterik, sondern um
Beweise. Glaubwürdige, wissenschaftliche Beweise, die in eine
Form gepackt sind, dass ...

Was ist Krankheit?
Was ist Krankheit? Quanteneffekte in der Medizin Autoren:
Wrobel, Norbert; Sedlacek, Klaus-Dieter Aufgrund des
gesellschaftlichen Wandels, der immer mehr ältere Menschen
hervorbringt, werden die medizinischen Einrichtungen mit
neuen, unbekannten und komplexen Problemkonstellationen
konfrontiert: ...

Was man über Chemie wissen sollte
Was man über Chemie wissen sollte: Chemie im täglichen
Leben von Lassar Cohn (Autor), Klaus-Dieter Sedlacek
(Herausgeber) In leicht verständlicher und äußerst fesselnder
Darstellung behandelt der Verfasser die Stoffe, mit denen das ...

Wege zur Physikalischen Erkenntnis
Meine wissenschaftliche Selbstbiographie, Reden und
Vorträge Max Planck , Klaus-Dieter Sedlacek (Hrsg.) Diese
erweiterte Neuauflage des Buchs „Wege zur physikalischen
Erkenntnis" enthält neben der wissenschaftlichen
Selbstbiographie folgende Vorträge: Die Einheit des
physikalischen ...

Wie intelligent sind Pflanzen?
Sensationelle Einblicke in die geheime Seite des
pflanzlichen Wesens Autoren: Wagner, Adolf; Sedlacek, Klaus-
Dieter In diesem Buch behandeln die Autoren Fragen zum
Thema Intelligenz und Bewusstsein bei Pflanzen und geben
Antworten. Der …

Wie man seinen Verstand benutzt
Und seine Willenskraft stärkt. Ein praktisches Handbuch der
Psychologie. Autor: Atkinson, Wilhelm Walker. Der Mechanismus
der psychischen Zustände – die geistige Maschinerie, mit deren
Hilfe wir fühlen, denken und wollen – ...

Zeichnen für Einsteiger
Achtzehn Lektionen in naturalistischem Zeichnen. Autor:
Furniss, Dorothy. Magst du die Malerei? Ist Zeichnen für dich
interessant? Hast du einen Bleistift, eine Schachtel Kreide oder
einen Malkasten? Denn wenn du auch nur ...